CAD/CAM/CAE 工程应用丛书

Creo 7.0 装配与产品设计

钟日铭　编著

机 械 工 业 出 版 社

本书以 Creo Parametric 7.0（也称 Creo 7.0）简体中文版软件为基础，以装配设计为主线，系统地剖析 Creo Parametric 7.0 的装配设计模块和机构功能模块，并通过典型产品实例来解析流行的自顶向下设计。全书共 7 章，具体内容包括 Creo Parametric 7.0 装配基础、在装配环境中处理元件、零部件的复制与置换、高级装配应用、机构运动仿真、产品设计方法及典型应用实例和无线安防摄像头设计。

本书兼顾理论与实用知识，结合典型实例来对主要知识点进行解析，并着重介绍主流的产品设计思路和设计技巧。本书提供配套学习资料包，内含各章节所需的源文件以及一些典型的操作视频文件等，其中操作视频也可扫码观看。

本书适合具有一定 Creo Parametric 使用基础的人员阅读，也适合相关技术人员参考学习。同时，本书还可作为 Creo Parametric 7.0 进阶培训班学员、大中专院校相关专业学生的实用教程。

图书在版编目（CIP）数据

Creo 7.0 装配与产品设计/钟日铭编著．—北京：机械工业出版社，2021.10（2023.12 重印）
（CAD/CAM/CAE 工程应用丛书）
ISBN 978-7-111-69492-2

Ⅰ．①C… Ⅱ．①钟… Ⅲ．①计算机辅助设计-应用软件 Ⅳ．①TP391.72

中国版本图书馆 CIP 数据核字（2021）第 218691 号

机械工业出版社（北京市百万庄大街 22 号 邮政编码 100037）
策划编辑：李晓波 责任编辑：李晓波
责任校对：徐红语 责任印制：常天培
北京机工印刷厂有限公司印刷
2023 年 12 月第 1 版第 3 次印刷
184mm×260mm · 18.5 印张 · 505 千字
标准书号：ISBN 978-7-111-69492-2
定价：109.00 元

电话服务	网络服务
客服电话：010-88361066	机 工 官 网：www.cmpbook.com
010-88379833	机 工 官 博：weibo.com/cmp1952
010-68326294	金 书 网：www.golden-book.com
封底无防伪标均为盗版	机工教育服务网：www.cmpedu.com

前　言

PTC Creo 7.0 是一组享有很高声誉的计算机辅助设计软件套件，它能够为工业产品设计提供一套完整的解决方案。其中，PTC Creo Parametric 7.0 功能强大，其系列产品广泛应用于机械、航天航空、汽车制造、工业设计、家电、玩具、通信、电子、模具和有限元分析等领域。

本书专门介绍装配设计及其延伸的实用知识，使用的软件版本为 PTC Creo Parametric 7.0 简体中文版。

1. 本书内容框架

本书循序渐进、全面系统地剖析了 PTC Creo Parametric 7.0 装配（组件）设计和机构运动仿真设计，并细致地讲解了采用主流设计思想来进行产品设计。书中每一个实用的知识点基本上都采用操作实例来辅助介绍。

本书共 7 章，内容涉及组件设计、机构运动仿真、产品实例等。其中，第 1 章介绍 PTC Creo Parametric 7.0 装配基础；第 2 章讲解在装配环境中处理元件的操作；第 3 章的内容是零部件的复制与置换；第 4 章介绍高级装配的知识；第 5 章讲解使用机构模式进行机构运动仿真的各种知识以及使用技巧等；第 6 章的内容是总结自顶向下（Top-Down）设计方法，并介绍了一个应用主控件的设计实例和一个利用骨架模型来辅助设计的轴承实例；第 7 章详细介绍了一款无线智能安防摄像头的设计流程，使读者熟悉典型产品的设计流程、常规设计方法与实操技巧等。

本书内容涵盖广泛、实例典型、应用性强，尤其是本书最后介绍的产品实例，其本质是对全书知识的一个综合性应用概括，使读者明白很多日常的产品都可以在装配模式下进行设计，这种自顶向下的设计思想应该熟练掌握。

如没有特别说明，书中尺寸单位均由所采用的相应绘图模板决定。

2. 本书特色

- 本书由一线产品设计工程师精心编著，贴近设计工作、实例丰富、应用性强。
- 结合操作实例辅助介绍主要知识点，突出技巧性。
- 讲解流行的设计方式——在装配环境中进行产品设计，采用典型产品设计实例解析的方式提升设计能力。

3. 本书配套学习资料包

本书提供配套学习资料包，内含所有操作实例的源文件、部分制作完成的模型参考文件以及典型实例的视频演示文件。

书中操作实例的源文件（素材文件）以及部分制作完成的模型文件均放在根目录下的 CH#（#为各章号）文件夹里。在各章里，带有“_finish”字样的文件均表示制作完成的模型文件，可以供读者参考使用。操作视频文件，放在根目录下的“操作视频”文件夹里读者可以直接下载，也可以直接扫描书中的二维码来观看视频演示。操作视频文件采用 MP4 格式，可以在大多数的播放器中播放。

为方便读取相关源文件，可以先设置工作目录。例如在使用源文件之前，在 PTC Creo Parametric 7.0 系统中，通过“选择工作目录”工具命令将源文件所在的文件夹设置为工作目录。

本书配套学习资料包仅供学习之用，请勿擅自将其用于其他商业活动。

4. 技术支持及答疑

如果读者在阅读本书时遇到什么问题，可以通过 E-mail 方式与作者联系，作者的电子邮箱为 sunsheep79@163. com。欢迎读者咨询技术问题或提出批评建议。也可以通过添加作者的微信号 Dreamcax（绑定手机号为 18576729920）来进行图书相关的技术答疑沟通，以及关注作者的微信公众订阅号（见下图）来获取更多的学习资料和教学视频。

微信搜一搜

桦意设计

一分耕耘，一分收获。书中如有疏漏之处，请广大读者不吝赐教。

天道酬勤，熟能生巧，以此与读者共勉。

钟日铭

目 录

第 1 章 Creo Parametric 7.0 装配基础

本章导读

PTC Creo Parametric 7.0（简称 Creo 7.0）是一款全方位的 CAM/CAD/CAE 软件，功能强大、模块众多。它具有一个专门用来进行装配设计的功能模块——装配模块。在实际设计中，很多产品的设计都可以在装配模块中来完成。

本章主要介绍 Creo Parametric 7.0 的装配基础，具体内容包括：PTC Creo Parametric 7.0 装配模块入门概述、装配设计的一般思路、装配的放置约束、元件的移动、装配爆炸图、管理装配视图、设置装配造型的显示样式和装配的体验实例。在本章的最后，特意安排了一个采用 Down-Top 设计思想的装配体验实例。

1.1 PTC Creo Parametric 7.0 装配模块入门概述

零件的装配设计是在装配模块中进行的，装配是指将零部件通过一定的约束关系等放置在装配中。在 PTC Creo Parametric 7.0 的装配模块中，提供了基本的装配工具，并且可以对装配进行修改、分析或重新定向等操作。下面先介绍一些本书涉及的常用装配术语，接着以图文并茂的方式讲解装配模块的设计界面，然后介绍如何设置装配模型树（也常称组件模型树）的显示项目。

1.1.1 装配的基本术语

PTC Creo Parametric 7.0 装配模块中的常用基本术语如下。

1）装配：又称装配体或组件，是指一组通过约束集被放置在一起以构成模型的元件。即装配由零部件构成，可以看作是零部件的装配集合。在一个装配中，又可以包含若干个子装配或子组件。

2）子装配：放置在较高层装配内的装配。

3）元件：装配内的零件或子装配，它是通过放置约束等以相对于彼此的方式排列。元件是装配的基本组成单位。

4）空元件：无几何的零件或子装配。

5）起始元件：可用来作为创建新零件或装配的模板的标准元件。

6）挠性元件：已装配好适应新的、不同的或不断变化的变量的元件。

7）封装元件：未完全约束的装配元件，所有移动装配元件均会被封装。

8）未放置元件：未组装也未封装的装配元件。

9）互换装配：含有零件或子装配的可交换组或表示的装配。

10）分解视图：显示彼此分隔的装配元件的可自定义视图。分解视图可用于说明模型的组装方式及所需使用的元件。分解视图又称装配爆炸图，在本章 1.5 节将介绍装配爆炸图的一些应用知识。

11）参数化装配：参考元件移动或更改时，其中的元件位置也随之更新的装配。

12）元件放置：零件或子装配在装配中的定位。此定位是根据放置定义集而定，放置定义集决定元件与装配相关联的方式与位置。

13）约束集：放置装配元件的一组规格。

14）定向假设：放置元件时自动创建约束的基础。

15）合并特征：是指数据共享特征，可以在两个元件放置到装配中后，将一个元件的材料添加到另一个元件中，或从另一个元件中减去此元件的材料。

16）元件界面：用于自动化元件放置的已存储约束、连接和其他信息。每次将元件放置到装配中时，即可使用已保存界面。

17）骨架模型：是指预先确定的元件结构框架。可以在设计流程开始时创建骨架模型来定义间距、几何、元件放置、连接和机构。使用骨架模型，可以将重要的设计信息从一个子系统或装配传递至另一个子系统或装配。

18）装配模型树：装配模型树位于导航区的（模型树）选项卡中，是一种比较形象的“树状”层次结构，如图1-1所示。在装配模型树中，图标表示装配或子装配，图标表示零件。

如果想只显示顶级装配，则可以在（模型树）选项卡中单击“显示”按钮，打开图1-2所示的下拉菜单，然后从该下拉菜单中选择“全部折叠”命令；如果要想展开模型树中的全部元件，则可以单击（模型树）选项卡的“显示”按钮，然后从出现的下拉菜单中选中“全部展开”命令即可。

另外，在（模型树）选项卡上，从“显示”按钮打开的“显示”下拉菜单中，选中“机构树”命令时，则可以开启机构树，如图1-3所示。

图1-1　装配模型树

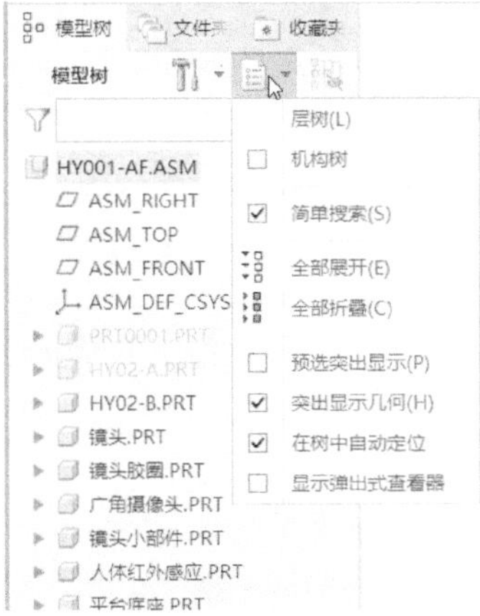

图1-2　打开“显示”下拉菜单

图1-3　开启机构树

1.1.2 装配模块的界面

启动Creo Parametric 7.0软件之后，在“快速访问”工具栏中单击“新建”按钮，打开

“新建”对话框，在“类型”选项组中选择“装配”单选按钮，在“子类型”选项组中选择“设计”单选按钮，输入装配文件名，单击“使用默认模板”复选框以不使用默认模板（即取消选中“使用默认模板”复选框），此时如图1-4所示，单击“确定”按钮。接着，在图1-5所示的“新文件选项”对话框中，从“模板”选项组中选择所需的一个模板，例如选择mmns_asm_design_abs模板，单击“确定”按钮，从而建立一个装配组件文件（简称“装配文件”）。

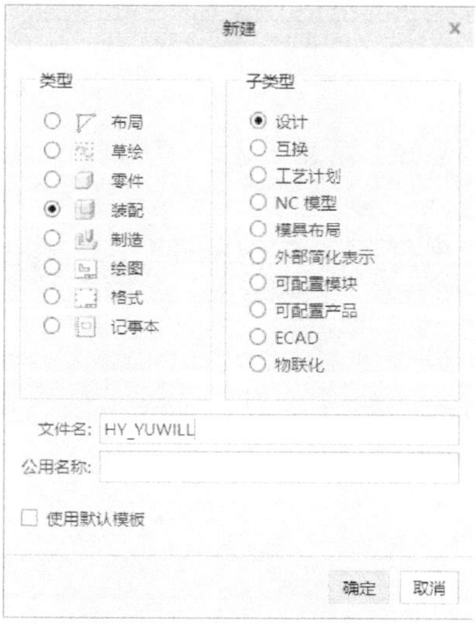

图1-4 “新建”对话框

图1-5 指定模板

装配模块的基本设计界面如图1-6所示，设计界面主要包括标题栏、“快速访问”工具栏、功能区、导航区、图形区域（图形窗口，又可称为模型窗口）、信息区等，这里所述的信息区还包括状态栏、选择过滤器等，“快速访问”工具栏默认时嵌入到标题栏中。

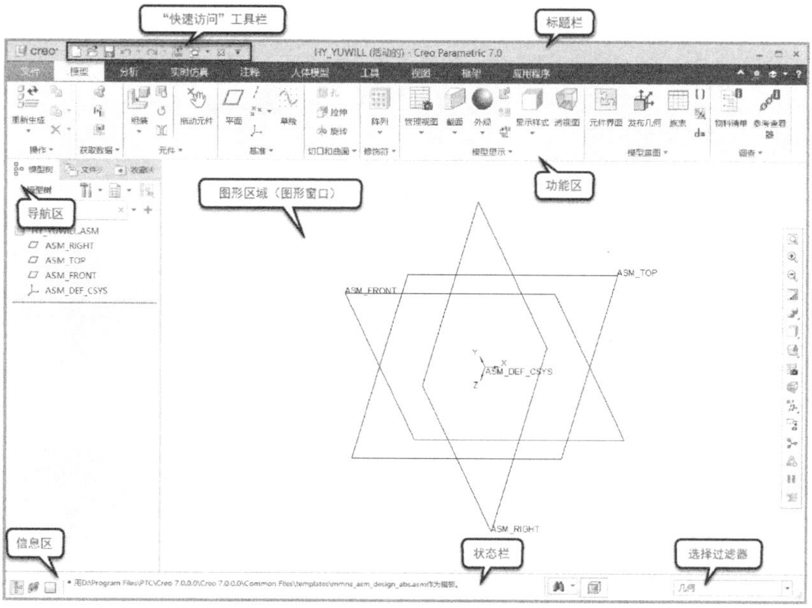

图1-6 Creo Parametric 7.0装配模块的设计界面

1.1.3 设置装配模型树的显示项目

用户可以根据设计需要来设置装配模型树的显示项目。假设装配模型树上没有显示特征，那么可以按照以下方法、步骤来设置在装配模型树上显示特征。这也是设置装配模型树显示项目的一般方法及步骤。

1）在导航区的（模型树）选项卡中，单击模型树上方的“设置”按钮，打开图1-7所示的“设置”下拉菜单。

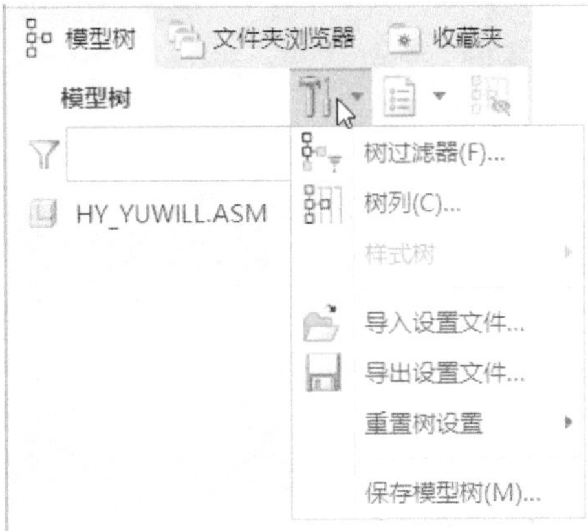

图1-7 “设置”下拉菜单

2）选择“树过滤器”命令，弹出“模型树项”对话框。

3）从“显示”选项区域增加选中“特征”复选框，其他选项默认，如图1-8所示。

图1-8 “模型树项”对话框

4）单击“应用”或“确定”按钮，完成模型树项目的设置操作，此时装配模型树便显示出相关的特征，如基准平面、基准坐标系等，如图1-9所示。

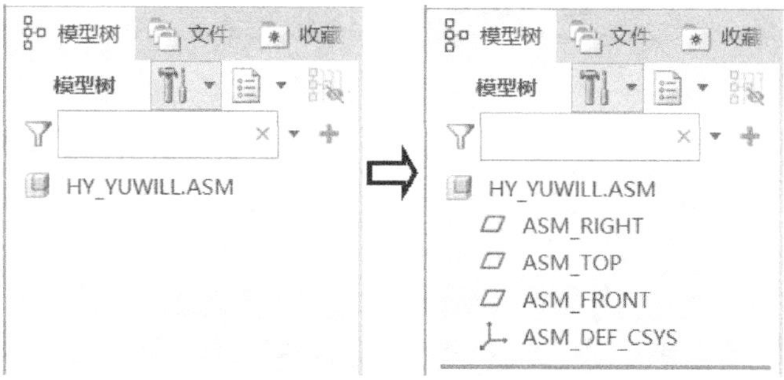

图1-9 在装配模型树中显示特征

如果要在模型树上显示约束集，则需要在“模型树项”对话框中选中“放置文件夹”复选框。有关放置约束的知识将在后面的章节中介绍。

1.2 装配设计的一般思路

在装配设计中，主要有两种设计思路：自底向上（Down-Top）装配和自顶向下（Top-Down）装配。

1.2.1 自底向上装配

自底向上装配通常是将已经设计好的零部件按照一定的装配方式添加到装配体中。采用这种设计思路的典型装配操作步骤如下。

1）新建一个装配文件。

2）在功能区“模型”选项卡的“元件”组中单击“组装”按钮。

3）系统弹出图1-10所示的“打开”对话框。通过“打开”对话框，选择要添加到装配中的元件（零部件），然后单击“打开”按钮。

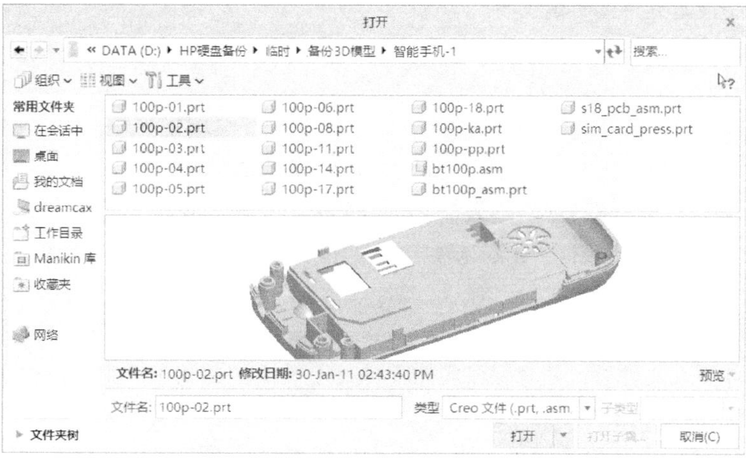

图1-10 选择要装配的零部件

4）在功能区出现图 1-11 所示的“元件放置”选项卡。利用该选项卡，按照设计要求设置装配类型、参数等。

图 1-11 “元件放置”选项卡

在这里，简单介绍一下“元件放置”选项卡中几个基本按钮的功能。

：指定约束时，在装配窗口中显示元件。在初始默认时，该按钮处于被选中的状态。

：指定约束时，在单独的窗口中显示元件。

：更改约束方向。

：设置隐藏或显示 3D 拖动器。

：用于将约束转换为机构连接，或者将机构连接转换为约束。

：使用界面放置元件。

：手动放置元件。

其中，“在装配窗口中显示元件”按钮和“在单独窗口中显示元件”按钮可以同时处于活动状态。

5）在“元件放置”选项卡中单击“确定”按钮，完成一个元件的装配。

6）根据需要，继续在功能区“模型”选项卡的“元件”组中单击“组装”按钮，装配其他元件。

1.2.2 自顶向下装配

可以在装配过程中，通过参考其他元件对当前元件进行设计，例如在装配模式下新建和修改零部件。概括地说，自顶向下设计是指先确定产品概念、再指定顶级设计标准的产品创建方式，这些标准接着会在创建和细节化零件和元件时，被传递到所有这些零件和元件中。下面，以在装配中新建实体零件为例，简述采用这种设计思路的一般装配操作步骤。

1）新建一个没有元件的装配文件。

2）在功能区“模型”选项卡的“元件”组中单击“创建”按钮，打开图 1-12 所示的“元件创建”对话框。

3）在“元件创建”对话框中指定要创建的元件类型，例如从“类型”选项组中选择“零件”单选按钮，从“子类型”选项组中选择“实体”单选按钮。

4）接受默认的元件名称，或者输入新的元件名称，单击“确定”按钮。

5）在弹出的图 1-13 所示的“创建选项”对话框中，指定创建方法。系统提供了 4 种创建方法的选项，即“从现有项复制”“定位默认基准”“空”和“创建特征”选项。确定创建选项后，注意根据系统提示选择相应的参考。

6）新建实体零件文件后，并确保该实体零件处于被激活的状态，则可以执行相关的工具命令来进行零件特征的设计工作了。

7）如要继续在装配中新建元件，则需要从功能区“视图”选项卡的“窗口”组中单击“激活”按钮，或者按〈Ctrl + A〉快捷键，激活顶级装配，接着便是执行如上步骤 2）至步骤

6）的操作。

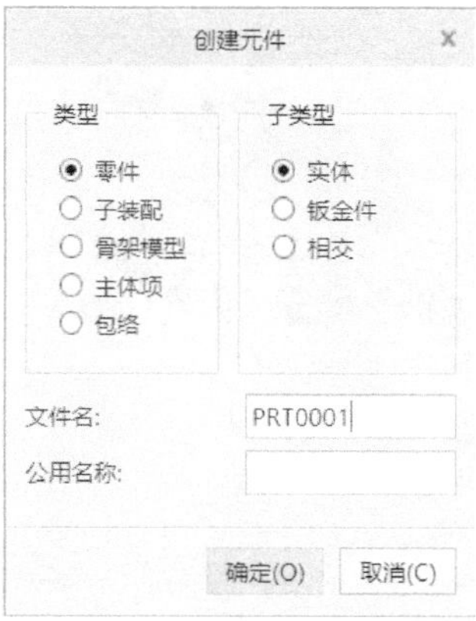

图 1-12 “创建元件”对话框

图 1-13 “创建选项”对话框

知识点拨：

要激活顶级装配或某个元件，也可以在装配模型树上右击要激活的顶级装配或某个元件，接着在出现的浮动工具栏中单击“激活”按钮◇即可。

1.3 装配的放置约束

在进行装配设计时，免不了对元件指定放置约束，所谓的放置约束是指指定了一对参考的相对位置。在 Creo Parametric 7.0 的“元件放置”选项卡中，提供了多种放置约束的类型选项，包括“距离”“角度偏移”“平行”“重合”“法向”“共面”“居中”“相切”“固定”“默认”等，如图 1-14 所示。

图 1-14 放置约束的类型选项

下面结合图例来讲解这些放置约束。

1.3.1 距离

“距离”约束用于将元件参考定位在距装配参考的设定距离处。该约束的参考可以为点对点、点对线、线对线、平面对平面、平整曲面对平整曲面、点对平面或线对平面。在图 1-15 所示的示例中，小方块的底面与选定的装配参考表面的距离为 80。

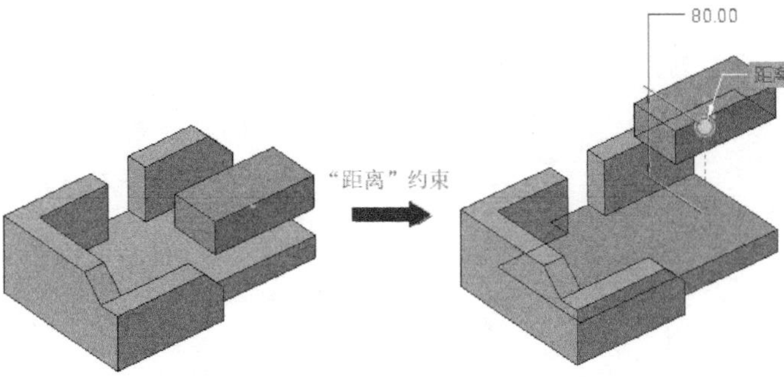

图 1-15　使用"距离"约束的示例

1.3.2 角度偏移

"角度偏移"约束用来将选定的元件参考以某一角度定位到选定的装配参考。该约束的一对参考可以是线对线（共面的线），也可以是线对平面或平面对平面。使用"角度偏移"约束的典型示例如图 1-16 所示，可以根据需要反向角度偏移的方向。

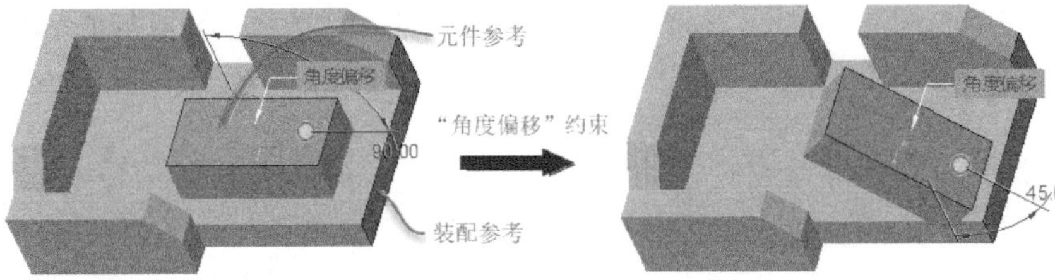

图 1-16　使用"角度偏移"约束的典型示例

1.3.3 平行

"平行"约束主要平行于装配参考放置元件参考，其参考可以是线对线、线对平面或平面对平面。"平行"约束示例如图 1-17 所示。

1.3.4 重合

"重合"约束用于将元件参考定位为与装配参考重合。该约束的参考可以为点、线、平面或平面曲面、圆柱、圆锥、曲线上的点以及这些参考的任何组合。在使用"重合"约束时，需要注意约束方向的正确设定，单击"反向"按钮⅟可以更改重合的约束方向。

在图 1-18 所示的示例中，小方块的底面（元件参考）与装配参考面重合。

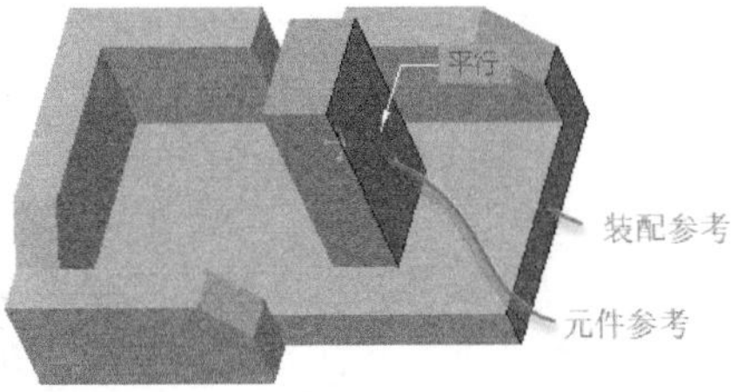

图 1-17　"平行"约束示例

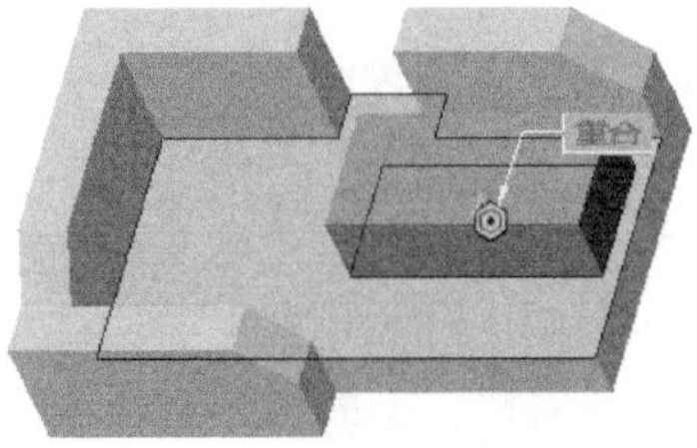

图 1-18　"重合"约束示例

1.3.5 法向

“法向”约束用于将元件参考定位为与装配参考垂直，其参考可以是线对线（共面的线）、线对平面或平面对平面。应用“法向”约束的典型示例如图 1-19 所示，在小方块上选定的元件参考面与在装配体中选定的装配参考面垂直。

1.3.6 共面

“共面”约束主要用于将元件边、轴、目标基准轴或曲面定位为与类似的装配参考共面。“共面”约束的典型示例如图 1-20 所示，元件参考对装配参考为线对线形式。

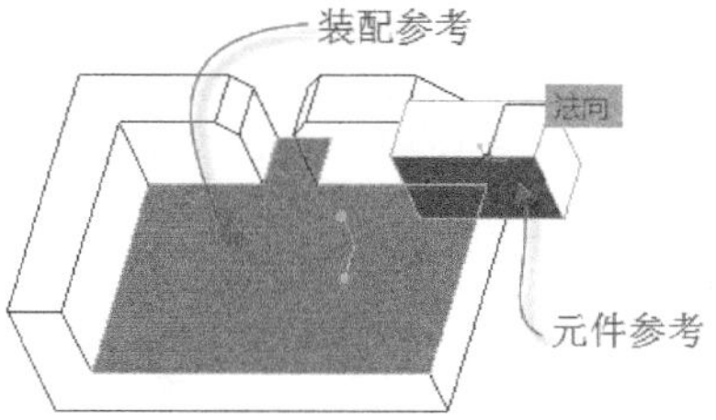

图 1-19 “法向”约束示例

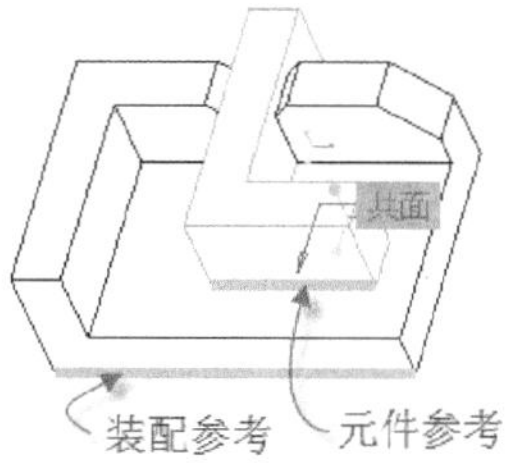

图 1-20 “共面”约束示例

1.3.7 居中

“居中”约束可用来使元件中的坐标系或目标坐标系的中心与装配中的坐标系或目标坐标系的中心对齐。参考可以为圆锥对圆锥、圆环对圆环或球面对球面。应用“居中”约束的典型示例如图 1-21 所示，选择两者的坐标系居中对齐。

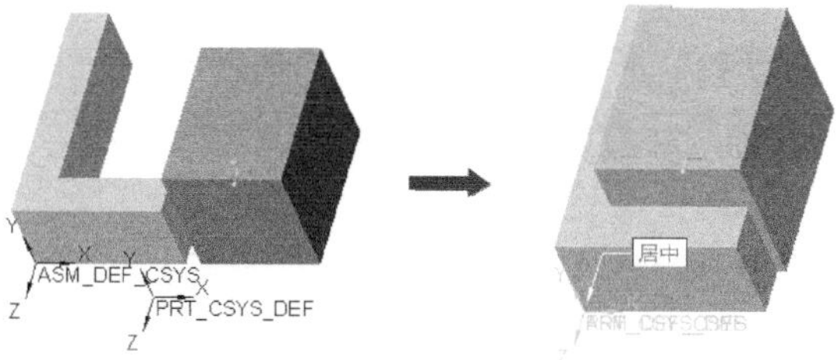

图 1-21 应用“居中”约束的典型示例

1.3.8 相切

“相切”约束用于控制两个曲面在切点的接触，该约束的一个应用实例为凸轮与其传动装置之间的接触面或接触点。应用“相切”约束的典型示例如图 1-22 所示。

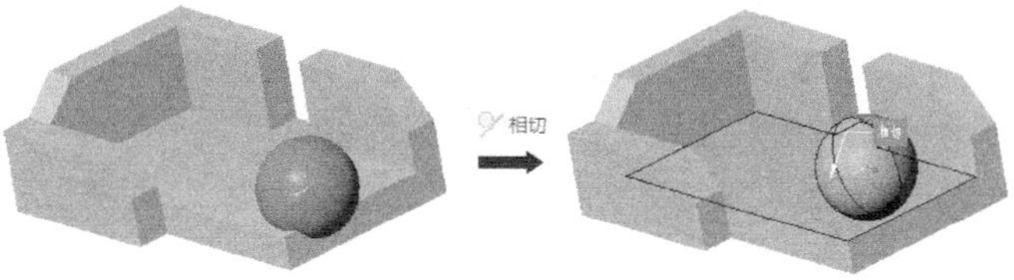

图 1-22 应用“相切”约束的典型示例

1.3.9 固定

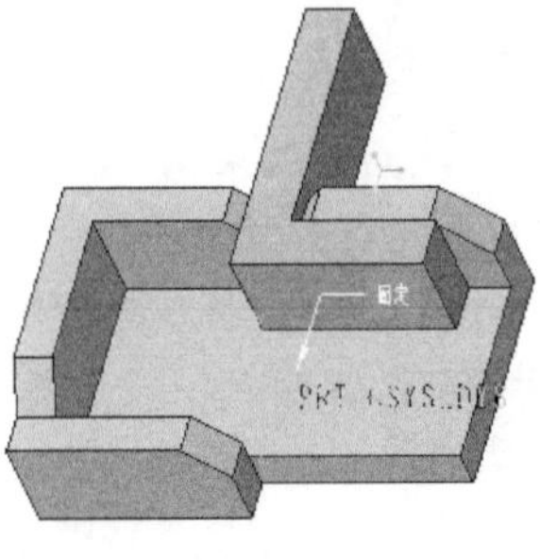

图 1-23 “固定”约束示例

“固定”约束用于固定被移动或封装的元件的当前位置。典型示例如图 1-23 所示。当从“元件放置”选项卡的“约束类型”下拉列表框中选择“固定”选项时，在状态栏中将出现“选择模型的坐标系”的提示信息。此时可以由用户在装配中选择一个坐标系或接受默认的装配坐标系设置，然后单击“确定”按钮，即可完成“固定”约束的操作。

1.3.10 默认约束

使用“默认”约束可以将系统创建的元件的默认坐标系与系统创建的装配的默认坐标系对齐。其参考可以为坐标系对坐标系，或者点对坐标系。通常使用“默认”约束来放置装配中的第一个元件（零件），如图 1-24 所示。

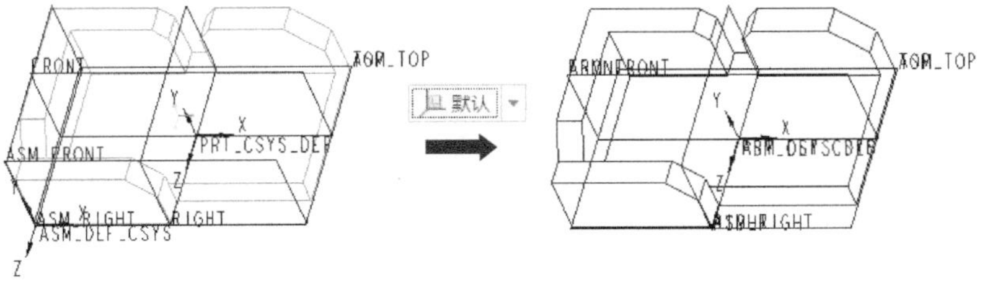

图 1-24 应用“默认”约束的典型示例

1.3.11 自动

选择“自动”约束时，系统会根据所选参考而智能地提供一种可能的约束类型。

1.3.13 使用放置约束的一般原则及注意事项

定义放置约束是装配设计的一项基本功。下面总结几点使用放置约束的一般原则及注意事项。

1）当定义某些约束时，系统会显示约束方向，根据设计要求决定是否反向约束方向。例如当为“距离”约束输入偏移值时，系统会显示约束的偏移方向，此时如果要选择相反方向，则可以单击方向箭头，或输入一个负值，或在图形窗口中往反方向拖动控制图柄至合适位置。

2）一些约束对其参考的类型有要求。例如，“距离”约束的参考要求为点对点、点对线、线对线、平面对平面、平面曲面对平面曲面、点对平面或线对平面；“平行”约束的参考是线对线（共面的线）、线对平面或平面对平面。

3）一次只能添加一个约束。例如，不能使用一个单一的约束选项约束一个零件上的两个不同的孔与另一个零件上的两个不同的孔，而必须定义两个单独的约束。

4）元件的装配需要定义放置约束集。所述的放置约束集由若干个（一般为 2 个或 3 个）放置约束构成，用来完全定义元件的放置和方向。进入“元件放置”选项卡的“放置”面板，可以看到当前定义的放置约束集，如图 1-25 所示，该放置约束集为集 1，由 3 个放置约束构成。若要新建约束，可以在“放置”面板的放置约束收集器中单击“新建约束”选项。

图 1-25 “元件放置”选项卡的“放置”面板

5）可在放置约束中使用的曲面仅限于平面、圆柱面、圆锥面、环面和球面。

6）在元件装配过程中可以以“允许假设”方式（默认情况）来进行约束定向假设。这样有时为元件建立两个放置约束时再加上系统假设的第 3 个约束，便完全约束了该元件。例如，比较常见的装配场景是仅需要两个重合约束便可将一颗螺栓完全约束到平板中的某个对应的孔。如果不允许假设，那么必须要定义第 3 个约束，才能将元件视为完全约束。

1.4 元件的移动

元件移动是刚性主体或刚性主体系统的运动，而不考虑作用于其上的质量或力。在装配元件的过程中，可以适当地在约束允许的条件下移动元件，调整其位置。移动元件的常用方法主要包括：使用键盘快捷方式、使用拖动器（CoPilot）和使用“元件放置”选项卡的“移动”面板。

1.4.1 使用键盘快捷方式

在打开的装配中，单击“元件”组中的“组装”按钮，选择要组装到装配体中的元件来打开，系统出现“元件放置”选项卡。此时，可以使用键盘快捷方式移动元件。下列 4 种快捷方式应该重点掌握。

1）按〈Ctrl + Alt〉组合键并按住鼠标左键，然后移动指针，可以绕默认坐标系翻转元件。

2）按〈Ctrl + Alt〉组合键并按住鼠标中键，然后移动指针，可以旋转元件。

3）按〈Ctrl + Alt〉组合键并按住鼠标右键，然后移动指针，可以平移元件。

4）按〈Ctrl + Shift〉组合键并单击鼠标中键，可以启用定向模式。

1.4.2 使用拖动器

在一个打开的装配文件中，单击“元件”组中的“组装”按钮，并通过“打开”对话框选择要放置的元件来打开，功能区出现“元件放置”选项卡，单击选中“3D 拖动器”图标以在图形窗口中显示元件的 3D 拖动器（CoPilot）。3D 拖动器结构示意图如图 1-26 所示，1 表示箭头、2 表示圆弧、3 表示平面，3D 拖动器连接到元件的默认坐标系。拖动 3D 拖动器的中心点以自由拖动元件，拖动箭头以沿着轴平移元件，拖动圆弧以旋转元件，拖动平面以移动平面上的元件。

1.4.3 使用“移动”面板

通过使用“元件放置”选项卡的“移动”面板，可以调节要在装配中放置的元件的位置。

下面介绍一下图 1-27 所示的“移动”面板。该面板可供选择的“运动类型”选项有“定向模式”“平移”“旋转”“调整”选项。

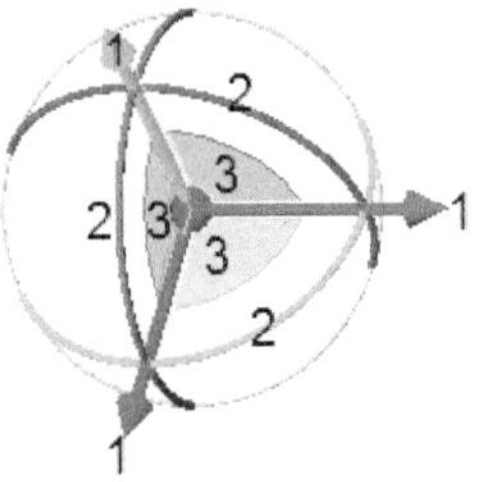

图 1-26　3D 拖动器结构示意图

图 1-27　“元件放置”选项卡的“移动”面板

- “定向模式”选项：选中该选项时，激活定向模式和定向模式快捷菜单。此时，在图形窗口中单击并释放鼠标左键，然后按住鼠标中键并拖动鼠标，可以重定向元件。
- “平移”选项：此为默认选项，可根据选定参考及其定义的方向平移元件。
- “旋转”选项：选中该选项时，绕选定参考旋转元件。
- “调整”选项：选中该选项时，使用临时约束调整元件位置。可在图形窗口中选择相应的调整参考。

借助“元件放置”选项卡的“移动”面板，实现平移或旋转元件的方法很简单。首先打开“元件放置”选项卡的“移动”面板，选择“运动类型”选项为“平移”或“旋转”，接着设置相关的参数、运动参考等，然后在图形窗口中单击并释放鼠标左键，然后移动鼠标，在得到满意的位置时，在图形窗口中单击，即可。

移动元件后，在“元件放置”选项卡中单击“移动”选项标签以关闭“移动”面板。

1.5 装配爆炸图

装配爆炸图其实是装配的分解视图。例如，图 1-28 中的示例是某订书机一个初步建立的装配爆炸图。建立表达清晰的装配爆炸图，有助于分析产品结构、规划零件以及给生产工艺的指导工作带来方便等。在一些产品说明书或装配说明书中，常利用爆炸图来辅助说明产品的组成或者装配顺序等。

下面，以一个装配关系比较简单的实例，辅助介绍如何创建默认的爆炸图、如何编辑爆炸图、如何在爆炸图中建立偏移线，以及如何修改爆炸图中的偏移线。

1.5.1 创建默认的爆炸图

创建默认爆炸图的操作步骤如下。

1）打开位于本书配套资料包的 CH1→TSM_1_1 文件夹中的 TSM_1_1. ASM 源文件，文件中存在的装配体如图 1-29 所示。

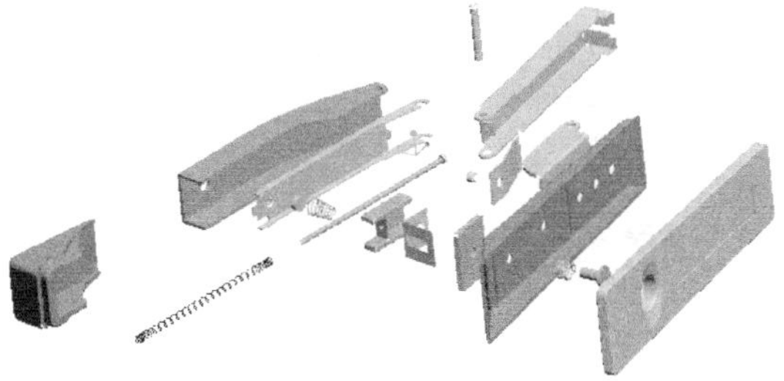

图 1-28 装配爆炸图

图 1-29 某产品中的装配

2）在功能区中切换至“视图”选项卡，从“模型显示”组中单击“分解视图”按钮。此时，得到默认的爆炸图如图 1-30 所示。

图 1-30 创建默认的爆炸图

由系统自动产生的爆炸图往往显得有些凌乱，很多时候还需要做进一步的位置调整，以获得满意的爆炸状态。例如在本例中，需要调整一下部分元件的放置位置（读者可自行完成）。

1.5.2 编辑爆炸图

编辑爆炸图的步骤如下。

1）从功能区“视图”选项卡的“模型显示”组中单击“编辑位置”按钮，打开图 1-31 所示的“分解工具”选项卡。“分解工具”选项卡提供的运动类型按钮有“平移”按钮、“旋转”按钮和“视图平面”按钮，其中，“平移”按钮用于沿选定轴平移元件、“旋转”按钮用于绕选定参考旋转元件，“视图平面”按钮用于沿视图平面移动元件。

图 1-31 “分解工具”选项卡

2）在“分解工具”选项卡中单击 3 个运动类型按钮之一。在本例中，单击“平移”按钮。

3）选择一个或多个要分解的元件，将出现拖动控制滑块。本例由于上一步骤单击“平移”按钮以选择平移作为运动类型，那么在所选要编辑分解的元件中将出现带有拖动控制器（滑块）的坐标系，如图 1-32 所示。

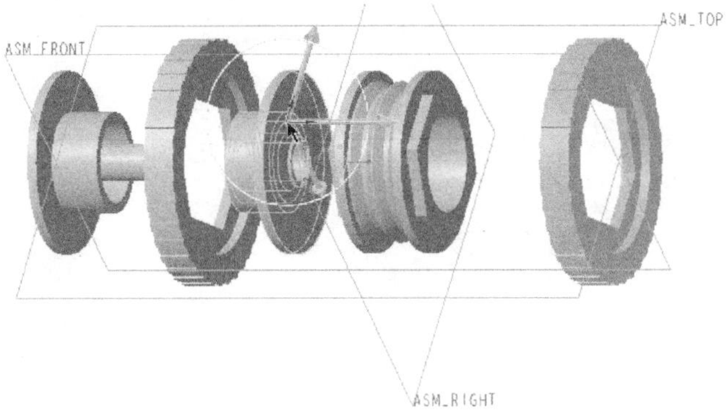

图 1-32　选择要分解的元件并定义平移轴（以平移元件为例）

4）如果要激活“运动参考”收集器，则在“分解工具”选项卡中打开“参考”面板，接着在该面板的“运动参考”收集器的框内单击，并指定合适的运动参考。

5）如果要设置运动选项，则在“分解工具”选项卡中打开“选项”面板，如图 1-33 所示，接着根据实际情况执行以下操作中的一项或多项。

- 将一个元件的分解位置应用到另一个元件。在“选项”面板中单击“复制位置”按钮，打开图 1-34 所示的“复制位置”对话框，单击“要移动的元件”收集器并选择要移动的元件，接着单击“复制位置自”收集器并选择要使用其位置的元件，元件随即被移动，可根据需要继续选择元件和位置，然后单击“关闭”按钮以关闭“复制位置”对话框。

图 1-33　“选项”面板

图 1-34　“复制位置”对话框

- 选择元件并在“运动增量”输入框中输入值。
- 选中“随子项移动”复选框。选中此复选框后，将已分解元件的子项与元件一起移动。

6）将元件或元件组拖动到所需位置。在本例中，对于平移运动类型，可从拖动控制滑块的坐标系中指定一个轴用作平移轴，按住该平移轴将选定元件拖动到所需位置处释放即可。

7）对每个分解元件重复步骤 3）~ 步骤 6）。

8）单击“分解工具”选项卡中的“确定”按钮✓。调整爆炸图中各元件位置后的参考效果如图 1-35 所示。

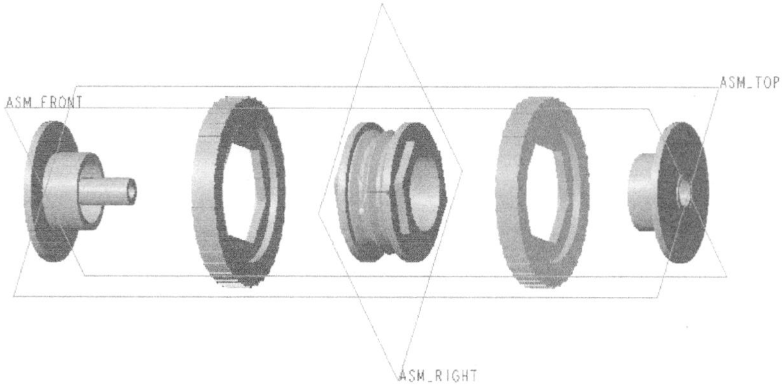

图 1-35　编辑好位置的爆炸图

如果要想保存上述编辑位置后的默认分解视图，通常可以在“模型显示”组或“图形”工具栏中单击“视图管理器”按钮，弹出“视图管理器”对话框。切换至“分解”选项卡，确保选中“默认分解（+）”，如图 1-36 所示。此时单击“编辑”按钮并从其下拉菜单中选择“保存”命令，弹出图 1-37 所示的“保存显示元素”对话框，确保选中“分解”复选框以及从右侧的下拉列表框中选择新的分解视图名称，然后单击“确定”按钮。

图 1-36　保存选定分解视图

图 1-37　“保存显示元素”对话框

另外，在“视图管理器”对话框的“分解”选项卡中，还可以通过单击“新建”按钮来创建新的分解视图，然后可在分解视图的“属性”页中编辑该分解视图。在“分解”选项卡中单击“新建”按钮，出现分解视图的默认名称，如图 1-38 所示。此时按〈Enter〉键可接受该默认名称，或者在名称框中输入一个新名称，此时该分解视图处于活动状态。单击“属性”按钮 属性>> 进入该分解视图的“属性”页，如图 1-39 所示，单击“编辑位置”按钮则在功能区中打开“分解工具”选项卡用于编辑装配元件的分解位置。设置好装配元件的分解位置后，单击“返回列表”按钮 << 列表 以返回到先前的分解视图列表。最后可选择“编辑”→“保存”命令来保存该新的分解视图。

图 1-38　新建分解视图

图 1-39　进入活动分解视图的“属性”页

1.5.3 在爆炸图中建立偏移线

在爆炸图中调整好元件位置后，可以使用偏距线来显示各元件的对齐方式，所述偏移线由多条可包括一个或多个角拐（角拐是指可以 90°拐弯的形状）的、直的虚线段组成。偏移线主要起修饰作用，它们表示元件从其组装位置移开。

在装配爆炸图中建立偏移线，有助于更好地表达装配体中零件之间的装配关系，有助于用户更好地理解装配图。

下面介绍如何在爆炸图中建立偏移线。

1）在“模型显示”组或“图形”工具栏中单击“视图管理器”按钮，弹出“视图管理器”对话框（可简称为视图管理器）。切换至“分解”选项卡，从分解视图列表中选择所需分解视图（爆炸图），单击属性>>按钮进入其“属性”页，单击“编辑位置”按钮以显示“分解工具”选项卡。

2）在“分解工具”选项卡中单击“创建偏移线”按钮，弹出图 1-40 所示的“修饰偏移线”对话框。

3）“参考 1”收集器处于激活状态，在曲面或边上选择一个点作为第一个端点，在本例中可以选择最左端元件的一根轴线以定义第一个端点。

4）指定参考 1 后，“参考 2”收集器随即被激活，在另一个元件的曲面或边上选择一个点作为第二个端点，在本例中可选择最右端元件的一根轴线以定义第二个端点。

5）单击“应用”按钮以生成一条偏移线，如图 1-41 所示。

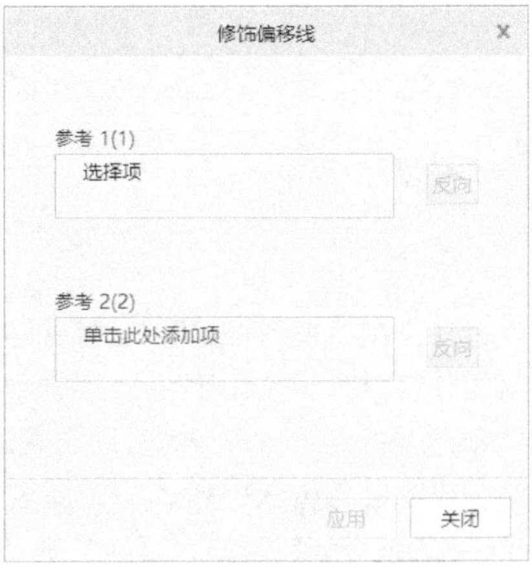

图 1-40　“修饰偏移线”对话框

6）在“修饰偏移线”对话框中单击“关闭”按钮。

对于一些不满意的偏移线，可以将其删除掉，其方法是先选择要删除的偏移线，接着在

“分解工具”选项卡中打开“分解线”面板，如图1-42所示，然后单击“删除偏移线”按钮 即可。

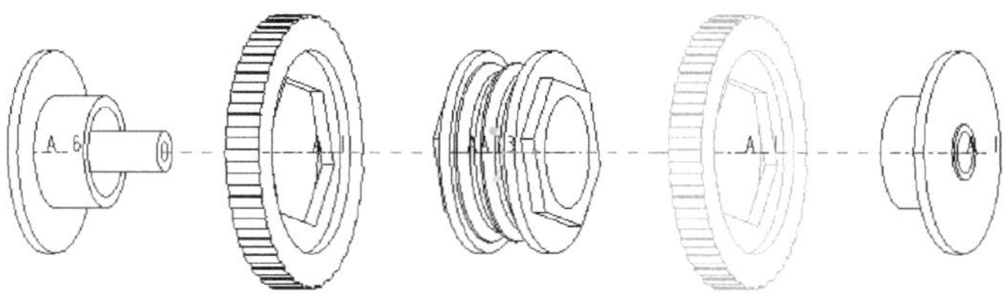

图1-41 创建一条偏移线

图1-42 在“分解工具”选项卡中打开“分解线”面板

1.5.4 修改偏移线

如果要编辑选定的偏移线（包括添加或修改偏移线拐角点），可以使用“分解工具”选项卡的“分解线”面板中的“编辑选定的分解线”按钮 。

另外，还可以修改现有偏移线的线型，也可以设置默认的偏移线线型。

修改现有偏移线的线型，其方法很简单，即先通过视图管理器打开功能区的“分解工具”选项卡。接着选择要修改的偏移线，再在“分解工具”选项卡的“分解线”面板中单击“编辑线型”按钮，弹出图1-43所示的“线型”对话框。利用该对话框，可以定义偏移线的属性，如线型和颜色等。如果要使用现有线造型，则在“复制自”选项组的“样式”下拉列表框中选择一种线样式（线造型），或者单击“现有线”处的“选择”按钮并接着从图形窗口中选择一条线。如果要创建新的线造型，则在“属性”选项组的“线型”下拉列表框中选择一种线型，而单击“颜色”按钮，则可以利用弹出来的图1-44所示的“颜色”对话框来设定偏移线的颜色。在“线型”对话框中设置好线型的相关内容后，单击“应用”按钮，最后在“分解工具”选项卡中单击“确定”按钮 。

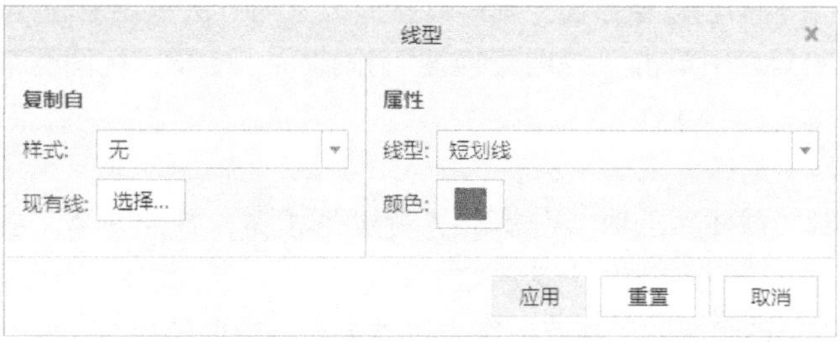

图1-43 “线型”对话框

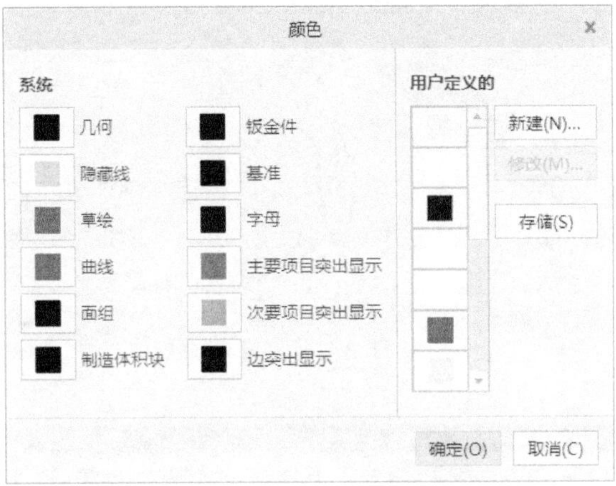

图 1-44 “颜色”对话框

如果要设置默认的偏移线线型（即要更改默认偏移线造型）。则在“分解工具”选项卡的“分解线”面板中单击“默认线型”按钮，弹出“线型”对话框，从中指定偏移线的新默认线型即可。

读者可以使用上一小节完成的实例来练习如何修改偏移线及其线型。

1.6 管理装配视图

系统提供的视图管理器是个很实用的工具，利用该视图管理器可以很好地管理装配视图。例如，利用视图管理器，同样可以建立和修改装配爆炸图（前面已经有简单介绍），还可以建立和编辑装配剖面等。

在装配模式下，可以创建一个与整个装配或仅与某一选定零件相交的横截面，装配中每个零件的剖面线分别确定。在装配中建立剖面，对于分析和说明内部结构是有帮助的。建立的装配剖面可以是单一平面剖切的，也可以是偏移剖切的。平面横截面可以用剖面线或填充形式显示，而偏移横截面只能画剖面线，横截面不显示与模型中修饰特征相交的部分。

在功能区“模型”选项卡的“模型显示”组中单击“视图管理器”按钮，或者在“图形”工具栏中单击“视图管理器”按钮，都可以打开图 1-45 所示的视图管理器。在本节中，将结合实例来着重介绍“截面”选项卡的应用。源文件还是采用位于本书配套资料包的 CH1→TSM_1_1 文件夹中的 TSM_1_1. ASM 文件。在介绍实例应用之前，先介绍使用视图管理器创建横截面的方法和步骤。

如果要使用视图管理器创建横截面，则可以按照以下的方法步骤来进行。

1）在“图形”工具栏中单击“视图管理器”按钮，打开“视图管理器”对话框（简称视图管理器）。

2）在视图管理器中选择“截面”标签，进入“截面”选项卡。

3）在视图管理器“截面”选项卡中单击“新建”按钮，打开一个下拉列表框，如图 1-46 所示，接着从该下拉列表框中选择以下选项之一。

- “平面”：使用基准平面或平面曲面作为参考来创建平面横截面。
- “X 方向”：使用默认坐标系的 X 轴作为参考来创建平面横截面。

- “Y 方向”：使用默认坐标系的 Y 轴作为参考来创建平面横截面。
- “Z 方向”：使用默认坐标系的 Z 轴作为参考来创建平面横截面。
- “偏移”：使用草绘作为参考来创建偏移横截面。
- “区域”：创建区域。

图 1-45 “视图管理器”对话框

图 1-46 单击“新建”按钮

4）接着出现一个显示默认横截面名称的文本框，如图 1-47 所示。按〈Enter〉键接受默认的横截面名称，或者在该文本框中输入新的横截面名称再按〈Enter〉键确认。系统将根据在上一步中的选择，在功能区出现“截面”选项卡或系统弹出“区域”对话框。

5）使用“截面”选项卡或“区域”对话框分别创建横截面或区域。

6）在视图管理器的“截面”选项卡中，单击“选项”按钮，打开“选项”下拉列表框，如图 1-48 所示。其中，从该“选项”下拉列表框中选中“显示截面”复选框可以在图形窗口中查看横截面。

图 1-47 出现一个文本框

图 1-48 单击“选项”按钮

下面是建立一个装配剖面的实例。

1）打开位于本书配套资料包的 CH1 →TSM_1_1 文件夹中的 TSM_1_1. ASM 文件。确保将装配体设置为装配模式（非爆炸图模式）。

2）在“图形”工具栏中单击“视图管理器”按钮，打开视图管理器，并切换至“截面”选项卡。

3）在视图管理器的“截面”选项卡中单击“新建”按钮，接着从打开的下拉列表框中选择“平面”选项。

4）在出现的文本框中输入“HY_Xsec_01”，按〈Enter〉键确认。

5）在功能区出现图 1-49 所示的“截面”选项卡，从“放置”下拉列表框中选择“穿过”选项，确保单击选中（预览加顶截面）按钮。

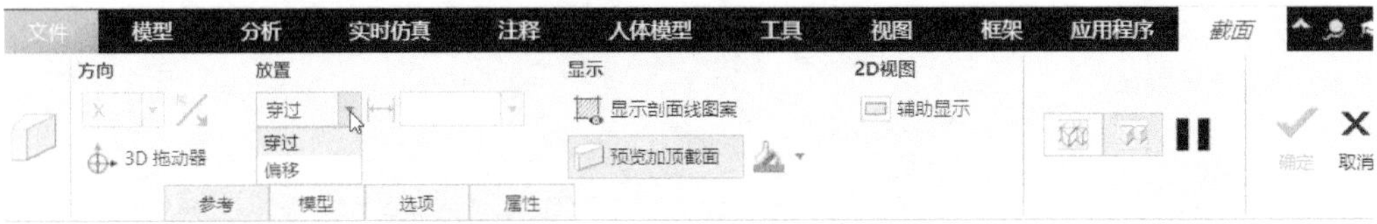

图 1-49　功能区出现“截面”选项卡

6）“截面”选项卡“参考”面板中的“截面参考”收集器处于激活状态，在图形窗口中选择 ASM_FRONT 基准平面作为剖切平面，如图 1-50 所示。

7）在“截面”选项卡中单击“显示剖面线图案”按钮以选中它，则在横截面曲面上会显示各零件相应的剖面线图案，如图 1-51 所示。

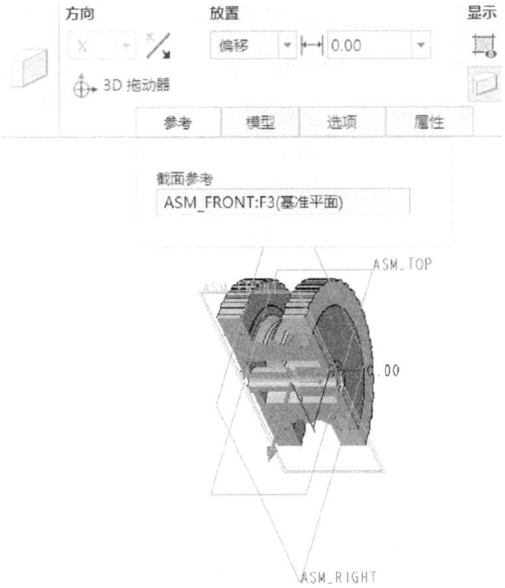

图 1-50　选择截面参考

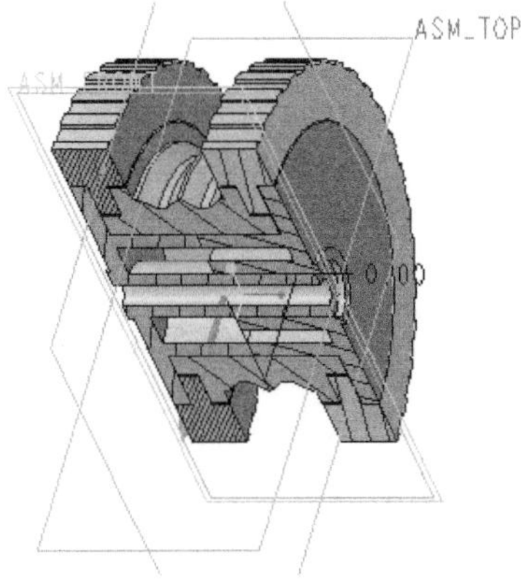

图 1-51　显示剖面线图案

8）在“截面”选项卡中打开“模型”面板，接受图 1-52 所示的模型选项设置。该面板中的图标选项用于创建整个装配的截面，图标选项则用于创建单个零件的截面。对于整个装配的截面，可以根据设计要求指定要创建截面的模型范围，即包括所有模型、包括选定的模型或排除选定的模型。

9）在“截面”选项卡中打开“选项”面板，根据实际情况选中“显示干涉”复选框以启用零件间或主体之间的干涉显示，并可以指定干涉显示的颜色，如图1-53所示。

图1-52 “模型”面板

图1-53 “选项”面板

10）在“截面”选项卡中单击“确定”按钮，返回到视图管理器。

在装配模型树中可以看到截面节点，如图1-54所示，该截面处于激活状态（激活的截面节点带有一个太阳形式的小图标）。如果要取消激活该截面，则在装配模型树中单击或右击该截面节点，接着从出现的浮动工具栏中选择“取消激活”工具即可，如图1-55所示。如果要取消显示截面，则在装配模型树中单击或右击该截面节点，接着从弹出的浮动工具栏中单击“隐藏截面”工具即可。需要用户注意的是，如果是右击该截面节点，除了弹出浮动工具栏之外，还将弹出一个提供其他编辑选项的快捷菜单。

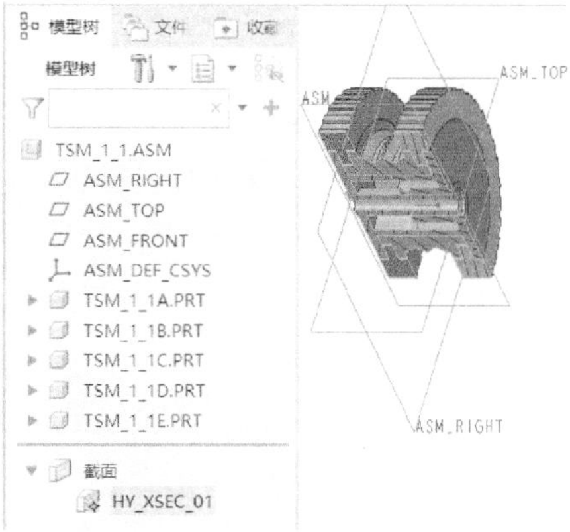

图1-54 截面节点

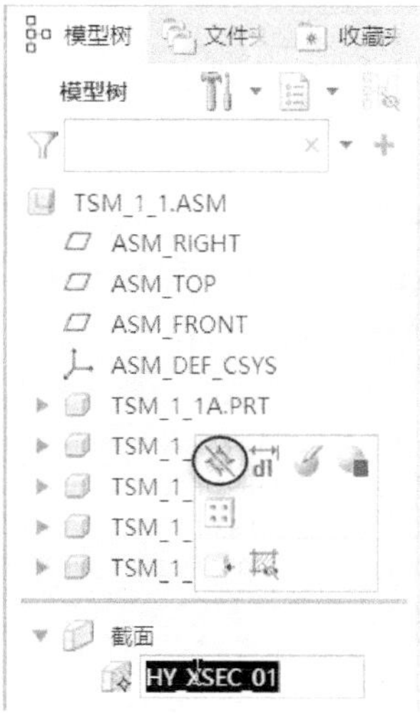

图1-55 取消激活选定截面

知识点拨：

在功能区“模型”选项卡的“模型显示”组的“截面”下拉菜单中也提供了关于截面操作的相应工具按钮，包括（平面）按钮、（X方向）按钮、（Y方向）按钮、（Z方向）按钮、（偏移截面）按钮和（区域）按钮。

1.7 设置装配造型的显示样式

可以设置装配造型的显示样式，以获得装配中不同零件的表现方法，这在一些场合也有助于表示装配的相关结构。在 Creo Parametric 7.0 中，使用视图管理器的“样式”选项卡来管理装配显示。

请看下面的一个操作实例，源文件位于本书配套资料包的 CH1→TSM_1_V 文件夹中。

1）打开源文件 TSM_1_V. ASM，该装配着色显示如图 1-56 所示。

2）在功能区“模型”选项卡的“模型显示”组中单击“视图管理器”按钮，或者在“图形”工具栏中单击“视图管理器”按钮，打开视图管理器。

3）在视图管理器中切换至“样式”选项卡，如图 1-57 所示。

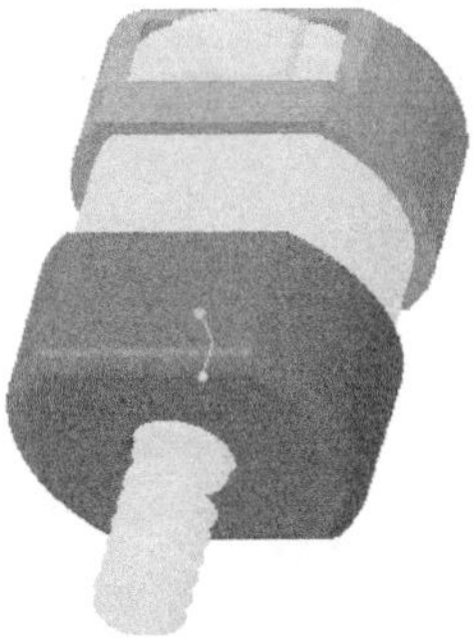

图 1-56　产品着色效果

图 1-57　切换至“样式”选项卡

4）在视图管理器的“样式”选项卡中单击“新建”按钮，在出现的文本框中指定样式名称，按〈Enter〉键，弹出图 1-58 所示的“编辑：STYLE0001”对话框。

5）切换至“显示”选项卡，从“方法”选项组中选择其中一种显示样式，并从主窗口或模型树中选择一个元件。例如，选择“线框”单选按钮，并从图形窗口中选择 TSM_1_V_MATOR-2. PRT 零件，单击“预览”按钮预览在选定的元件上应用指定的样式，而其他零件还是以着色形式显示，如图 1-59 所示。

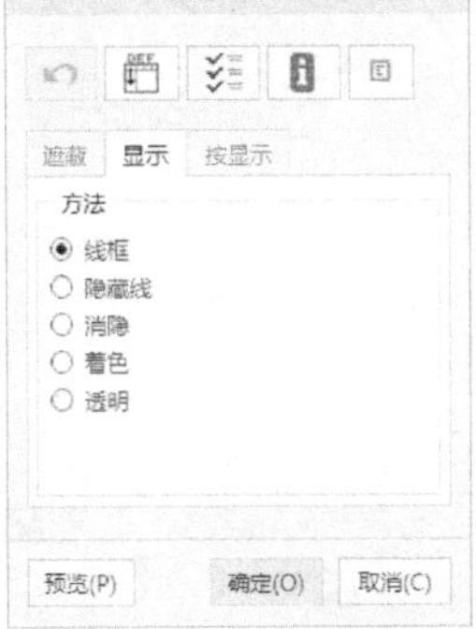

图 1-58　“编辑：STYLE0001”对话框

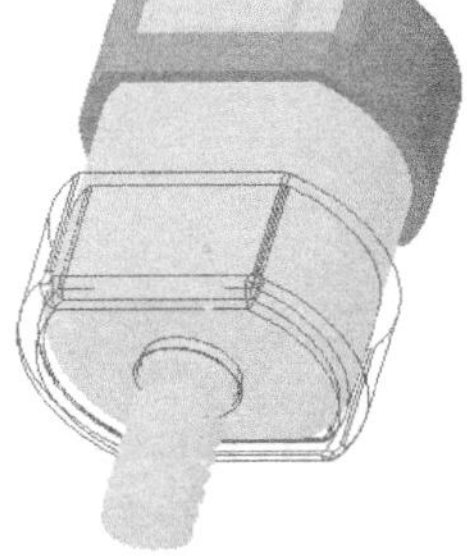

图 1-59　设置显示样式的效果

6）在“显示”选项卡的“方法”选项组中选择“透明”单选按钮，然后在图形窗口中选择 TSM_1_V_MATOR-1. PRT 零件，接着单击“预览”按钮，此时装配显示如图 1-60 所示。

说明：

“编辑：STYLE0001”对话框中 5 个按钮的功能用途。

：撤销上一次操作。

：重置选定元件。

：仅显示应用了一个操作的元件。

：显示选定元件的信息。

：设置规则操作。单击该按钮，系统弹出一个对话框，从中可以添加用来定义表示内容的新条件等，当发生冲突时，低级条件覆盖高级条件。

7）单击“确定”按钮，返回到视图管理器。

8）在视图管理器中确保选中该建立的样式名称，单击“属性”按钮，可以在元件显示样式列表中看到当前样式中元件显示样式设置情况，如图 1-61 所示。在该列表中选择一个元件，可以通过单击相应显示样式按钮来更改该元件的显示样式。单击按钮，返回到视图管理器原先的样式名列表状态。

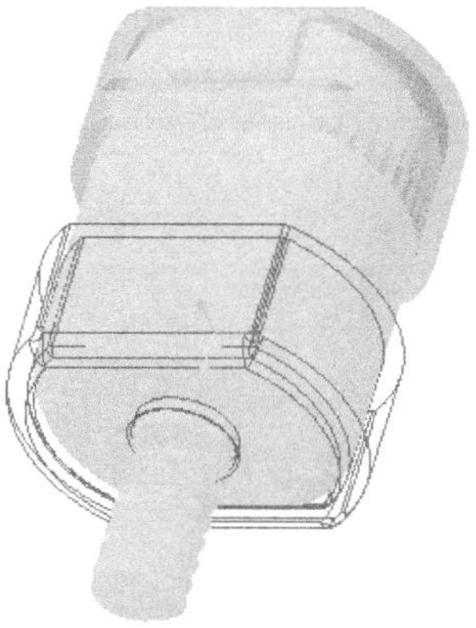

图 1-60　设置元件显示样式的效果

图 1-61　元件显示样式列表

9）此时在“图形”选项卡的“显示样式”列表中依次单击不同的显示样式按钮，以观察装配的显示效果，得到的结果是 TSM_1_V_MATOR-1. PRT 零件和 TSM_1_V_MATOR-2. PRT 零件不受这些显示样式按钮的控制。然后保存装配及保存建立的装配造型显示样式，以后可以通过视图管理器调用已经存在的装配造型的显示样式。

另外，用户也可以执行这样的操作步骤来创建显示样式：在装配中选择元件，接着从功能区的“模型”选项卡中选择“模型显示”→“元件显示样式”命令以打开一个显示样式列表，如图 1-62 所示，从中选择一个显示样式选项。也可以在功能区的“视图”选项卡中选择“模型显示”→“元件显示样式”命令来打开同样的显示样式列表。

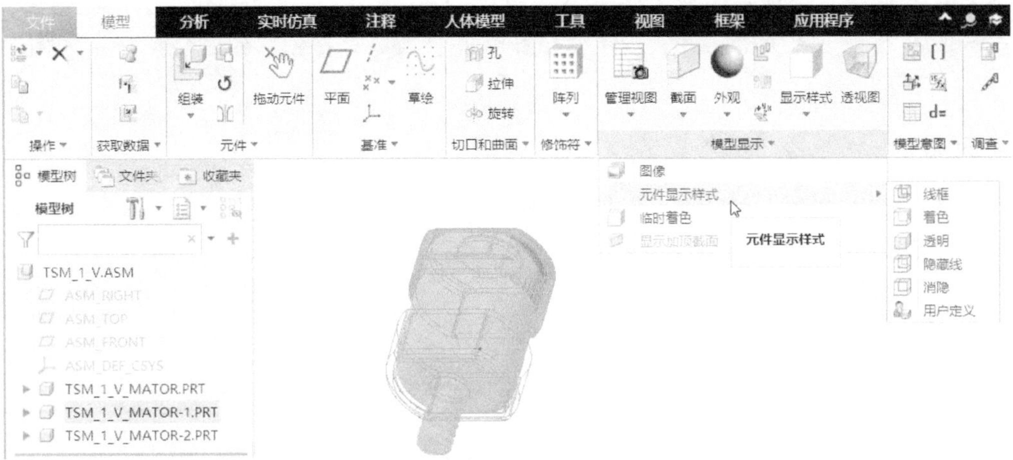

图 1-62　指定元件显示样式

1.8　装配的体验实例

本节将介绍一个采用自底向上（Down-Top）设计思想的实例。在该实例中，先设计好各具体的零件，然后将这些零件按照一定的约束关系装配起来，从而构成一个相对完整的装配。本书提供已经设计好的零件，其所需的各源文件均位于本书配套资料包的 CH1→TSM_1_2 文件夹中。下面，将讲解如何装配这些已有零件，并讲解对装配体进行全局干涉分析等实用知识。

1.8.1　装配零件

具体的装配步骤如下。

步骤 1：新建一个装配文件并设置模型树的显示项目。

1）在“快速访问”工具栏中单击“新建”按钮，弹出“新建”对话框。

2）在“类型”选项组中选择“装配”单选按钮，在“子类型”选项组中选择“设计”单选按钮，输入装配名称为“TSM_1_2”，单击“使用默认模板”复选框以不使用默认模板，单击“确定”按钮。

3）系统弹出“新文件选项”对话框，从“模板”选项组中选择“mmns_asm_design_abs”，单击“确定”按钮，建立一个装配文件。

如果在装配模型树上没有显示特征项，那么可以在导航区的（模型树）选项卡中单击模型树上方的“设置”按钮，从出现的下拉菜单中选择“树过滤器”选项，打开“模型树项”对话框；在“显示”选项组中增加选中“特征”复选框和“放置文件夹”复选框，单击“应用”按钮，然后关闭“模型树项”对话框。此时，在装配模型树中便显示基准平面、基准坐标系这些由指定模板预定义好的特征。

步骤 2：装配第 1 个零件——TSM_1_2_A. PRT。

1）在功能区“模型”选项卡的“元件”组中单击“组装”按钮。

2）在出现的“打开”对话框中，查找到源文件 TSM_1_2_A. PRT，单击“打开”按钮。

3）在出现的“元件放置”选项卡中，从约束类型下拉列表框中选择“默认”选项，如

图 1-63 所示。

图 1-63 指定约束类型为“默认”

4）单击“元件放置”选项卡中的“确定”按钮✓，完成第 1 个零件的装配，如图 1-64 所示，图中隐藏了该零件的基准特征。

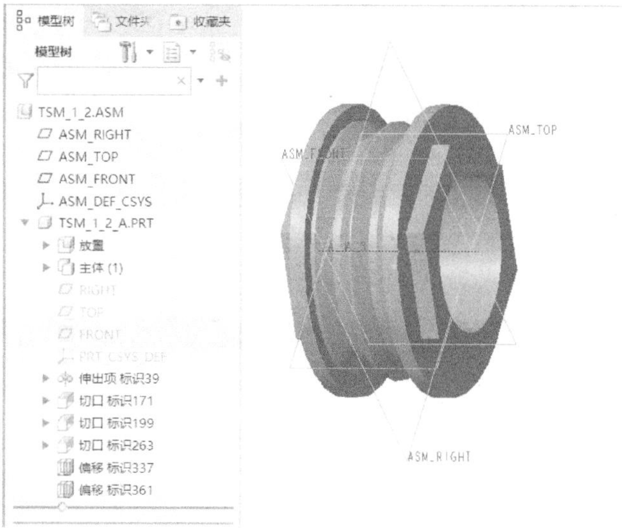

图 1-64 装配第一个零件

步骤 3：装配第 2 个零件——TSM_1_2_B. PRT。

1）在功能区“模型”选项卡的“元件”组中单击“组装”按钮，弹出“打开”对话框。

2）通过“打开”对话框查找到源文件 TSM_1_2_B. PRT，单击“打开”按钮，出现“元件放置”选项卡。

3）从约束类型下拉列表框中选择“平行”选项。分别选择图 1-65 所示的参考面 1 和参考面 2，图 1-65a 和图 1-65b 的视角不同，图 1-65c 为初步应用“平行”约束的效果。特别说明一下，参考面 1 和参考面 2 均是相应六边形长边所在的面。在本例中，可以单击“反向”按钮以更改约束方向。

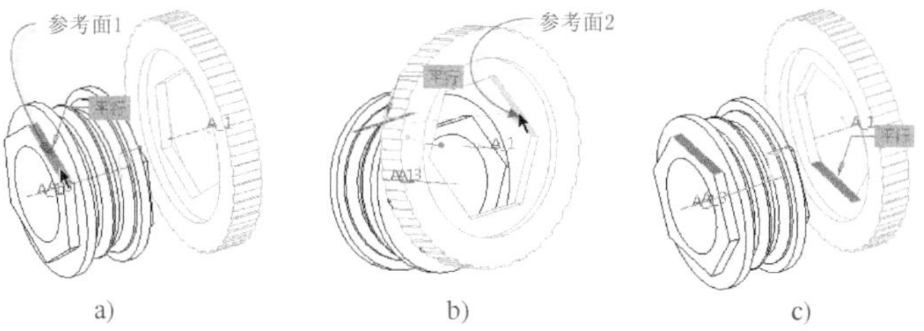

图 1-65 选择平行参考面

a）选择参考面 1 b）选择参考面 2 c）应用“平行”约束

4）在“元件放置”选项卡中单击“放置”标签以打开“放置”面板，如图 1-66 所示。

图 1-66 “放置”面板

5）在“放置”面板中，单击“新建约束”处，开始定义第 2 放置约束。从“约束类型”下拉列表框中选择“重合”选项，接着在图形窗口中选择 TSM_1_2_B. PRT 的轴线 A_1，选择 TSM_1_2_A. PRT 的轴线 A_1 或 A_3，此时如图 1-67 所示。

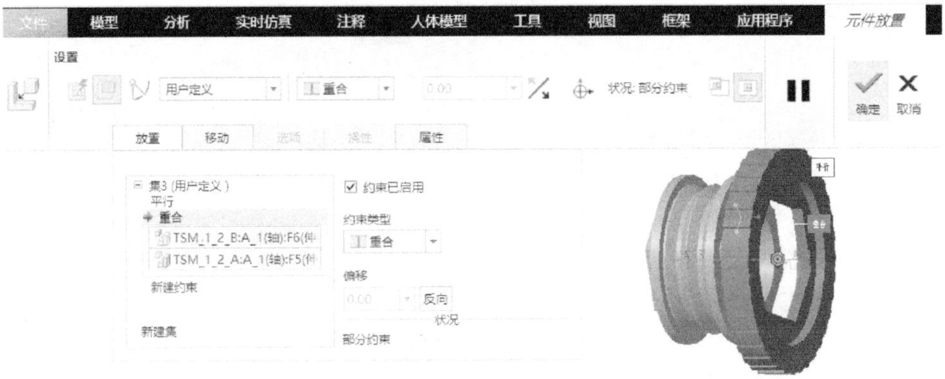

图 1-67 定义“重合”约束

6）单击“新建约束”处，开始定义第 3 放置约束。选择“约束类型”为“重合”，在模型窗口中分别选择图 1-68 所示的参考面 1 和参考面 2，图 1-68a 和图 1-68b 的视角不同。

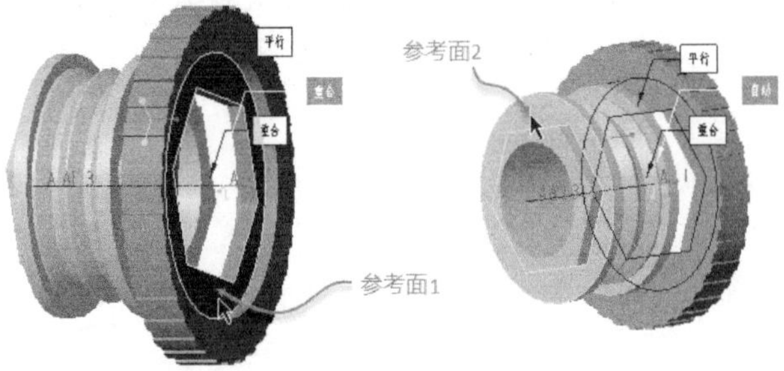

a) b)

图 1-68 选择重合参考

a）选择参考面 1 b）选择参考面 2

7）单击“元件放置”选项卡中的“确定”按钮✓，完成第2个零件的装配，如图1-69所示，图中隐藏了该零件的基准特征。

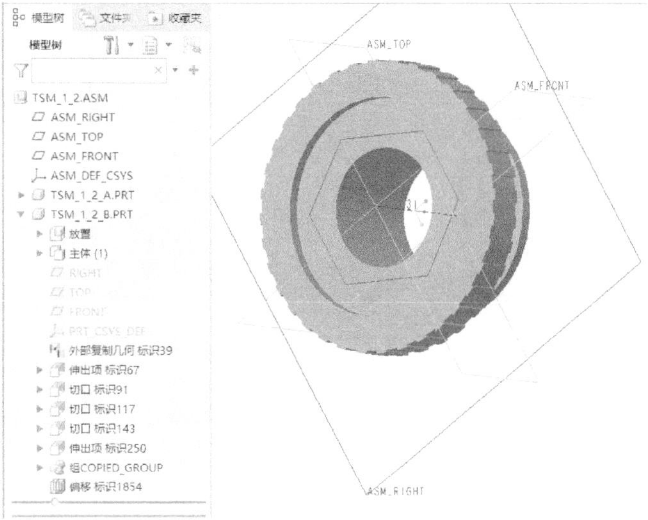

图1-69 完成装配第2个零件

步骤4：装配第3个零件——TSM_1_2_C. PRT。

1）在功能区“模型”选项卡的“元件”组中单击“组装”按钮，弹出“打开”对话框。

2）通过“打开”对话框查找到源文件TSM_1_2_C. PRT，单击“打开”按钮，出现“元件放置”选项卡。

3）分别选择图1-70所示的参考面1和参考面2。特别说明一下，参考面1和参考面2均是相应六边形长边所在的面。将该“约束类型”选项改为“平行”选项。

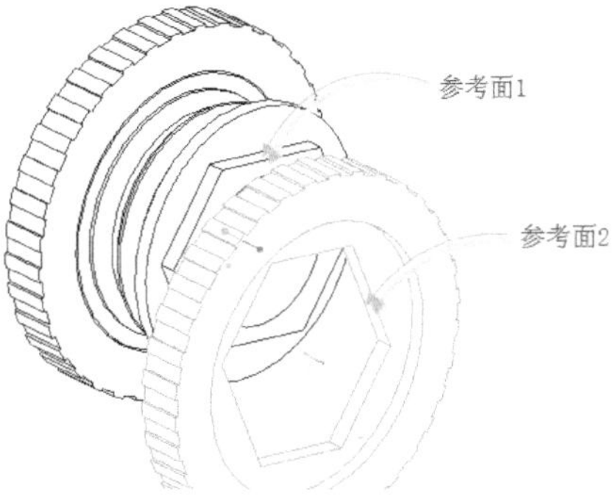

图1-70 选择配合参考

4）进入“放置”面板，单击“新建约束”选项。接着从“约束类型”下拉列表框中选择“重合”，然后在图形窗口中选择TSM_1_2_C. PRT的轴线A_1，选择装配中的一个中心轴线（如A_1），此时如图1-71所示。

图1-71 定义轴的重合约束

5）单击“新建约束”选项，开始定义第3放置约束。选择“约束类型”为“重合”，分别选择图1-72所示的参考面1和参考面2，图1-72a和图1-72b的视角不同，并单击“反向”按钮来更改约束方向以满足设计要求，如图1-73所示。

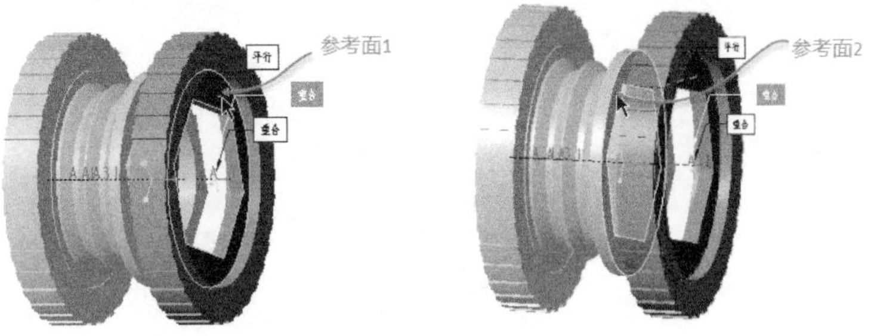

a)　　b)

图1-72　选择重合参考

a）参考面1　b）参考面2

6）单击“元件放置”选项卡中的“确定”按钮，完成第3个零件的装配，如图1-74所示，图中隐藏了该零件的基准特征。

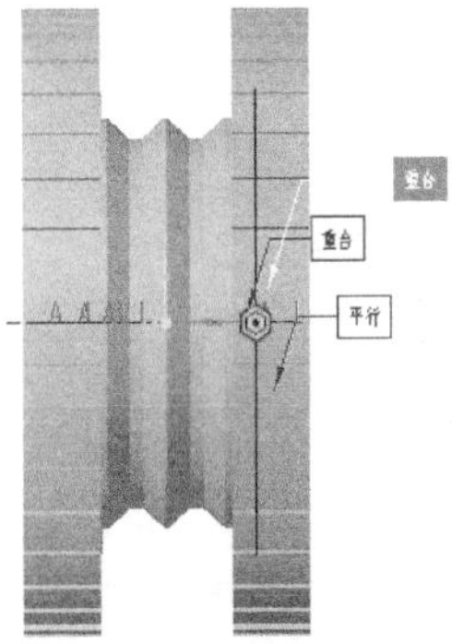

图1-73　更改约束方向后的效果

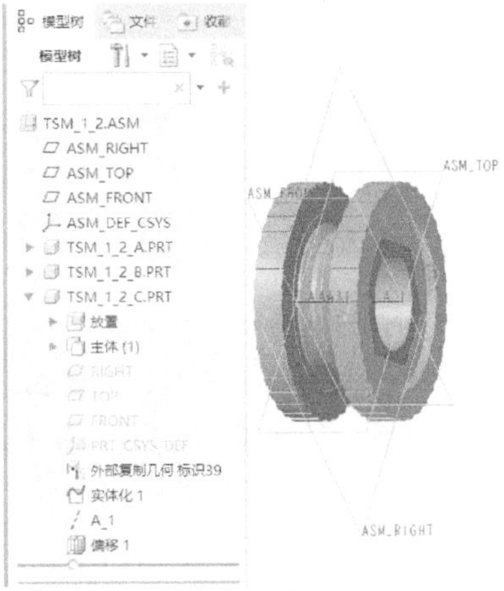

图1-74　完成装配第3个零件

步骤5：装配第4个零件——TSM_1_2_D. PRT。

1）在功能区“模型”选项卡的“元件”组中单击“组装”按钮，弹出“打开”对话框。

2）通过“打开”对话框查找到源文件TSM_1_2_D. PRT，单击“打开”按钮。

3）选择“约束类型”选项为“居中”，接着分别选择图1-75所示的元件参考（曲面1）和装配参考（曲面2），使两个圆柱曲面同心。

4）进入“放置”面板，单击“新建选项”选项。接着从“约束类型”下拉列表框中选择“重合”，然后在图形窗口中选择TSM_1_2_D. PRT的参考面1（元件参考）、选择装配中的参考面2（装配参考），如图1-76所示。

5）选中“允许假设”复选框，单击“确定”按钮，完成第4个零件的装配，如图1-77所示，图中隐藏了该零件的内部基准特征。

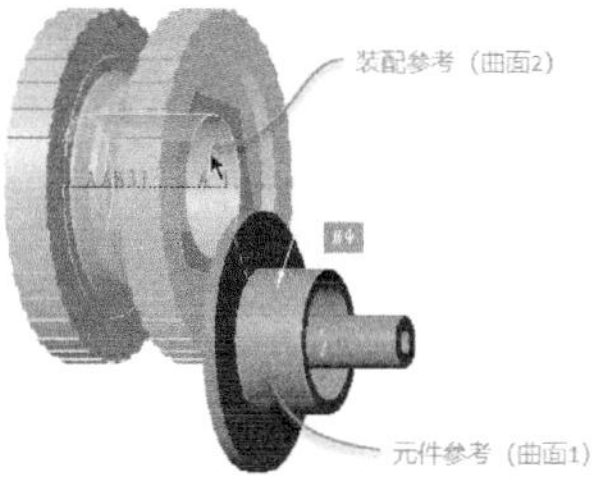

图 1-75　选择相配合的曲面

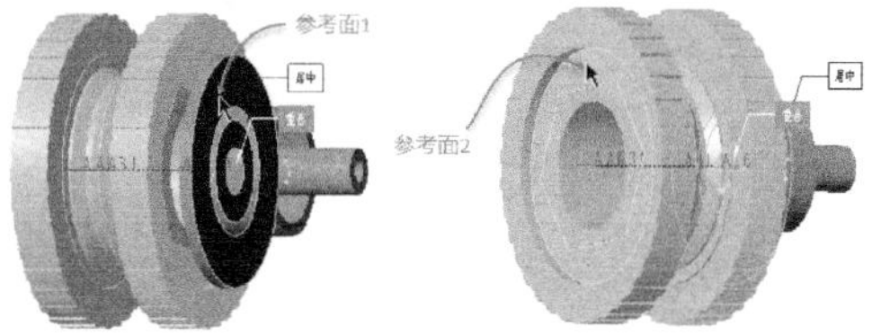

图 1-76　选择要重合约束的一对参考

步骤 6：装配第 5 个零件——TSM_1_2_E. PRT。

1）在功能区“模型”选项卡的“元件”组中单击“组装”按钮，弹出“打开”对话框。

2）通过“打开”对话框查找到源文件 TSM_1_2_E. PRT，单击“打开”按钮，此时如图 1-78 所示。

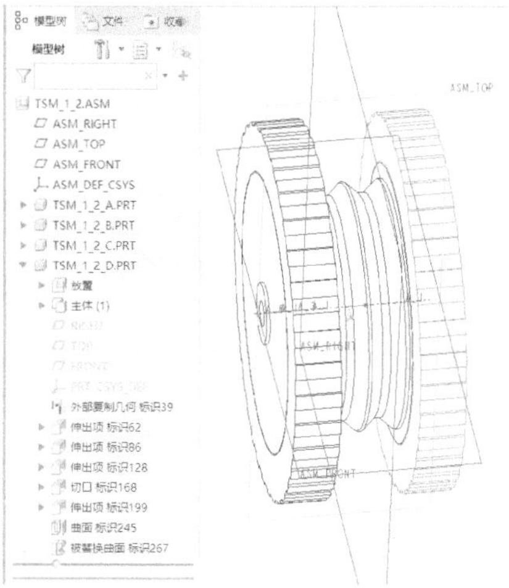

图 1-77　完成装配第 4 个零件

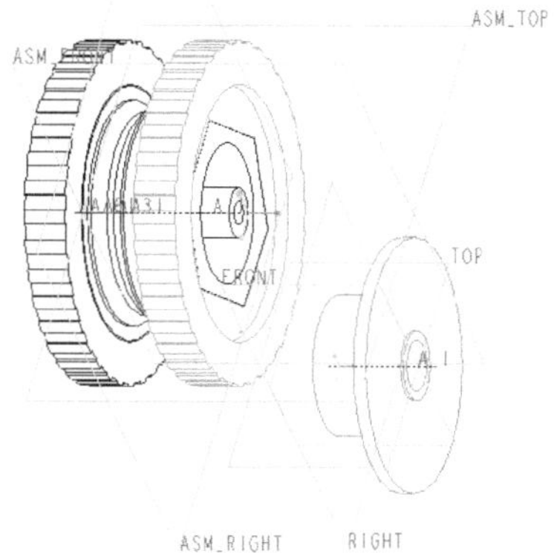

图 1-78　打开第 5 个零件

3）选择“约束类型”选项为“居中”，接着在模型窗口中分别选择图 1-79 所示的曲面 1 和曲面 2。

4）进入“放置”面板，单击“新建约束”选项。接着选择“约束类型”为“重合”，然后在图形窗口中选择 TSM_1_2_E. PRT 的参考面 1、选择装配中的参考面 2，如图 1-80 所示。

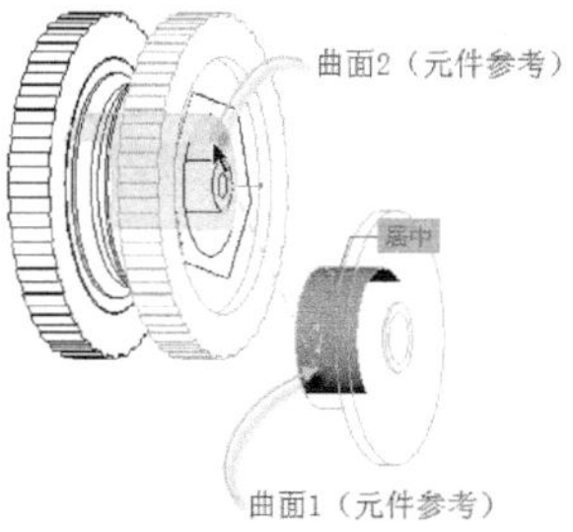

图 1-79　选择居中参考

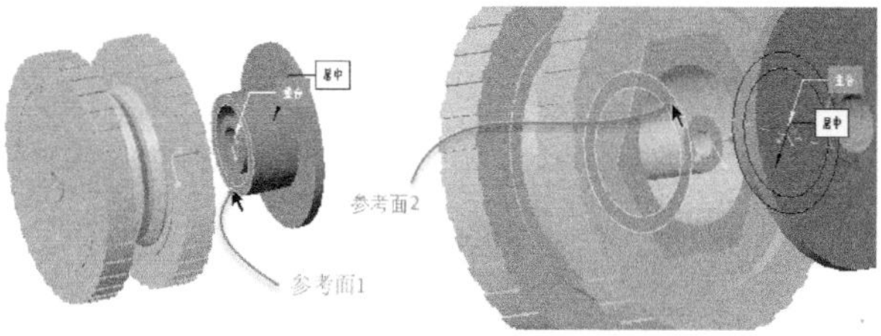

图 1-80　选择重合参考

5）在允许假设的前提下，系统提示“完全约束”。单击“确定”按钮，完成第 5 个零件的装配，如图 1-81 所示，图中隐藏了该零件的内部基准特征。

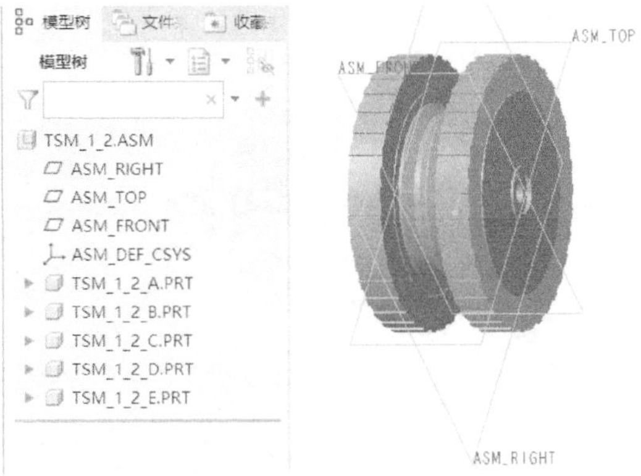

图 1-81　完成第 5 个零件的装配

至此，该装配的 5 个零件已经装配完毕。可以对该装配进行分析，看有没有存在干涉情况。下一节是进行全局干涉分析的操作步骤。

1.8.2 全局干涉分析

1）在功能区中单击“分析”标签以打开“分析”选项卡，接着从“检查几何”组中单击“全局干涉”按钮，弹出图 1-82 所示的“全局干涉”对话框。

2）接受默认的设置，单击“预览”按钮，计算结果为“”。

3）关闭“全局干涉”对话框。若单击“确定”按钮，则接受并完成当前的分析；若单击“取消”按钮，则取消当前的分析。

在装配设计中，经常需要进行模型的分析，如果装配体中存在装配干涉情况，则往往需要对相关的零部件进行修改操作，以消除不希望看到的干涉现象。

1.8.3 建立材料清单

1）从功能区“模型”选项卡的“调查”组中单击“材料清单”按钮没有干涉零件。，打开图 1-83 所示的“材料清单（BOM）”对话框。

图 1-82　“全局干涉”对话框

图 1-83　“材料清单（BOM）”对话框

2）在“选择模型”选项组中选择“顶层”单选按钮，单击“确定”按钮，系统会开启浏览器来显示模型装配的材料清单信息，如图1-84所示。

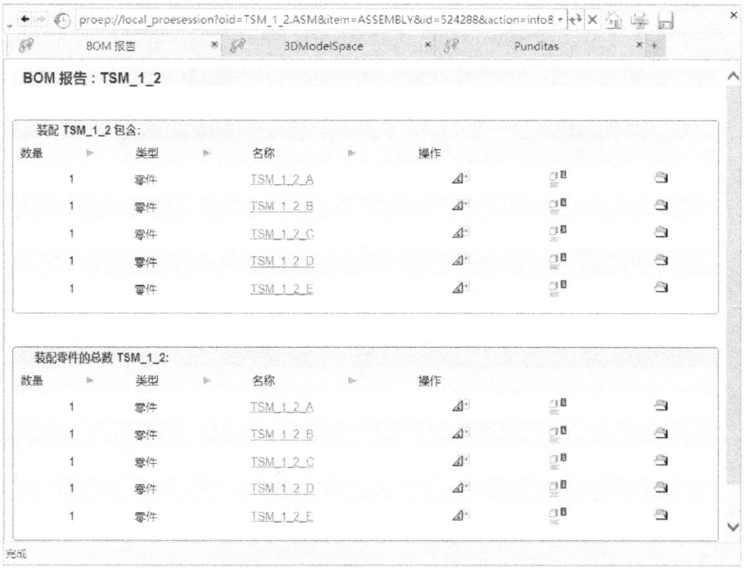

图1-84　建立的材料清单（BOM）

1.8.4 查看指定元件安装过程的信息

以该体验实例中的一个元件（TSM_1_2_E. PRT）为例，说明如何查看指定元件安装过程的信息。

1）在装配模式下，从功能区“工具”选项卡的“调查”组中单击“元件”按钮，打开图1-85所示的“元件约束信息”对话框。

2）选择要显示装配信息的元件。例如，选取TSM_1_2_E. PRT元件。

此时，在“元件约束信息”对话框中显示该元件的安装信息，包括安装所应用到的约束类型及其相关的参考等，如图1-86所示。

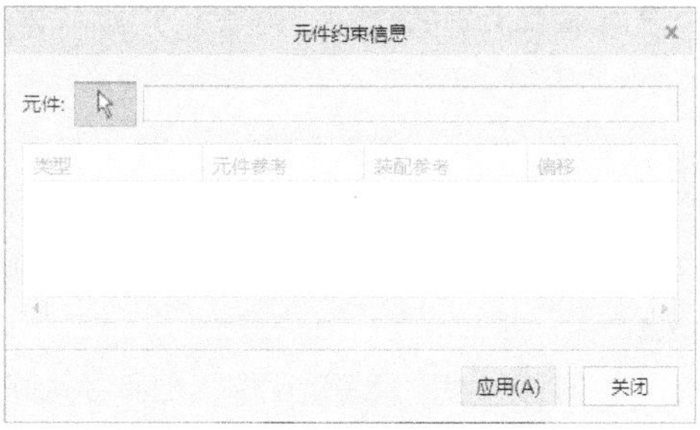

图1-85　“元件约束信息”对话框

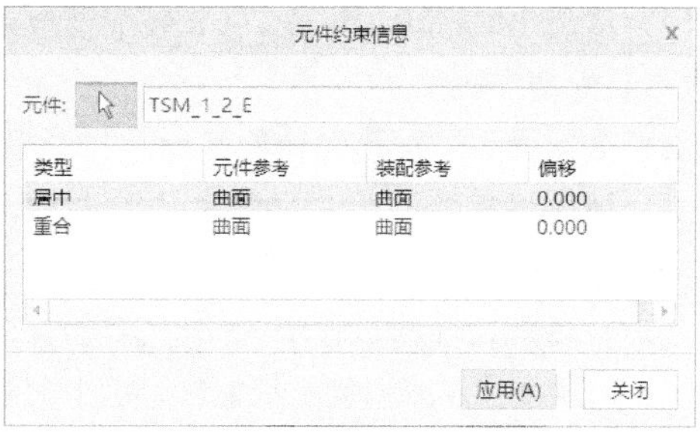

图1-86　显示元件约束信息

3）如果在“元件约束信息”对话框中单击显示的某一个约束类型项，则系统将显示该约束类型所含的元件参考和装配参考信息，如图1-87所示。

4）在“元件约束信息”对话框中单击“应用”按钮，则可以输出相应信息，如图1-88

所示。

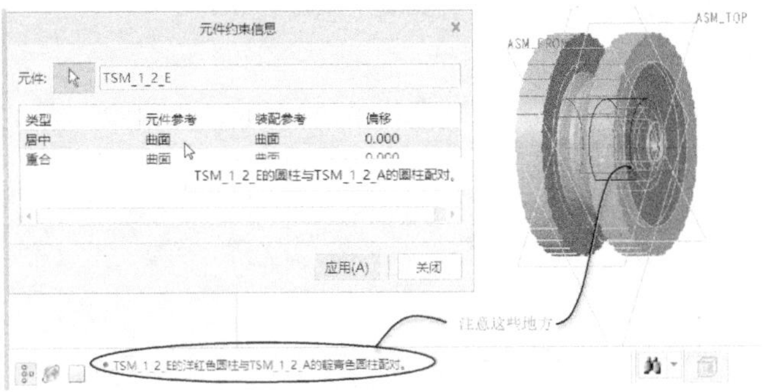

图 1-87　显示所指的约束信息

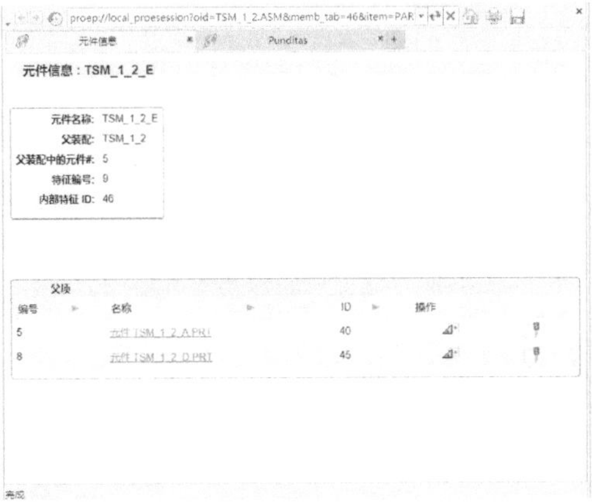

图 1-88　输出相应信息

5）在“元件约束信息”对话框中单击“关闭”按钮，关闭“元件约束信息”对话框。

1.9 思考题

1）请说出 Creo Parametric 7.0 装配模块中的这些常用基本术语的含义：装配、元件、装配模型树和装配爆炸图。

2）如何设置装配模型树的显示项目？以设置显示“特征”和“放置文件夹”项目为例。

3）请简述装配设计中的两种主要设计思路。

4）装配的放置约束包括哪些类型？在使用放置约束时，需要考虑哪些一般原则及注意事项？

5）在装配元件的过程中，如何实现元件的移动操作？

6）如何创建和编辑装配爆炸图？可以举例说明。使用视图管理器来管理装配爆炸图有哪些好处？

7）如何建立装配剖面？

8）如何设置装配造型的显示样式？

9）简述执行全局干涉分析的一般步骤。

10）简述建立材料清单的典型步骤。

11）回顾一下，如何在装配体中查看指定元件安装过程的信息？

第 2 章　在装配环境中处理元件

本章导读

在建立装配体后，可以利用 Creo Parametric 7.0 系统提供的工具命令来进行装配组件的设计修改。例如，打开或删除元件、修改元件的尺寸、修改元件装配约束的偏距、重新设置元件的放置约束等。

本章介绍的基本内容包括在装配环境中新建零件、打开零件、激活元件、对元件的特征进行修改、编辑定义元件的装配约束、组件中的布尔运算、对元件进行“合并/继承”处理等。

2.1 新建零件

在前面 1.2.2 节介绍自顶向下装配时，简述了在装配体中创建实体零件的一般步骤。现在，更深入地讲解新建零件的一些选项，并通过一个操作实例来巩固新建元件的知识。

在装配环境中，从功能区“模型”选项卡的“元件”组中单击“创建”按钮，打开图 2-1 所示的“创建元件”对话框。从中可以看出，在装配环境中可以创建 5 种主类型的元件：“零件”“子装配”“骨架模型”“主体项”和“包络”。

例如，在“类型”选项组中选择“零件”单选按钮，在“子类型”选项组中选择“实体”单选按钮，在“文件名”文本框中输入零件名称，单击“确定”按钮，打开图 2-2 所示的“创建选项”对话框。在“创建方法”选项组中，提供了 4 种方法选项：“从现有项复制”“定位默认基准”“空”“创建特征”。这些方法选项的功能含义如下。

图 2-1　“创建元件”对话框

图 2-2　“创建选项”对话框

（1）“从现有项复制”单选按钮

选择该单选按钮时，需要选取已有零件作为源零件，通过复制源零件的方式建立一个新的零件，并可将新零件放置在装配中。也就是说可以通过先创建零件副本，之后再将其放置在装配中来插入零件。

实用知识说明：

如果在“创建方法”选项组中选择“从现有项复制”单选按钮，那么也可以选择系统提供的模板来进行零件特征的建立。例如，单击“复制自”选项组中的“浏览”按钮，找到软件安装目录X:\Program Files\PTC\Creo 7.0.0.0\Creo 7.0.0.0\Common Files\templates\文件夹，从中选择mmns_part_solid_abs.prt等所需的一种公制模板，单击“打开”按钮，则该模板文件将被复制到现在创建的新元件中。

选择“从现有项复制”单选按钮并利用“复制自”选项组选择要复制元件的名称，接着在“放置”选项组中决定“不放置元件”复选框的状态。在未定义放置约束的情况下，可以选中“不放置元件”复选框以在装配中包括新元件（即作为未放置元件包括在装配中）。

（2）“定位默认基准”单选按钮

选择该单选按钮，可以创建一个元件并自动将其装配到所选参考。图2-3所示，选择“定位默认基准”单选按钮时，系统提供了定位基准的3种方法，即“三平面”“轴垂直于平面”“对齐坐标系与坐标系”。它们的功能含义如下。

- “三平面”：从装配体中选择三个正交平面来定义新零件的基准。
- “轴垂直于平面”：从装配体中选择一个平面和一个垂直于所选平面的轴来创建新零件的基准，并定义其位置。
- “对齐坐标系与坐标系”：从装配体中选择一个坐标系来定义零件基准并定义其位置。

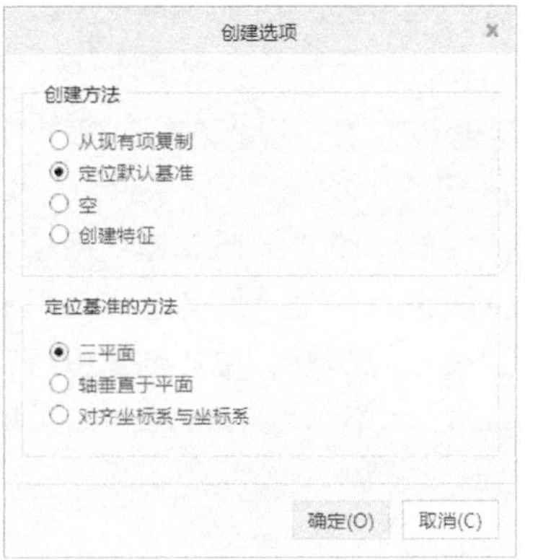

图2-3 选择“定位默认基准”单选按钮

（3）“空”单选按钮

创建一个不具有初始几何特征的元件，或者描述为空零件。

（4）“创建特征”单选按钮

使用现有装配参考来创建新零件的几何特征，即采用该单选按钮来创建新零件时，常需要指定参考元素。新零件的第一个特征（初始特征）取决于装配。

下面是一个在装配中新建零件的实例练习，它具体的操作步骤如下。

1）打开配套资料包CH2→TSM_2_1文件夹里的TSM_2_1.ASM源文件，并设置在模型树中显示零件的特征，如图2-4所示，图中隐藏了零件的内部基准特征。

2）从功能区“模型”选项卡的“元件”组中单击“创建”按钮，打开“元件创建”对话框。

3）在“类型”选项组中选择“零件”单选按钮，在“子类型”选项组中选择“实体”单选按钮，输入零件名称为“TSM_2_1_2”，单击“确定”按钮，出现“创建选项”对话框。

4）在“创建方法”选项组中选择“定位默认基准”单选按钮，在“定位基准的方法”选项组中选择“三平面”单选按钮，单击“确定”按钮。

5）此时系统出现“选择将同时用作草绘平面的第一平面。”的提示信息，在装配模型中选择 ASM_RIGHT 基准平面；接着系统出现“选择水平平面（当草绘时将作为‘顶部’参考）。”的提示信息，选择 ASM_TOP 基准平面；系统出现“选择用于放置的竖直平面。”的提示信息，选择 ASM_FRONT 基准平面，则在新零件中建立了 DTM1、DTM2 和 DTM3 三个基准平面，同时在装配模型树中，TSM_2_1_2. PRT 级节点处出现一个激活标识，如图 2-5 所示。

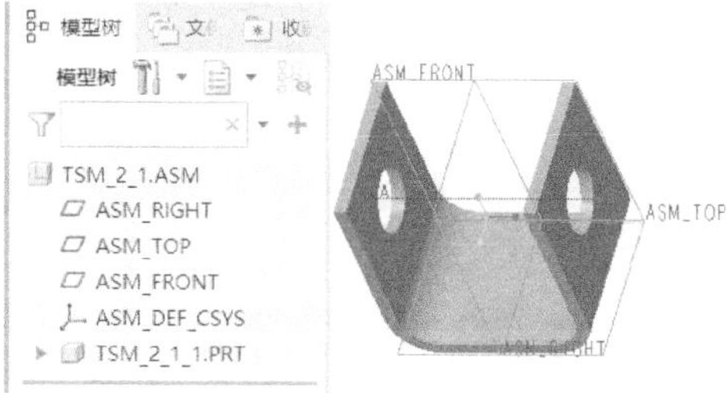

图 2-4　源文件中的模型

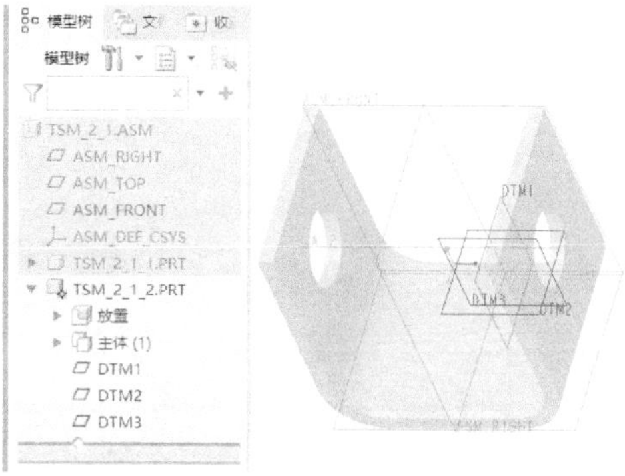

图 2-5　在装配环境中建立新零件

6）在功能区“模型”选项卡的“形状”组中单击“拉伸”按钮，打开图 2-6 所示的“拉伸”选项卡。

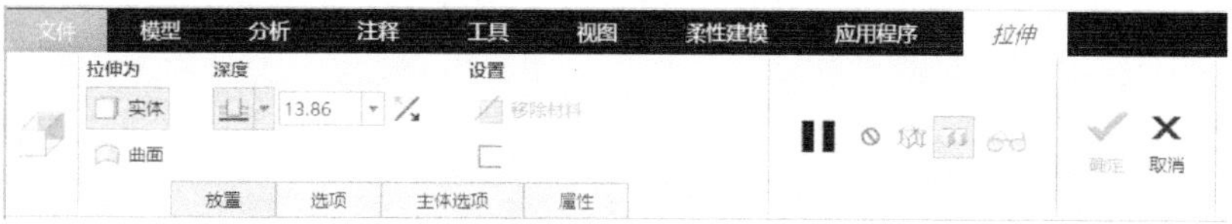

图 2-6　“拉伸”选项卡

7）在“拉伸”选项卡上单击“放置”标签以打开“放置”面板，接着单击“定义”按钮，弹出“草绘”对话框。选择 DTM1 基准平面作为草绘平面，如图 2-7 所示，单击对话框的“草绘”按钮，进入草绘模式。

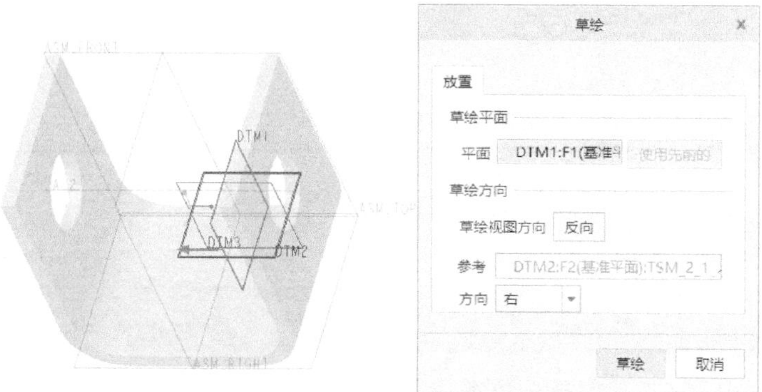

图 2-7　定义草绘平面

8）绘制图 2-8 所示的剖面，单击“确定”按钮。

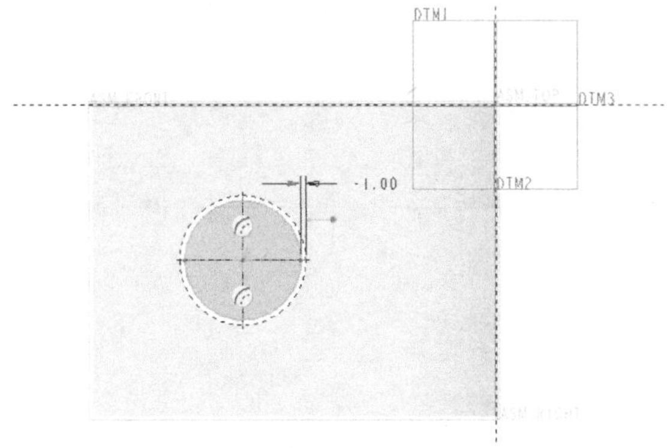

图 2-8　绘制剖面

9）选择 ⊟（对称）选项，设置拉伸深度为 120，如图 2-9 所示。

图 2-9　设置拉伸深度

10）单击“拉伸”选项卡中的“确定”按钮✓，创建新零件的第一个实体特征，如图 2-10 所示。

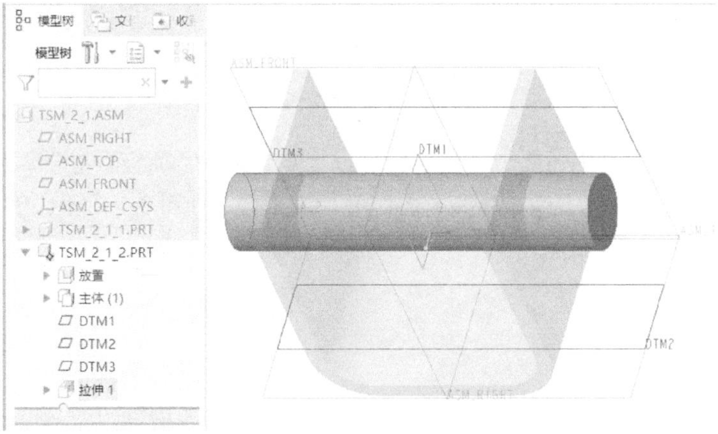

图 2-10　建立新零件的实体特征

2.2 打开零件

在装配模型树中，通过使用鼠标单击或右击的方式可以打开零件，从而在零件设计模式下进行特征的创建和更改操作。例如，在 2.1 节完成的实例中，在装配模型树中右击 TSM_2_1_1.PRT 零件，出现图 2-11 所示的浮动工具栏，从中单击“打开”按钮，则弹出图 2-12 所示的零件设计窗口。如果是在装配模型树中右击要打开的零件标题，那么同样弹出一个浮动工具栏，还弹出一个提供其他选项的快捷菜单。

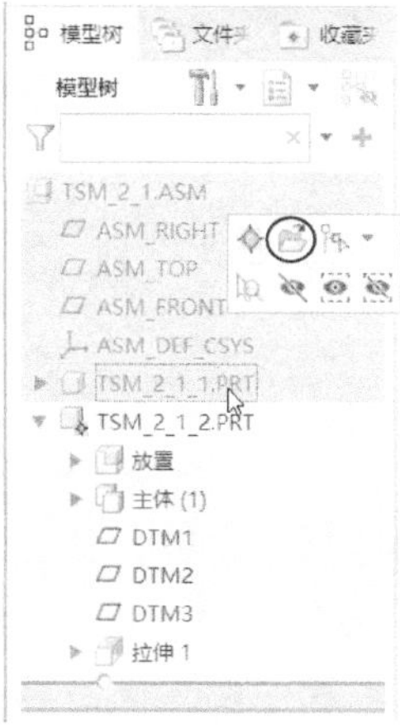

图 2-11　使用右键功能

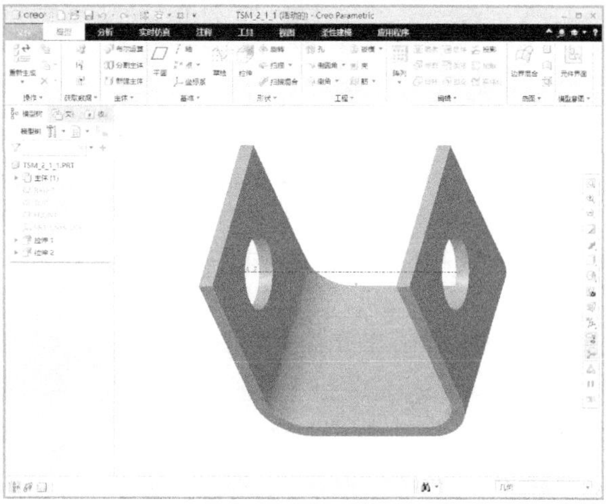

图 2-12　打开零件

2.3 激活元件

在装配设计中，有一个小细节需要注意，那就是元件或者装配体的当前状态。图 2-13a 所示为顶级装配体处于激活状态；图 2-13b 所示为装配体中的一个元件（这里的元件类型刚好是零件）处于激活状态，在模型树中，该被激活的元件的标签处会出现一个激活标识。当装配体处于激活状态时，可以进行新建元件、装配元件等操作；当装配体中的元件处于激活状态时，可以对元件的特征进行编辑定义、删除等操作。

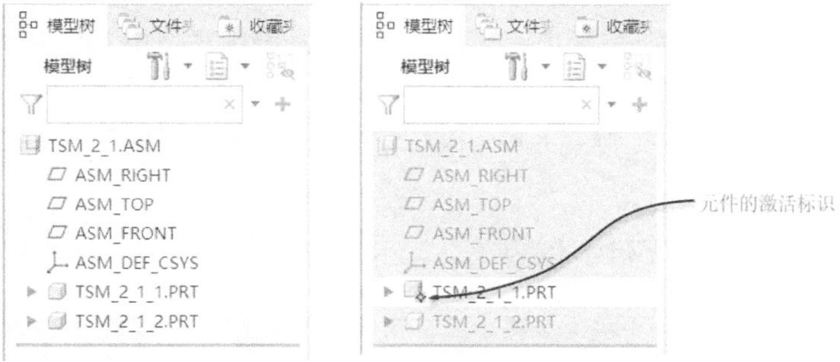

a)　　　　　　　　b)

图 2-13　不同对象处子激活状态时模型树的显示

a）顶级装配体处于激活状态　b）一个元件处于激活状态

激活装配体中的某个元件，其方法很简单，就是在模型树中单击或右击要激活的元件，然后从弹出的浮动工具栏中选择“激活”图标按钮◆即可。

倘若要返回到顶级装配（装配体）的激活状态，那么可以在模型树中单击或右击该装配名称，接着从弹出来的浮动工具栏中选择“激活”图标按钮◆，也可以直接在功能区“视图”选项卡的“窗口”组中单击“激活”按钮☑。

2.4 对零件的特征进行修改

在装配设计的过程中，有时需要对零件的特征进行修改。这时候，可以采用下列两种方式来操作。

1）打开该零件，在单独的窗口中对该零件的特征进行修改。

2）在装配环境中，通过模型树激活零件，然后对其特征进行修改设计。使用该方式的好处是，在修改过程中可以很直观地参考其他相关元件的外形等。

2.5 编辑定义元件的装配约束

在装配环境中，单击或右击模型树中的元件，然后从弹出来的快捷菜单中单击“编辑定义”按钮，打开“元件放置”选项卡，如图2-14所示。利用该“元件放置”选项卡，可以进行修改元件的装配约束等工作。

图2-14 “元件放置”选项卡

2.6 装配中的布尔运算

在装配模式下，可以对现有模型应用布尔运算，从而产生所需的模型形状。装配中的布尔运算主要包括合并、切除和相交。其中，合并、切除是在装配环境中对目标零件进行的操作，它使用被参考的零件（源零件）来改变目标零件的形状，即执行合并时会将材料从源零件添加到目标零件中，而执行切除时则会从目标零件中减去源零件材料；执行相交可以产生一个新的零件。

2.6.1 使用元件操作进行布尔运算

使用Creo Parametric 7.0中的布尔运算功能，可以在装配中合并元件、剪切元件、获得相交部分和添加主体。切记无法在这些元件上执行布尔运算：通过装配特征相交的零件（元件）、相同元件的另一个具体值、空零件、包含被修改零件中的合并特征的元件。布尔运算结束后，会在每个被修改模型中生成一个或多个特征，称之为“布尔特征”。

- 合并元件：将两个或多个元件组合成一个或多个元件。当参考零件中存在多个主体时，这些主体将被合并为一个主体，并被复制到源零件中。
- 剪切元件：从被修改元件中切除一个或多个元件的体积。
- 相交：保留由两个或多个元件共享的体积。
- 添加主体：复制一个或多个元件的主体，并将其添加到被修改零件中。

要创建布尔特征，可以按照以下的方法步骤来进行。

1）在装配中，从功能区的“模型”选项卡中单击“元件”→“元件操作”命令，弹出图 2-15 所示的菜单管理器。

2）选择“布尔运算”命令，系统弹出图 2-16 所示的“布尔运算”对话框。

图 2-15 菜单管理器

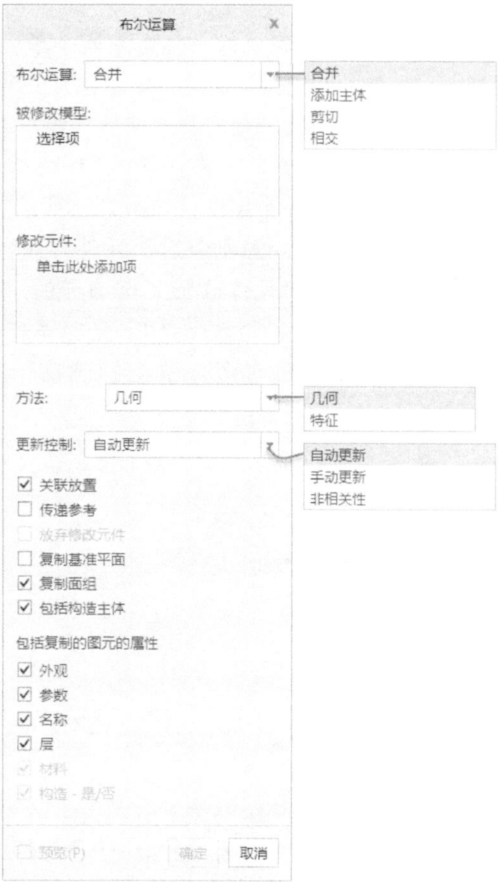

图 2-16 “布尔运算”对话框

3）从“布尔运算”对话框的“布尔运算”下拉列表框中选择“合并”“添加主体”“剪切”或“相交”选项，并进行相应的操作。例如当选择“合并”选项时，分别指定修改元件和被修改模型，则结果将是合并装配中的元件，并将材料从“修改元件”复制并添加到“被修改模型”中。

4）从“方法”下拉列表框中选择“几何”或“特征”选项，其中默认的方法选项是“几何”选项。“几何”选项用于创建将参考修改元件几何的布尔特征；“特征”选项用于将所有特征从修改元件复制到被修改零件，“特征”选项可用于“合并”“添加主体”和“剪切”3 种布尔运算。

5）当创建将参考修改元件几何的布尔特征时，“更新控制”下拉列表框、“关联放置”复选框、“传递参考”复选框、“复制基准平面”复选框、“复制面组”复选框、“包括构造主体”复选框和“包括复制的图元的属性”选项组可用，可以从中进行相关设置。

6）可以单击选中“预览”复选框，以显示生成几何的预览效果，满意后单击“确定”按钮。

课堂实例1：使用元件操作合并材料

下面介绍一个练习实例，源文件位于配套资料包的 CH2→TSM_2_2 文件夹中，具体的操作步骤如下。

步骤1：新建一个装配文件，并装配两个零件。

1）建立一个新的装配设计文件，文件名为 TSM_2_2，模板采用 mmns_asm_design_abs。

2）在功能区"模型"选项卡的"元件"组中单击"组装"按钮 📧，选取源文件 TSM_2_2_1.PRT 来打开。在"元件放置"选项卡的"约束类型"下拉列表框中选择"默认"选项，单击"确定"按钮 ✔，装配第1个零件，如图 2-17 所示。

3）在功能区"模型"选项卡的"元件"组中单击"组装"按钮 📧，选取源文件 TSM_2_2_2.PRT 来打开。在"元件放置"选项卡的"约束类型"下拉列表框中选择"重合"选项，选择第1个零件的 PRT_CSYS_DEF 坐标系作为装配参考，以及选择刚载入的第2个零件的 CS0 坐标系作为元件参考。单击"确定"按钮 ✔，装配第2个零件（零件2），如图 2-18 所示。

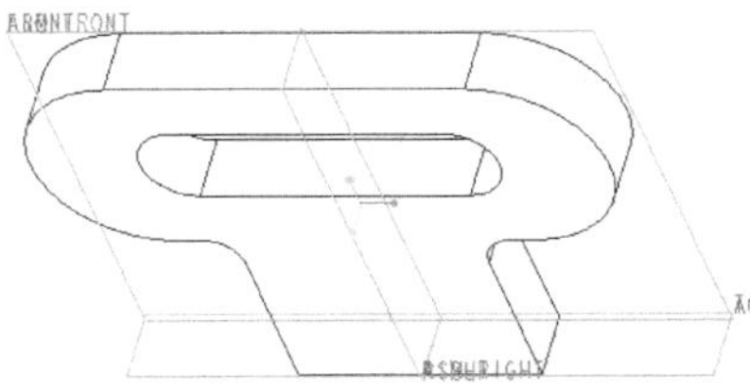

图 2-17　装配第1个零件

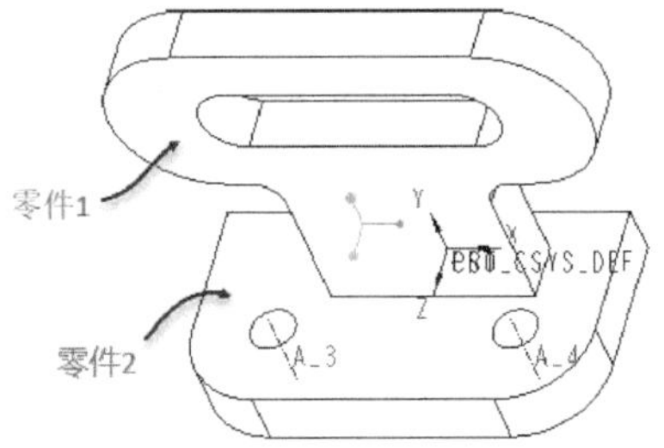

图 2-18　装配第2零件

步骤2：将零件2合并到零件1中。

1）在功能区"模型"选项卡中单击"元件"→"元件操作"命令，弹出一个菜单管理器。

2）在菜单管理器的"元件"菜单中选择"布尔运算"命令，弹出"布尔运算"对话框。

3）从"布尔运算"下拉列表框中选择"合并"选项。

4）"被修改模型"收集器默认处于激活状态，选择零件1作为被修改模型（源零件）。

5）在"修改元件"收集器的框内单击以将其激活，为合并处理选取参考零件。在本例中选择零件2作为修改元件（参考零件）。

6）从"方法"下拉列表框中选择"几何"选项，从"更新控制"下拉列表框中选择"自动更新"选项，选中"关联放置""复制面组""包括构造主体"复选框，以及设置"包括复制的图元的属性"有"外观""参数""名称""层"。

7）预览满意后，单击"确定"按钮。

此时，装配体的零件1中增加了一个合并特征，可以将零件2隐藏起来，并观察零件1的效果，如图 2-19 所示。

课堂案例2：使用元件操作剪切材料

使用元件操作的"剪切"功能可以在装配模式下，从指定零件中切除参考零件材料。

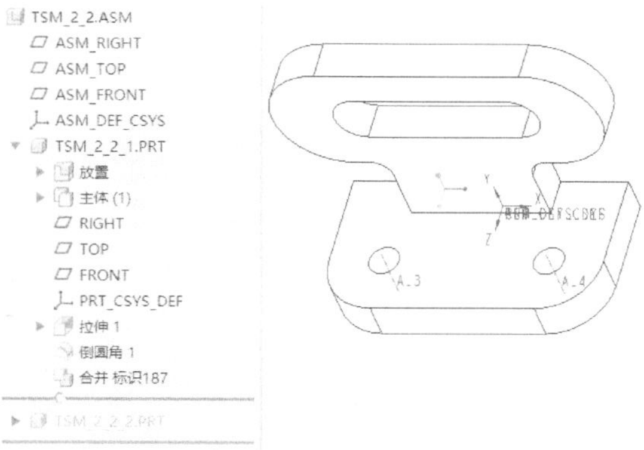

图 2-19　合并结果

下面以位于配套资料包的 CH2→TSM_2_3 文件夹中的源文件为例。

1）打开源文件 TSM_2_3. ASM，文件中已经装配好了两个零件 TSM_2_3_1. PRT 和 TSM_2_3_2. PRT，如图 2-20 所示。

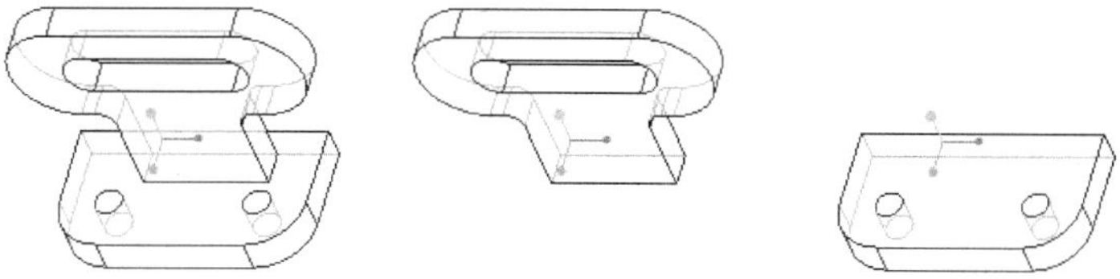

a)　　b)　　c)

图 2-20　装配体中的两个零件

a）装配结果　b）TSM_2_3_1. PRT　c）TSM_2_3_2. PRT

2）在装配模式功能区的“模型”选项卡中单击“元件”→“元件操作”命令，弹出一个菜单管理器。

3）在菜单管理器的“元件”菜单中选择“布尔运算”命令，弹出“布尔运算”对话框。

4）从“布尔运算”下拉列表框中选择“剪切”选项。

5）选择 TSM_2_3_2. PRT 作为被修改模型。

6）激活“修改元件”收集器，选择 TSM_2_3_1. PRT。

7）在“布尔运算”对话框中设置的其他选项如图 2-21 所示。

8）预览满意后，单击“确定”按钮。此时，若通过装配模型树将 TSM_2_3_1. PRT 隐藏，则可以很清楚地查看到切除后的 TSM_2_3_2. PRT 模型效果，如图 2-22 所示。TSM_2_3_2. PRT 模型的特征节点里生成一个图标显示为“ ”的“切除”特征。

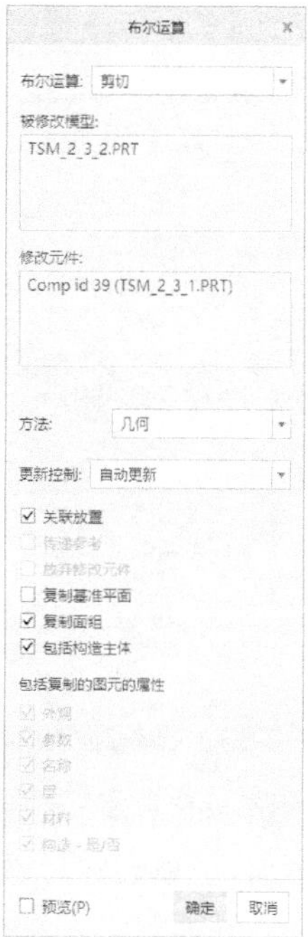

图 2-21　“布尔运算”对话框（剪切）

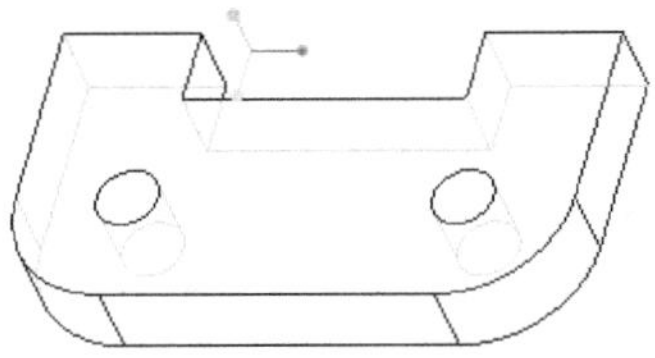

图 2-22　切除结果

2.6.2 相交零件

使用元件操作中的“布尔运算”功能，当选择“相交”类型时，如图 2-23 所示。可以从“被修改模型”和“修改元件”两者之间创建它们共有的材料部分，具体操作方法、步骤在 2.6.1 节中已经详细介绍，不再赘述。

这里详细介绍使用装配中的“相交”功能，由装配体中不同零件间的相交部分生成一个新的零件。相交成新零件的创建方法及步骤如下。

1）在装配设计环境中，在功能区“模型”选项卡的“元件”组中单击“创建”按钮，打开“创建元件”对话框。

2）在“类型”选项组中选择“零件”单选按钮，在“子类型”选项组中选择“相交”单选按钮，在“文件名”文本框中输入零件名称，如图 2-24 所示，单击“确定”按钮。

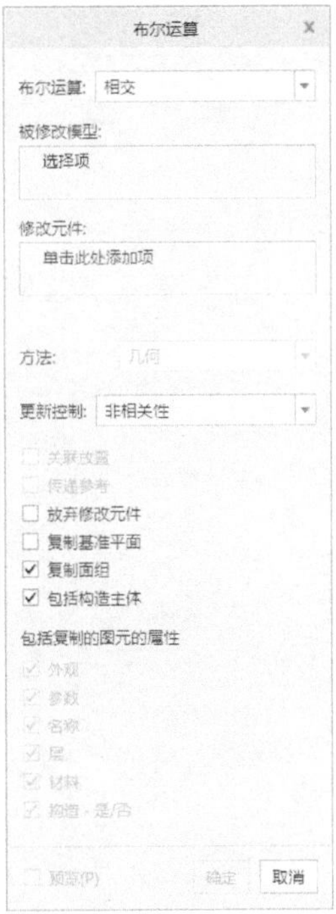

图 2-23　“布尔运算”对话框（相交）

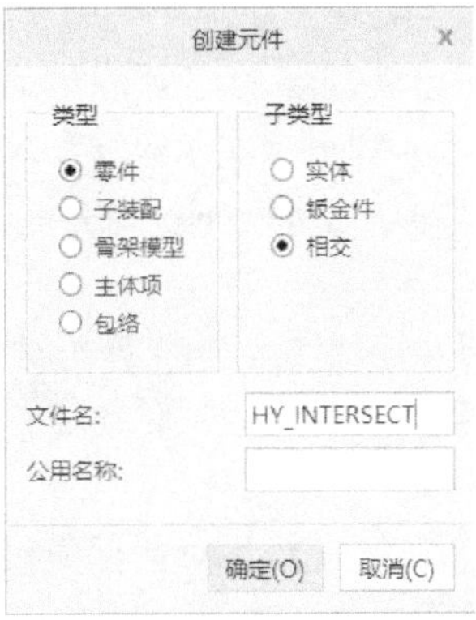

图 2-24　“创建元件”对话框

3）选择第一个零件，选择与之相交的零件，可结合〈Ctrl〉键选择多个相交零件，然后在“选择”对话框（如图 2-25 所示）中单击“确定”按钮，从而创建一个由相交部分形成的新零件。

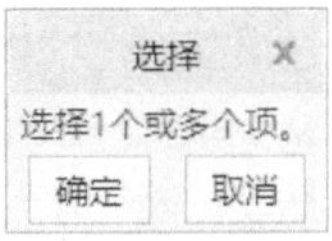

图 2-25　“选择”对话框

请看下面的例子，源文件位于配套资料包的 CH2→TSM_2_4 文件夹中。

步骤1：建立一个新的装配文件，并装配两个零件。

1）建立一个新的装配文件，文件名为“TSM_2_4”，模板采用mmns_asm_design_abs。

2）在功能区“模型”选项卡的“元件”组中单击“组装”按钮，选取源文件TSM_2_4_1. PRT来打开，在“元件放置”选项卡的“约束类型”下拉列表框中选择“默认”选项，单击“确定”按钮，完成该零件的装配，如图2-26所示。

3）单击“组装”按钮，选取源文件TSM_2_4_2. PRT来打开，在“元件放置”选项卡中，选择“默认”选项，单击“确定”按钮，如图2-27所示。

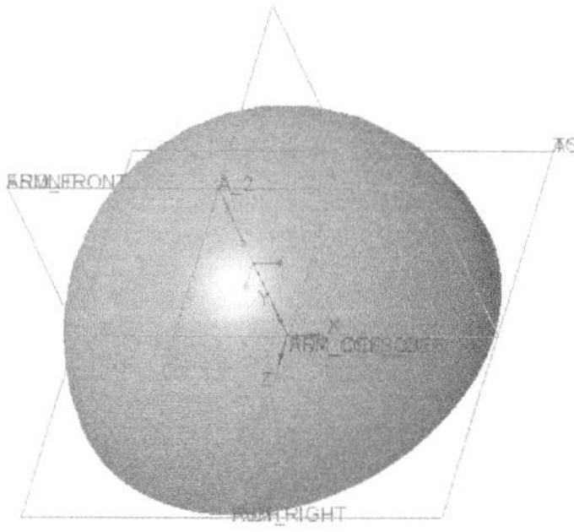

图2-26　装配TSM_2_4_1. PRT

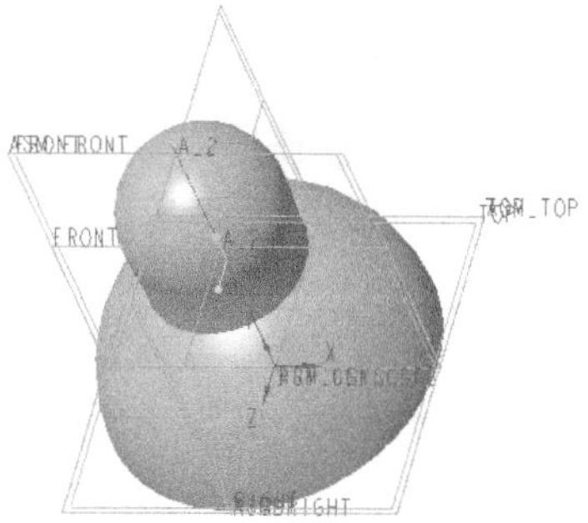

图2-27　装配TSM_2_4_2. PRT

步骤2：以相交的方式建立一个新零件。

1）在功能区“模型”选项卡的“元件”组中单击“创建”按钮，打开“创建元件”对话框。

2）在“类型”选项组中选择“零件”单选按钮，在“子类型”选项组中选择“相交”单选按钮，在“文件名”文本框中输入零件名称为“TSM_2_4_3”，单击“确定”按钮。

3）选择TSM_2_4_1. PRT，按住〈Ctrl〉键选择TSM_2_4_2. PRT，单击“选择”对话框中的“确定”按钮。

此时，创建了新零件TSM_2_4_3，若通过模型树将TSM_2_4_1. PRT和TSM_2_4_2. PRT设置为隐藏状态，则可以很清楚地看到由两个零件相交部分形成的新零件，如图2-28所示。

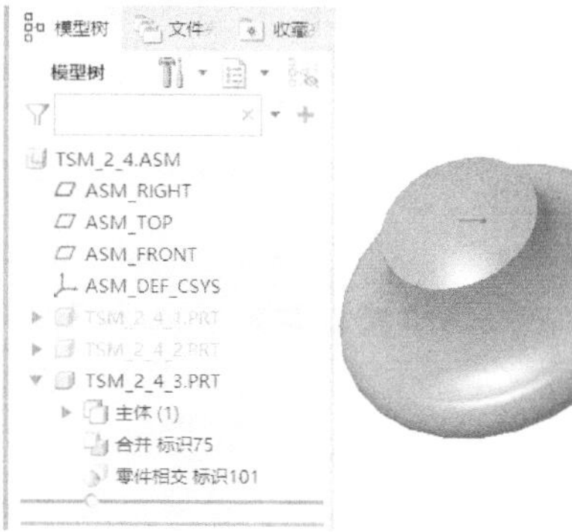

图2-28　建立的“相交”零件

2.7 合并/继承

在装配模式下，当其中一个零件处于激活状态时，执行功能区“模型”选项卡中的“获取数据”→“合并/继承”命令，可以将参考零件的材料添加到该零件（目标零件）中，或从目标零件中减去参考零件的材料等。另外，还可以创建继承特征，继承特征是现有模型的变体，它允许将几何特征数据从装配内的参考零件向目标零件进行单向相关传播，即使参考零件不在进程会话中，创建的目标零件也完全起作用。

在功能区“模型”选项卡中选择“获取数据”→“合并/继承”命令，将会打开图2-29所示的“合并/继承”选项卡。该选项卡上几个重要按钮的功能如下。

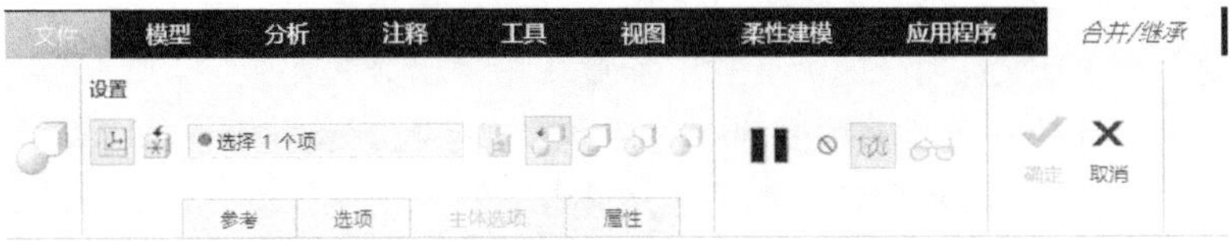

图2-29 “合并/继承”选项卡

：将参考类型设置为装配上下文环境，此为默认项。

：将参考类型设置为外部。

：切换继承按钮，使用该按钮可以在合并模式（默认时）和继承模式之间切换。

：添加主体。将源零件的主体复制并作为主体添加到目标零件中，从而增加目标零件中的主体数。

：添加材料。复制源零件的几何，并将其与目标零件的几何合并。当源零件中存在多个主体时，这些主体都将被合并为一个主体，然后复制到目标零件中。

：移除材料。从目标零件的几何中移除源零件的几何。

：相交材料（使材料相交）。源零件的几何与保持共享的目标零件的几何相交。

2.7.1 在活动零件中创建合并特征

在活动零件中创建合并特征的一般步骤如下。

1）在装配中，选择一个零件，然后从功能区的“模型”选项卡中选择“操作”→“激活”命令，将其激活，从而成为装配中的活动零件。

2）在装配中选择另外一个零件作为参考零件，接着在功能区“模型”选项卡中选择“获取数据”→“合并/继承”命令，打开“合并/继承”选项卡。

3）定义合并特征的属性，例如根据设计要求是否选中“将参考类型设置为装配上下文环境”按钮、“外部参考”按钮、“添加主体”按钮、“添加材料”按钮、“移除材料”按钮和“相交材料”按钮，并且可以进入图2-30所示的“参考”面板和图2-31所示的“选项”面板，设置相关的选项。对于单击选中“添加材料”按钮、“移除材料”按钮或“相交材料”按钮时，还能打开“主体选项”面板进行相应的设置，不同的合并处理，该面板提供不同的选项。

图2-30 “参考”面板

4）单击“确定”按钮，在活动零件中创建了合并特征。

使用此方法合并装配中的两个零件，是非常实用的。

如果要创建外部合并特征，则在“合并/继承”选项卡上单击“外部参考”按钮，此时系统弹出“元件放置”对话框，选定的元件出现在附件窗口中，如图2-32所示。使用“元件放置”对话框的“放置”选项卡来添加一组约束将外部合并特征放置在所需位置处，或者使用“默认”方式将其放置在默认位置（如果满足设计要求的话），单击“应用并保存”按钮，返回到“合并/继承”选项卡，使用“选项”面板和“属性”面板定义外部合并特征属性等，最后单击“确定”按钮。

图 2-31 “选项”面板

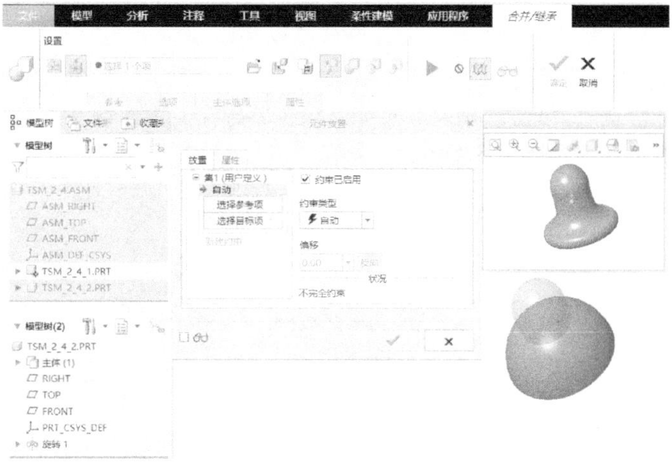

图 2-32 创建外部合并特征时

2.7.2 在活动零件中创建继承特征

使用继承特征的好处是将几何和特征数据从装配内的参考零件向目标零件进行单向关联传播。继承特征还可以是外部继承特征。

在活动零件中创建继承特征的一般步骤如下。

1）在装配中，选择一个零件，接着从功能区的“模型”选项卡中选择“操作”→“激活”命令。

2）在装配中选择其他的一个零件作为参考零件，接着从功能区的“模型”选项卡中选择“获取数据”→“合并/继承”命令，打开“合并/继承”选项卡。

3）在“合并/继承”选项卡中单击“切换继承”按钮以选中此按钮。

4）定义继承特征的属性，例如根据设计要求是否单击选中“将参考类型设置为装配上下文环境”按钮、“外部参考”按钮、“添加主体”按钮、“添加材料”按钮、“移除材料”按钮、“相交材料”按钮，并可以打开“选项”面板来设置相关的选项，如图 2-33 所示。

图 2-33 进入“选项”面板

还可以使用其他面板进行相应的设置定义。

5）单击“确定”按钮✓，在活动零件中创建了继承特征。

如果要更新继承特征，那么可以在模型树上选择该继承特征，并右击，如图 2-34 所示。接着从快捷菜单中选择“更新继承”命令，弹出图 2-35 所示的“警告”对话框（该对话框显示警告信息），单击“确定”按钮，根据基础模型更新继承特征以及所选可变项。如果单击“取消”按钮，则取消更新操作。

图 2-34　右击继承特征并选择“更新继承”

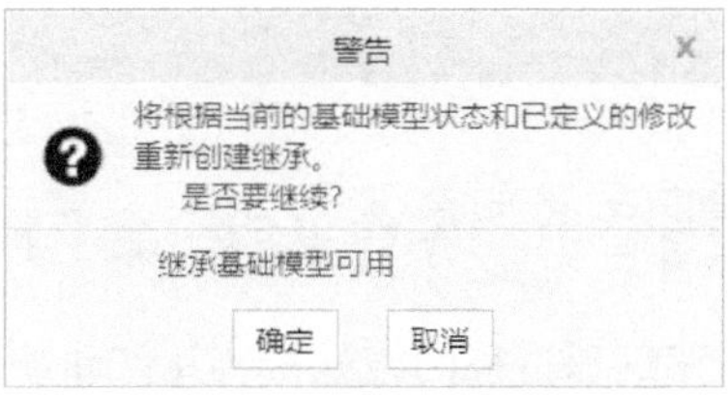

图 2-35　“警告”对话框

2.7.3 合并/继承操作实例

本小节介绍一个合并/继承的操作实例，源文件位于配套资料包的 CH2→TSM_2_5 文件夹中。两个源文件中的零件模型分别如图 2-36 和图 2-37 所示。

图 2-36　TSM_2_5_1. PRT

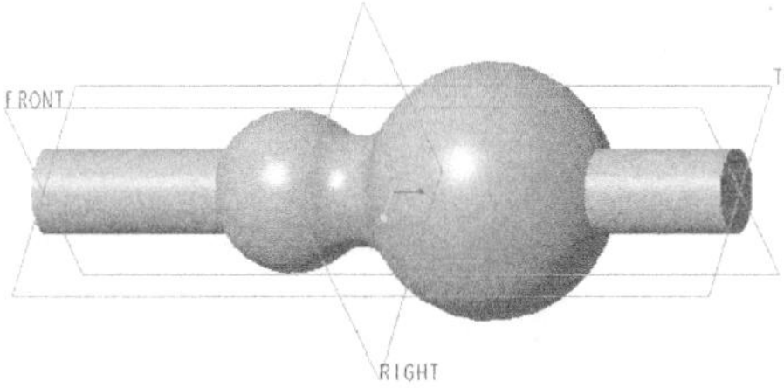

图 2-37　TSM_2_5_2. PRT

具体的操作步骤如下。

步骤 1：新建一个装配文件，并装配两个零件。

1）建立一个新的装配文件，文件名为 TSM_2_5，模板采用 mmns_asm_design_abs。

2）单击“组装”按钮，选取源文件 TSM_2_5_1. PRT 来打开，在“元件放置”选项卡的“约束类型”下拉列表框中选择“默认”选项，单击“确定”按钮✓。

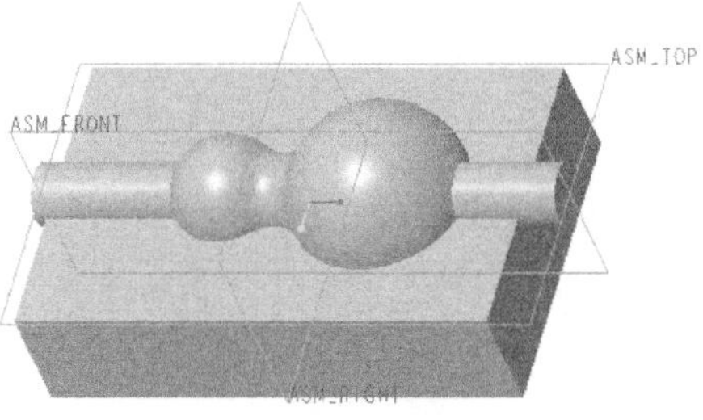

图 2-38　装配结果

3）单击“组装”按钮，选取源文件 TSM_2_5_2. PRT 来打开，在“元件放置”选项卡的“约束类型”下拉列表框中选择“默认”选项，单击“确定”按钮。

此时装配好两个零件的装配模型如图 2-38 所示。

步骤 2：在 TSM_2_5_1. PRT 中切除 TSM_2_5_2. PRT 材料。

1）在装配模型树中单击或右击 TSM_2_5_1. PRT，接着从出现的浮动工具栏中选择“激活”按钮，也可以从功能区的“模型”选项卡中选择“操作”→“激活”命令。

2）选择 TSM_2_5_2. PRT，接着从功能区的“模型”选项卡中选择“获取数据”→“合并/继承”命令，打开“合并/继承”选项卡。

3）单击“移除材料”按钮以选中此按钮，如图 2-39 所示。

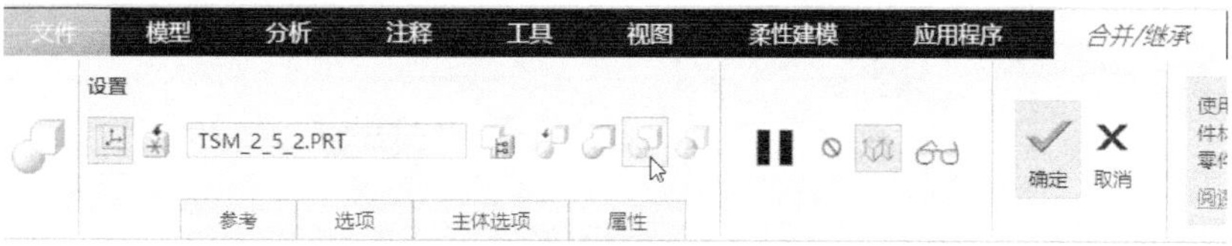

图 2-39 定义特征的属性

4）单击“确定”按钮。

为了观察切除材料后的 TSM_2_5_1. PRT 模型效果，特意将 TSM_2_5_2. PRT 隐藏起来，此时效果如图 2-40 所示。

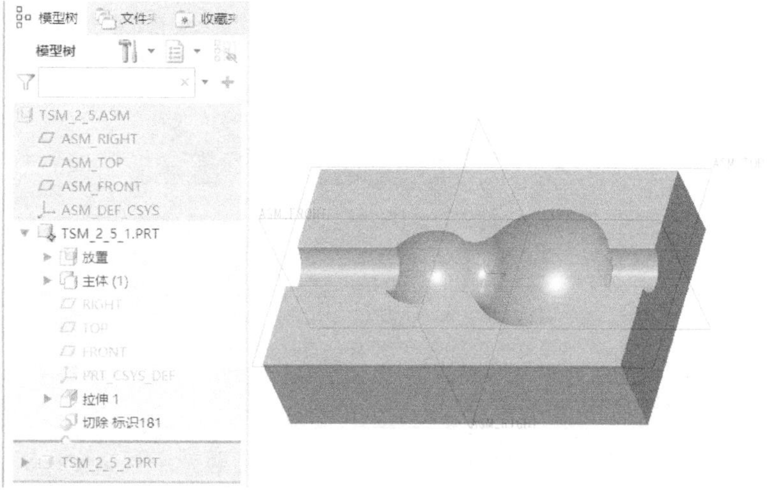

图 2-40 零件效果

步骤 3：将合并特征修改为继承特征等。

1）在模型树中单击 TSM_2_5_1. PRT 中的 切除（合并特征）标签，从出现的浮动工具栏中单击“编辑定义”按钮，打开“合并/继承”选项卡。

2）单击“添加材料”按钮，接着单击“切换继承”按钮，此时“合并/继承”选项卡如图 2-41 所示。

3）单击“确定”按钮。在 TSM_2_5_1. PRT 零件中创建的继承特征如图 2-42 所示。从图中可以看出，继承特征在模型树的标识中，注明有参考零件的名称。

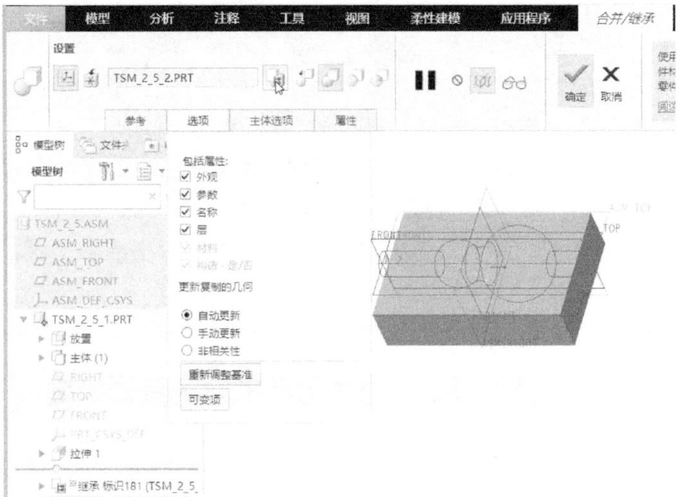

图 2-41　定义继承特征的属性

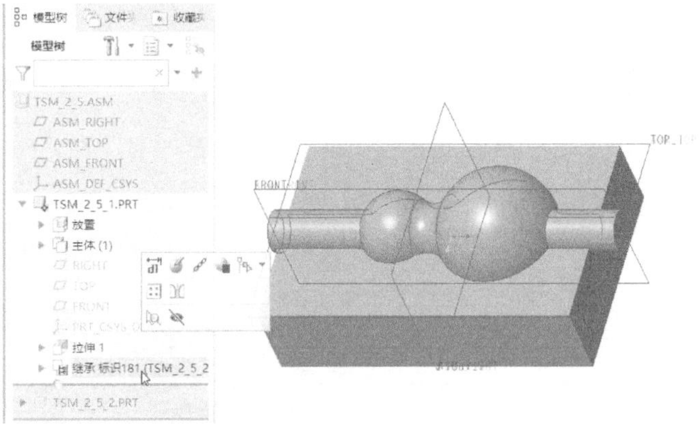

图 2-42　创建好的继承特征

2.8 思考题

1）在装配环境中可以创建哪 5 种类型的元件？如果要在装配中创建实体零件，应该如何操作？

2）在装配设计模式下，如何激活元件？又如何激活顶级装配？

3）本书中所讲的装配布尔运算主要包括哪些？它们各有什么不同？

4）分别简述在装配中合并零件、切除零件的典型步骤？可以举例进行说明。

5）如何在装配模式下创建相交零件？

6）在装配模式下，如何在活动零件中创建合并特征？如何在活动零件中创建继承特征？

第 3 章　零部件的复制与置换

本章导读

在实际工作中，往往需要装配一些相同的零部件，或者置换一些零部件等。Creo Parametric 7.0 提供了多种高级组合工具（命令），如本章将要介绍的“重复”“镜像元件”“阵列”“元件操作”“替换”等工具。

通过本章的学习，将大大提高装配相同零部件或者替换零部件的设计效率。

3.1 重复放置

对于一些相同零件的装配工作，可以考虑采用“元件”组中“重复”按钮来辅助完成。使用“重复”按钮的设计思想是：先以一般方式装配第一个零部件，接着利用重复功能一次性装配其余相同的零部件。例如，在一个产品中要装配若干个螺钉，那么可以先按照一般的约束方式装配第一个螺钉，然后单击“重复”按钮，指定可变参考来一次性装配其余相同的螺钉。

请看下面的典型实例。本实例要装配 4 个螺钉，如图 3-1 所示。

步骤 1：装配第一个螺钉。

1）打开源文件 TSM_3_1. ASM（位于配套资料包 CH3→TSM_3_1 文件夹中），存在的产品组件如图 3-2 所示。

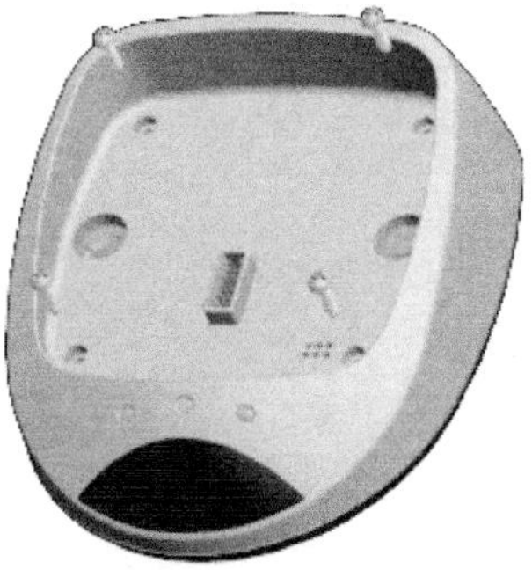

图 3-1　装配螺钉的示意图

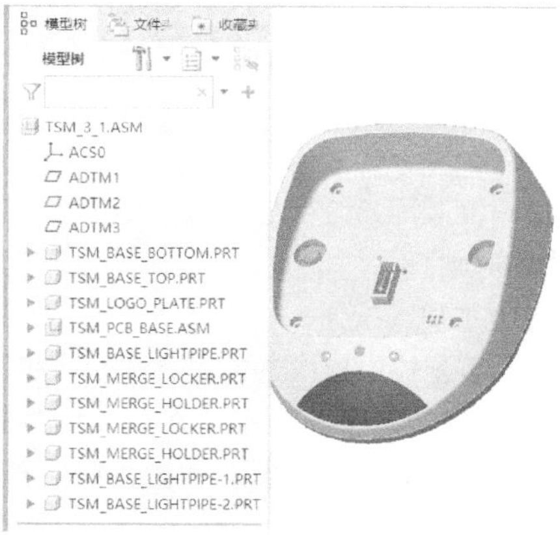

图 3-2　原始组件模型

2）在功能区“模型”选项卡的“元件”组中单击“组装”按钮，选取源文件 TSM_3_1_1. PRT 来打开。

3）在“元件放置”选项卡的“约束类型”下拉列表框中选择“重合”选项，选择图 3-3 所示的要重合的一对参考面。

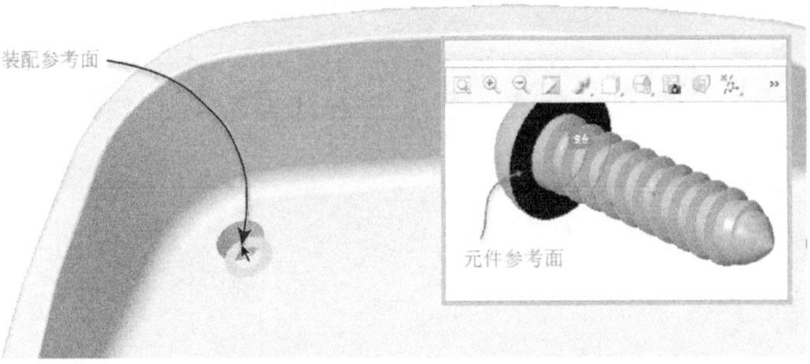

图 3-3　选择要重合的一对参考面

4）进入“放置”面板，单击“新建约束”。接着选择“约束类型”为“重合”，然后选择装配中指定安装孔位置处的轴线，接着选择螺钉的特征轴线，此时如图 3-4 所示。

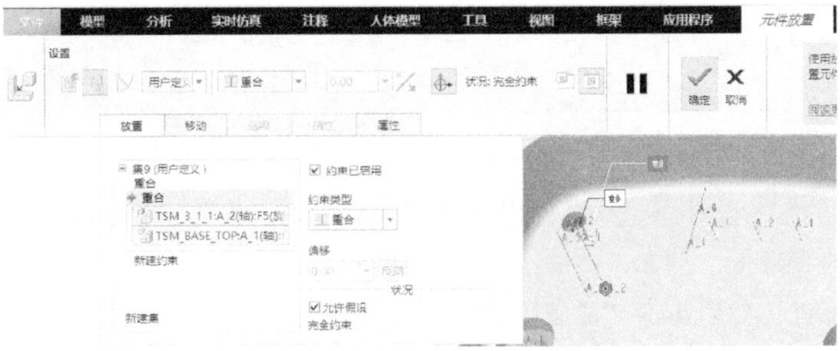

图 3-4　安装第一个螺钉

5）选中“允许假设”复选框，单击“完全约束”。然后单击“确定”按钮，装配第一个螺钉。

步骤 2：以“重复”的方式装配其他螺钉。

1）在模型树上选中装配进来的第一个螺钉。

2）在功能区“模型”选项卡的“元件”组中单击“重复”按钮，打开“重复元件”对话框，如图 3-5 所示。

3）在“可变装配参考”选项组中选择第二个“重合”类型（参考为轴对轴）。

4）单击“添加”按钮。

5）在产品装配体中依次选择其他 3 个安装孔的中心轴线，系统自动将螺钉安装进去。注意，在装配中选择的对齐参考，会出现在“重复元件”对话框“放置元件”选项组的列表框中，如图 3-6 所示。

说明：

如果要移除装配参考，那么可以在“放置元件”选项组中选择该装配参考，接着单击“移除”按钮即可。

6）单击“确定”按钮，完成螺钉的装配，装配结果如图 3-7 所示。

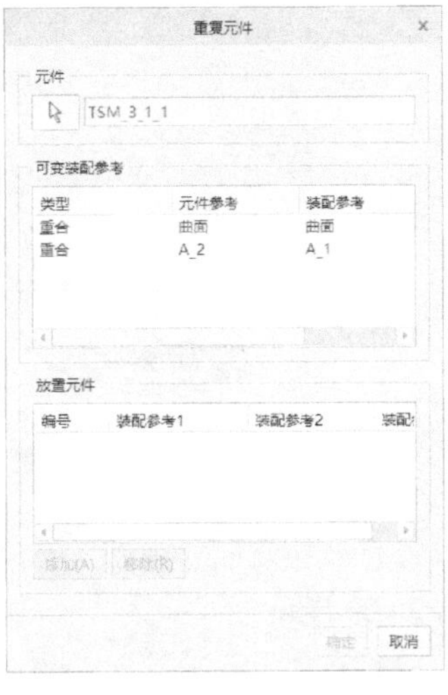

图 3-5　“重复元件”对话框

图 3-6 定义放置元件

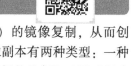

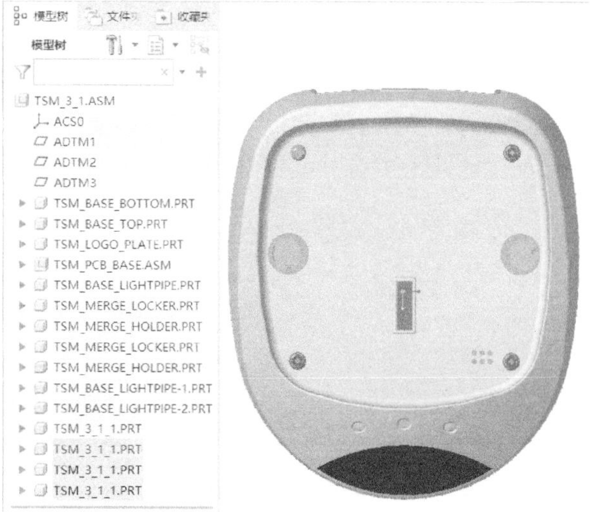

图 3-7 螺钉的装配结果

3.2 镜像元件

在装配模式下，可以使用“镜像”功能来进行元件（零件或子装配）的镜像复制，从而创建镜像新零部件。镜像复制而成的零部件可以存在一个新的文件中。镜像副本有两种类型：一种是“仅几何”（用于创建原始零件几何的镜像合并），另一种是“具有特征的几何”（用于创建原始零件的几何和特征的镜像副本，修改原始零件时，目标元件的几何不会进行更新）。

创建镜像元件的步骤如下。

1）在装配模式下，单击“元件”组中的“镜像元件”按钮，打开图3-8所示的“镜像元件”对话框。

2）选择要镜像的元件。

3）选择一个平面或创建一个基准面作为镜像平面。

4）在“新建元件”选项组中选择“创建新模型”或“重新使用选定的模型”单选按钮。前者用于创建新的镜像零件，后者用于重新使用零件来创建镜像零件。当选择“创建新模型”单选按钮时，如果要更改默认名称，则可以在“文件名”文本框中输入新零件的名称。

5）以创建新模型为例，在“镜像”选项组中选择“仅几何”或“具有特征的几何”单选按钮。

6）在“相关性控制”选项组中设置“几何从属”和“放置从属”复选框的状态。

- “几何从属”复选框：选中此复选框时，当修改原始零件几何时，系统会更新镜像零件几何。
- “放置从属”复选框：选中此复选框时，当修改原始零件放置时，系统会更新镜像零件放置。

注意：

当在“镜像”选项组中选中“具有特征的几何”单选按钮时，新零件的几何不会从属于源零件的几何。

7）在“对称分析”选项组中设置是否执行对称分析。在镜像装配中的零件时，可以根据实际情况执行对称分析来标识和重新使用对称和反对称等同项、镜像和元件，而无须创建新的镜像元件。当选中“执行对称分析”复选框时，可以展开“选项”选项组，并进行图3-9所示的选项设置。执行对称分析时，系统将检查选定零件是否对称以及装配中是否存在反对称零件。

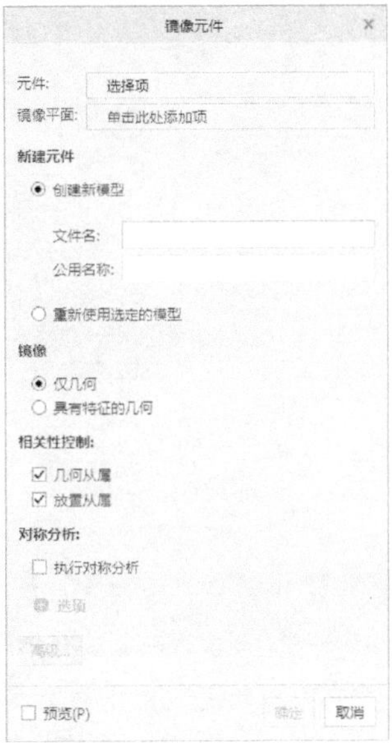

图3-8 “镜像元件”对话框

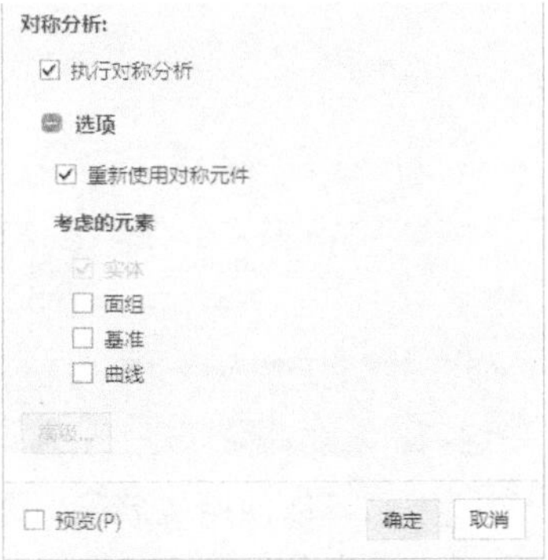

图3-9 执行对称分析

8）单击“确定”按钮，完成镜像元件的操作。

下面介绍一个在装配中创建镜像零件的应用实例，具体的操作步骤如下。

1）打开源文件TSM_3_2. ASM（位于配套资料包CH3→TSM_3_2文件夹中），文件中存在着的装配组件模型如图3-10所示，该装配组件由两个零件组成。

2）在功能区“模型”选项卡的“元件”组中单击“镜像元件”按钮，打开“镜像元件”对话框。

3）选择TSM_3_2_2. PRT作为要镜像的元件。

4）在模型窗口中选择“ASM_RIGHT：H（基准平面）”作为镜像平面，如图3-11所示。也可以在模型树上选择“ASM_RIGHT”基准平面作为镜像平面。

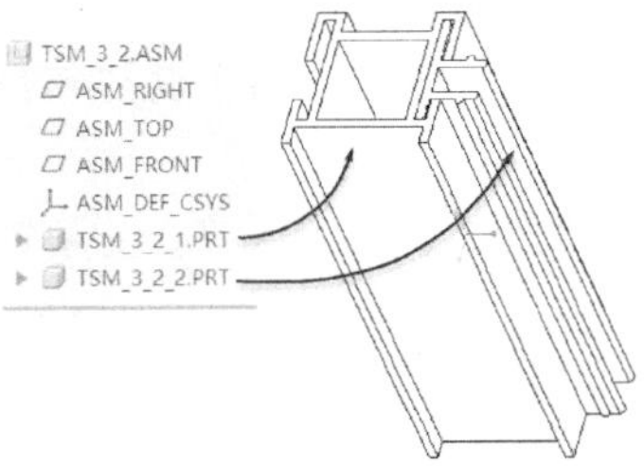

图3-10 原始模型

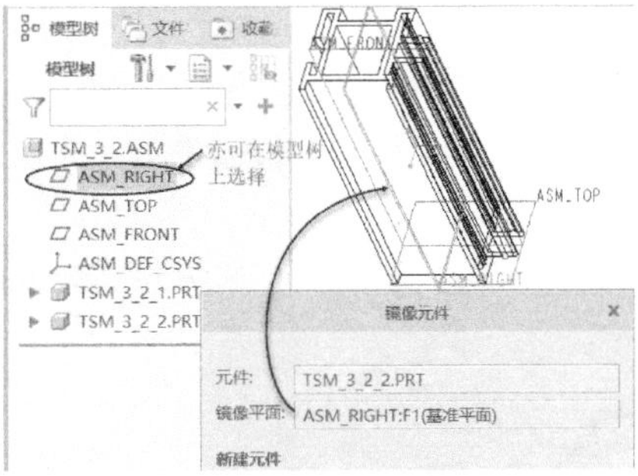

图3-11 选择平面参考

5）在“镜像元件”对话框的“新建元件”选项组中选择“创建新模型”单选按钮，在“文件名”文本框中输入零件名称为“TSM_3_2_2B”。

6）在“镜像”选项组中选择“仅几何”单选按钮，在“相关性控制”选项组中选中“几何从属”复选框和“放置从属”复选框。

7）在“对称分析”选项组中取消选中“执行对称分析”复选框。

8）单击“确定”按钮，建立了一个镜像零件 TSM_3_2_2B. PRT，如图 3-12 所示，其中图 3-12b 给出了 TSM_3_2_3. PRT 的模型形状。

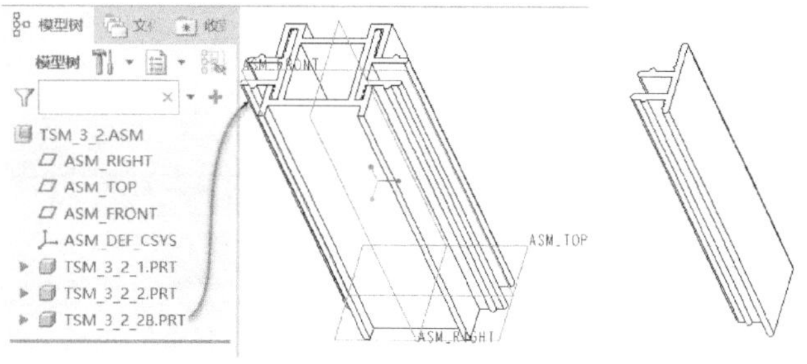

a)　　　　b)

图 3-12　创建镜像零件

a）组件模型　b）镜像零件

3.3 阵列

在装配模式下，采用阵列元件的方式同样可以很轻松地装配一些具有某种装配规律的零部件。阵列元件的操作方法和在零件模式下阵列特征的操作方法是一样的，都是使用“阵列”按钮 / 来进行操作。阵列的方式可以有多种，如方向阵列、轴阵列（圆周阵列）、填充阵列、曲线阵列等。在这里，只通过两个典型实例来讲解如何在装配模式下阵列元件，至于“阵列”按钮 / 的具体功能介绍，可以翻阅《Creo 5.0 从入门到精通》（钟日铭 编著）等书籍的相应内容。

实例 1——在角码上装配螺栓

本实例要完成的组件如图 3-13 所示，即在角码上一共装配 5 个螺栓，所需的源文件位于配套资料包的 CH3→TSM_3_3 文件夹中。在这个实例中，应用到两种阵列方式，即方向阵列和参考阵列。对于参考阵列的创建，必须要先存在着一个阵列，并且装配第一个螺栓时需要参考先前存在的阵列项目。

具体的操作步骤如下。

步骤 1：新建一个装配文件，并装配角码。

1）在“快速访问”工具栏中单击“新建”按钮，建立一个名为 TSM_3_3 的装配文件，模板采用公制单位的 mmns_asm_design_abs。

2）在功能区“模型”选项卡的“元件”组中单击“组装”按钮，弹出“打开”对话框。通过“打开”对话框查找到源文件 TSM_3_3_1. PRT，然后单击“打开”按钮 打开 。

3）功能区出现“元件放置”选项卡，从“约束类型”下拉列表框中选择“默认”选项。

4）单击“元件放置”选项卡中的“确定”按钮✓，完成角码（TSM_3_3_1. PRT）的装配，如图3-14所示。该角码中的3个圆孔应用了尺寸阵列。

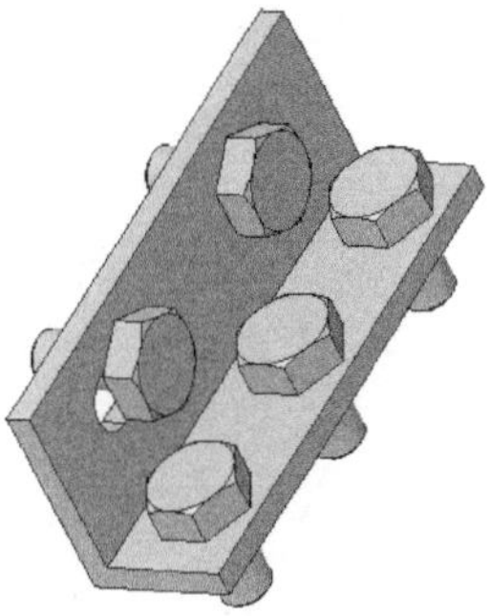

图3-13 装配螺栓的实例

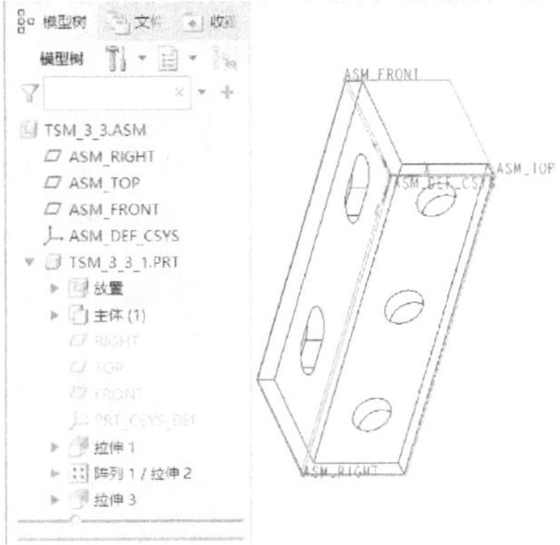

图3-14 装配角码

步骤2：装配第一个螺栓。

1）在功能区“模型”选项卡的“元件”组中单击“组装”按钮。

2）在出现的“打开”对话框中，查找到源文件TSM_3_3_2. PRT，然后单击“打开”按钮 打开 。

3）出现“元件放置”选项卡，单击“元件放置”选项卡中的“指定约束时，在单独的窗口中显示元件”按钮，选择“重合”约束类型，接着选择图3-15所示的两个参考面（装配参考和元件参考），然后单击“反向”按钮以更改约束方向。

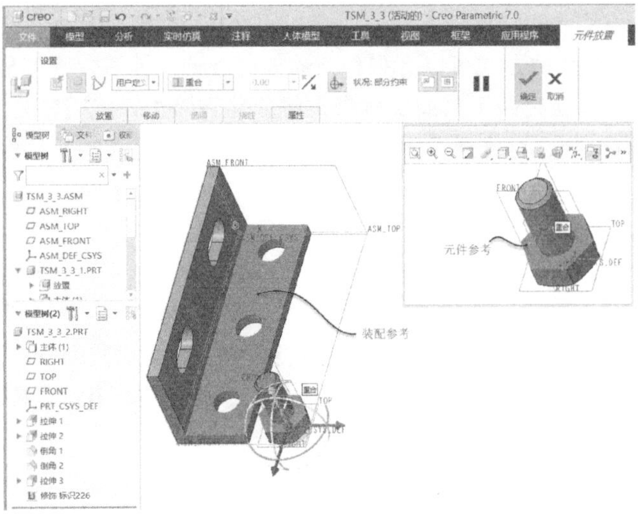

图3-15 定义要“重合”约束的装配参考和元件参考

4）进入“放置”面板，单击“新建约束”，从“约束类型”下拉列表框中选择“居中”选项，接着选择图3-16所示的元件参考曲面和装配参考曲面。

5）“元件放置”选项卡的“放置”面板中出现的“允许假设”复选框处于被选中的状态，此时状况为“完全约束”，如图3-17所示，单击“确定”按钮✓，完成第一个螺栓的装配处理。

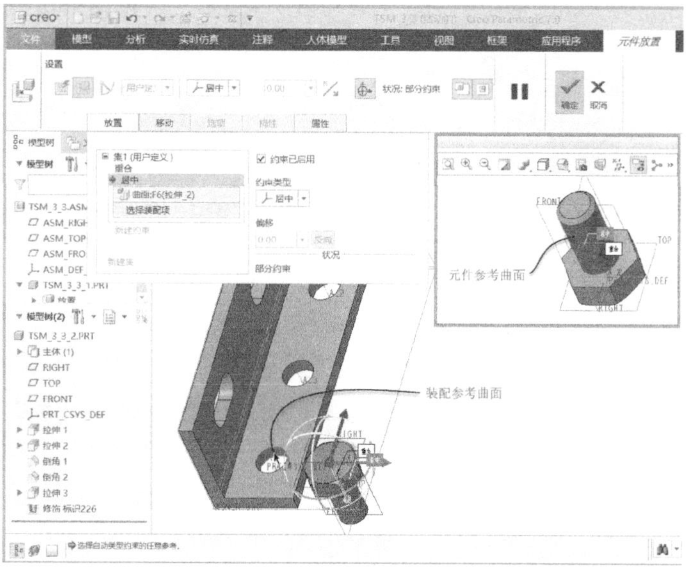

图 3-16　定义"居中"约束

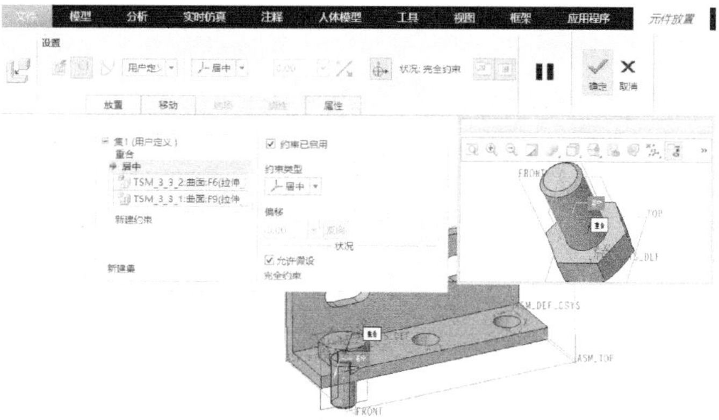

图 3-17　第一个螺栓装配

步骤 3：建立参考阵列。

1）在模型树上选择刚才组装到装配体中的螺栓。

2）单击"阵列"按钮 ⊞/⊞，出现图 3-18 所示的"阵列"选项卡。

图 3-18　"阵列"选项卡

3）默认时，阵列类型选项为"参考"，单击"确定"按钮 ✓，装配结果如图 3-19 所示。

步骤 4：建立方向阵列。

1）在功能区"模型"选项卡的"元件"组中单击"组装"按钮 ，选择 TSM_3_3_2.PRT 模型文件，将其载入组件中。

2）使用"重合"约束和"居中"约束，装配第4个螺栓，装配结果如图3-20所示。

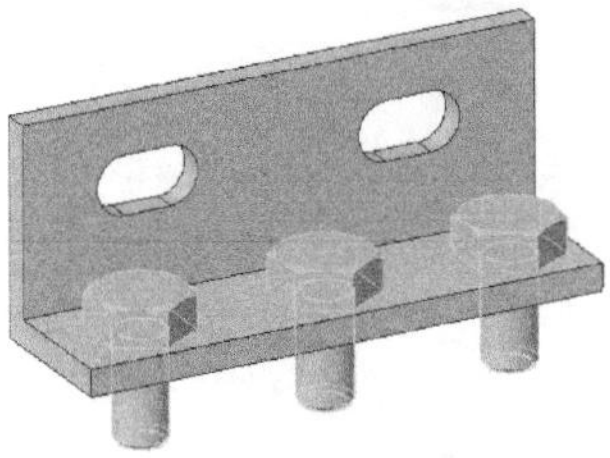

图 3-19 参考阵列 图 3-20 装配第4个螺栓

3）选中刚装配进来的螺栓，单击"阵列"按钮 ▦／，打开"阵列"选项卡。

4）在"阵列"选项卡中，设置阵列类型为"方向"，在模型窗口中选择 ASM_FRONT 基准平面作为方向1参考，输入第一方向的阵列成员数为"2"，其阵列成员间的间距为"45"，单击"反向第一方向"按钮 ⚟，此时如图3-21所示。

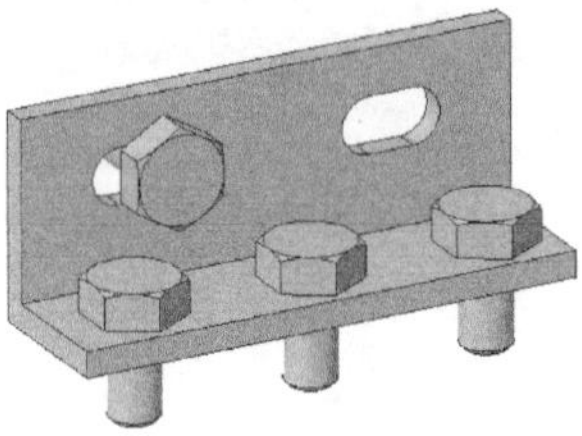

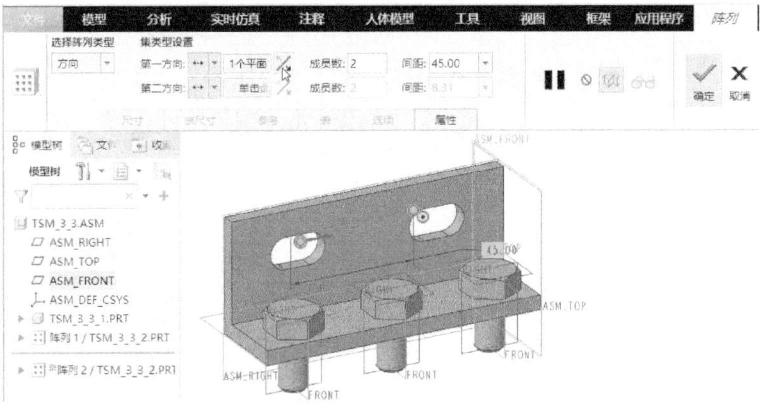

图 3-21 设置方向阵列参数

5）单击"阵列"选项卡中的"确定"按钮 ✔，完成本例操作，效果如图3-22所示。

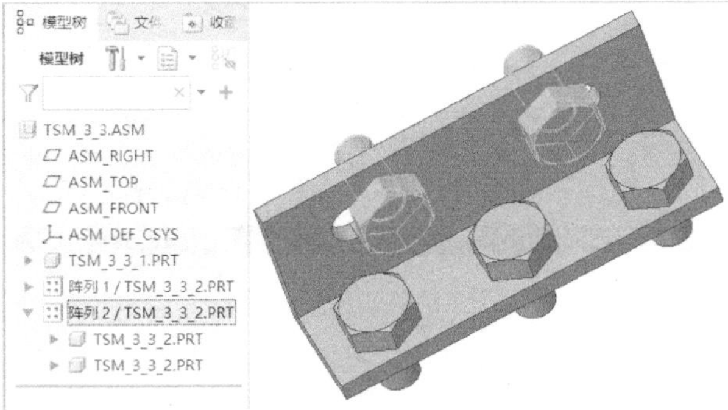

图 3-22 完成螺栓的装配

实例2——链条设计

本实例要完成的链条组件如图3-23所示。本实例首先建立一个链环零件，然后在装配模式中进行装配设计。阵列元件是本例的一个重点。配套资料包 CH3→TSM_3_4 文件夹中给出了完成的链条组件模型，读者可以参考。在进行本实例装配设计之前，可以先设置工作目录。

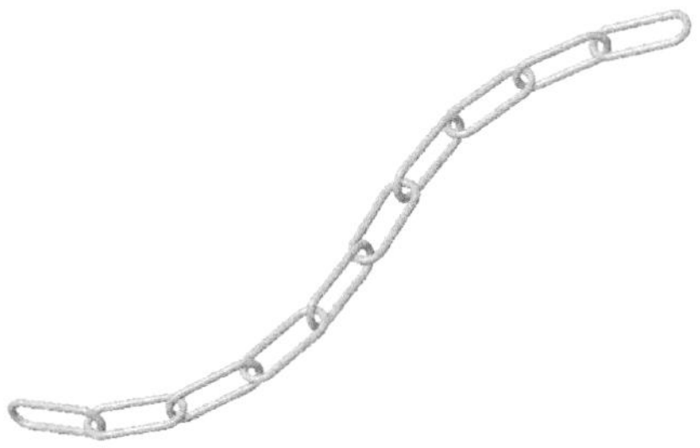

图 3-23 要完成的链条组件

具体的操作步骤如下。

步骤 1：设计链环零件。

1）在“快速访问”工具栏中单击“新建”按钮，建立一个名为 TSM_3_4_1X 的零件文件，不使用默认模板，而是采用公制单位的 mmns_part_solid_abs 模板。

2）在功能区“模型”选项卡的“基准”组中单击“草绘”按钮，弹出“草绘”对话框。选择 ASM_TOP 基准平面作为草绘平面，草绘方向和参考默认，单击“草绘”按钮，进入草绘模式。

3）绘制图 3-24 所示的曲线，单击“确定”按钮。

4）在功能区“模型”选项卡的“形状”组中单击“扫描”按钮，打开“扫描”选项卡。默认时，在“扫描”选项卡中单击“实体”按钮和“截面保持不变”按钮。

5）确保选择已绘制的闭合曲线作为原点轨迹，此时打开“参考”面板，可以看到截平面控制和水平/竖直控制等设置，如图 3-25 所示。

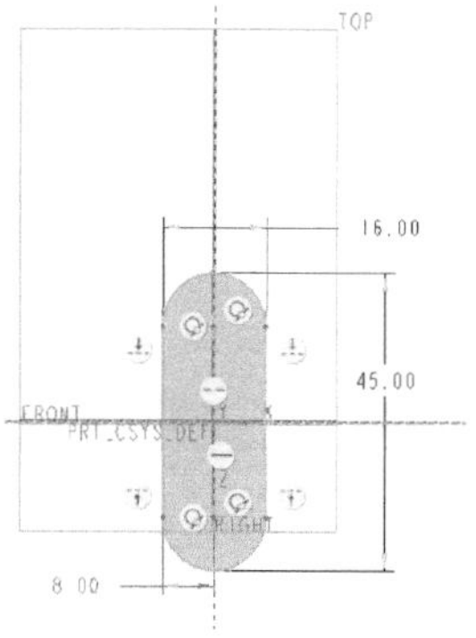

图 3-24 草绘曲线

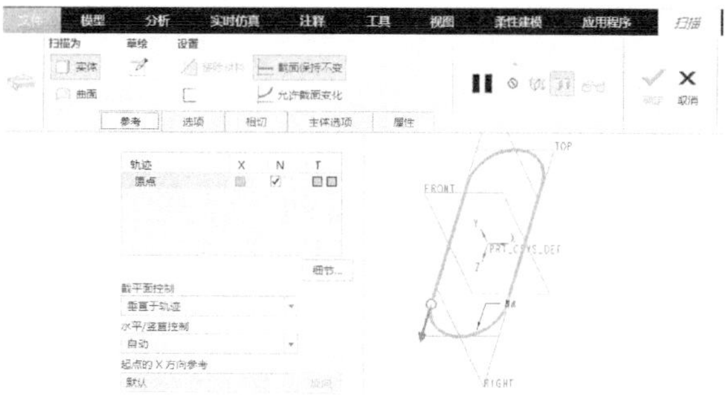

图 3-25 指定原点轨迹等

6）在“扫描”选项卡中单击“创建或编辑扫描截面”按钮，绘制图 3-26 所示的扫描剖面，单击“确定”按钮。

7）在“扫描”选项卡中单击“确定”按钮，创建的链环如图 3-27 所示。

8）保存文件。

步骤 2：新建一个装配文件并设置模型树的显示项目。

1）在“快速访问”工具栏中单击“新建”按钮，建立一个名为 TSM_3_4X 的装配文件，模板采用公制单位的 mmns_asm_design_abs。

2）在模型树的上方，单击“设置”按钮，从出现的下拉菜单中选择“树过滤器”命令，弹出“模型树项”对话框，确保选中“特征”和“放置文件夹”复选框，其他默认，单击“确定”按钮。

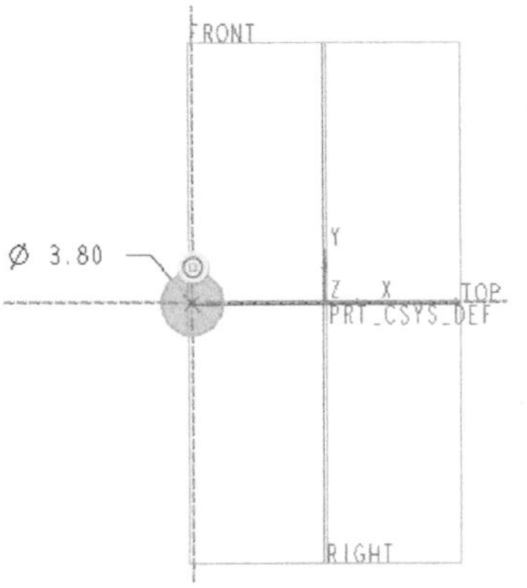

图 3-26　绘制扫描剖面

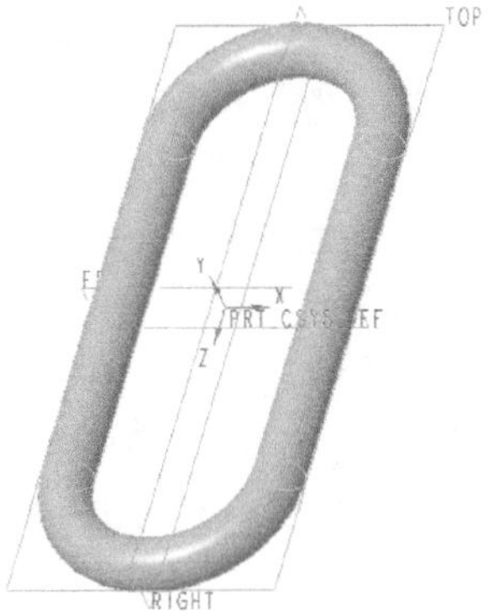

图 3-27　创建的链环

步骤 3：在装配体中建立为阵列零件而准备的特征。

1）在功能区"模型"选项卡的"基准"组中单击"草绘"按钮～，弹出"草绘"对话框。选择 ASM_TOP 基准平面作为草绘平面，草绘方向和参考默认，单击"草绘"按钮，进入草绘模式。

2）单击"样条曲线"按钮～，绘制图 3-28 所示的曲线，单击"确定"按钮✓。

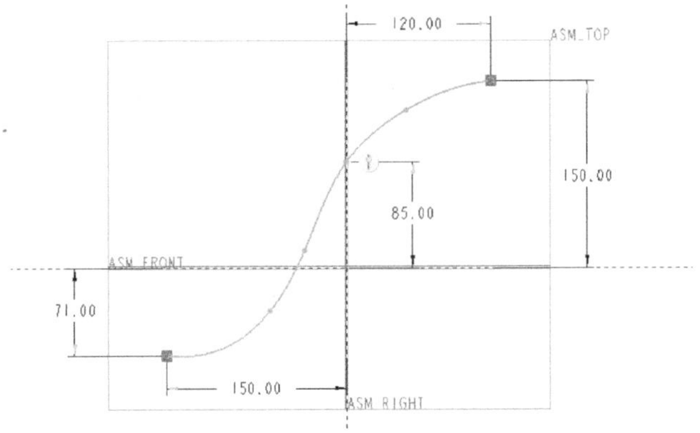

图 3-28　绘制曲线

3）在功能区"模型"选项卡的"基准"组中单击"基准点"按钮✗✗，打开"基准点"对话框。在曲线上单击，通过单击"下一端点"按钮以指定所需的曲线末端，接着采用"比率"的方式，在"偏移"文本框中输入"0.1"，如图 3-29 所示。单击"确定"按钮，在装配中建立基准点 APNT0。

说明：

创建基准点是为了定位第一个链环的装配位置，而设置基准点在曲线中的比率值是为了在后面进行元件的阵列操作做准备，该比率值可以作为尺寸阵列的一个尺寸变量。

4）在"基准"组中单击"基准轴"按钮╱，弹出"基准轴"对话框。选择参考和定义约束条件，如图 3-30 所示，单击"确定"按钮，在装配中建立 AA_1 基准轴。

5）在"基准"组中单击"基准平面"按钮▱，打开"基准平面"对话框，选择参考和定

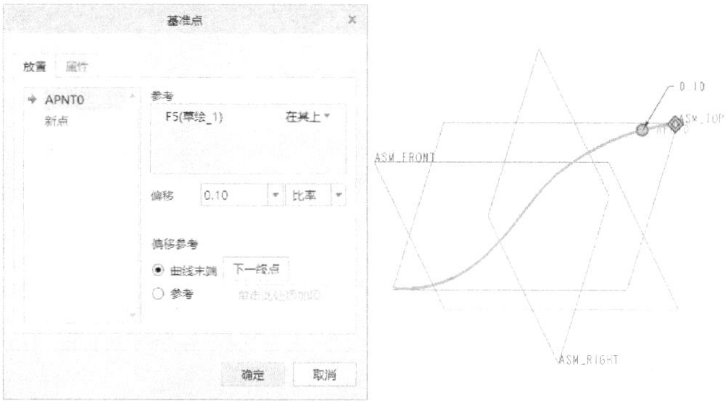

图 3-29 建立基准点

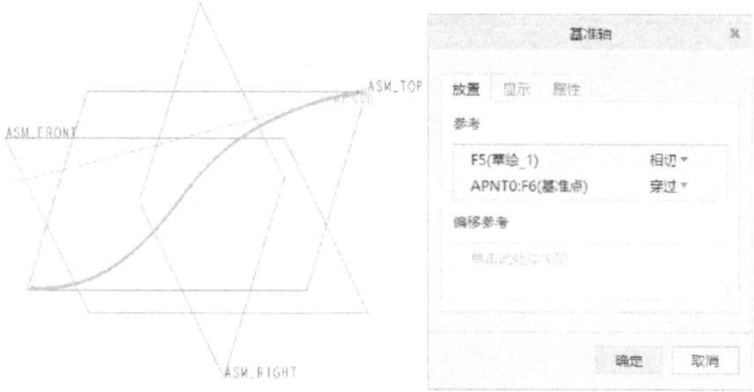

图 3-30 建立基准轴

义参考约束条件，并注意设置基准平面的法向方向（可在图形窗口中单击箭头来更改法向方向），如图 3-31 所示，单击“确定”按钮，即在 APNT0 基准点处创建垂直于曲线的基准平面 ADTM1。

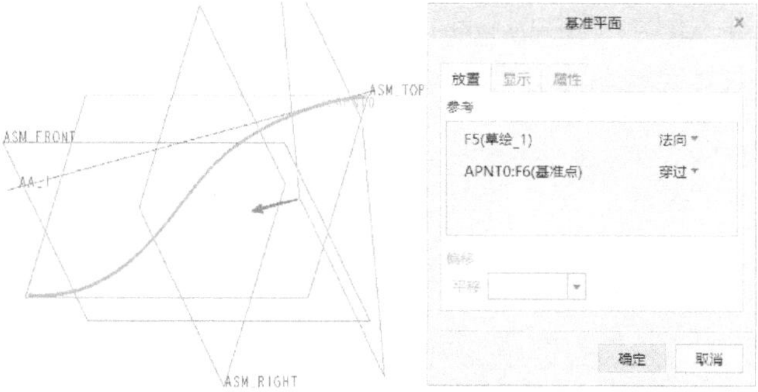

图 3-31 建立基准平面 ADTM1

6）在“基准”组中单击“基准平面”按钮▱，打开“基准平面”对话框，结合〈Ctrl〉键选择 AA_1 基准轴和 ASM_TOP 基准平面，并定义其约束条件及相应的旋转偏移角度，如图 3-32 所示，单击“确定”按钮，创建基准平面 ADTM2。

7）在“基准”组中单击“基准平面”按钮▱，打开“基准平面”对话框，选择 AA_1 基准轴，并按住〈Ctrl〉键的同时去选择 ASM_TOP 基准平面，并定义其约束条件，如图 3-33 所示。注意设置旋转偏移角度为“0”。单击“确定”按钮，创建基准平面 ADTM3。

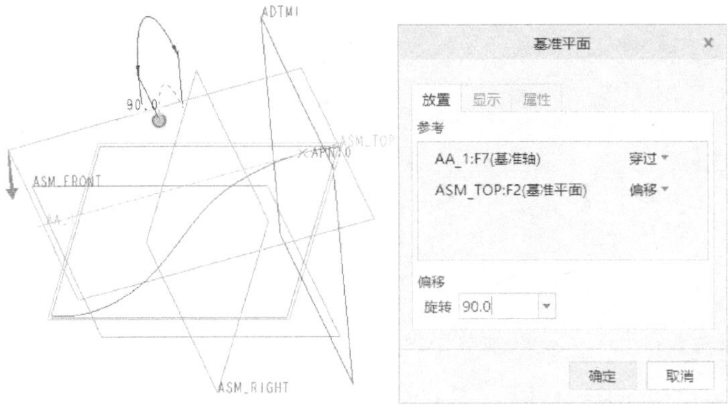

图 3-32　建立基准平面 ADTM2

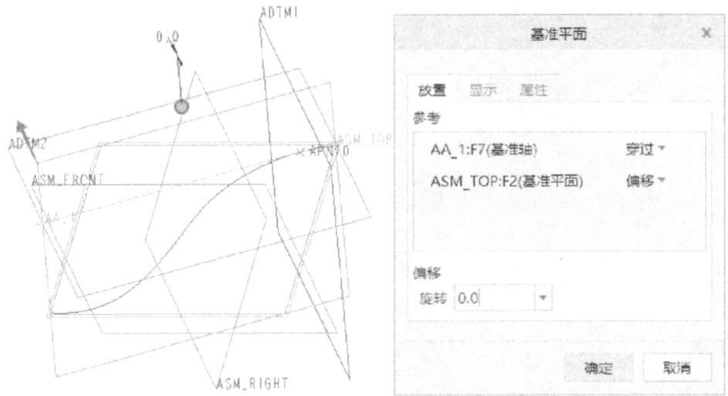

图 3-33　建立基准平面 ADTM3

8）在装配模型树中，将 ASM_RIGHT、ASM_TOP、ASM_FRONT 基准平面和 ASM_DEF_CSYS 坐标系设置为隐藏状态，此时装配体的基准特征如图 3-34 所示。

9）结合〈Ctrl〉键选择图 3-35 所示的几个基准特征，右击，接着在出现的浮动工具栏中单击“分组”按钮。

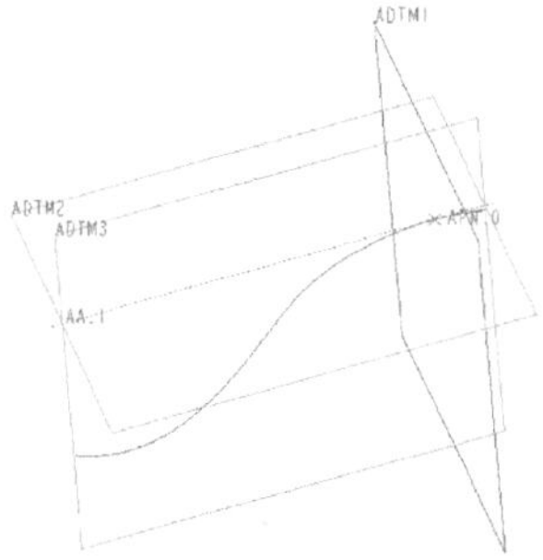

图 3-34　装配体中的基准特征

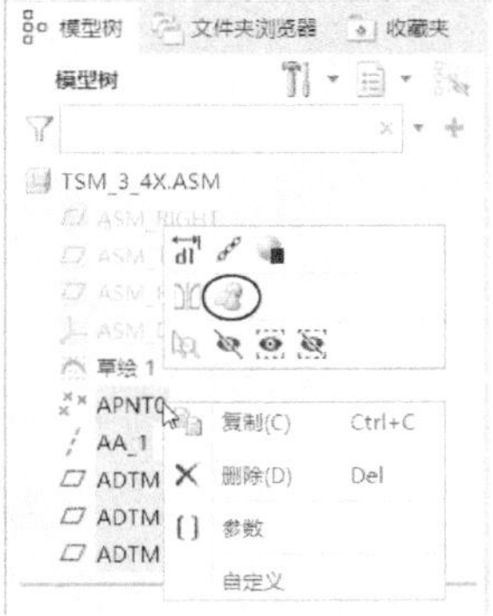

图 3-35　创建特征组

10）选中刚建立的特征组，单击“阵列”按钮，打开“阵列”选项卡。

11）在“阵列”选项卡的阵列类型下拉列表框中选择“尺寸”选项，并打开“尺寸”面板，选择 1 处的尺寸（角度值为 90 的尺寸），并设置其角度增量为“90”。接着按住〈Ctrl〉键选择 2 处的尺寸（角度值为 0 的尺寸），设置其角度增量为“90”。再按住〈Ctrl〉键选择 3 处的尺寸，设置其增量为“0. 1”，如图 3-36 所示。最后输入第一方向的阵列成员数为“10”，单击“阵列”选项卡中的“确定”按钮。

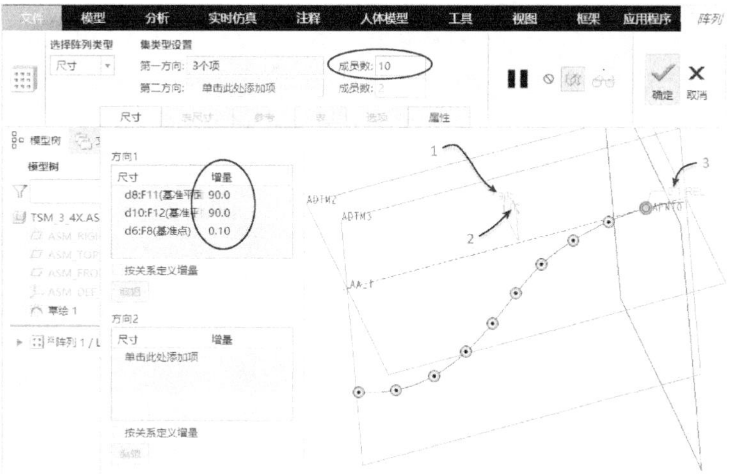

图 3-36　建立尺寸阵列

12）在模型树中，结合〈Ctrl〉键选择图 3-37 所示的 9 个阵列成员，接着从出现的浮动工具栏中选择“隐藏”图标，得到的模型树如图 3-38 所示。

图 3-37　隐藏项目

图 3-38　设置后的模型树

步骤 4：装配第一个链环。

1）在“元件”组中单击“组装”按钮，弹出“打开”对话框，选取 TSM_3_4_1X. PRT（链环零件），单击“打开”按钮。

2）在“元件放置”选项卡中，单击“指定约束时，在单独的窗口中显示元件”按钮和

"指定约束时，在装配窗口中显示元件"按钮▣。

3）定义 3 组"重合"约束。其中，第一组"重合"约束的参考为链环的 ASM_TOP 基准平面和装配组件的 ADTM3 基准平面；第二组"重合"约束的参考为链环的 ASM_RIGHT 基准平面和装配组件的 ADTM2 基准平面；第三组"重合"约束的参考为链环的 ASM_FRONT 基准平面和装配组件的 ADTM1 基准平面。

4）单击"确定"按钮✔，如图 3-39 所示。

图 3-39　装配第一个链环

步骤 5：装配其他链环。

1）选中刚装配的链环，单击"阵列"按钮▦/⊞。

2）此时如图 3-40 所示，单击"确定"按钮✔。

至此，完成了链环的装配设计，完成效果如图 3-41 所示。

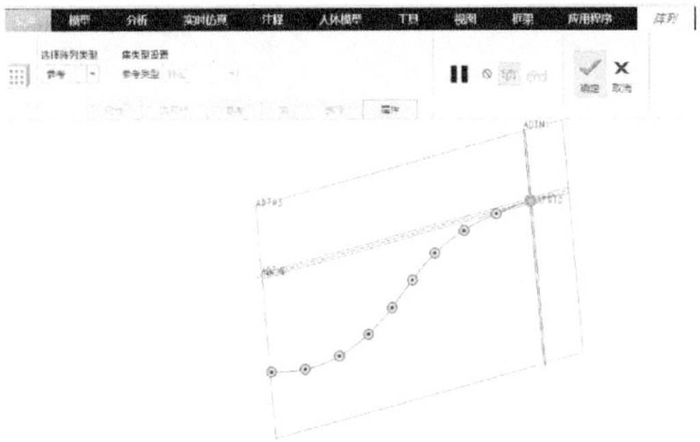

图 3-40　建立参考阵列

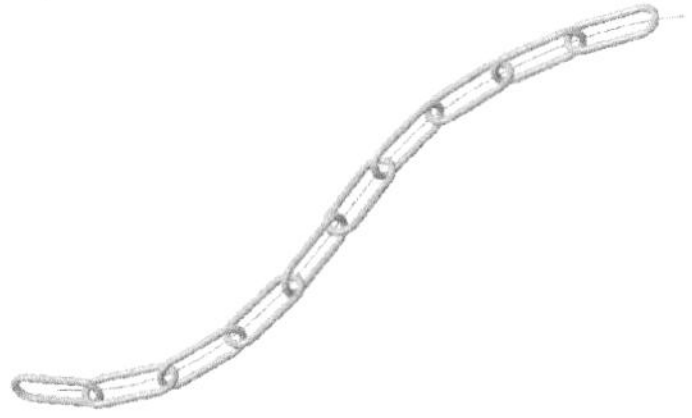

图 3-41　链环装配设计的完成效果

3.4　利用元件操作功能进行复制

在本节中，将介绍利用"编辑"下拉菜单中的"元件操作"命令来进行元件的复制，其典型的操作步骤简述如下。

1）在装配模式下，选择功能区"模型"选项卡的"元件"→"元件操作"命令，打开图 3-42 所示的菜单管理器。

2）在菜单管理器的"元件"菜单中选择"复制"命令，此时在菜单管理器中出现"得到坐标系"菜单，如图 3-43 所示。

3）在装配中选择一个坐标系。

4）选择要复制的元件，单击鼠标中键或者在"选择"对话框中单击"确定"按钮。

5）此时，菜单管理器的菜单变为图 3-44 所示的样式，从中选择"平移"或者"旋转"命令，然后定义平移方向或者旋转方向。

6）设置指定方向的平移距离或者旋转角度。

7）在菜单管理器中选择"完成移动"命令。

8）指定要复制的实例数目。

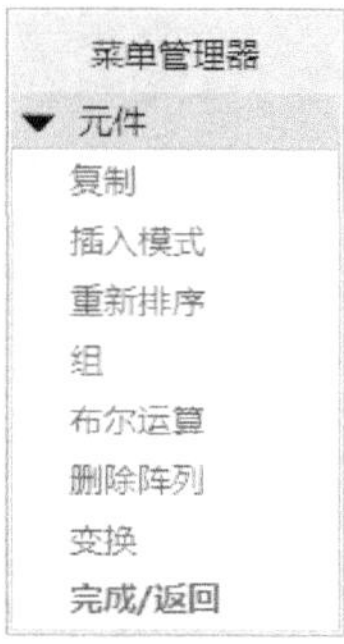

图 3-42 菜单管理器（一）

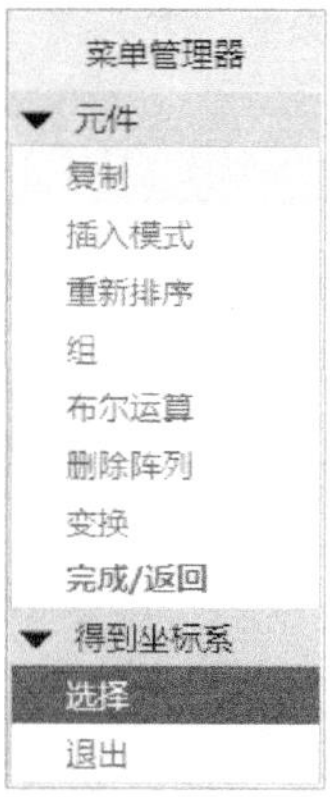

图 3-43 出现“得到坐标系”菜单

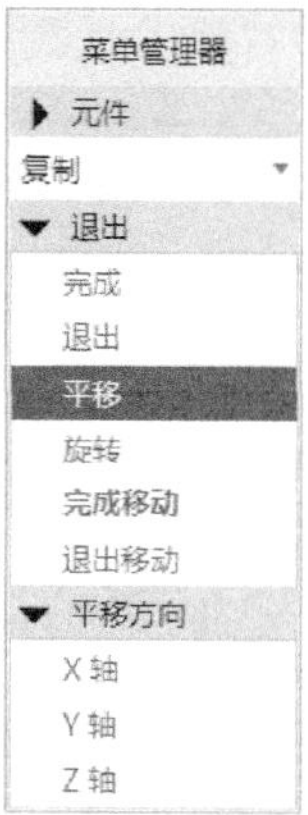

图 3-44 菜单管理器（二）

9）在菜单管理器的“退出”菜单中，选择“完成”命令。

下面介绍一个典型的操作实例，源文件位于配套资料包的 CH3→TSM_3_5 文件夹中，具体的操作步骤如下。

步骤 1：旋转复制练习。

1）单击“打开”按钮，打开源文件 TSM_3_5. ASM，文件中存在的组件如图 3-45 所示。

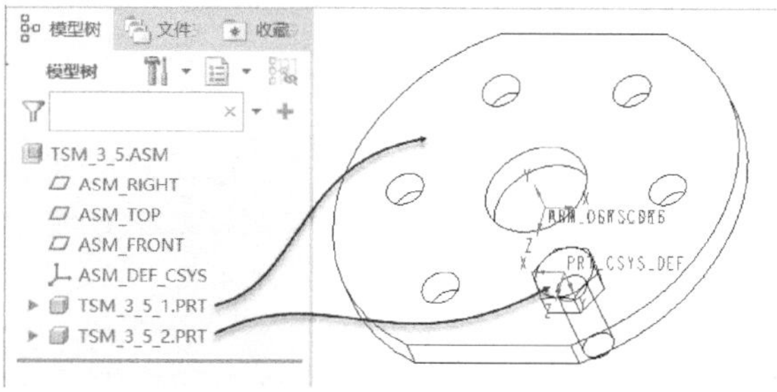

图 3-45 原始组件

2）在功能区的“模型”选项卡中选择“元件”→“元件操作”命令。

3）在出现的菜单管理器的“元件”菜单中选择“复制”命令。

4）选择 ASM_DEF_CSYS 坐标系。

5）在模型窗口中选择 TSM_3_5_2. PRT（螺栓），单击鼠标中键。

6）在菜单管理器的菜单中选择“旋转”命令，接着在“旋转方向”菜单中选择“Y 轴”命令。

7）在图 3-46 所示的文本框中输入绕 Y 轴的旋转角度值为“60”，单击“接受”按钮，或者按〈Enter〉键，也可单击鼠标中键来确认。

图 3-46 输入绕 Y 轴的旋转角度

8）在菜单管理器的菜单中选择“完成移动”命令。

9）输入要复制的实例数目为“6”，单击“接受”按钮。

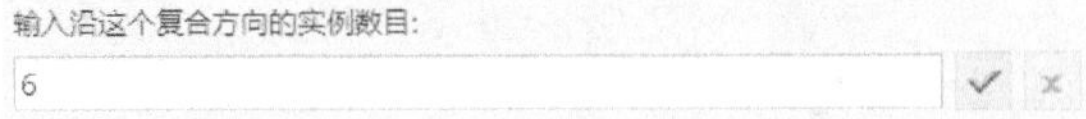

图 3-47　输入要复制的实例数目

10）在菜单管理器的“退出”菜单中选择“完成”命令。此时旋转复制元件的效果如图 3-48 所示。

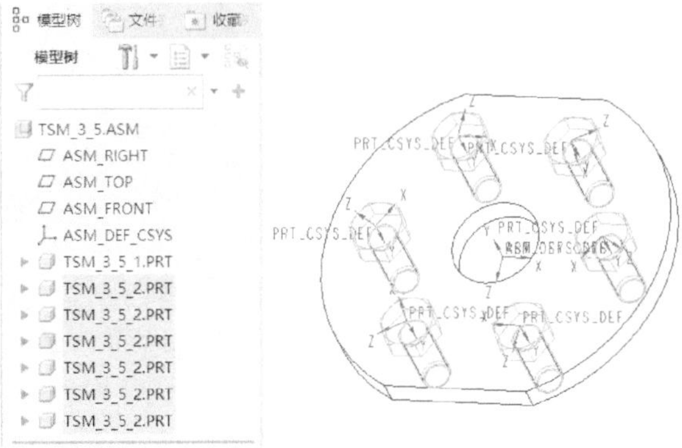

图 3-48　旋转复制元件

说明：

该旋转复制的效果，其实和单击“阵列”按钮/来操作所得的轴阵列效果是一样的。由此看来，Creo Parametric 7.0 给设计人员提供了多种设计途径，设计灵活度较高。希望读者在平时的练习或者设计实践中注意思考，总结适合自己的设计方式。

步骤 2：平移复制练习。

1）在菜单管理器的“元件”菜单中选择“复制”命令。

2）选择 ASM_DEF_CSYS 坐标系。

3）选择原始组件中的 TSM_3_5_2. PRT（第 1 个螺栓），单击鼠标中键。

4）在菜单管理器的菜单中，选择“平移”命令，接着在“平移方向”菜单中选择“X 轴”命令。

5）输入 X 方向上的平移距离为“68”，如图 3-49 所示，单击“接受”按钮。

图 3-49　输入指定方向上的平移距离

6）再次选择“平移”命令，接着在“平移方向”菜单中选择“Z 轴”命令。

7）输入 Z 方向上的平移距离为“－35”，如图 3-50 所示，单击“接受”按钮。

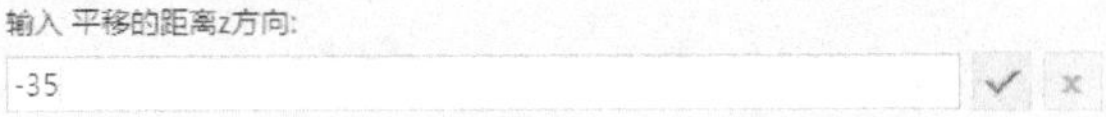

图 3-50　输入指定方向上的平移距离

8）选择“完成移动”命令。

9）在图 3-51 所示的文本框中输入“5”，单击“接受”按钮✓。

图 3-51　输入复制数目

10）在菜单管理器的“退出”菜单中选择“完成”命令，平移复制元件的效果如图 3-52 所示。

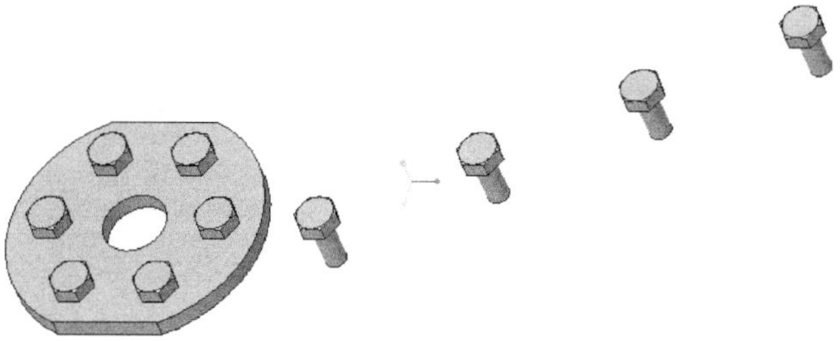

图 3-52　平移复制螺栓的结果

3.5　替换

在进行产品设计的过程中，有时会觉得对其中的某个元件不满意，便需要更改设计，以替换该零件。Creo Parametric 7.0 提供了几种替换元件的方式，包括使用族表、互换、模块或模块变型、参考模型、记事本（布局）、通过复制和不相关的元件等方式。

在装配模式下的功能区“模型”选项卡中选择“操作”→“替换”命令，将打开图 3-53 所示的“替换”对话框。替换元件的方式选项位于“替换为”选项组中。

图 3-53　“替换”对话框

在本节中，将主要介绍使用族表进行零件替换、以互换方式进行零件替换以及使用布局图进行零件替换等内容。

3.5.1 使用族表进行零件替换

在零件模式下，利用族表功能可以产生一系列相似的零件。而在装配中，对于同一个族表内的零件，可以很方便地进行内部替换。

在介绍使用族表进行零件替换之前，先以一个典型实例来介绍如何建立零件族表。该实例所应用到的源文件位于配套资料包的 CH3→TSM_3_6 文件夹中。

1. 建立螺栓族表的典型实例

1）打开源文件 TSM_B. PRT，如图 3-54 所示。

2）在功能区中切换至“工具”选项卡，接着从“模型意图”组中单击“族表”按钮，弹出图 3-55 所示的对话框。

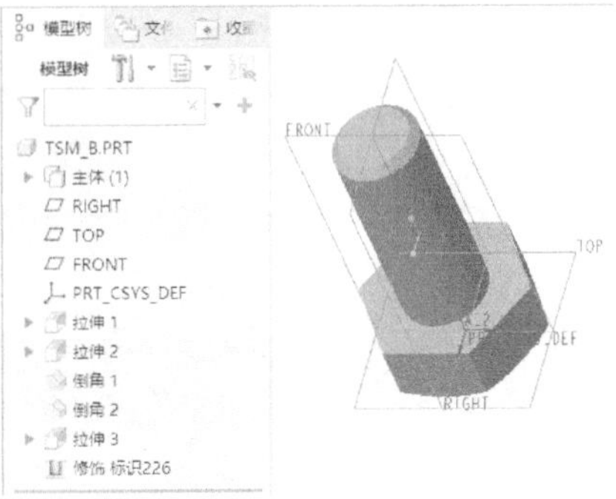

图 3-54　原始螺栓

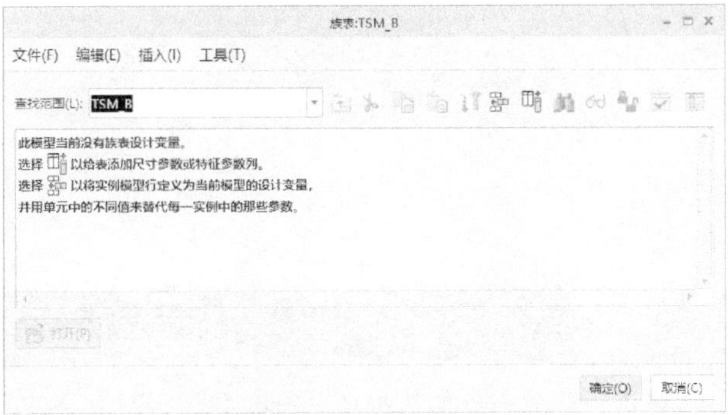

图 3-55　弹出的对话框

3）单击“添加/删除表列”按钮，弹出图 3-56 所示的“族项，类属模型：TSM_B”对话框。

4）接受默认选项，单击螺栓的螺柱主体（拉伸 2 特征），如图 3-57 所示，此时图形中出现此特征的尺寸。

图 3-56　“族项，类属模型：TSM_B”对话框

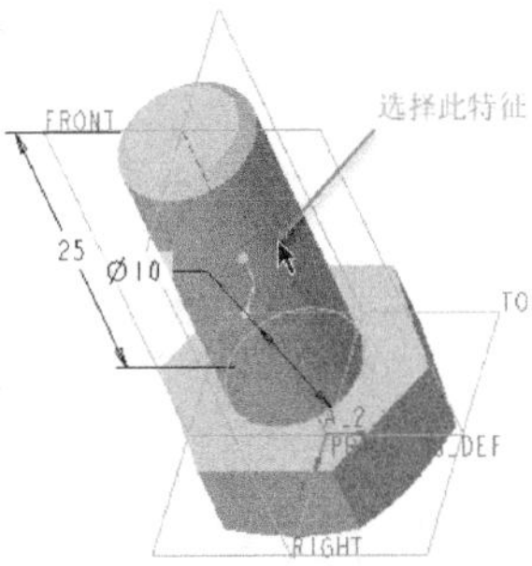

图 3-57　选择特征

5）单击数值为25的尺寸，以此作为可变值。

6）单击“族项，类属模型：TSM_B”对话框中的“确定”按钮。

7）单击“族表：TSM_B”对话框中的“在所选行处插入新的实例”按钮，此时“族表：TSM_B”对话框出现了新的表格行，如图3-58所示。

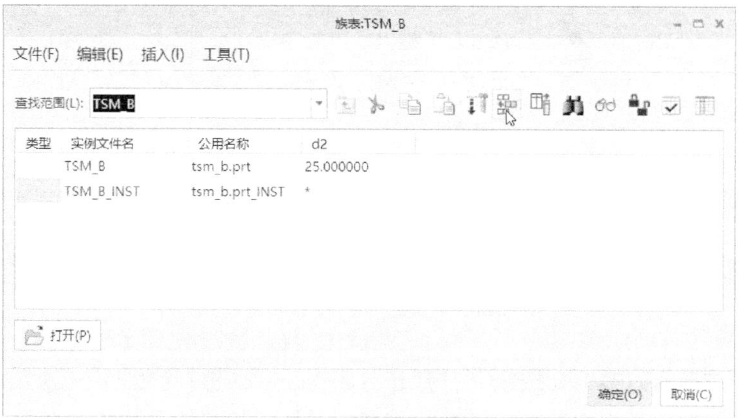

图3-58 插入新的实例

8）将新零件的名称（实例名）由“TSM_B_INST”更改为“TSM_B_10_”。

9）单击“按增量复制所选实例”按钮，打开“阵列实例”对话框。

10）在“阵列实例”对话框的“数量”选项组中输入要创建的零件数目为“3”，在“项目”选项组中选择可变尺寸参数“d2”，单击“添加”按钮，在“增量”尺寸框中输入增量为“5”，按〈Enter〉键，此时“阵列实例”对话框如图3-59所示。

图3-59 设置阵列参数

11）单击“阵列实例”对话框中的“确定”按钮，此时发现在“族表：TSM_B”对话框的表格中多了3个零件，如图3-60所示。

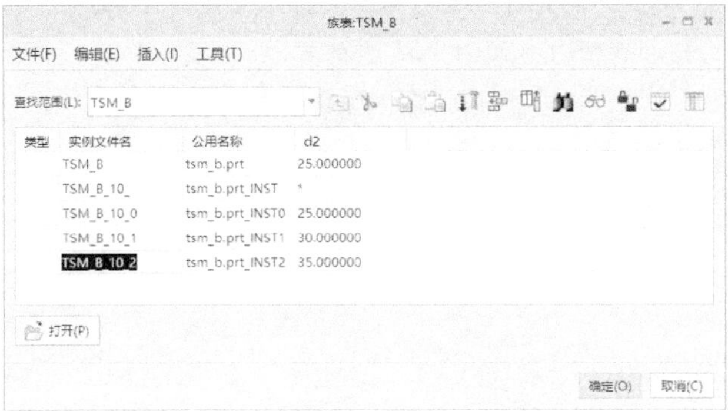

图3-60 “族表：TSM_B”对话框

12）单击“校验族的实例”按钮，打开“族树”对话框，如图3-61所示。

13）在“族树”对话框中单击“校验”按钮，系统开始校验是否能够顺利产生零件，最终的校验状态如图3-62所示。

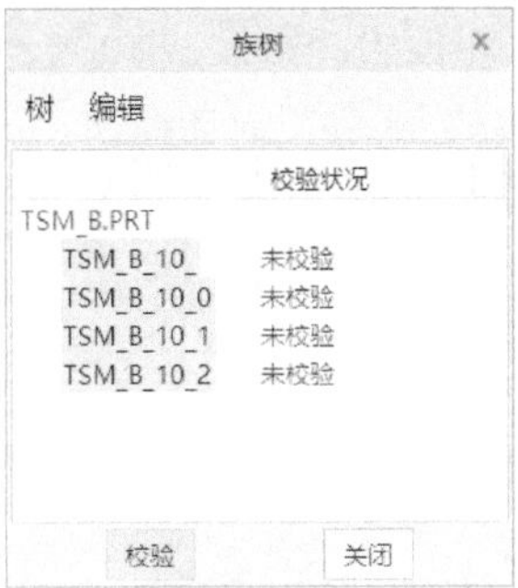

图3-61 “族树”对话框

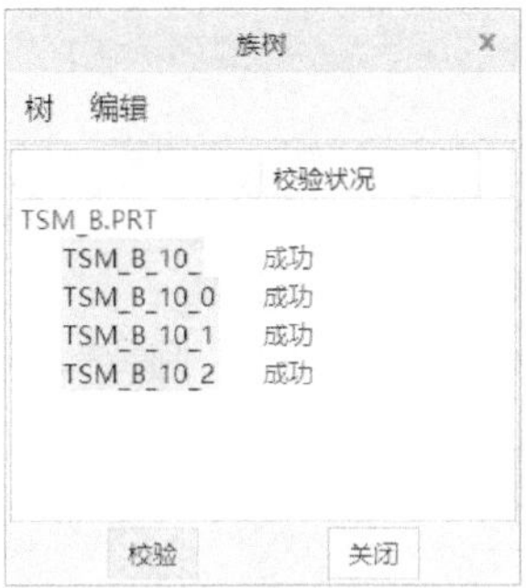

图3-62 最终的校验状态

14）单击“族树”对话框中的“关闭”按钮。

15）单击“族表：TSM_B”对话框中的“确定”按钮，完成该族表的创建。

请在指定工作目录下保存该族表零件的副本，文件名定为TSM_B_10. PRT。

2. 装配组件

1）新建一个装配组件文件，文件名为TSM_3_6，模板采用mmns_asm_design_abs，并设置在模型树中可以显示特征。

2）单击“组装”按钮，在出现的“打开”对话框中，查找到源文件TSM_3_6_1. PRT，单击“打开”按钮。

3）选择“默认”约束选项，单击“确定”按钮，完成连接板的装配，如图3-63所示。

4）单击“组装”按钮，选择之前保存的建有族表的TSM_B_10. PRT，单击“打开”按钮。

5）在弹出的“选择实例”对话框中，选择“按列”选项卡，选择“TSM_B_10_0”实例（类属零件），如图3-64所示。

6）单击“打开”按钮，功能区出现“元件放置”选项卡。

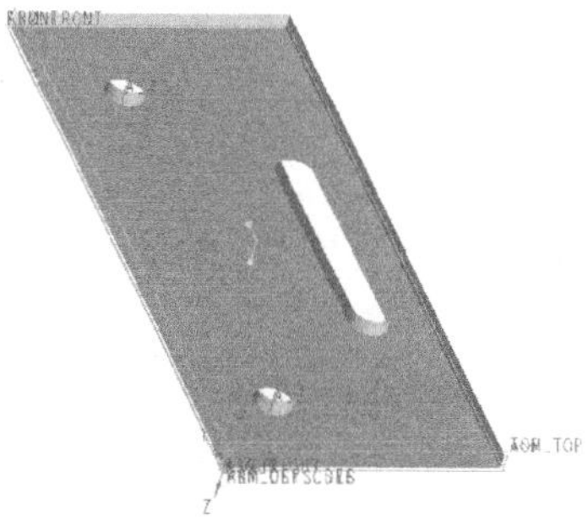

图 3-63　装配体中的一个零件

图 3-64　“选择实例”对话框

7）使用“重合”约束和“居中”约束来组装该螺栓，装配结果如图 3-65 所示。其中图右显示的是 TOP 视角的效果。

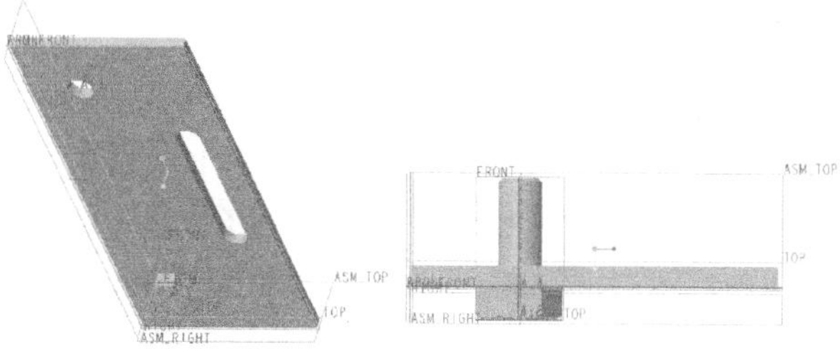

图 3-65　装配螺栓

3. 使用族表替换零件

1）选择装配中的螺栓。

2）在功能区“模型”选项卡中选择“操作”→“替换”命令，弹出“替换”对话框。

3）默认选中“替换为”选项组的“族表”单选按钮，如图 3-66 所示。

4）单击“替换”对话框中的“打开”按钮，打开图 3-67 所示的“族树”对话框，选择 TSM_B_10_2 零件，单击“确定”按钮。

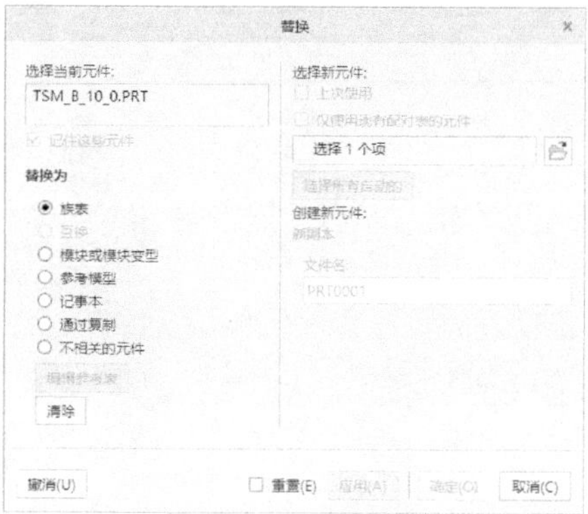

图 3-66　默认选中“族表”单选按钮

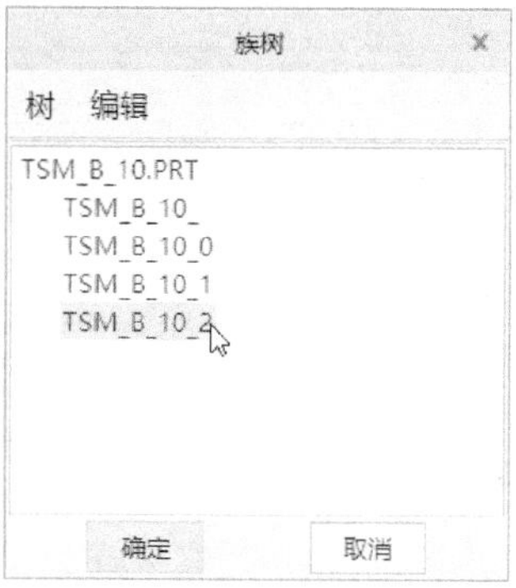

图 3-67　“族树”对话框

5）在“替换”对话框中单击“应用”按钮，单击“确定”按钮，完成零件的替换，如图3-68所示。原TSM_B_10_0零件（短螺栓）被TSM_B_10_2零件（长螺栓）所替换。

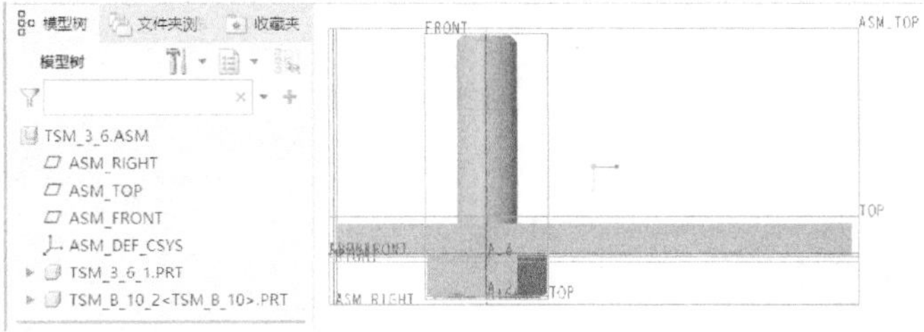

图3-68　完成零件的替换

3.5.2 以互换方式进行零件替换

在装配模式下，可以采用互换的方式进行零件替换，这些可以互换的零件之间应该具有相同的组合方式。这种替换方式要求先创建装配中的子类型的互换模式（有些资料称为创建互换装配或互换组件），并建立用于替换零件的两个参考标签。

下面通过实例来介绍以互换方式进行零件替换的操作步骤。本实例需要的源文件位于配套资料包的CH3→TSM_3_7文件夹中。

步骤1：建立一个装配并装配零件。

1）在“快速访问”工具栏中单击“新建”按钮，弹出“新建”对话框。在“类型”选项组中选择“装配”单选按钮，在“子类型”选项组中选择“设计”单选按钮，输入组件名称为“TSM_3_7”，取消选中“使用默认模板”复选框以取消使用默认模板，单击“确定”按钮。在出现的“新文件选项”对话框中，选择mmns_asm_design_abs模板，单击“确定”按钮。

2）确保设置在模型树中显示特征。

3）在功能区“模型”选项卡的“元件”组中单击“组装”按钮，接着在弹出的“打开”对话框中，查找到源文件TSM_3_7_1. PRT，单击“打开”按钮。

4）从“元件放置”选项卡的“约束类型”下拉列表框中选择“默认”选项，单击“确定”按钮，完成该零件的装配，如图3-69所示。

5）单击“组装”按钮，在弹出的“打开”对话框中查找到源文件TSM_3_7_2. PRT，单击“打开”按钮。

6）使用两组“重合”约束和一组“居中”约束来组装零件，如图3-70所示，单击“确定”按钮。

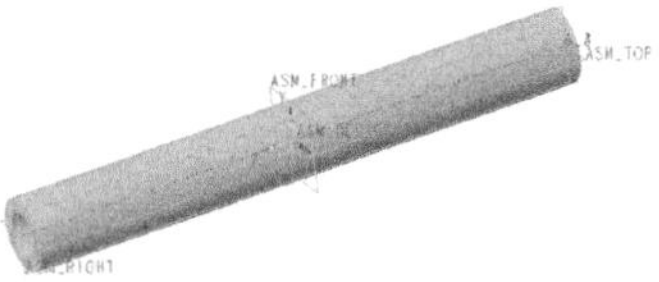

图3-69　装配中的第一个零件

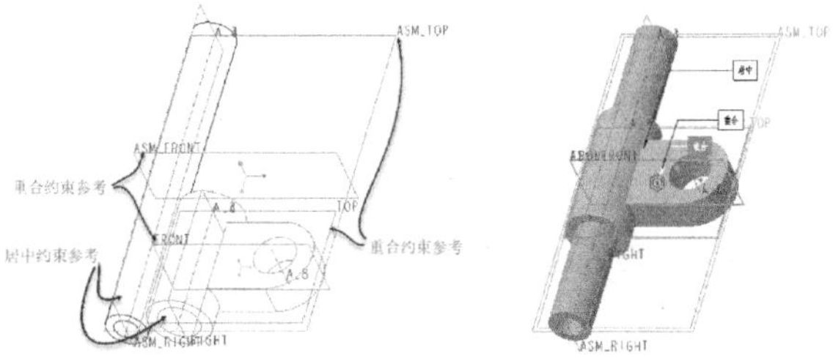

a)　　b)

图3-70　组合零件

a）指定放置约束参考　b）装配结果

步骤2：建立互换组件。

1）在“快速访问”工具栏中单击“新建”按钮，打开“新建”对话框。在“类型”选项组中选择“装配”单选按钮，在“子类型”选项组中选择“互换”单选按钮，输入互换装配的名称为“HY_EXCHANGE”，如图3-71所示，单击“确定”按钮。

2）在功能区“模型”选项卡的“元件”组中单击“功能”按钮，如图3-72所示，弹出“打开”对话框，选择TSM_3_7_2. PRT零件，单击“打开”按钮。

图3-71　建立互换装配

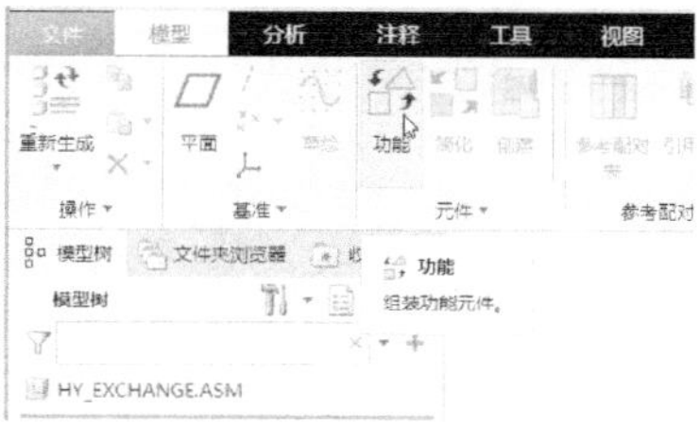

图3-72　单击“功能”按钮

3）再次在功能区“模型”选项卡的“元件”组中单击“功能”按钮，弹出“打开”对话框，从中选择TSM_3_7_3. PRT零件，单击“打开”按钮。

4）直接在出现的“元件放置”选项卡中单击“确定”按钮，载入的两个零件如图3-73所示。

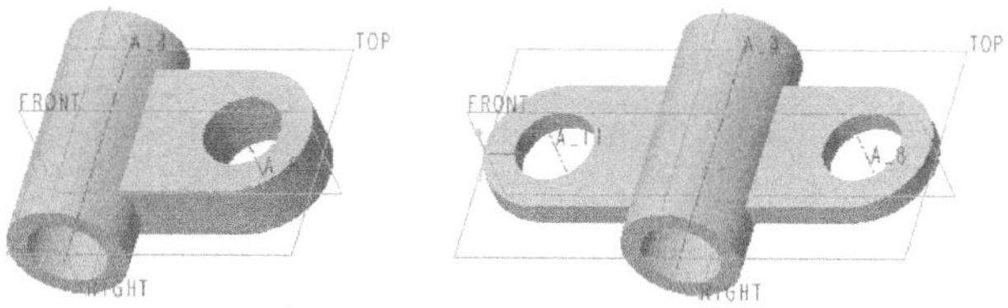

图3-73　载入的两个零件

说明：

在互换装配模式下，需要掌握“元件”组和“参考配对”组中的以下工具命令。

- “功能”按钮：组装功能元件。
- “简化”按钮：组装简化元件。
- “创建”按钮：创建简化元件。
- “参考配对表”按钮：进入参考配对表为互换装配创建并分配（指定）标签。
- “引用标记”按钮：定义参考配对。

步骤3：定义参考标签。

1）在功能区“模型”选项卡的“元件”组中单击“参考配对表”按钮，系统弹出图3-74所示的“参考配对表”对话框。

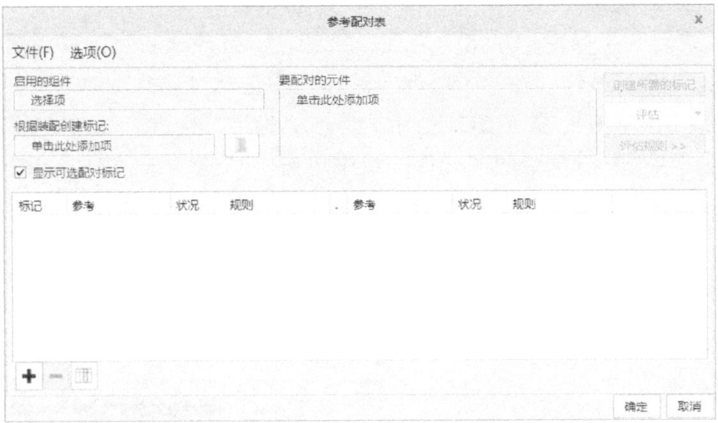

图 3-74 “参考配对表”对话框

2）可选择 TSM_3_7_2. PRT 为要启动的组件（活动元件），并激活“要配对的元件”收集器，选择 TSM_3_7_3. PRT 作为要配对的元件。

3）在“参考配对表”对话框中单击“添加”按钮 +，添加第一个标签，标签名称为 TAG_0，选择 TSM_3_7_2. PRT 零件的 FRONT 基准平面，按住〈Ctrl〉键的同时选择 TSM_3_7_3. PRT 零件的 FRONT 基准平面。此时，该参考标签的信息显示在“参考配对表”对话框中，如图 3-75 所示。

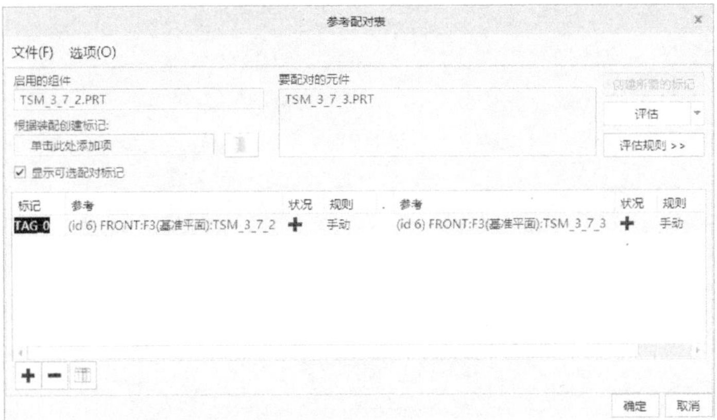

图 3-75 定义参考标签 TAG_0

4）单击“添加”按钮 +，添加第二个标签，标签名称为 TAG_1，结合〈Ctrl〉键选择 TSM_3_7_2. PRT 零件的内孔曲面 1 和 TSM_3_7_3. PRT 零件的内孔曲面 2，如图 3-76 所示。

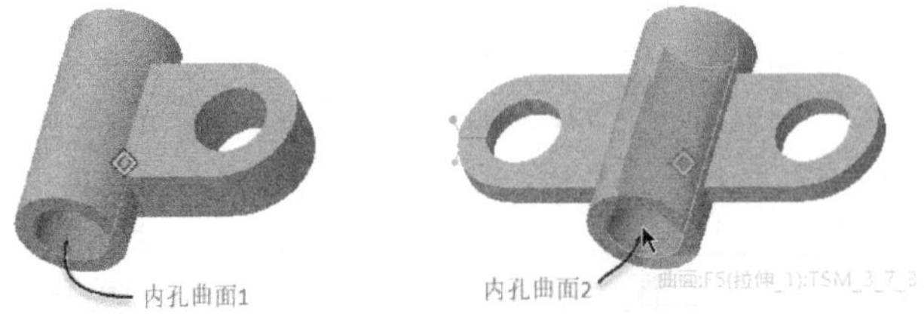

图 3-76 选择要分配给标签的图元

5）单击“添加”按钮 + ，添加第三个标签，标签名称为 TAG_2，选择 TSM_3_7_2. PRT 零件的 TOP 基准平面，按住〈Ctrl〉键的同时去选择 TSM_3_7_3. PRT 零件的 TOP 基准平面。

6）此时，“参考配对表”对话框如图 3-77 所示，单击“确定”按钮。

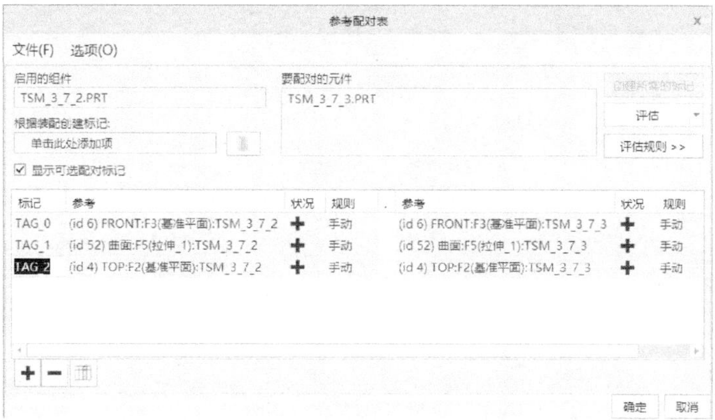

图 3-77 “参考配对表”对话框

实用知识：

在“参考配对表”对话框中，用户可以根据需要改变默认的评估规则。如果要更改默认的评估规则，则单击“评估规则”按钮 评估规则 >> ，从而在该对话框中显示评估选项，如图 3-78 所示。可以根据需要指定是否启用“元件界面”“相同名称（及类型）”“相同历史记录”“相同参数”和“相同标识（及类型）”这些规则。若此时单击“评估规则”按钮 << 评估规则 ，则隐藏评估选项。

图 3-78 显示评估选项

7）在指定的工作目录下保存文件。

步骤 4：以互换方式替换零件。

1）在“快速访问”工具栏中单击“窗口”按钮 以打开其下拉列表框，从中选择“TSM_3_7. ASM”，从而激活 TSM_3_7. ASM。

2）在功能区的“模型”选项卡中选择“操作”→“替换”命令，系统弹出“替换”对话框。

3）在装配中单击要替换的 TSM_3_7_2. PRT 零件，此时“替换”对话框如图 3-79 所示。

图 3-79 “替换”对话框

4）接受“替换为”选项组中的默认选项为“互换”单选按钮，然后单击对话框中的“打开”按钮，弹出“族树”对话框。

5）在“族树”对话框中选择 HY_EXCHANGE. ASM 之下的 TSM_3_7_3. PRT，如图 3-80 所示，单击“确定”按钮。

6）单击“替换”对话框中的“确定”按钮。此时如图 3-81 所示，可以看出 TSM_3_7_3. PRT 零件已经自动替换上去了。

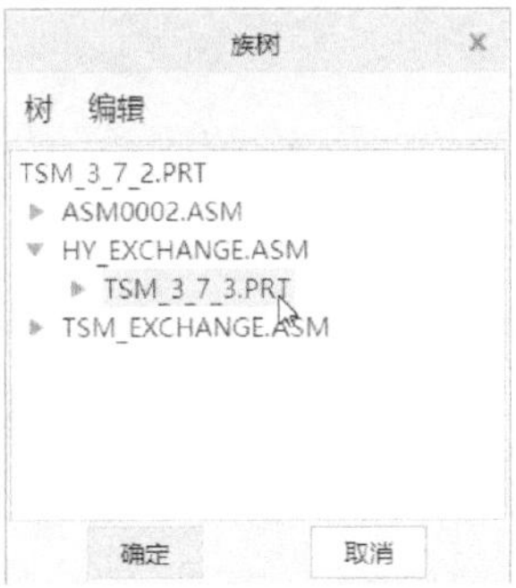

图 3-80 选择互换的元件

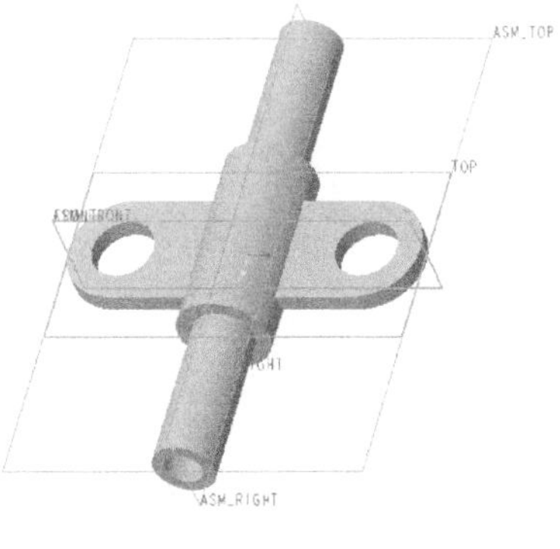

图 3-81 自动替换后的效果（第一次替换）

7）在功能区的“模型”选项卡中选择“操作”→“替换”命令，系统弹出“替换”对话框。

8）在装配中单击要替换的 TSM_3_7_3. PRT 零件。

9）接受“替换为”选项组中的默认选项为“互换”单选按钮，然后单击对话框中的“打开”按钮。

10）在弹出的“族树”对话框中，选择 HY_EXCHANGE. ASM 之下的 TSM_3_7_2. PRT，如图 3-82 所示，单击“确定”按钮，返回到“替换”对话框。

11）单击“替换”对话框中的“确定”按钮，最终得到的组件如图 3-83 所示。

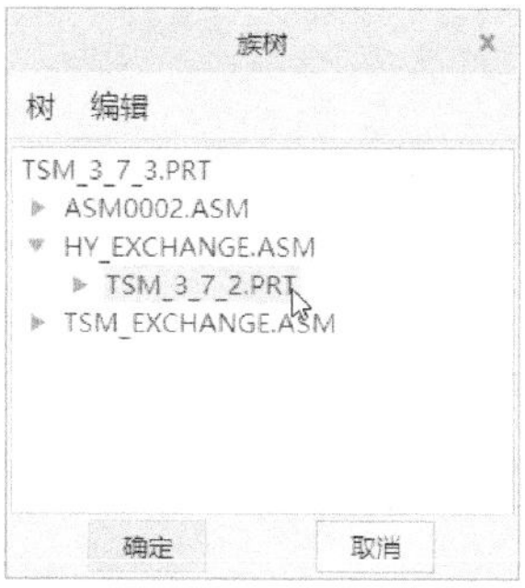

图 3-82 第一次替换后结果

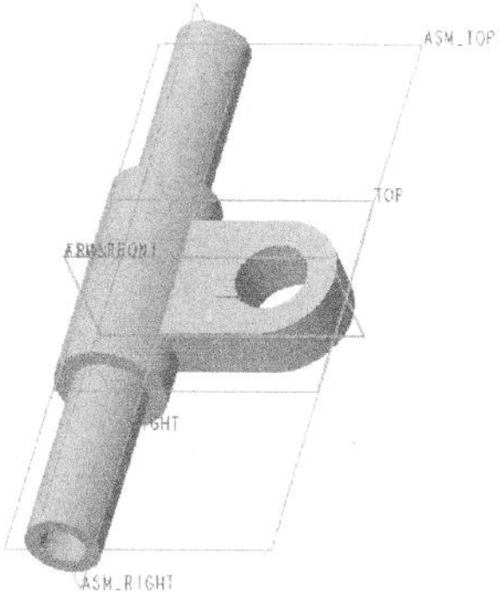

图 3-83 第二次替换后的结果

3.5.3 使用布局图进行零件替换

布局就好比是设计草图，使用一些简单的线条及符号等来描述产品的大概轮廓、各零部件的摆设位置及相互装配关系等。有关布局的详细知识（如利用布局图实现组件自动装配等）将在第 4 章重点介绍。而本小节着重通过操作实例来介绍如何利用现存布局图进行零件的替换。

操作实例所需要的源文件位于配套资料包 CH3→TSM_3_8 文件夹中。文件夹特意提供了一个简单的布局图以及 3 个实体零件，需要为这 3 个零件设置布局声明，具体的操作步骤如下。

步骤 1：打开布局文件。

1）在“快速访问”工具栏中单击“打开”按钮，弹出“文件打开”对话框。

2）选取布局文件 TSM_3_LAYOUT. LAY，单击“文件打开”对话框中的“打开”按钮，布局文件中存在着一个基准平面 PLANE 和一根轴 AXIS，如图 3-84 所示。

步骤 2：声明 TSM_3_8_1. PRT 零件与布局图的关系。

1）在“快速访问”工具栏中单击“打开”按钮，选择 TSM_3_8_1. PRT 零件，单击“文件打开”对话框中的“打开”按钮，该零件如图 3-85 所示。

2）在功能区的“文件”选项卡中选择“管理文件”→“声明”命令，弹出图 3-86 所示的菜单管理器。

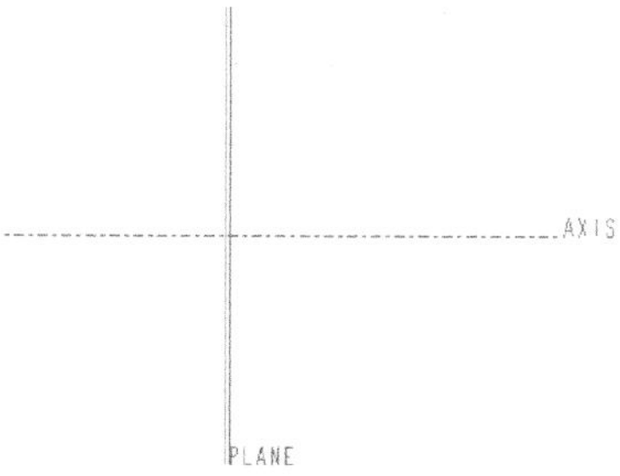

图 3-84 布局

图 3-85 TSM_3_8_1. PRT 零件

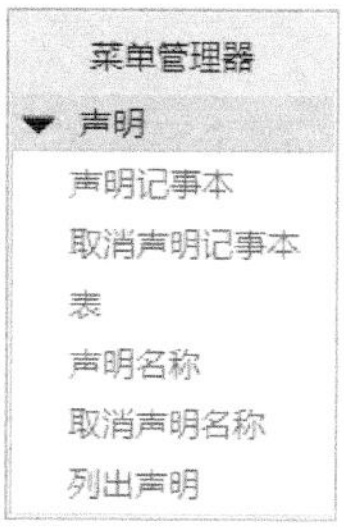

图 3-86 菜单管理器

3）在菜单管理器的“声明”菜单中，选择“声明记事本”（声明布局）命令，如图 3-87 所示，接着在“记事本”（布局）菜单中选择 TSM_3_LAYOUT。

4）选择"声明名称"命令，在零件模型中选取 TOP 基准平面，接着选择"确定"命令，如图 3-88 所示。

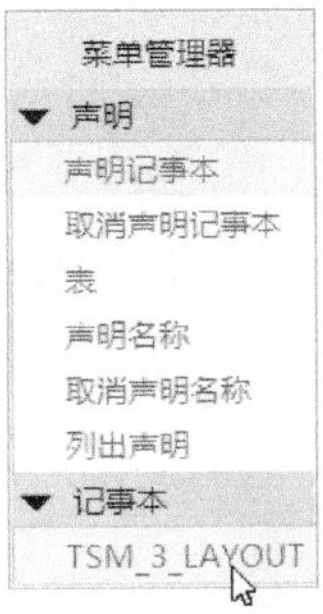

图 3-87　声明布局

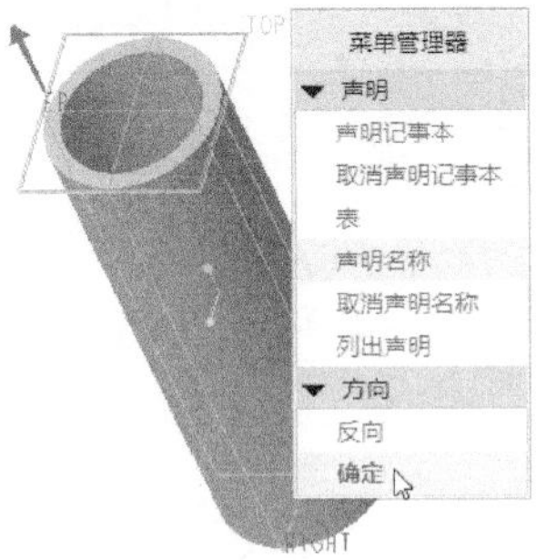

图 3-88　定义方向

5）输入平面的全局名称为"PLANE"，如图 3-89 所示，单击"接受"按钮✓。

图 3-89　输入平面全局名称

6）选取零件的中心轴线，输入轴线的全局名称为"AXIS"，如图 3-90 所示，单击"接受"按钮✓。

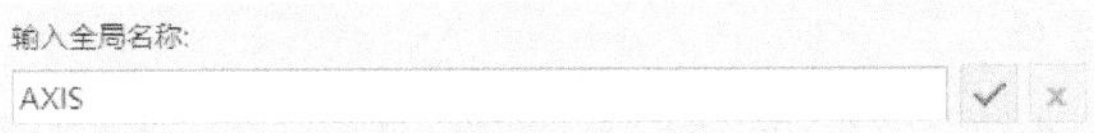

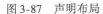

图 3-90　输入轴线全局名称

7）单击鼠标中键。

步骤 3：声明 TSM_3_8_2. PRT 零件与布局图的关系。

1）在"快速访问"工具栏中单击"打开"按钮，选择 TSM_3_8_2. PRT 零件，单击"文件单开"对话框中的"打开"按钮，该零件如图 3-91 所示。

2）在功能区的"文件"选项卡中选择"管理文件"→"声明"命令。

3）选择"声明记事本"（声明布局）命令，然后选择 TSM_3_LAYOUT。

4）选择"声明名称"命令。

5）在零件模型中选取 TOP 基准平面，接着选择"确定"命令，输入平面全局名称为"PLANE"，单击"接受"按钮✓。

6）在零件模型中选取中心轴线，接着输入轴线全局名称为"AXIS"，单击"接受"按钮✓。声明后的零件模型如图 3-92 所示。

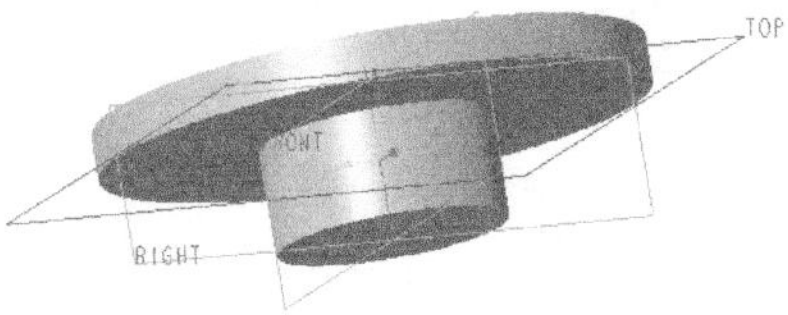

图 3-91　TSM_3_8_2. PRT 零件

图 3-92　声明后的零件模型

步骤4：声明 TSM_3_8_3. PRT 零件与布局图的关系。

1）单击“打开”按钮，选择 TSM_3_8_3. PRT 零件，单击“文件打开”对话框中的“打开”按钮，该零件如图 3-93 所示。

2）在功能区的“文件”选项卡中选择“管理文件”→“声明”命令。

3）选择“声明记事本”（声明布局）命令，然后选择 TSM_3_LAYOUT。

4）选择“声明名称”命令。

5）在零件模型中选取 TOP 基准平面，接着选择“确定”命令，输入平面全局名称为“PLANE”，单击“接受”按钮。

6）在零件模型中选取中心轴线，接着输入轴线全局名称为“AXIS”，单击“接受”按钮。

声明后的零件模型如图 3-94 所示。

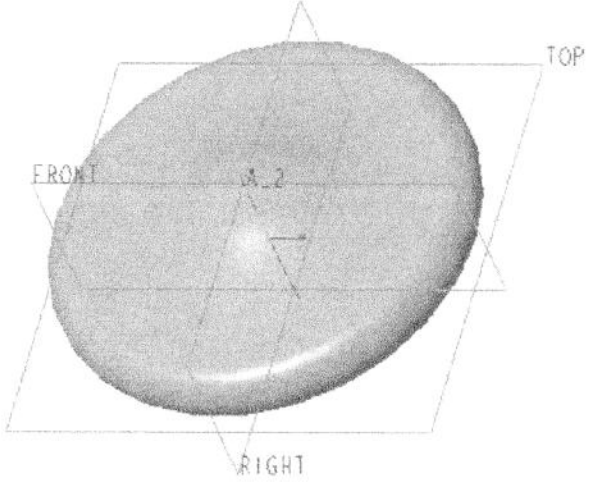

图 3-93　TSM_3_8_3. PRT 零件

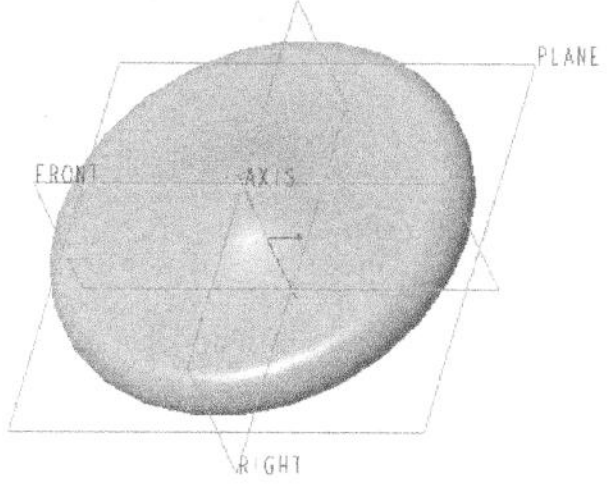

图 3-94　声明后的零件模型

步骤5：新建装配文件并组装两个零件。

1）在“快速访问”工具栏中单击“新建”按钮，弹出“新建”对话框。在“类型”选项组中选择“装配”单选按钮，在“子类型”选项组中选择“设计”单选按钮，输入装配文件名称为 TSM_3_8，取消选中“使用默认模板”复选框以取消使用默认模板，单击“确定”按钮。在出现的“新文件选项”对话框中，选择 mmns_asm_design_abs，单击“确定”按钮。

2）确保设置在模型树中显示特征。

3）单击“组装”按钮，在弹出的“打开”对话框中，查找到源文件 TSM_3_8_1. PRT，单击“打开”按钮。

4）选择“默认”选项，单击“确定”按钮，完成该零件的装配，如图 3-95 所示。

5）单击“组装”按钮，在弹出的“打开”对话框中，查找到源文件 TSM_3_8_2. PRT，单击“打开”按钮。

6）系统弹出图 3-96 所示的菜单管理器，从中选择“自动”命令，系统自动装配 TSM_3_8_2. PRT 零件，自动装配的效果如图 3-97 所示。

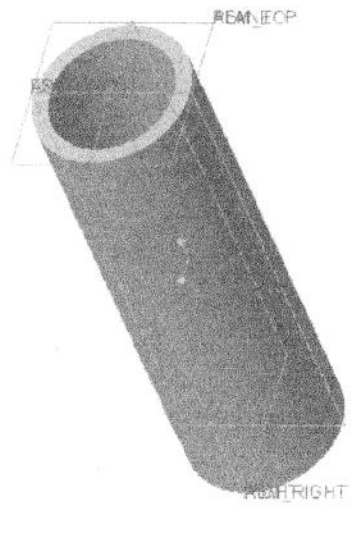

图 3-95　载入 TSM_3_8_1. PRT

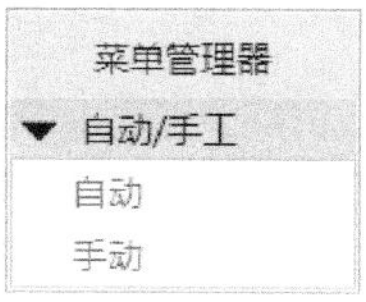

图 3-96　菜单管理器

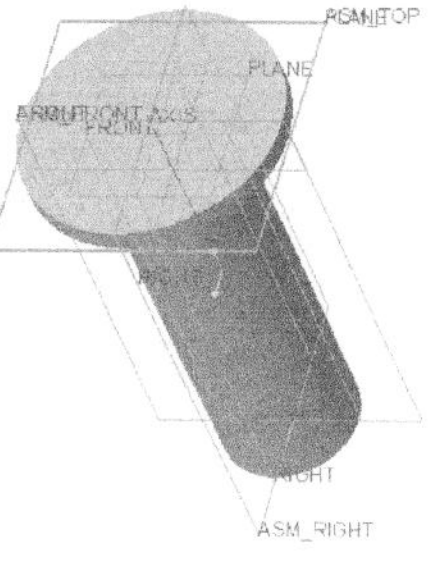

图 3-97　自动装配的效果

步骤 6：进行替换零件的操作。

1）在功能区“模型”选项卡中选择“操作”→“替换”命令，打开“替换”对话框。

2）选取 TSM_3_8_2. PRT 零件。

3）在“替换”对话框的“替换为”选项组中，选择“记事本”单选按钮，如图 3-98 所示。

4）单击“替换”对话框中的“打开”按钮，弹出“打开”对话框。

5）通过“打开”对话框选择 TSM_3_8_3. PRT 零件，然后在“打开”对话框中单击“打开”按钮，返回到“替换”对话框。

6）在“替换”对话框中单击“确定”按钮，完成替换零件的操作，替换零件的结果如图 3-99 所示。

图 3-98 “替换”对话框

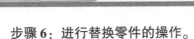

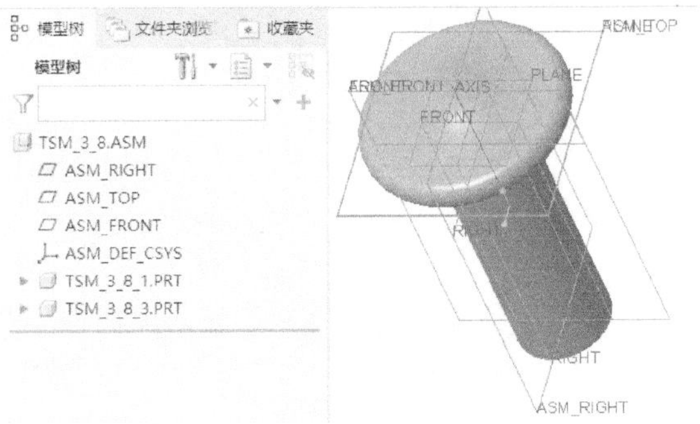

图 3-99 完成零件替换

3.6 思考题

1）在 Creo Parametric 7.0 装配模式下，使用“重复”命令（或单击“重复”按钮）的设计思想是怎样的？可以举例辅助说明。

2）简述在 Creo Parametric 7.0 装配模式下创建镜像零件的步骤。

3）在 Creo Parametric 7.0 装配模式下，如何实现元件阵列的操作？

4）可以使用“元件操作”功能来进行元件的复制，请总结其典型步骤。

5）Creo Parametric 7.0 提供了哪几种替换元件的方式？这些替换方式各有什么不同？分别应用在什么情况？

第 4 章　高级装配应用

本章导读

在本章中，将介绍一些高级装配功能的应用及技巧，涉及的内容主要包括以下。

1）连接装配。

2）使用元件接口。

3）实现拖动式自动放置。

4）柔性体装配。

5）记事本的应用。

6）骨架模型的应用。

7）装配工艺计划。

8）在装配工程图中自动创建 BOM 和零件球标。

4.1 连接装配

在装配产品或机器设备时，往往要分析整体结构和零件功能，核实要组装进来的零部件相对于装配体是活动件还是固定件。一般而言，若是活动件，多采用连接的方式进行装配；若是固定件，则采用普通方式定义若干放置约束关系来完成组合。这里所说的连接，其实是一种提供特定自由度的预定义约束集，建立它的目的是限制零件的自由度。这和常规的约束装配不一样，因为常规的完全约束装配是限制了元件的所有自由度，而预定义约束集则定义了元件在装配中的运动（使用预定义约束集放置的元件有意地未进行充分约束以保留一个或多个自由度）。具体来讲，就是在建立连接的过程中，需要定义指定“约束”去限制元件、装配的某些自由度。例如，建立“销钉”连接时，需要使用“轴对齐”和“平移”两个约束来限制其中的 5 个自由度，而仅保留一个旋转自由度。

建立连接装配和前面章节介绍的约束装配一样，都是通过“元件放置”选项卡来进行操作的。如图 4-1 所示，可以从“预定义集”下拉列表框中选择其中的一个选项，如“刚性”“销”

图 4-1　“元件放置”选项卡中的“预定义集”下拉列表框

“滑块”“圆柱”“平面”“球”“焊缝”“轴承”“常规”“6DOF”“万向”和“槽”等选项，然后定义相应的约束即可。

从“预定义集”下拉列表框中选择连接选项后，进入“放置”面板，可以看到需要定义的约束。值得注意的是，不能删除、更改或移除这些约束，也不能添加新的约束，而只能编辑定义这些约束的有效参考。例如，当从“预定义集”下拉列表框中选择“圆柱”选项时，“放置”面板如图4-2所示，连接约束集为“Connection_1（圆柱）”，此时需要分别选择元件参考和装配参考来定义“轴对齐”约束。

图 4-2 “放置”面板

4.1.1 连接类型

下面简单地介绍“刚性”“销”“滑块”“圆柱”“平面”“球”“焊缝”“轴承”“常规”“6DOF”“万向”和“槽”等这些连接类型的含义。

（1）刚性

用于完全限制6个自由度，使元件在装配体中完全被约束。可以使用任意有效的约束集约束它们，这和约束装配类似。如此连接的元件将变成单个主体。

（2）销（销钉）

将元件连接至参考轴，以使元件以一个自由度沿着此轴旋转或移动。选择此连接类型时，需要定义“轴对齐”和“平移”，即需要选择轴、边、曲线或曲面作为轴参考，选择基准点、顶点或曲面作为平移参考。

（3）滑块（滑动杆）

使用“轴对齐”和“旋转”两约束限制5个自由度，仅保留一个沿轴向（特定直线方向）的平移自由度。

（4）圆柱

使用“轴对齐”约束限制4个自由度，而使元件沿着指定的轴线平移并能绕轴线旋转，需要选择轴、边或曲线作为轴对齐参考。

（5）平面

使用“平面”约束限制其中的3个自由度，而保留两个平移自由度和一个旋转自由度。

（6）球

使用“点对齐”约束限制3个平移自由度，而保留3个旋转自由度，使元件可以在任意方向上旋转（360°旋转）。

（7）焊缝

使用“坐标系”约束限制所有自由度，即可通过将元件的坐标系与装配中的坐标系对齐而将元件放置在装配中。“焊缝”连接具有一个坐标系对齐的重合约束，可以将一个元件连接到另一个元件，使它们无法相对移动。

（8）轴承

相当于“球”和“滑块”连接的组合，具有4个自由度，其中包括3个旋转自由度（360°旋转）和一个平移自由度。对于第一个约束参考，在元件或装配上选择一点；对于第二个约束参考，则在装配或元件上选择边、轴或曲线。点参考可以自由地绕边旋转并沿其长度移动。

（9）常规

“常规”连接具有一个或两个可配置约束，这些约束和用户定义集中的放置约束相同。注意，“相切”“曲线上的点”和“非平面曲面上的点”不能用于“常规”连接。

（10）6DOF

使用“坐标系对齐”约束定义元件的坐标系与装配中的坐标系对齐。其中X、Y和Z装配轴是允许旋转和平移的运动轴。“6DOF”连接将不影响元件与装配相关的运动。

（11）万向

“万向”连接具有一个中心约束的枢轴接头，坐标系中心对齐，但不允许轴自由转动。

（12）槽

“槽”连接有4个自由度，其中点在3个方向上遵循轨迹。对于第一个参考，在元件或装配上选取一点，所参考的点遵循非直参考轨迹。轨迹具有在配置连接时所设置的端点。“槽”连接具有单个“点与多条边或曲线对齐”约束。

4.1.2 连接装配的简单实例

在本小节中，通过一个简单的操作实例，来辅助说明建立机构连接的一般步骤。源文件位于配套资料包中的CH4→TSM_4_1文件夹中。

1）打开源文件TSM_4_1. ASM，文件中的装配组件模型如图4-3所示，该装配中已经存在着两个零件。

2）单击“组装”按钮，选择TSM_4_1_3. PRT，单击“打开”对话框中的“打开”按钮。

3）出现“元件放置”选项卡，从“预定义集”下拉列表框中选择“销”连接选项。此时，单击“放置”标签以打开“放置”面板，可以看到接下去需要依次定义的“轴对齐”和“平移”两个约束，如图4-4所示。

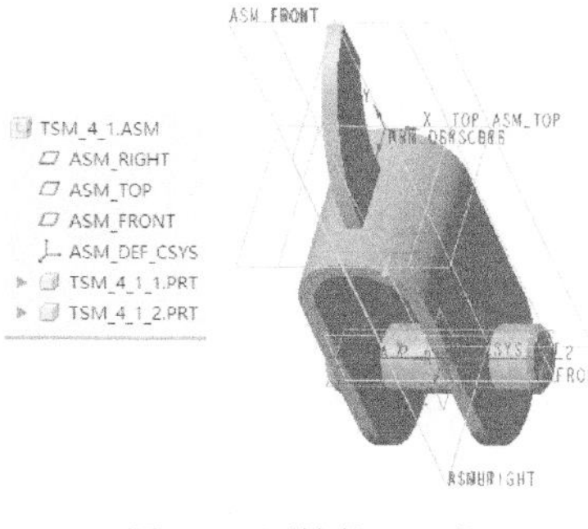

图4-3 原始装配组件

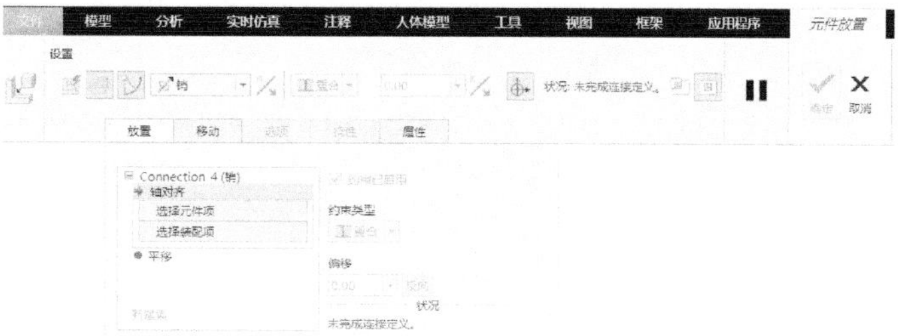

图4-4 选择“销”连接选项

4）定义“轴对齐”约束。在 TSM_4_1_3. PRT 元件中选择轴线 A_2，在装配中选择其中的一根轴线 A_2。

5）定义“平移”约束。在 TSM_4_1_3. PRT 元件中选择 RIGHT 基准平面，在装配中选择 ASM_RIGHT 基准平面。此时，装配体如图 4-5 所示。

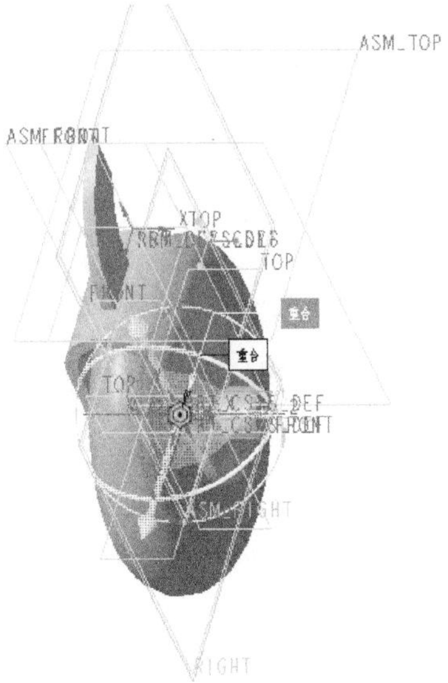

图 4-5 “销”连接

6）单击“元件放置”选项卡中的“确定”按钮，完成连接装配。

4.2 使用元件接口

4.2.1 元件接口概述

元件接口是一个重要的概念，它是指元件界面中包含用于快速放置元件的已存储约束或连接。有些资料将元件接口描述为“在零件模型上定义的一种装配约束条件”。在界面的定义过程中，可以指定附加的界面信息，如装配条件或者装配规则，以更为有效地确保根据设计意图来放置元件。在定义好元件接口的界面后，可以使用此界面来在装配中放置元件，从而实现自动装配。

元件接口界面（也称为元件界面特征）既可以在零件模式下创建，也可以在装配模式下创建。创建的元件界面特征将显示在模型树中，如图 4-6 所示，图中用矩形方框围起来的特征便是元件界面特征。

在模型树中右击元件界面特征，可以利用出现的图 4-7 所示的快捷菜单和浮动工具栏来执行删除、隐含、重命名、编辑定义、编辑参考等操作。

4.2.2 在零件模式下创建元件界面特征

以一个螺栓零件为例（源文件 TSM_4_2_1. PRT 位于配套资料包的 CH4→TSM_4_2 文件夹中）来说明在零件模式下创建元件界面特征的一般步骤。

图 4-6　元件界面特征在模型树中的显示

图 4-7　对元件界面特征的操作命令

1）打开 TSM_4_2_1. PRT，该零件为一个螺栓。

2）在功能区的“模型”选项卡的“模型意图”组中单击“元件界面”按钮，打开图 4-8 所示的“元件界面”对话框。

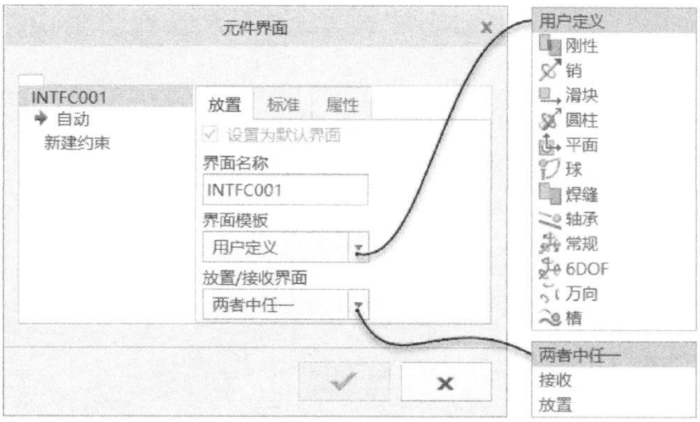

图 4-8　“元件界面”对话框

3）在“界面名称”文本框中输入新界面名称，或者接受默认的界面名称。在本例中，接受默认的界面名称为“INTFC001”。

4）从“界面模板”下拉列表框中选择需要的选项。在本例中，接受默认的“用户定义”界面模板。

5）从“放置/接收界面”下拉列表框中选择下列类型选项之一。

- “放置”选项：仅使用界面放置元件。
- “接收”选项：仅使用界面接收元件界面。
- “两者中任一”：使用界面放置元件或接收元件界面。

在本例中，选择"两者中任一"选项。

6）单击图4-9所示的端面作为重合参考。

7）新建约束。单击"新建约束"选项，接着从"约束类型"下拉列表框中选择"居中"选项，单击图4-10所示的螺栓曲面作为插入参考。

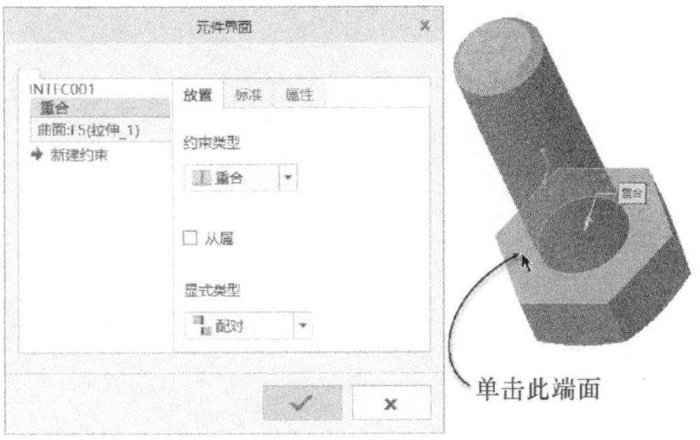

图4-9　定义第一个约束　　　　　　　　　图4-10　选择插入参考

说明：

在一些设计情况下，可以选择图4-11所示的"标准"选项卡来定义当前界面的装配标准（规则）。例如，单击"标准"选项卡的"编辑规则"按钮，则会弹出图4-12所示的"规则编辑器：1"对话框，从中建立满足设计要求的装配规则。

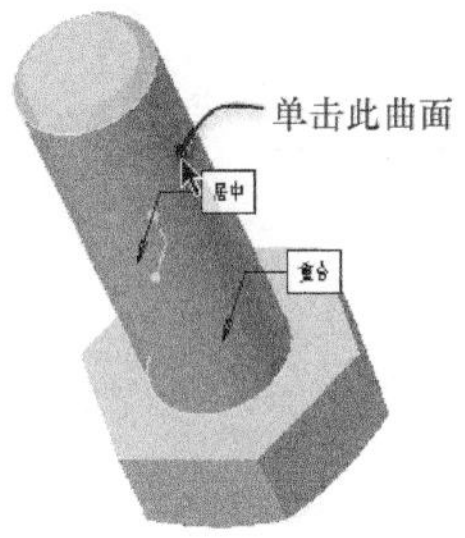

图4-11　"元件界面"对话框"标准"选项卡　　　　图4-12　"规则编辑器：1"对话框

8）在"元件界面"对话框上单击"确定"按钮 ✓ ，完成元件界面特征的创建。

4.2.3　在装配模式下创建界面特征

在装配模式下创建界面特征的一般步骤如下。

1）在打开的装配组件中，在功能区"模型"选项卡的"模型意图"组中单击"元件界面"按钮 ，弹出"元件界面"对话框。

2）在"界面名称"文本框中输入新名称，或者接受默认的界面名称。

3）指定界面模板。在这里以接受默认的"用户定义"界面模板为例。

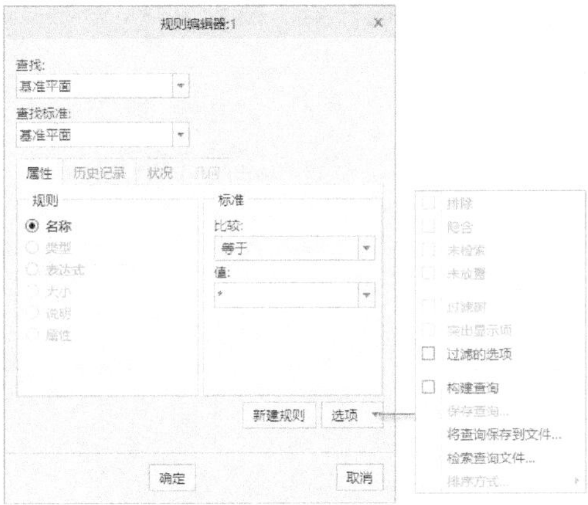

4）从“放置/接收界面”下拉列表框中选取“两者中任一”“接收”和“放置”3个类型选项中的一个。

5）定义第一个约束。

6）选取附加元件参考，每个选定的参考将作为新约束进行添加。

7）必要时，可以选择“标准”选项卡和“属性”选项卡来进一步定义当前界面。

8）单击“确定”按钮 ✓ 。

4.2.4 设置放置优先选项

使用接口界面可以实现元件的自动放置。在介绍自动放置的操作方法之前，先来介绍如何设置放置优先选项。当然，一般建议设计者接受默认的设置即可。在本书中，若没有特别说明，所有相关的操作实例均采用默认的放置优先选项。

在装配模式下，在功能区的“文件”选项卡中选择“选项”命令，弹出“Creo Parametric 选项”对话框，接着在该对话框中选择“装配”类别选项，如图 4-13 所示。然后为元件自动放置设置首选项，所设置的首选项适用于 Creo Parametric 会话中的所有模型。这里主要介绍以下两个选项组的首选项设置。

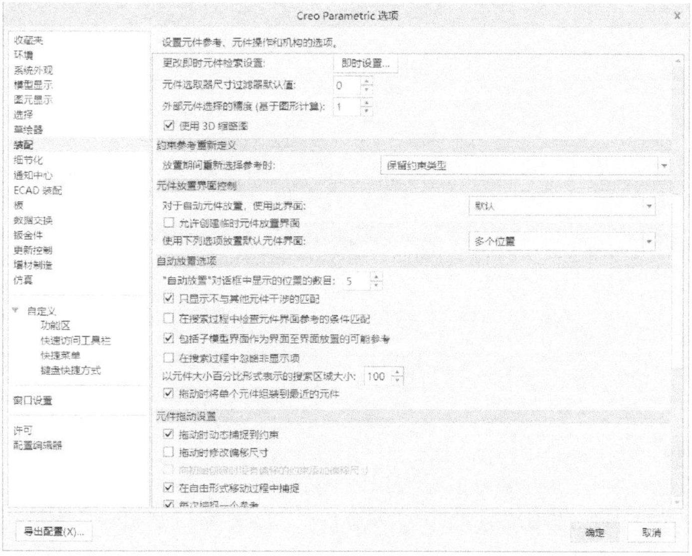

图 4-13 “Creo Parametric 选项”对话框

1. “元件放置界面控制”选项组

在该选项组中可以进行以下设置。

- “对于自动元件放置，使用此界面”：用于选择使用界面放置元件的选项，可供选择的选项有“无”“默认”“自列表”。选择“无”选项时，表示不使用界面进行放置；选择“默认”选项时，表示使用默认界面；选择“自列表”选项时，表示使用从列表中选定的界面，而“元件”选项卡将随即打开。
- “允许创建临时元件放置界面”：当选择“默认”选项或“自列表”选项时，此复选框可用。选中此复选框时，系统会根据先前的装配指令自动创建临时接口。
- “使用下列选项放置默认元件界面”：从该下拉列表框中选择“多个位置”“单个位置”选

项。当选择“多个位置”选项时，打开图4-14所示的“元件放置”选项卡，该选项卡提供有一个“自动放置”按钮，单击此按钮则打开图4-15所示的“自动放置”对话框。当选择“单个位置”选项时，则打开图4-16所示的“元件”选项卡，该选项卡不提供“自动放置”按钮。

图4-14　“元件放置”选项卡（选择“多个位置”选项时）

图4-15　“自动放置”对话框

图4-16　“元件放置”选项卡（选择“单个位置”选项时）

2. “自动放置选项”选项组

在“自动放置选项”选项组中可以设置以下内容。

- “‘自动放置’对话框中显示的位置的数目”：设置列出的最大匹配数，输入一个新值以更改默认值5。
- “只显示不与其他元件干涉的匹配”：只显示不与其他元件发生干涉的匹配。
- “在搜索过程中检查元件界面参考的条件匹配”：检查元件界面参考的标准匹配。
- “包括子模型界面作为界面至界面放置的可能参考”：在所有子模型中使用界面。
- “在搜索过程中忽略非显示项”：忽略未在图形窗口中显示的所有项。
- “以元件大小百分比形式表示的搜索区域大小”：以元件大小百分比形式设置默认搜索区域，从列表中选择数值。
- “拖动时将单个元件组装到最近的元件”：自动使用距离拖放位置最近的放置点。

4.2.5 使用接口自动装配元件

使用接口可以在装配中自动放置元件，并且可以在多个位置处放置元件。在一些大型的、复杂的设计项目中，巧用接口可以有效地提高设计效率。

在装配模式中，在功能区“模型”选项卡的“元件”组中单击“组装”按钮，选取创建有接口的元件，单击“打开”按钮，出现图4-17所示的“元件放置”选项卡。图中的界面放置选项为“界面至几何”，此外可供选择的界面放置选项还有“界面至界面”。

图4-17 “元件放置”选项卡

先来介绍图4-17所示的“元件放置”选项卡中的相关按钮和选项的功能。

- ：使用界面放置按钮。
- ：手动放置按钮。倘若选中该按钮，“元件放置”选项卡变为图4-18所示的样式，接下去的装配操作方式为约束装配或连接装配。

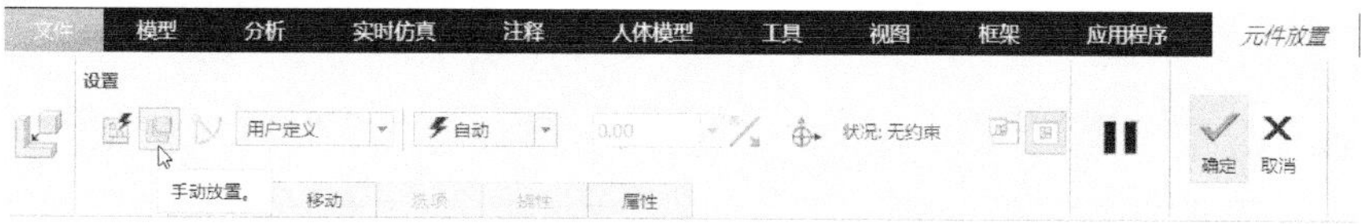

图4-18 采用手动放置时的“元件放置”选项卡

- “界面至几何”选项：通过将元件界面与装配参考相配合来放置元件。
- “界面至界面”选项：通过将元件侧面界面与装配界面相配合来放置元件。
- “选项”面板：用于设置高级接口搜索选项，这些选项包括“包含临时界面”“包括子模型界面”“检查界面标准”和“检查匹配干涉”，如图4-19所示。
- “自动放置”按钮：单击该按钮，打开图4-20所示的“自动放置”对话框。在该对话框中单击“首选项”按钮，此时出现两个文本框，如图4-21所示。可以更改“位置的最大数目”以显示列表中的其他放置位置，以及更改搜索区域参数。利用该对话框和鼠标，可以很方便地放置元件。

图4-19 “选项”面板

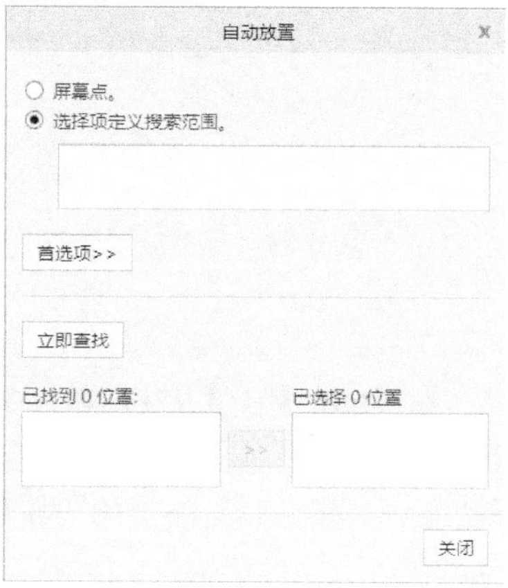

图4-20 “自动放置”对话框（一）

下面是一个典型的操作实例，讲解使用接口自动装配元件。该操作实例所用到的源文件位于配套资料包的 CH4→TSM_4_3 文件夹中。

步骤 1：在 TSM_4_3_2. PRT 零件中建立元件界面特征（接口）。

1）打开源文件 TSM_4_3_2. PRT，如图 4-22 所示。

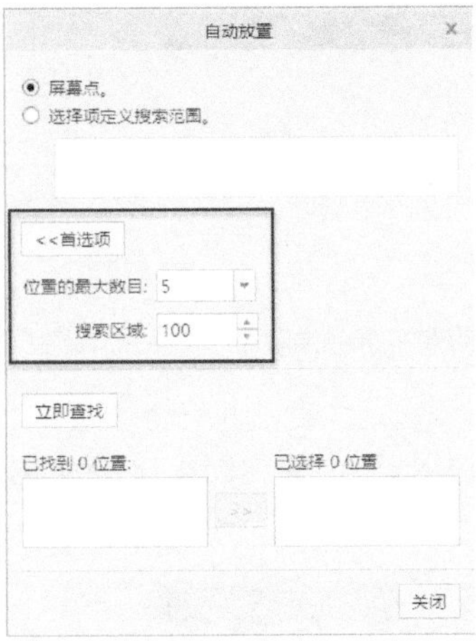

图 4-21 “自动放置”对话框（二）

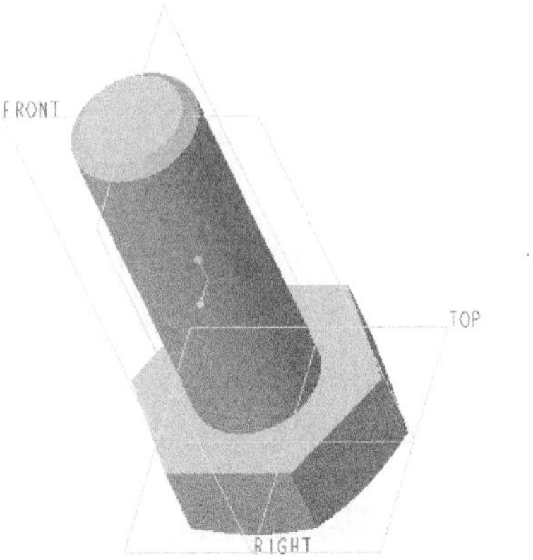

图 4-22 TSM_4_3_2. PRT 零件模型

2）在功能区“模型”选项卡的“模型意图”组中单击“元件界面”按钮，打开“元件界面”对话框。

3）输入界面名称为“TSM_INTFC001”，其他放置选项采用默认项，如图 4-23 所示。

4）将第一个约束设置为“重合”，选择图 4-24 所示的面 1 作为重合参考面，其显式类型为“配对”；设置第二个约束，从“约束类型”下拉列表框中先选择“居中”选项，选择图 4-24 所示的面 2，“约束类型”下拉列表框中的选项自动变为“重合”。从“显式类型”下拉列表框中选择“插入”选项，则第二个约束的约束类型最终变为“重合”，且显式类型不再更改。

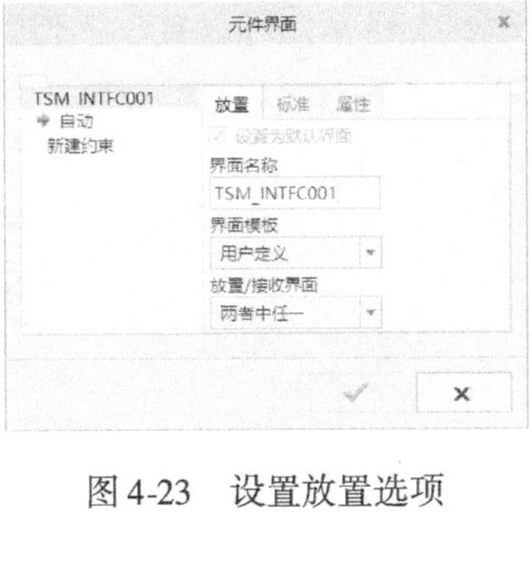

图 4-23 设置放置选项

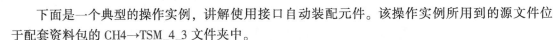

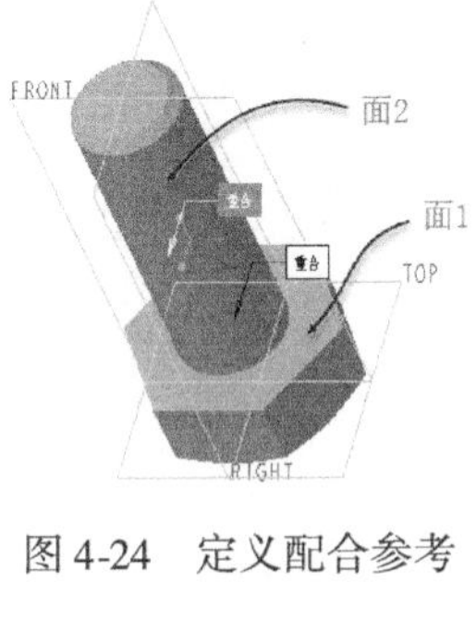

图 4-24 定义配合参考

5）单击“确定”按钮，在该零件中创建一个元件界面特征。

步骤 2：在 TSM_4_3_3. PRT 零件中建立元件界面特征（接口）。

1）打开源文件 TSM_4_3_3. PRT，文件中的零件模型如图 4-25 所示。

2）在功能区“模型”选项卡的“模型意图”组中单击“元件界面”按钮，打开“元件界面”对话框。

3）输入界面名称为“TSM_INTFC002”，其他放置选项采用默认项。

4）第一个约束设置为“重合”，选择图4-26所示的面1（底面）作为重合配对参考面；第二个约束设置为“重合”，选择轴线A_5作为重合对齐参考；第三个约束设置也为“重合”，选择轴线A_6作为重合对齐参考。

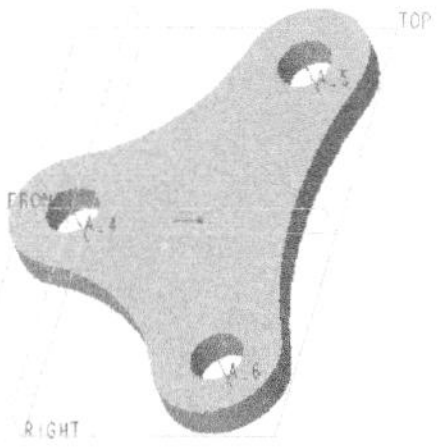

图4-25 零件模型

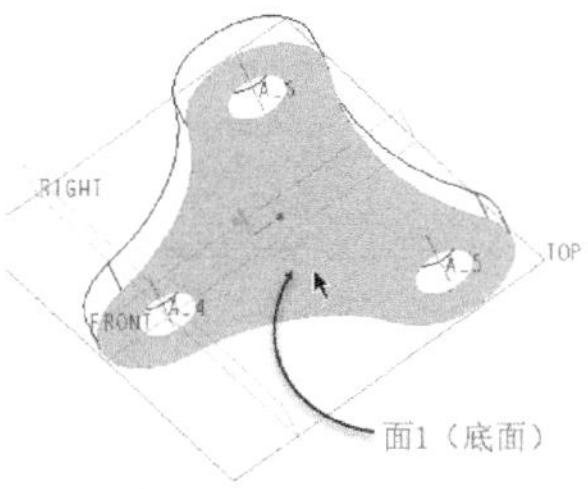

图4-26 指定参考

5）单击“确定”按钮 ✓，在该零件中完成一个元件界面特征。

步骤3：使用接口自动放置螺栓。

1）打开源文件TSM_4_3. ASM，该装配中已经以“默认”方式放置了一个主体零件（TSM_4_3_1. PRT），如图4-27所示。

2）在功能区“模型”选项卡的“元件”组中单击“组装”按钮，选取TSM_4_3_2. PRT，单击“打开”按钮，出现“元件放置”选项卡。

3）“元件放置”选项卡中的“使用界面放置”按钮处于被激活状态，选择界面放置选项为“界面至几何”选项，单击“自动放置”按钮，弹出“自动放置”对话框。

4）在图4-28所示的位置处（光标所在的位置处）单击，系统提示查找到4个位置，图4-28中预览的螺栓是按位置1自动放置的。

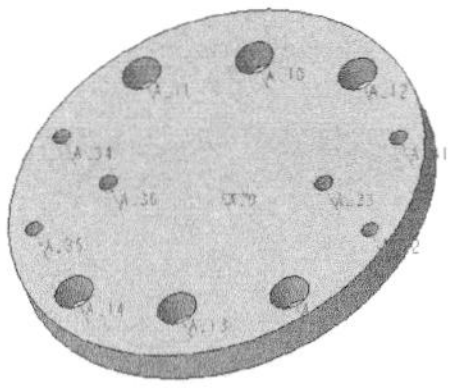

图4-27 组件中已经组合的主体零件

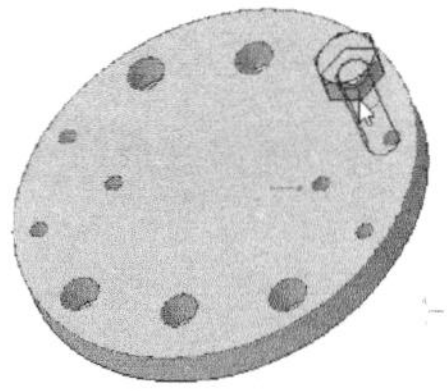

图4-28 查找放置位置

说明：

此时“自动放置”对话框如图4-29所示，系统在对话框中提示“已找到4位置”，即找到位置1、位置2、位置3和位置4。如果在左框“已找到”列表中选择“位置2”，则螺栓在位置2放置，其放置预览效果如图4-30所示。

5）在左框列表中选择“位置1”，单击按钮 >> ，则“位置1”出现在右框列表中，系统提示“已选取1位置”，如图4-31所示。

6）单击“自动放置”对话框中的“立即查找”按钮，通过指定屏幕点的方式查找放置位置。接下来操作方法同上述步骤4）~步骤5）。

同样地，一共选取6个位置，此时组件如图4-32所示。

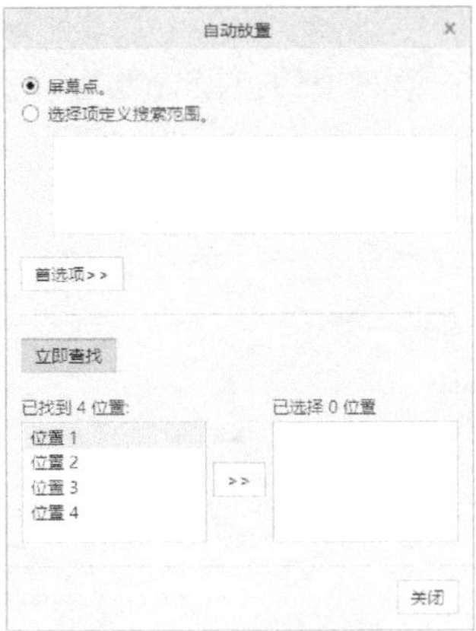

图4-29 查找结果

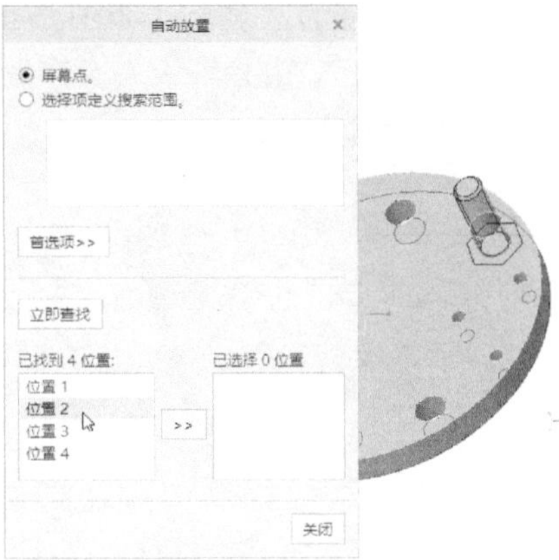

图4-30 按位置2放置的预览效果

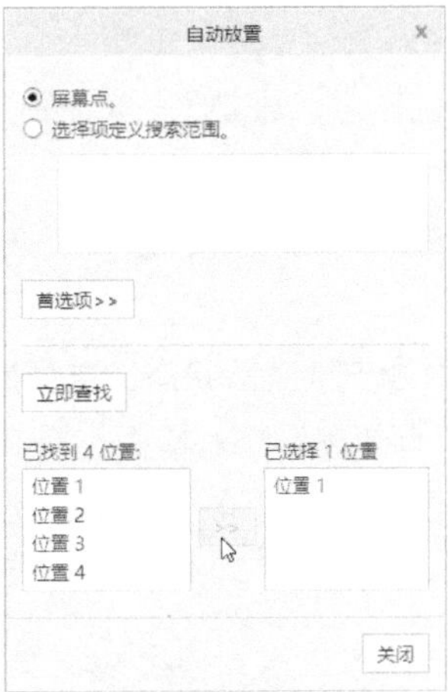

图4-31 确定选取放置位置

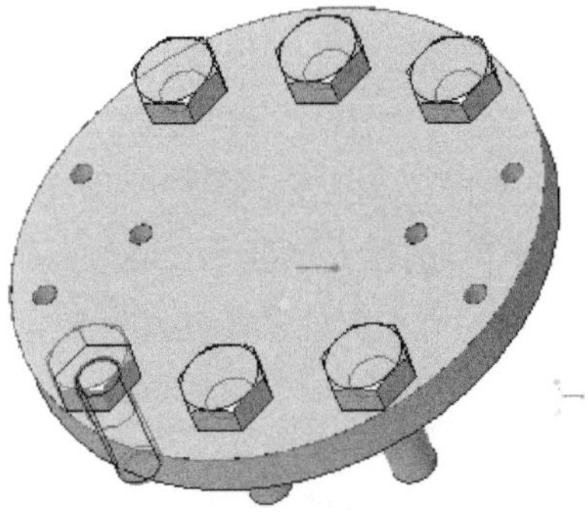

图4-32 自动放置螺栓

7）单击"自动放置"对话框的"关闭"按钮。

8）单击"元件放置"选项卡中的"确定"按钮 ✓，完成6个螺栓的自动放置。

步骤4：使用接口装配另一个零件。

1）在功能区"模型"选项卡的"元件"组中单击"组装"按钮，选取 TSM_4_3_3. PRT，单击"打开"按钮，出现"元件放置"选项卡。

2）选择界面放置选项为"界面至几何"选项，单击"自动放置"按钮，弹出"自动放置"对话框。

3）在图4-33所示的位置处（光标所在的位置处）单击，系统提示查找到4个位置，图4-33中预览的元件是按自动判断的位置1放置的。

说明：

系统会根据指定的屏幕点查找到满足要求的放置位置。有些放置位置可能不满足设计要求，这需要在"自动放置"对话框的左框列表中逐个选择查找到的位置，并同时在模型窗口中观察其位置是否是需要的。例如，假设在本例中，位置2是所需要的放置位置，如图4-34所示。读者在操作过程中，由于指定屏幕点的偏差原因，可能位置1是需要的。

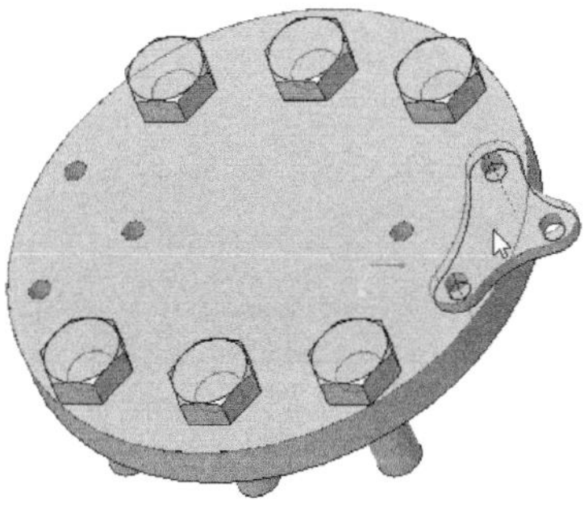

图 4-33 查找放置位置　　　　　　　　图 4-34 选择需要的放置位置

4）在"自动放置"对话框的左框列表中选择需要的放置位置，单击 >> 按钮。

5）单击"自动放置"对话框中的"立即查找"按钮，通过指定屏幕点的方式查找放置位置。在左框列表中选择需要的放置位置，单击 >> 按钮，此时如图 4-35 所示。

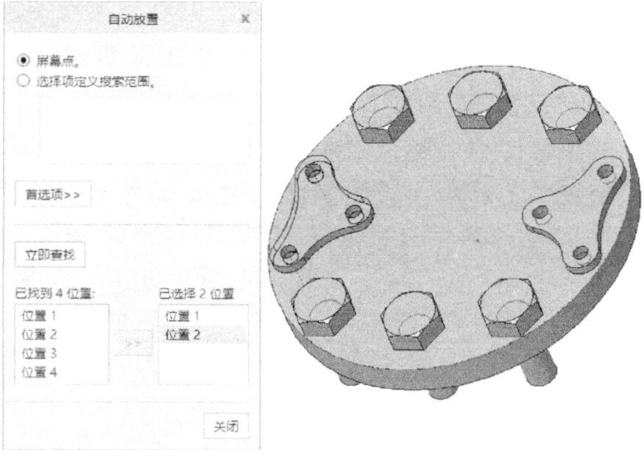

图 4-35 指定需要的放置位置

6）单击"自动放置"对话框中的"关闭"按钮。

7）单击"元件放置"选项卡中的"确定"按钮 ✓，装配结果如图 4-36 所示。

4.3 实现拖动式自动放置

使用接口界面可以实现元件放置的自动化，此外还有一种技巧性较强的元件自动放置方式，即拖动式自动放置。要实现拖动式自动放置，必须要将 autoplace_single_comp 配置选项的值设置为 yes（其默认值为 yes ＊）。autoplace_single_comp 配置选项的功能是：装配带有界面的元件时，系统会自动将元件放置在满足界面定义的第一个位置处。

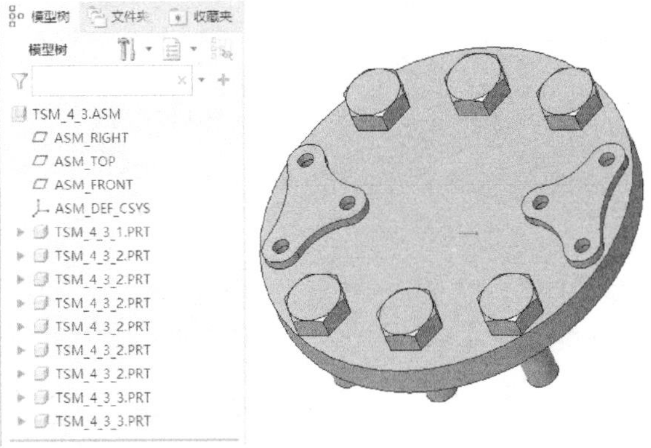

图 4-36　装配结果

说明:

倘若将 autoplace_single_comp 配置选项的值设置为 no 时，则从 Creo Parametric 浏览器中将元件拖动到组件中时，会弹出图 4-37 所示的“确认检索”对话框。此时如果单击“检索”按钮，则会打开该元件所在的单独窗口；如果单击“组装”按钮，则会在装配体组件中打开“元件放置”选项卡，接下去便是定义相关的放置参考等步骤了；如果单击“取消”按钮，则不要在指定模型上执行任何操作。

使用拖动式自动放置的方式装配螺栓、螺钉等元件，是非常方便的。

下面以一个操作实例来形象具体地介绍如何实现拖动式自动放置。在操作之前，应该确保 autoplace_single_comp 配置选项的值为 yes。

本操作实例所应用到的源文件位于配套资料包中的 CH4→TSM_4_4 文件夹中，可以将该文件夹的内容复制到计算机硬盘中。其中在原始零件 TSM_4_4_2. PRT 中，创建有元件界面特征，如图 4-38 所示。

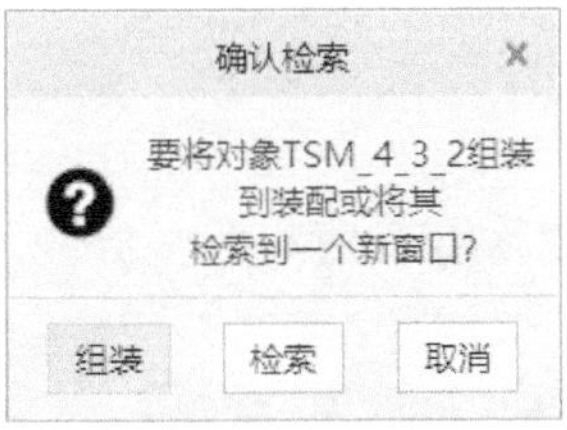

图 4-37　“确认检索”对话框

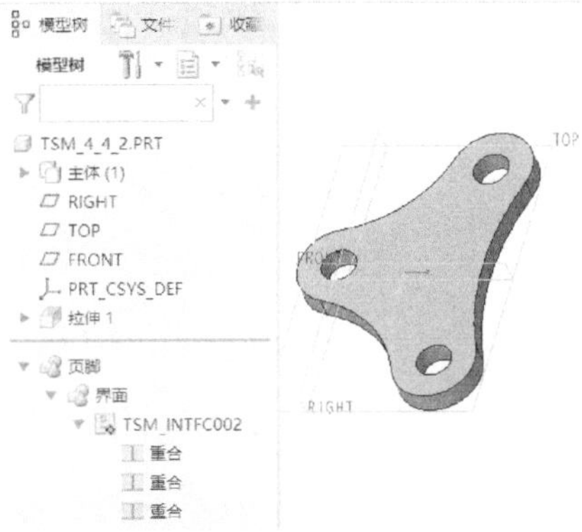

图 4-38　具有界面的原始零件

具体的操作步骤如下。

1）新建一个装配设计文件，名称为 TSM_4_4，采用 mmns_asm_design_abs 模板。

2）单击“组装”按钮，选取 TSM_4_4_1. PRT，单击“打开”对话框中的“打开”按钮，在功能区出现“元件放置”选项卡。

3）选择“默认”选项，单击“确定”按钮✓，组装进装配体中的第一个零件如图 4-39 所示。

4）在导航区单击“文件夹浏览器”标签，接着通过文件夹浏览器找到源文件所在的文件夹，此时在文件夹浏览器中显示该文件夹中的文件子类型，选择 TSM_4_4_2. PRT，如图 4-40 所示。

图 4-39　装配体中的第一个零件

图 4-40　Creo Parametric 文件夹浏览器

技巧:

为了便于将元件从文件夹浏览器拖放到组件中，可以使用鼠标拖动文件夹浏览器右侧的框边，缩小其大小，使得图形区域（模型窗口）和文件夹浏览器窗口都同时出现在屏幕中，如图 4-41 所示。

图 4-41　文件夹浏览器和模型窗口同时出现在屏幕中

5）使用鼠标将 TSM_4_4_2. PRT 拖动到图 4-42 所示的地方（鼠标光标所在位置），释放鼠标光标，此时系统会自动将元件放置在满足界面定义的第一个位置处，如图 4-43 所示。

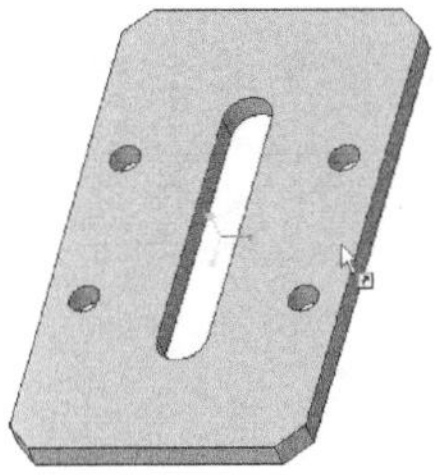

图 4-42　将元件拖动到需要放置的区域

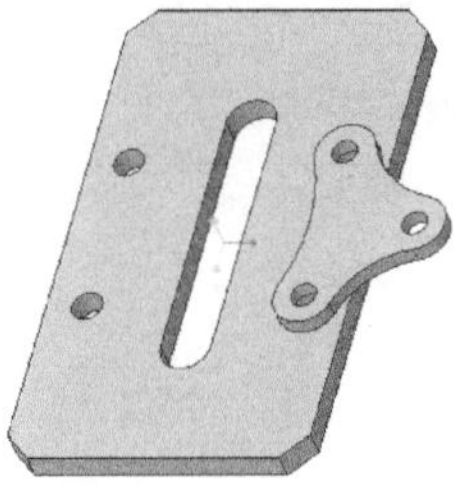

图 4-43　自动放置结果

说明：

注意释放鼠标光标的位置处，在本例中若释放鼠标光标的位置处选择有偏差，可能会得到图 4-44 所示的自动放置结果。遇到这种情况，可以单击“快速访问”工具栏中的“撤销”按钮 ↶，接着重新从文件夹浏览器中将元件拖动到合适的地方释放。人们总是希望定义的接口界面具有充分的约束条件或装配规则，使系统查找到满足界面定义的第一个位置处是首选的放置位置。

6）用同样的方法，从文件夹浏览器中将 TSM_4_4_2. PRT 拖动到装配组件中另一侧的安装区域，在相对靠外的地方释放鼠标光标，则会得到图 4-45 所示的自动放置结果。

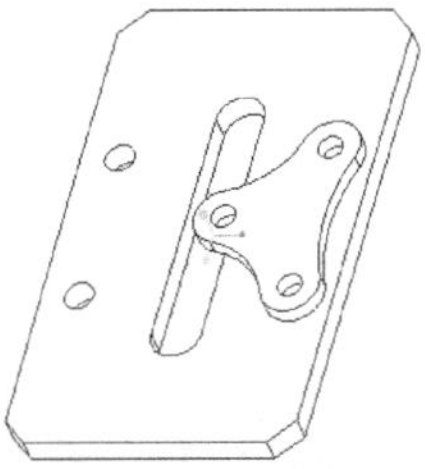

图 4-44　可能会得到的自动放置结果

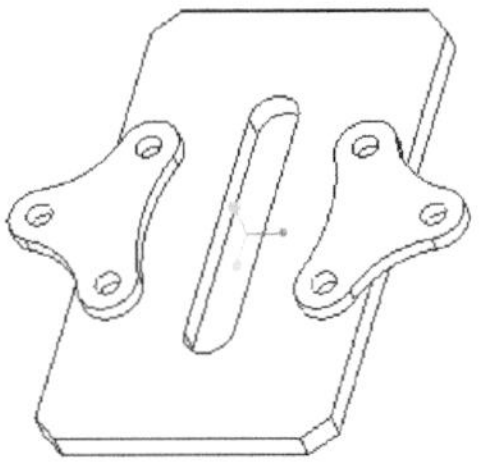

图 4-45　本例的装配结果

4.4 柔性体装配

在产品设计中，有一类零件的装配需要重视，那就是柔性零件，也叫挠性零件，譬如各类弹簧零件。柔性零件的形状会随着受力的变化而发生相应的变化。

在 Creo Parametric 7.0 中，可以很方便地进行柔性零件的装配，并且可以实现它们在组件中的不同状态。

如果要想在装配中应用柔性零件，则首先需要对零件进行柔性（挠性）定义。

4.4.1 定义柔性零件

如果要想使一个零件成为柔性零件，需要定义一些可变项目，包括尺寸、特征、几何公差、参数、表面粗糙度等。

零件的柔性定义一般在零件环境中进行，除此之外也可以在装配中进行。

1. 在零件环境中定义柔性零件

在这里，结合操作实例，介绍在零件环境中如何定义柔性零件。实例使用的源文件 TSM_4_5_1. PRT 位于配套资料包的 CH4→TSM_4_5 文件夹中。

1）打开源文件 TSM_4_5_1. PRT，零件模型如图 4-46 所示。

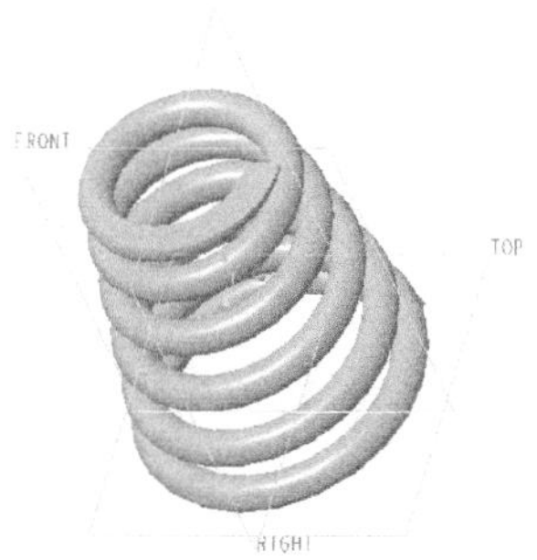

图 4-46　锥形压缩弹簧

2）在功能区“文件”选项卡中选择“准备”→“模型属性”命令，弹出“模型属性”对话框，如图 4-47 所示。

图 4-47　“模型属性”对话框

3）在“模型属性”对话框的“工具”选项组中选择“挠性”行相应的“更改”命令，弹出图 4-48 所示的“挠性：准备可变项”对话框。

4）在模型树中选择螺旋扫描特征，此时出现图 4-49 所示的菜单管理器。

5）在菜单管理器的“指定”菜单中，选中“轮廓”复选框，接着在“选取截面”菜单中选择“完成”命令。这时候，螺旋扫描特征的全部尺寸显示在图形窗口中，如图 4-50 所示。

6）选择数值为 60 的尺寸，单击鼠标中键确认。此时该尺寸作为定义的可变项目，被收集在“挠性：准备可变项”对话框中，如图 4-51 所示。

说明：

如果需要，还可以在相应的选项卡中定义其他相应的可变项目，如特征、几何公差、参数和表面粗糙度等，方法和定义可变尺寸类似。

图 4-48 “挠性：准备可变项”对话框

图 4-49 菜单管理器

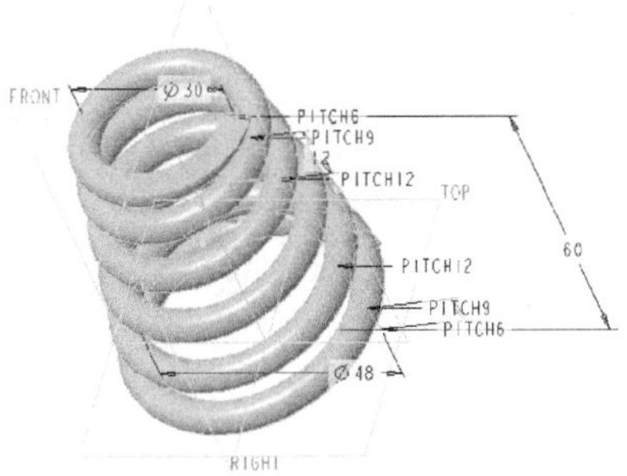

图 4-50 显示所选特征的全部尺寸

图 4-51 准备一个可变项

7）在“挠性：准备可变项”对话框中单击“确定”按钮，返回到“模型属性”对话框。

8）在“模型属性”对话框中单击“关闭”按钮。

2. 在装配中定义柔性零件

在一个打开的装配组件中，在功能区“模型”选项卡的“元件”组中选择“组装”→“挠性”命令（见图 4-52），弹出“打开”对话框，选取要装配的零件（该零件之前没有进行柔性定义），单击“打开”按钮，此时弹出图 4-53 所示的对话框。利用该对话框可以设定该零件的挠性。

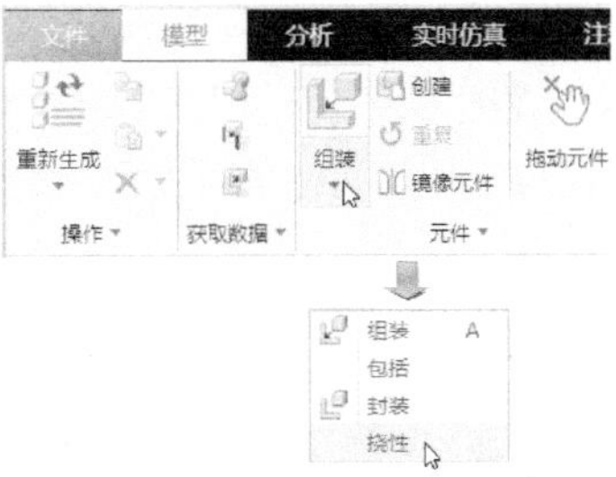

图 4-52 选择“挠性”命令

图 4-53 用来定义零件柔性的对话框

另外，也可以将已经存在装配中的零件定义为柔性零件，方法是：在装配中选中该零件，接着在功能区的“模型”选项卡中选择“元件”→“挠性化”命令，弹出用来定义零件柔性的对话框。也可以通过右击零件的方式，从弹出的快捷菜单中选择“挠性化”命令。

4.4.2 装配柔性零件

定义好柔性零件后，就可以将其装配到组件中，并可以设置其所需要的形状。装配柔性零件既可以使用“组装”按钮，也可以执行“元件”组中的“挠性”命令。

下面是一个装配柔性零件的实例。源文件位于配套资料包的 CH4→TSM_4_5 文件夹中。

1）在“快速访问”工具栏中单击“打开”按钮，系统出现“文件打开”对话框。选取 TSM_4_5. ASM 文件，如图 4-54 所示，接着在“文件打开”对话框中单击“打开”按钮。

图 4-54 打开文件

2）在功能区“模型”选项卡的“元件”组中单击“组装”按钮，选取 TSM_4_5_1A. PRT，单击“打开”对话框中的“打开”按钮。

3）弹出图 4-55 所示的“确认”对话框，单击“是”按钮。弹出图 4-56 所示的“TSM_4_5_1A：可变项”对话框。

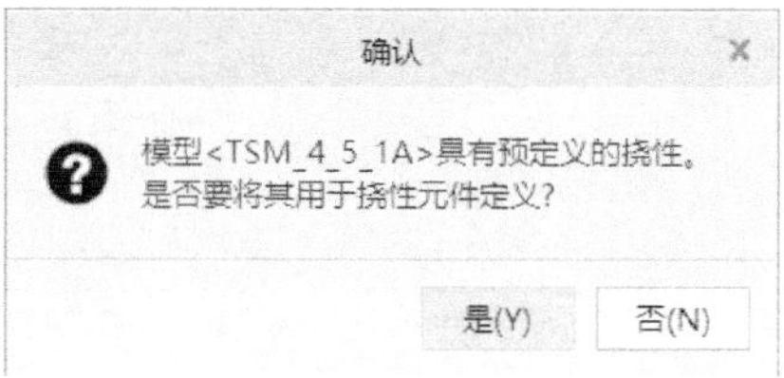

图 4-55 “确认”按钮

图 4-56 “TSM_4_5_1A：可变项”对话框

4）在“尺寸”选项卡中，从“方法”列的一个单元格的下拉列表框中选择“距离”选项（见图4-57），弹出图4-58所示的“距离”对话框。

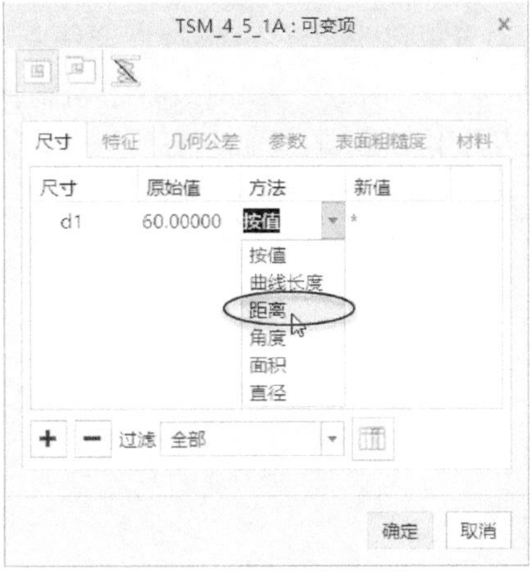

图4-57　选择尺寸方式

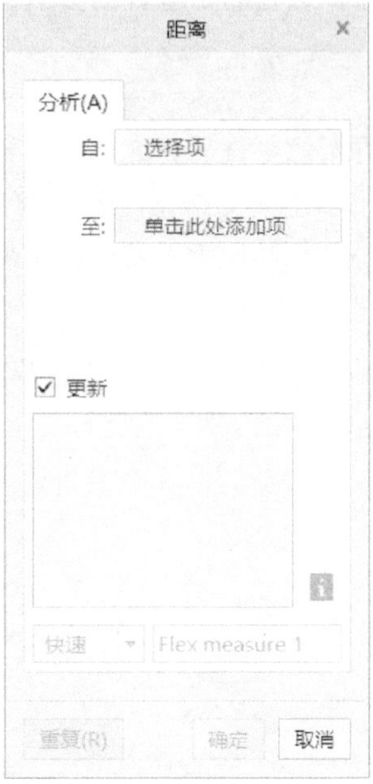

图4-58　“距离”对话框（一）

5）选取用于距离分析的第一参考面，如图4-59a所示，接着选取用子距离分析的第二参考面，如图4-59b所示。

6）测量距离的结果如图4-60所示，单击“确定”按钮。此时“TSM_4_5_1A：可变项”对话框中的“新值”为“80”，如图4-61所示。

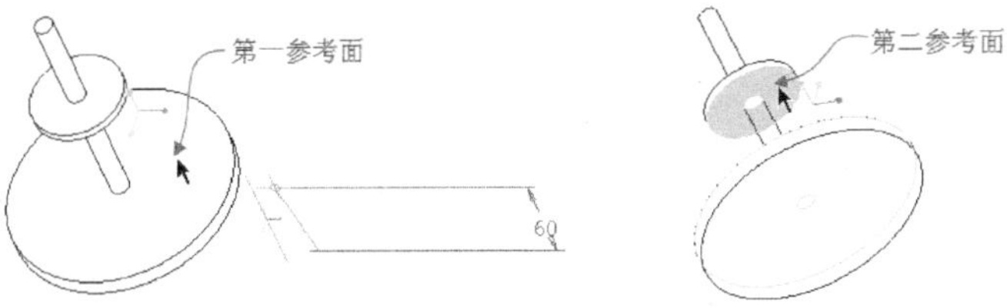

a)　　b)

图4-59　选择测量参考面

a）选择第一参考面　b）选择第二参考面

图4-60　“距离”对话框（二）

图 4-61　用测量的距离值作为弹簧的安装长度

7）单击对话框中的“确定”按钮，弹簧自动再生，长度由原始值“60”变为“80”。

8）使用两组“重合”约束来放置弹簧，如图 4-62 所示。

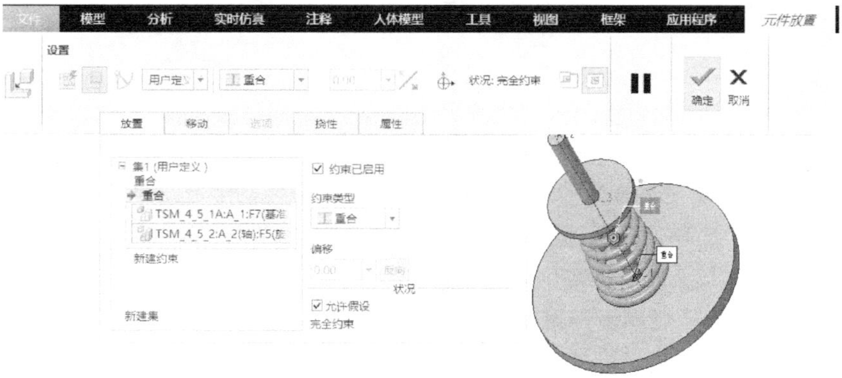

图 4-62　设置放置约束

9）在“元件放置”选项卡单击“确定”按钮，完成该弹簧（柔性体）的装配，效果图如图 4-63 所示。

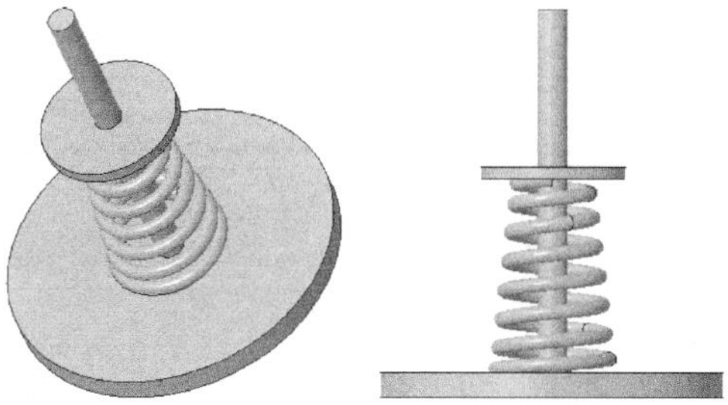

图 4-63　装配柔性弹簧的效果图

知识说明：

装配好的柔性体在模型树中会以图标来标识。

4.4.3 柔性零件在产品中的应用实例

柔性零件在产品设计中会经常用到。例如，在订书机产品中就有弹簧零件。本小节以订书机组件为典型的应用实例，完成的组件效果如图 4-64 所示。在学习本应用实例的过程中，应该注意其他零件对柔性零件的影响，比如，一排图钉的总长度发生变化，那么弹簧零件的长度也将随之发生变化。有效控制弹簧零件的长度是本实例的关键。

本应用实例所需要的源文件位于配套资料包的 CH4→TSM_4_6 文件夹中，具体的操作步骤如下。

步骤 1：打开源文件并设置模型树的显示项目。

1）在“快速访问”工具栏中单击“打开”按钮，选取 TSM_4_6_MAIN. ASM 文件，在“文件打开”对话框中单击“打开”按钮，打开的模型如图 4-65 所示。

图 4-64　应用实例完成的组件效果

图 4-65　原始的订书机组件

2）确保装配模型树显示特征一级的节点。可以在模型树的上方，单击“设置”按钮，从弹出的下拉菜单中选择“树过滤器”选项，弹出“模型树项”对话框，确保增加选中“特征”和“放置文件夹”复选框，单击“确定”按钮。

步骤 2：建立用来控制弹簧长度的分析特征。

1）在功能区中切换至“分析”选项卡，接着打开“测量”下拉列表框，如图 4-66 所示。然后从中选择“距离”命令，打开图 4-67 所示的“测量：距离”工具栏。

图 4-66　切换至“分析”选项卡

图 4-67　“测量：距离”工具栏

2）选取用于距离分析的第一参考面，如图 4-68 所示；接着按住〈Ctrl〉键的同时选取用于距离分析的第二参考面，如图 4-69 所示。

3）此时测量距离的分析结果在图形窗口中显示出来，如图 4-70 所示。

4）在“测量：距离”工具栏中单击“保存”按钮，如图 4-71 所示，打开一个列表，从中选择“生成特征”单选按钮，并在“名称”文本框中输入测量分析特征名称为“MEASURE_DISTANCE_1”。

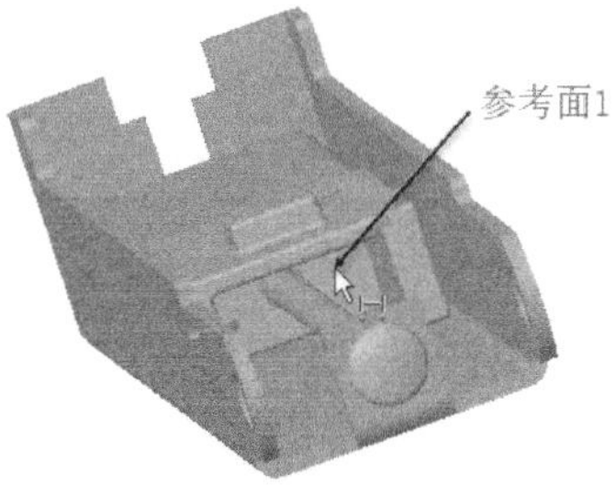

图 4-68　选择用于距离分析的参考面 1

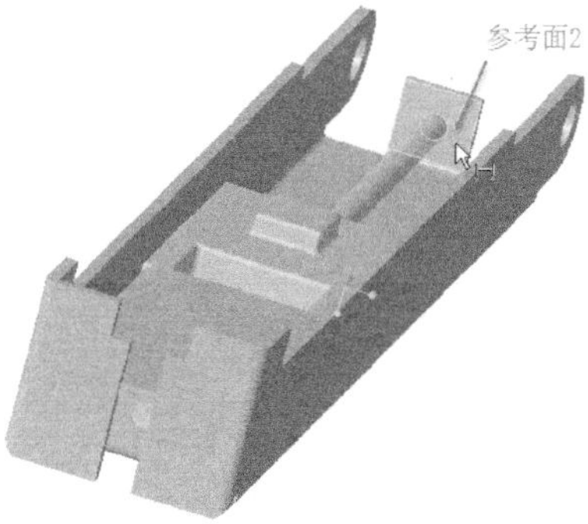

图 4-69　选择用于距离分析的参考面 2

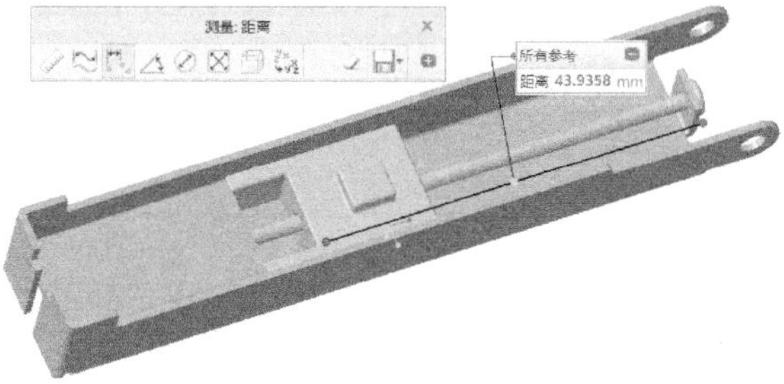

图 4-70　测量距离的分析结果

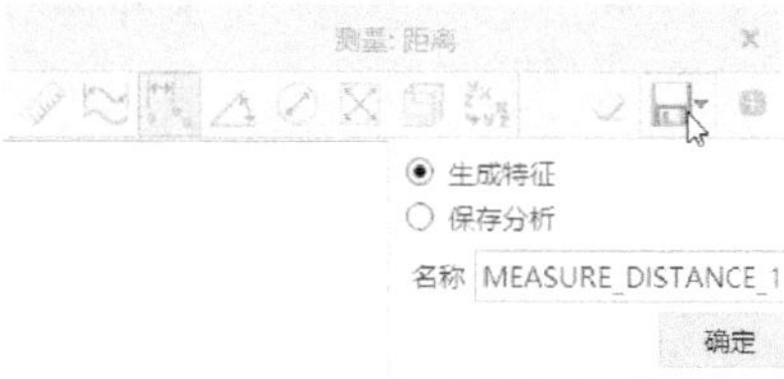

图 4-71　保存测量特征

5）单击“确定”按钮，从而在装配中建立一个分析特征，该分析特征在模型树中的显示如图 4-72 所示，然后关闭“测量：距离”工具栏。

步骤 3：装配弹簧零件，并进行挠性定义。

1）在功能区“模型”选项卡的“元件”组中选择“组装”→“挠性”命令，弹出“打开”对话框，从中选择 TSM_4_6_5. PRT，单击“打开”按钮。

2）系统弹出“TSM_4_6_5：可变项”对话框，此时单击在图形窗口中显示的弹簧零件，弹出图 4-73 所示的菜单管理器。

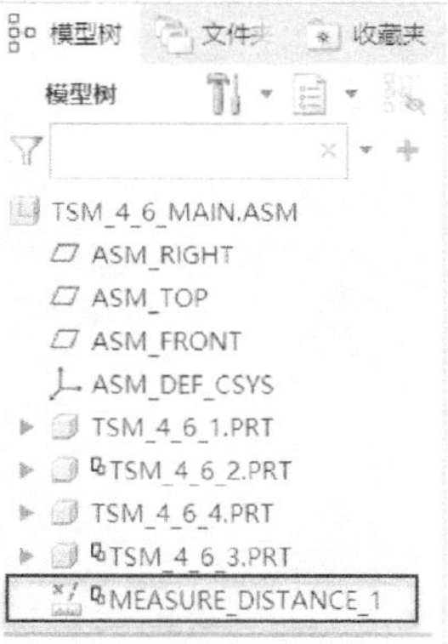

图 4-72　装配中的分析特征

图 4-73　菜单管理器（一）

3）选中“轮廓”复选框，接着在“选取截面”菜单中选择“完成”命令，此时弹簧的螺旋扫描特征的尺寸显示在图形窗口中，如图 4-74 所示。

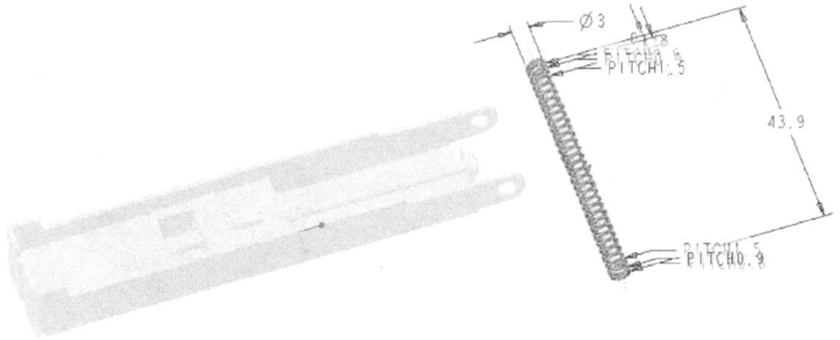

图 4-74　显示弹簧的螺旋扫描特征的尺寸

4）选择图中数值为 43. 9 的尺寸，单击鼠标中键确认。

5）此时，“TSM_4_6_5：可变项”对话框如图 4-75 所示，弹簧的长度作为可变项目，单击该对话框的“确定”按钮，初步完成弹簧零件的挠性定义。

图 4-75　“TSM_4_6_5：可变项”对话框

6）在功能区出现的“元件放置”选项卡中，从“约束类型”列表框中选择“重合”选项，在弹簧零件中选择轴线 A_1，接着在装配中选择细长杆（TSM_4_6_2. PRT）零件的轴线 A_1。

7）新建一个约束，约束类型为“重合”，选择的一组重合参考如图 4-76 所示。

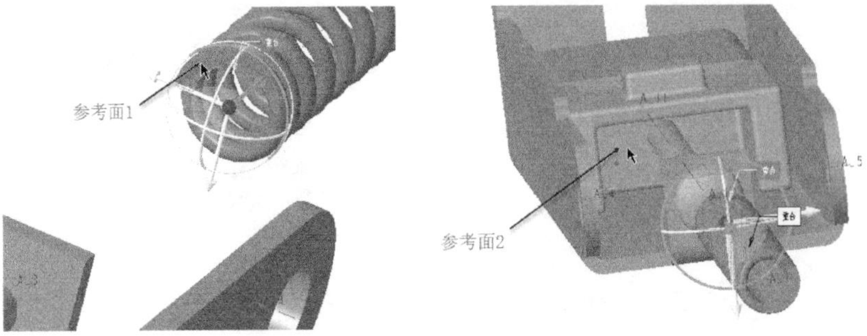

图 4-76　选择要重合约束的一组参考

8）允许假设，完全约束。在“元件放置”选项卡中单击“确定”按钮✓，以默认长度装配弹簧，如图4-77所示。到目前为止，显然没有满足设计要求，还需建立关系式来控制弹簧的长度。

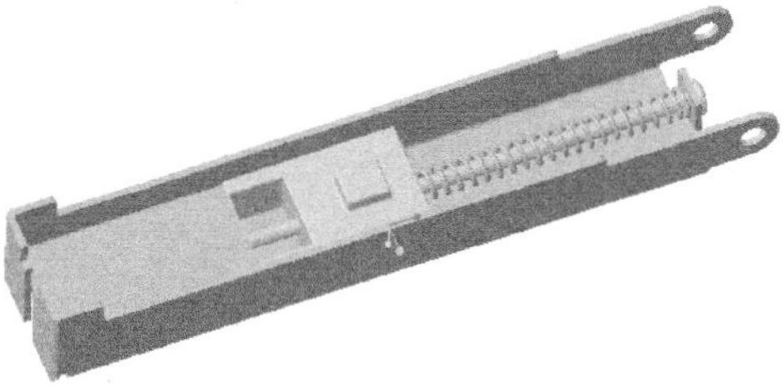

图4-77 以默认长度装配弹簧

步骤4：建立关系式。

1）在功能区中切换至“工具”选项卡，从“模型意图”组中单击“关系”按钮d=，弹出“关系”对话框。

2）在图形窗口中单击弹簧，在弹出的“菜单管理器”的“指定”菜单中选中“轮廓”复选框，如图4-78所示，接着在“选取截面”菜单中选择“完成”命令。

3）此时显示弹簧的相关尺寸，如图4-79所示。图中的“d13：10”是弹簧长度的尺寸参数代号。

图4-78 菜单管理器（二）

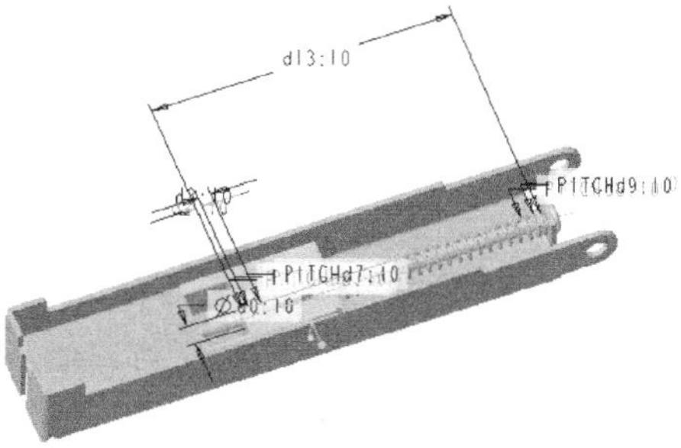

图4-79 显示弹簧的相关尺寸

4）在“关系”对话框的文本框中输入关系式，如图4-80所示，该关系式为“d13：10 = distance：FID_MEASURE_DISTANCE_1”。注意关系式中的distance是分析特征的参数名称，MEASURE_DISTANCE_1是之前在装配中建立的测量分析特征的名称，分析特征参数用“FID_测量分析特征名称”的固定格式表示。而关系式中的尺寸参数代号，以系统在模型窗口中显示的为准。

5）单击“校验关系”按钮，接着在弹出的图4-81所示的“校验关系”对话框中单击“确定”按钮。

6）单击“关系”对话框中的“确定”按钮，并在功能区中切换回“模型”选项卡。

步骤5：修改图钉的尺寸，观察弹簧长度的变化情况。

1）在模型树中单击或右击TSM_4_6_4. PRT（图钉零件），接着在弹出的浮动工具栏中选择“打开”图标按钮。

2）在拉伸实体特征上双击，显示图4-82所示的特征尺寸；双击数值为“24”的长度尺寸，将其值修改为“16”，则得到修改尺寸后的模型，如图4-83所示。

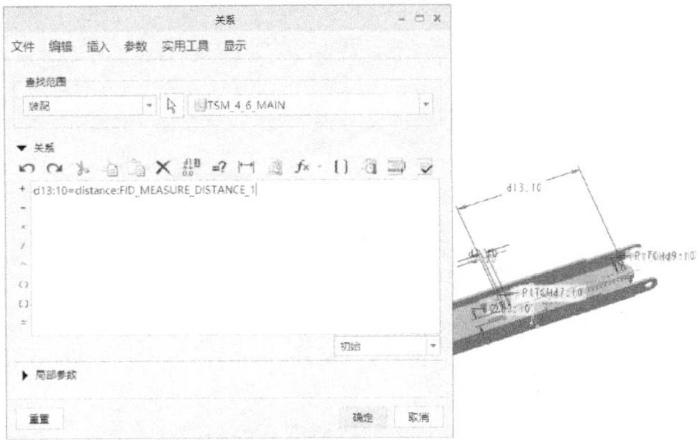

图 4-80　输入关系式

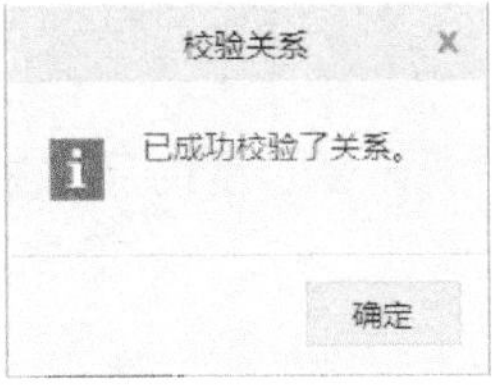

图 4-81　校验关系

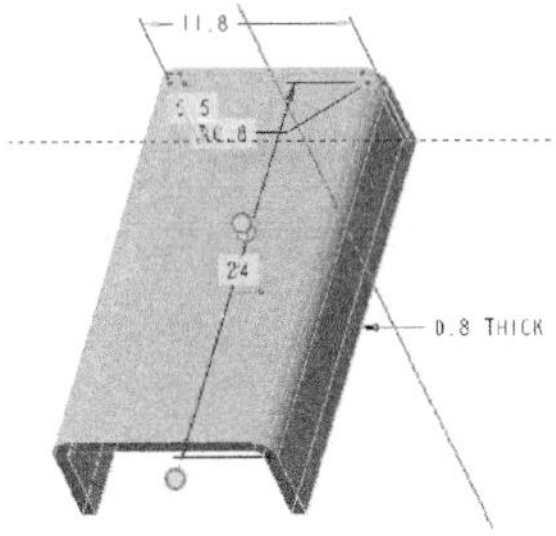

图 4-82　显示特征尺寸

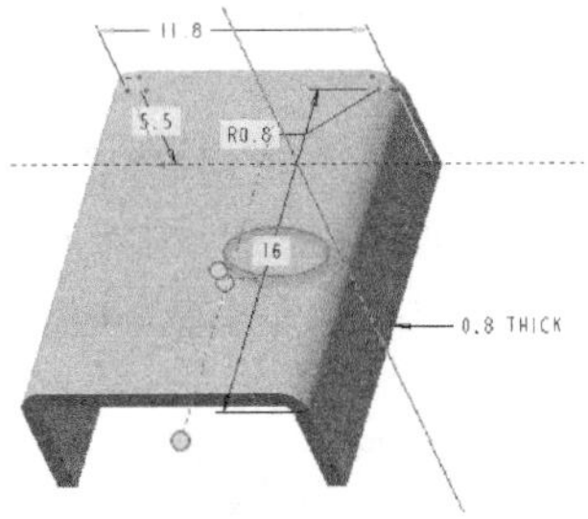

图 4-83　修改长度尺寸后的模型

3）在“快速访问”工具栏中单击“窗口”按钮，选择 TSM_4_6_MAIN. ASM，将其激活。

4）两次单击“重新生成”按钮，则系统再生模型后的效果如图 4-84 所示，弹簧的长度也随之发生了变化。

5）完成后保存文件。

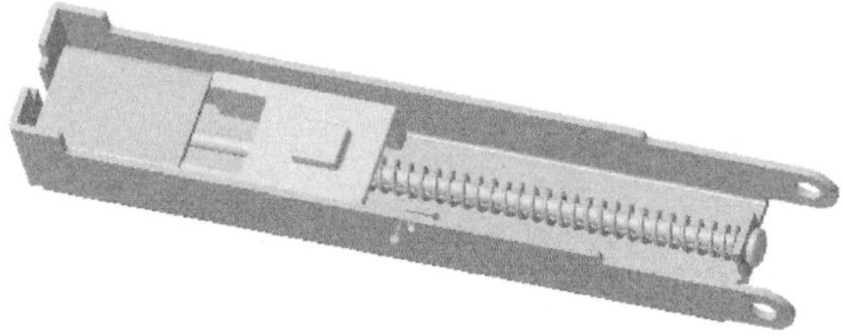

图 4-84　完成的订书机组件

4.5　记事本的应用

记事本（也称布局）是一种非参数化的 2D 草绘，它不需要精确绘制，其几何图形仅代表着产品设计的大概形状。可以将其用作工程记事本，用来绘制结构草图、初步规划产品等，即用于以概念方式记录和注释零件和装配。可以通过记事本来定义装配的基本要求和约束，而不必使用大量的或具体的几何模型，并可以针对尺寸建立参数以及这些参数之间的数学关系等。在装配中应用记事本的一个关键是，通过声明建立各零部件之间的配合关系，即创建定义装配目的的全局基准等，以便实现各零部件的自动装配和自动替换，从而有利于在设计过程中对整个产品的控制。

Creo Parametric 7.0 提供了一个专门的模块用来设计记事本，与绘图一样，记事本也具有一个设置文件、一个格式以及一个或多个页面。

4.5.1 建立记事本文件

建立一个记事本文件的方法及步骤如下。

1）在“快速访问”工具栏中单击“新建”按钮，打开“新建”对话框。

2）在“新建”对话框的“类型”选项组中选择“记事本”单选按钮，在“文件名”文本框中输入新记事本名称或接受默认的记事本名称，如图4-85所示。

3）单击“新建”对话框的“确定”按钮，打开图4-86所示的“新记事本”对话框。

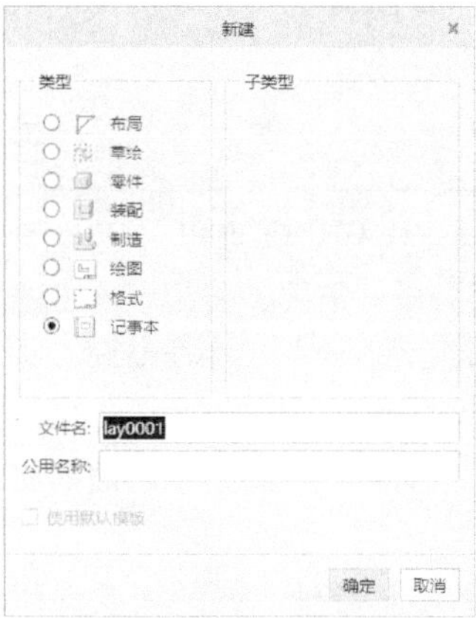

图4-85 “新建”对话框

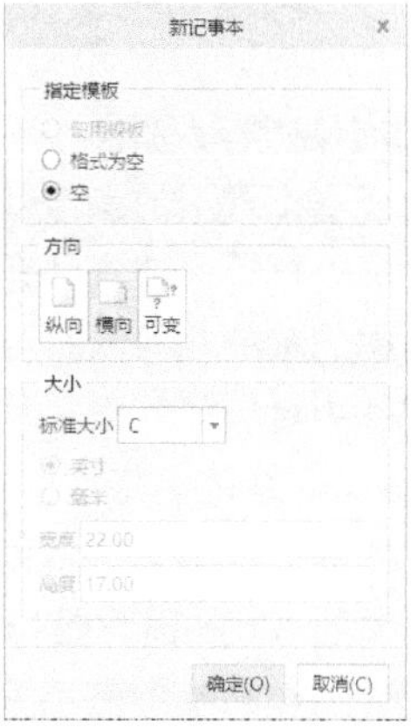

图4-86 “新记事本”对话框

4）在“新记事本”对话框的“指定模板”选项组中选择“空”单选按钮，然后定义布局文件的图纸形状、大小等，单击“确定”按钮，建立一个新的记事本文件。

说明：

也可以在“指定模板”选项组中，选择“格式为空”单选按钮，然后在出现的“格式”选项组中单击“浏览”按钮，选择所需要的模板格式文件即可。

此时，记事本模块的工作界面如图4-87所示，和工程图的工作界面类似。记事本模块的功

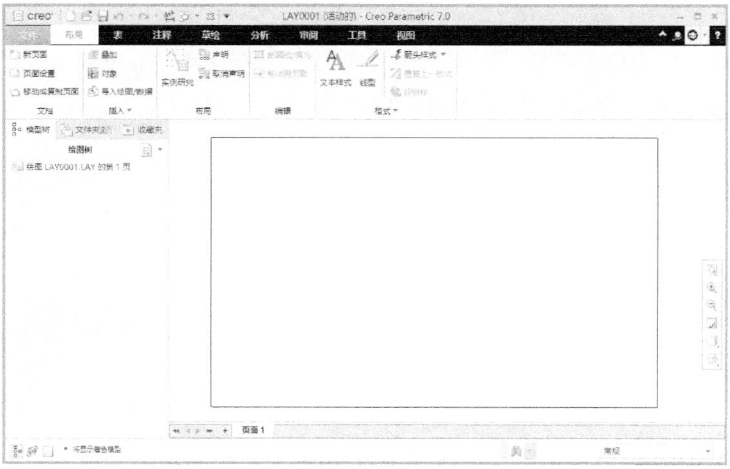

图4-87 记事本模块的工作界面

能区包括“文件”选项卡、“布局”选项卡、“表”选项卡、“注释”选项卡、“草绘”选项卡、“分析”选项卡、“审阅”选项卡、“工具”选项卡和“视图”选项卡。用户可以先大概了解这些选项卡都提供哪些工具命令。将鼠标指针置于要了解的工具命令处，可以获取其简要的功能说明。

4.5.2 记事本的其他准备工作

记事本的准备工作除了建立记事本文件（创建记事本）之外，还包括为记事本创建参考基准、从记事本中删除参考基准图元、处理多个页面、将绘图导入到记事本中，指定记事本中的全局尺寸和关系等。

1. 为记事本创建参考基准

首先介绍记事本模式中的参考基准是怎么样的一种概念。

在记事本中可以草绘、放置并命名全局参考基准平面、轴、坐标系和点以传达装配设计目的。虽然记事本中的基准几何只有可视特性，但是用户可以根据设计需要，将记事本中的基准名声明到关联的零件中对应的基准，从而为自动装配做准备。例如，当两个零件参考同一全局基准轴时，Creo Parametric 系统会将这些轴对齐。

记事本是二维的，但为记事本创建参考基准平面时，基准平面将显示在边上，曲面与记事本页面垂直。坐标系的 XY 平面总是位于记事本页面的平面上。

为记事本文件创建的参考基准主要包括参考基准平面、参考基准轴、参考基准点和参考基准坐标系，它们的创建方法都是类似的。这里以为记事本创建参考基准平面为例进行相关方法的讲解。

如果要为记事本创建参考基准平面，则可以按照以下的方法步骤进行。

1）在记事本模式下，打开功能区的“注释”选项卡，如图 4-88 所示。

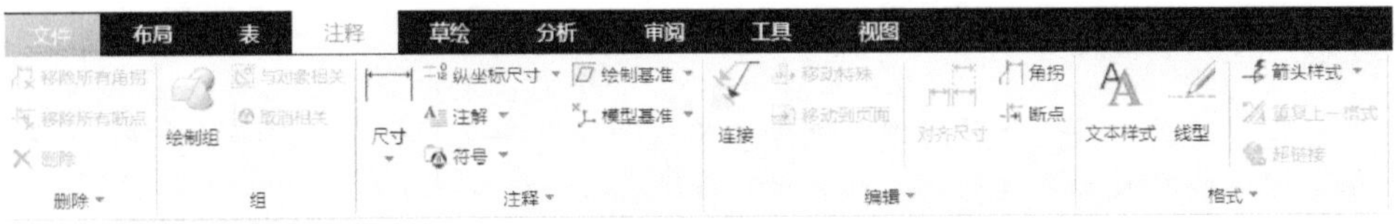

图 4-88　记事本功能区的“注释”选项卡

2）在“注释”组中单击“绘制基准”旁的箭头以打开基准下拉列表框，如图 4-89 所示，接着从基准下拉列表框中单击“绘制基准平面”按钮，弹出图 4-90 所示的“选择点”对话框。

3）选择以下图标选项之一作为基准平面起点。

- “在绘图上选择一个自由点”图标选项：在记事本窗口中单击以选择起点，接着拖动鼠标绘制基准平面，再次单击选择终点。
- “使用绝对坐标选择点”图标选项：输入起点绝对坐标的 X 和 Y 值，然后选择这些图标选项之一（、、）创建终点。
- “使用相对坐标选择点”图标选项：创建一个基准平面，其起点是通过对先前创建的基准平面的终点进行偏移而得来的。输入 X 和 Y 偏距值，再选取此三个选项之一（、、）创建终点。

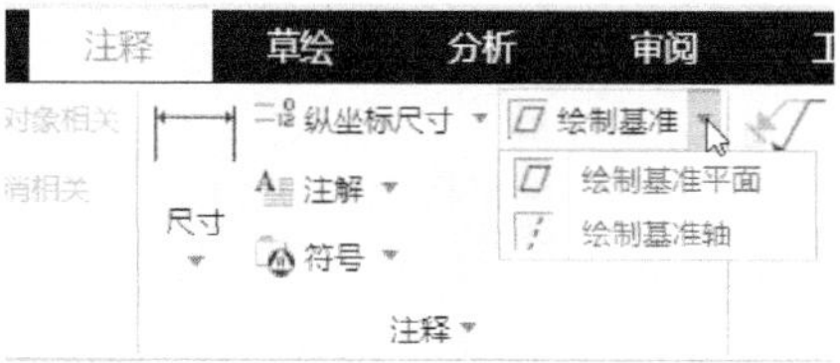

图 4-89　打开基准列表

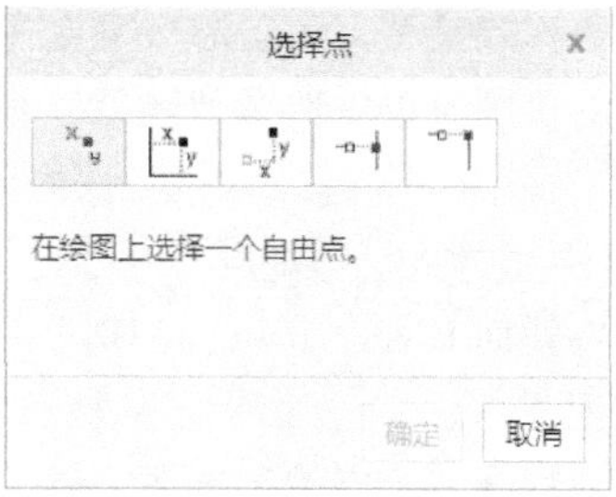

图 4-90　“选择点”对话框

- “在绘图对象或图元上选择一个点”图标选项 ：单击图元上的点以选择起点，然后选择图元上的点或顶点作为终点。
- “选择顶点”图标选项 ：单击某个顶点以选择起点，然后选择图元上的顶点或点作为终点。

4）出现图 4-91 所示的提示时，输入基准平面名称，然后按〈Enter〉键或单击“接受”按钮 。

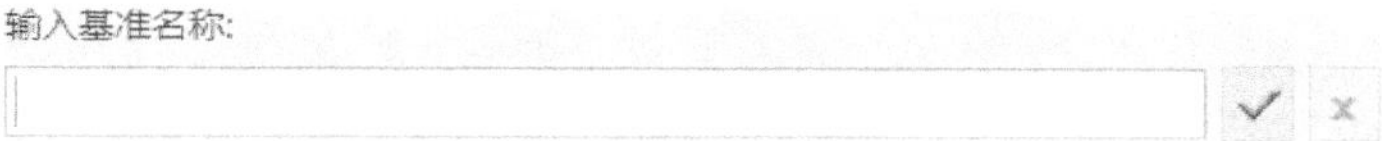

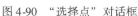

图 4-91　出现“输入基准名称”的提示

2. 从记事本中删除参考基准图元

如果要从记事本中删除参考基准图元，那么可以先在记事本窗口中选择要删除的图元，接着右击，然后从弹出的快捷菜单中选择“删除”命令即可。

3. 处理多个页面

在记事本模式下，记事本可以包括多个页面。

如果要添加新页面，则可以在功能区“布局”选项卡的“文档”组中单击“新页面”按钮 ，此时在图形窗口中会出现一个新页面。

在功能区“布局”选项卡的“文档”组中单击“页面设置”按钮 ，弹出图 4-92 所示的“页面设置”对话框，利用该对话框管理此记事本绘图中使用的绘图页面格式。

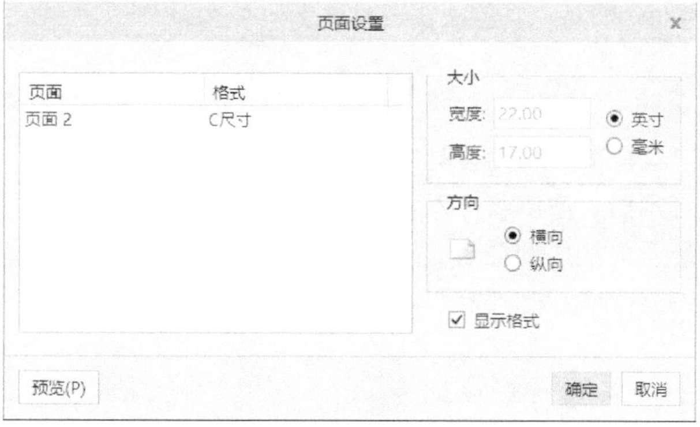

图 4-92　“页面设置”对话框

当具有多个页面时，便会涉及页面间的切换操作。在页面间进行切换的操作很简单，只需从图形窗口底部的标签中选择要显示的页面即可。

如果要移除某个页面，那么可以在图形窗口底部的标签处右击（即右击该页面选项卡），接着从弹出的快捷菜单中选择“删除”命令。

“文档”组中的“移动或复制页面”按钮用于移动或复制选定的绘图页面。

4. 将绘图导入记事本中

可以将任何IGES、DWG或DXF文件导入记事本中，这样便可以将某个现有设计用作其余设置过程的记事本。

建立或打开一个空的记事本文件，在功能区“布局”选项卡的“插入”组中单击“导入绘图/数据”按钮，弹出“打开”对话框，选择要导入的文件，然后单击“打开”按钮。需要用户注意的是，以后更新原始文件时，不会更改导入的几何，这是因为记事本是非参数化的，其不会保持到原始文件的链接。

5. 记事本中的全局参数、全局尺寸和关系

记事本中的全局参数是指在记事本中创建的参数，用户可以在其他模式下对这些全局参数进行访问。声明记事本并使用局部关系将全局参数声明到局部参数中，一旦进行了声明，则记事本中指定的尺寸值和关系便会直接影响装配中元件尺寸的值。

记事本尺寸将作为参数创建，其包含有一个名称和一个数值。在功能区“工具”选项卡的“模型意图”组中单击“切换符号”按钮，可以在记事本窗口中，在查看尺寸值或名称之间进行切换。记事本尺寸发生变化时，记事本草绘不会更新（属于非参数化草绘）。全局尺寸的创建工具位于功能区“注释”选项卡的“注释”组中。

如果要创建用户定义的全局参数，需要用户编写定义关系。只有全局关系可以在记事本模式中进行定义，而在记事本模式中无法访问在另一模式中创建的关系。系统不会对关系自动重新计算，要计算关系，则可以执行重新生成记事本操作等。

如果要在记事本模式中创建参数，则在功能区“工具”选项卡的“模型意图”组中单击“参数”按钮，弹出“参数”对话框，从中创建新参数，以及根据需要创建参数表。如果要为全局尺寸编写关系，则要用到功能区“工具”选项卡的“关系”按钮。如果要创建参数的表格，则需要创建表中要包括的参数，以及利用功能区“表”选项卡的相关表工具命令来创建和编辑参数表格。在记事本中创建的参数表，可以使用在记事本中创建的参数和尺寸为模型的不同配置分配值。参数表简化了对用于处理尺寸和参数信息的值集的存储和访问，使装配不同配置选项之间的切换变得非常容易，其用途特点有些类似于族表。

4.5.3 注释记事本

注解和球标对于记录记事本中的设计参数和元件信息是非常有用的。注解将显示参数的实际数值；球标是其中常用的注解，它由封闭在圆中的一个文本和相关引线组成，如图4-93所示。

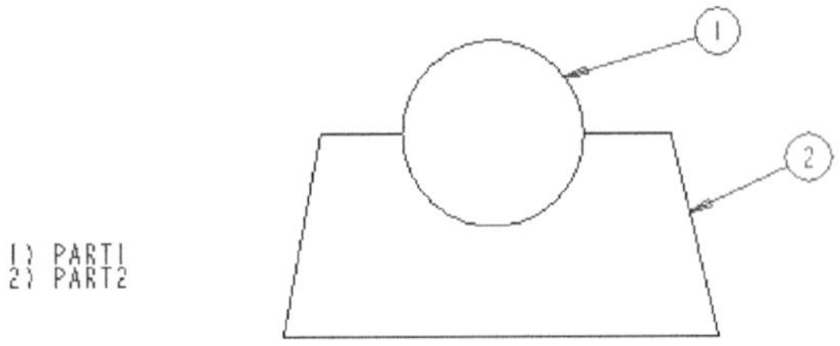

图4-93　球标注释示例

如果要给记事本添加注解（以球标为例），则可以按照以下的方法步骤进行。

1）在功能区“表”选项卡的“球标”组中单击“球标注解”按钮，打开图4-94所示的菜单管理器。

2）在菜单管理器的“注解类型”菜单中选择“带引线”命令，并接受其他默认选项。接着选择“进行注解”命令，弹出“引线类型”菜单以及一个“选择参考”对话框，如图 4-95 所示。

图 4-94 “注解类型”菜单

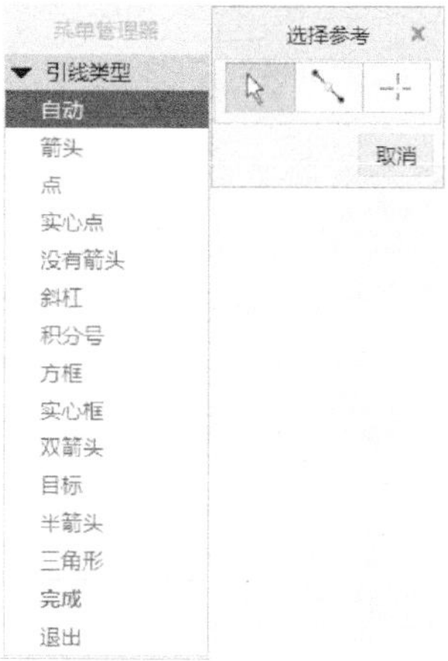

图 4-95 “引线类型”菜单及“选择参考”对话框

3）在圆上单击，该单击点作为球标的方向指引指向点。

4）移动鼠标光标，在欲放置球标的地方单击鼠标中键。

5）在图 4-96 所示的文本框中输入注释内容，如输入“PART1”，单击“接受”按钮。

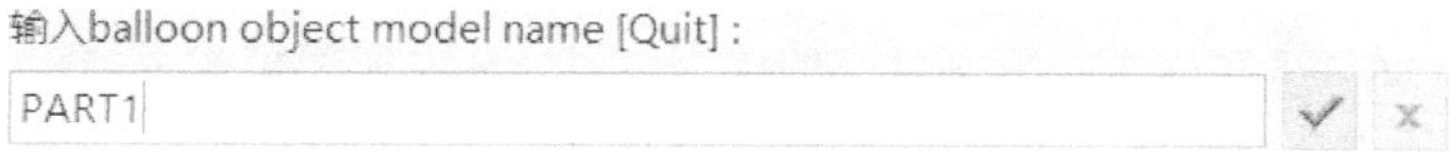

图 4-96 输入注释内容

此时建立的第一个球标如图 4-97 所示。

6）在“注解类型”菜单中选择“进行注解”命令，弹出“引线类型”菜单，在“引线类型”菜单中默认选择“自动”选项，在“选择参考”对话框中单击“选择边或图元的中点”按钮，在右侧斜线上单击以将该边的中点作为球标方向指引的指向点。接着在欲放置球标的地方单击鼠标中键，然后输入注释内容为“PART2”，单击“接受”按钮。

此时完成第二个球标的创建，如图 4-98 所示。最后在菜单管理器的“注解类型”菜单中选择“完成/返回”命令。

知识点拨：

如果要在注解中包含参数值，那么创建一个关系或参数，并给 parametername 赋值。接着创建一个注解并在其中输入“&parametername”，系统将用“&parametername”替换数值，它将在对关联零件进行修改后发生更改。

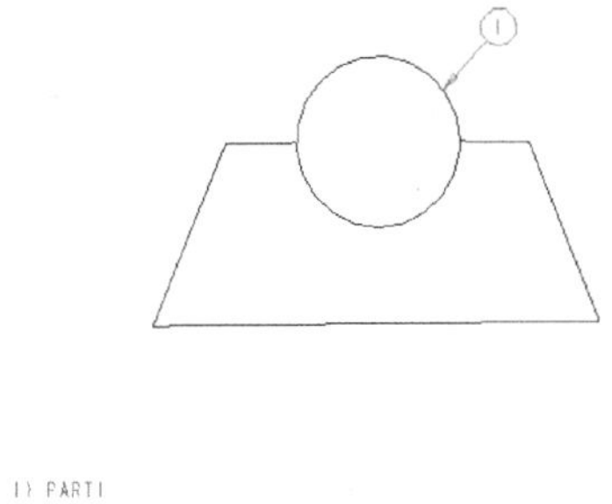

图 4-97　完成第一个球标

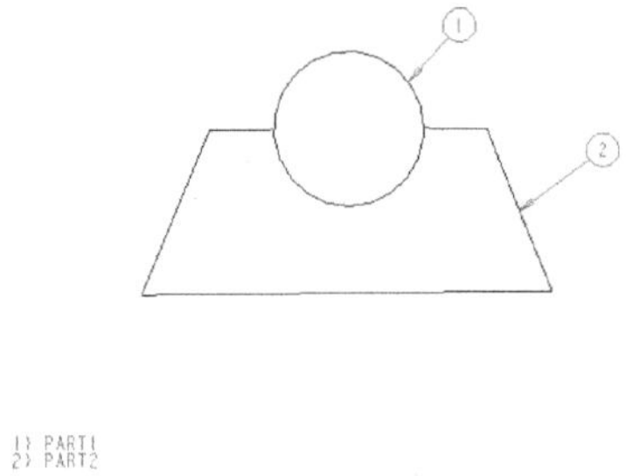

图 4-98　完成第二个球标

4.5.4 声明记事本

将记事本声明到某个元件或另一个记事本时，将在记事本与元件或其他记事本之间交换信息。通过声明，可以参考基准特征（例如点和轴）用于自动装配，也可以在装配的特定实例中使用基准特征控制元件的尺寸。如果要参考全局基准，必须将它们声明到元件中的特定基准；如果要参考参数，则必须创建可将局部参数连接到记事本中全局参数的关系。

如果要将一个记事本声明至另一个记事本，那么在记事本打开的情况下创建或打开另一个记事本，在功能区“布局”选项卡中单击“声明”工具命令，利用打开的“记事本”菜单来选择要将当前记事本声明到其中的记事本名，并删除或接受重复全局参数的局部版本等。

下面简单地介绍一下如何将模型声明到记事本。在记事本处于会话的情况下，打开一个零件或装配。如果打开的是零件，那么在功能区“模型”选项卡的“模型意图”组中单击“模型意图”→“声明”命令，打开“声明”菜单，如图 4-99 所示。在“声明”菜单中选择“声明记事本”命令，则菜单管理器将出现一个带有当前会话中活动记事本列表的菜单，如图 4-100 所示。从中选择要将模型声明到其中的记事本名，从而使模型参考该记事本。对于零件或装配，也可以通过在功能区“文件”选项卡中选择“管理文件”→“声明”命令来打开“声明”菜单。

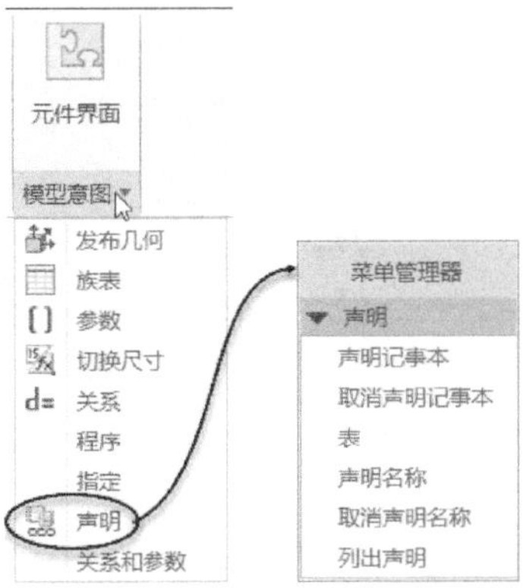

图 4-99　打开“声明”对话框

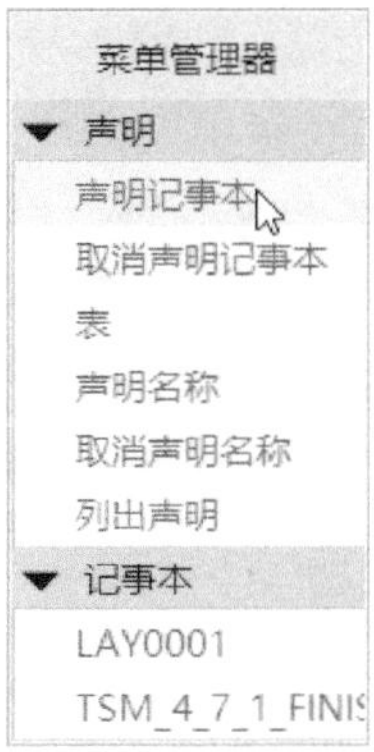

图 4-100　选择“声明记事本”命令

另外，要注意掌握“声明”菜单中其他选项的功能用途，包括“取消声明记事本”“表”

“声明名称”“取消声明名称”“列出名称”等。在稍后介绍的实例中将涉及一些常用的声明选项的应用。

4.5.5 绘制记事本布局图的实例

通过该实例，将掌握在记事本中绘制二维图形的方法及技巧，为下面的学习打下坚实的基础，其具体的操作步骤如下。

步骤1：建立新的记事本文件。

1）在“快速访问”工具栏中单击“新建”按钮，打开“新建”对话框。

2）在“类型”选项组中选择“记事本”单选按钮，在“文件名”文本框中输入记事本名称，如输入TSM_4_7_1，单击“确定”按钮，打开“新记事本”对话框。

3）在“指定模板”选项组中选择“空”单选按钮，在“方向”选项组中单击“横向”按钮，在“大小”选项组的“标准大小”下拉列表框中选择“A4”选项。

4）单击“确定”按钮，进入记事本工作界面。

步骤2：设置显示绘图网格和设置草绘优先选项。

1）在功能区中切换至“草绘”选项卡，在“设置”组中单击“绘制栅格”按钮，系统出现图4-101a所示的菜单管理器。

2）在菜单管理器的“栅格修改”菜单中选择“显示栅格”命令。此时在草绘窗口中显示出绘图栅格。

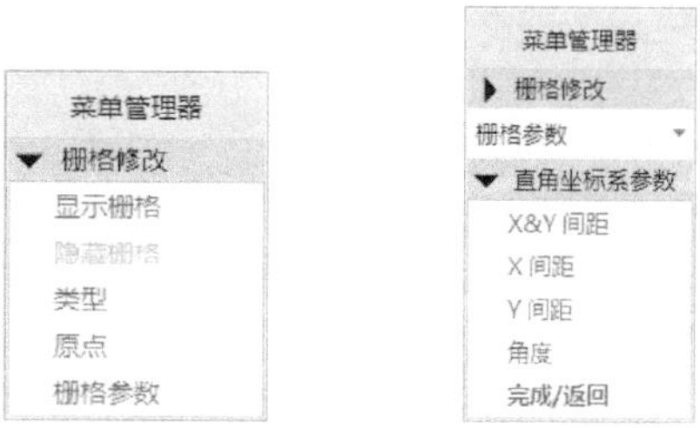

a) b)

图4-101 菜单管理器
a）“栅格修改”菜单
b）“直角坐标系参数”菜单

说明：

如果对栅格的间隔不满意，可以在“栅格修改”菜单中选择“栅格参数”选项，接着在图4-101b所示的菜单中选择所需的命令并设置相应的参数，例如选择“X&Y间距”命令，然后输入新的栅格间距参考值，例如输入0.5。

3）在功能区“草绘”选项卡的“设置”组中单击“草绘器首选项”按钮，打开“草绘首选项”对话框。在“捕捉”选项组中选中“水平/竖直”“栅格交点”“顶点”“图元上”按钮选项，可选中“链草绘”复选框，如图4-102所示，单击“关闭”按钮。

步骤3：绘制基本的2D图形。

1）在功能区的“草绘”选项卡的“设置”组中确保选中“链”按钮和“参数化草绘”按钮。“链”按钮用于启动草绘链模式，“参数化草绘”按钮用于设置记住参数化草绘参考。这样便于绘制首尾相连的线条和使绘制图元与其他图元相关。

2）单击“线”按钮，绘制图4-103所示的图形。在绘制的过程中，注意捕捉栅格点。关闭“参考”对话框。

步骤4：创建剖面线。

1）在功能区的“设置”组中单击“图元选择”按钮，结合〈Ctrl〉键选择图4-104所示连成封闭环的4段线段。

2）在功能区“草绘”选项卡的“编辑”组中单击“剖面线/填充”按钮。

3）输入横截面名称为“A”，单击“接受”按钮。

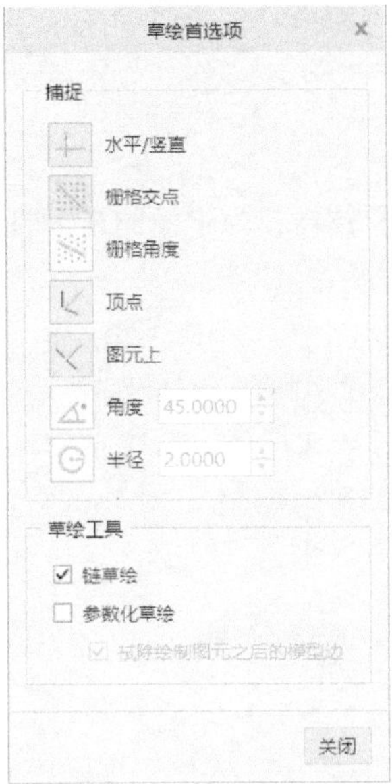

图 4-102　设置草绘首选项

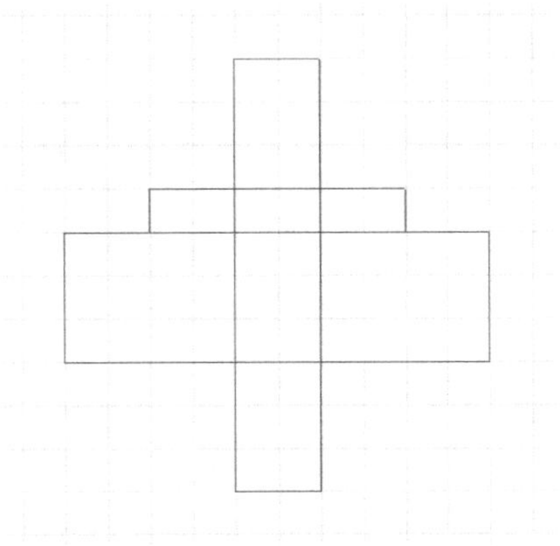

图 4-103　绘制图形

此时，以默认的参数创建剖面线，如图 4-105 所示。

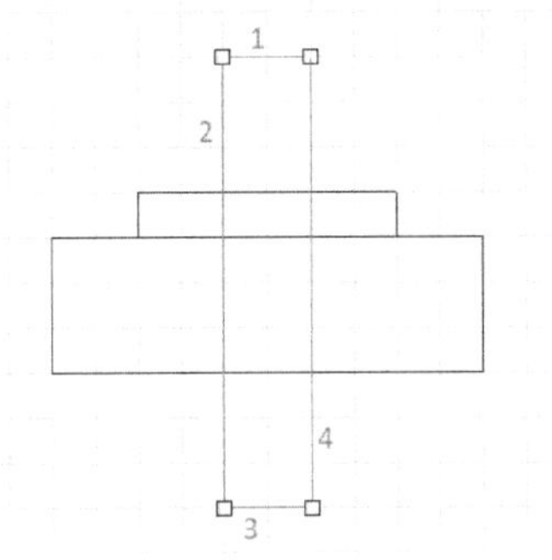

图 4-104　选择封闭图形

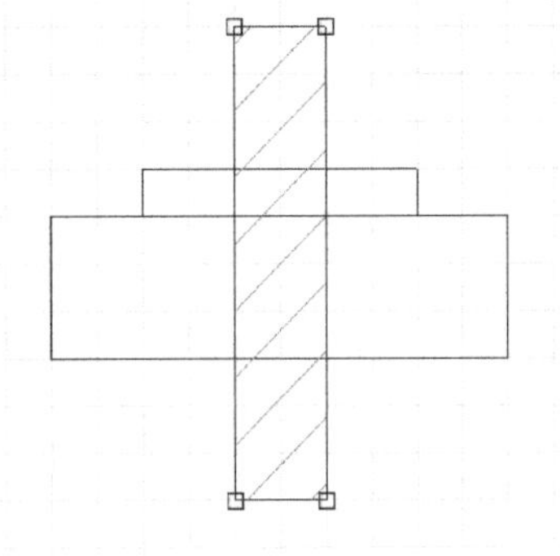

图 4-105　创建剖面线

说明：

可以利用弹出的图 4-106 所示的“修改剖面线”菜单，设置剖面线的间距、角度等。假设在本例中，从“修改剖面线”菜单中选择“间距”命令，出现图 4-107 所示的“修改模式”菜单，从中选择“半倍（一半）”命令，则剖面线的间距减少到一半，显得更紧密了，如图 4-108 所示。

4）在菜单管理器中选择“完成”选项。

步骤 5：创建球标。

1）在功能区中切换至“注释”选项卡并从“注释”组中选择“注释”→“球标注解”按钮，打开一个菜单管理器。也可以在功能区“表”选项卡的“球标”组中单击“球标注解”按钮。

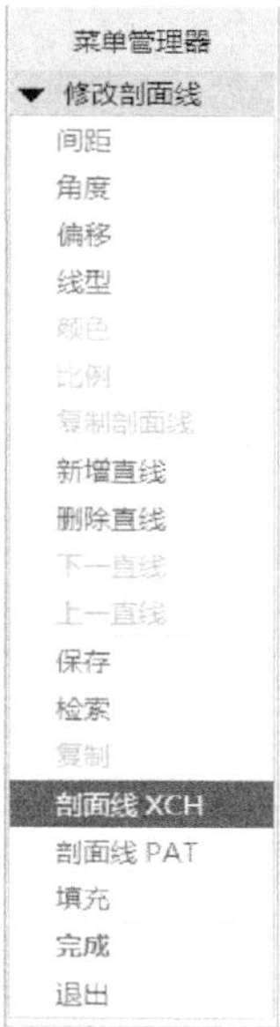

图 4-106 修改剖面线的选项

图 4-107 修改模式

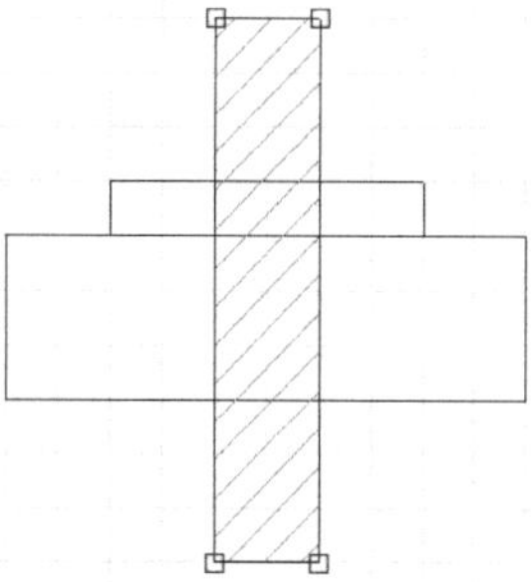

图 4-108 修改剖面线间距

2）在菜单管理器的“注解类型”菜单中选择“带引线”选项，接着选择“进行注解”选项，弹出“引线类型”菜单。从“引线类型”菜单中选择“箭头”选项，以及在弹出的“选择参考”对话框中单击“选择参考”按钮 。

3）在绘制有剖面线的图形边界上单击，该单击点作为球标的方向指引指向点。

4）移动鼠标光标，在欲放置球标的地方单击鼠标中键。

5）输入注释内容为 TSM_PART_1，单击“接受”按钮 。此时如图 4-109 所示。

6）用同样的方法，创建另外两个球标，结果如图 4-110 所示。最后选择菜单管理器的“完成/返回”命令。

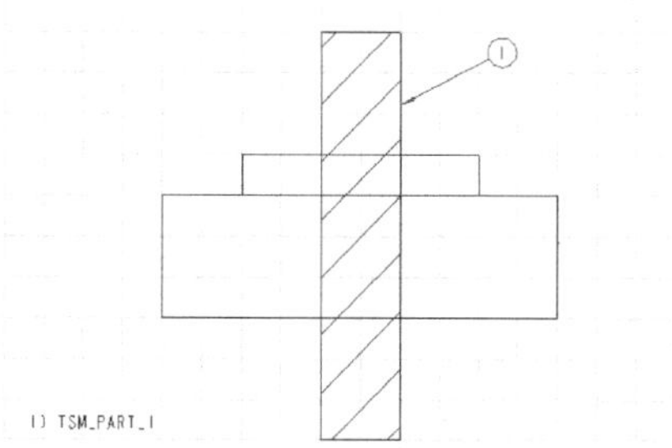

图 4-109 创建第一个球标

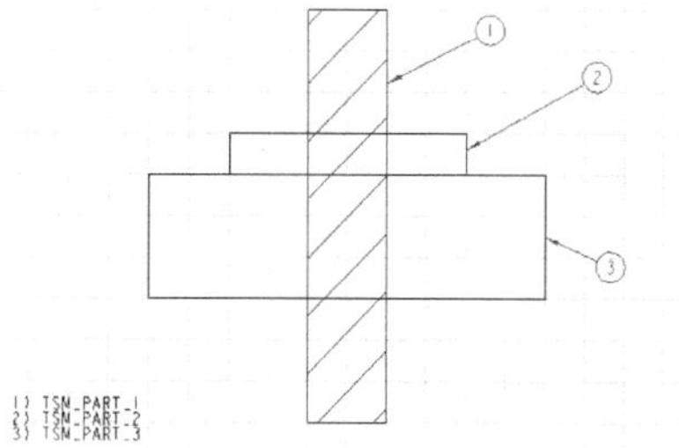

图 4-110 创建其他球标

步骤 6：在同一记事本文件中建立第 2 张图纸页面。

1）在功能区中切换至“布局”选项卡，从“文档”组中单击“新页面”按钮 ，从而新建第 2 张页面。

2）在功能区中切换至“草绘”选项卡，使用绘图工具绘制图 4-111 所示的图形。

3）选中“图元选择”按钮，选择内圆，在“编辑”组中单击“剖面线/填充”按钮，输入横截面名称为“B”，单击“接受”按钮。

4）在菜单管理器出现的“修改剖面线”菜单中选择“填充”命令，然后选择“完成”命令。以实体形式填充的效果如图4-112所示。

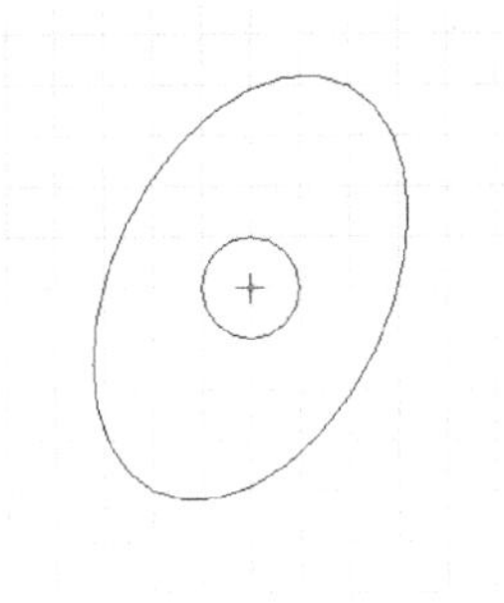

图4-111　绘制图形

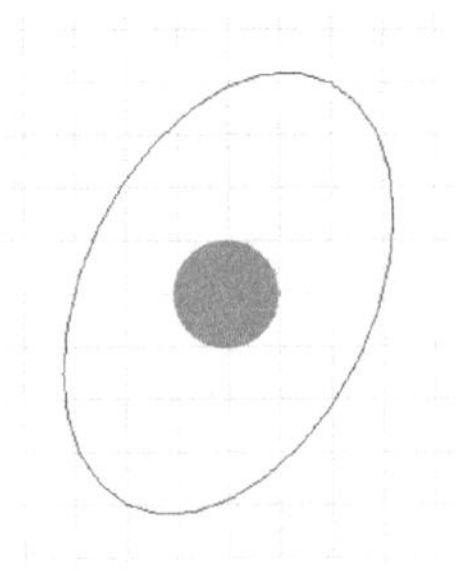

图4-112　实体填充

步骤7：返回到第1张图纸页面。

在图形窗口的左下角处单击“页面1”选项卡标签（如图4-113所示），从而返回到第1张图纸页面。

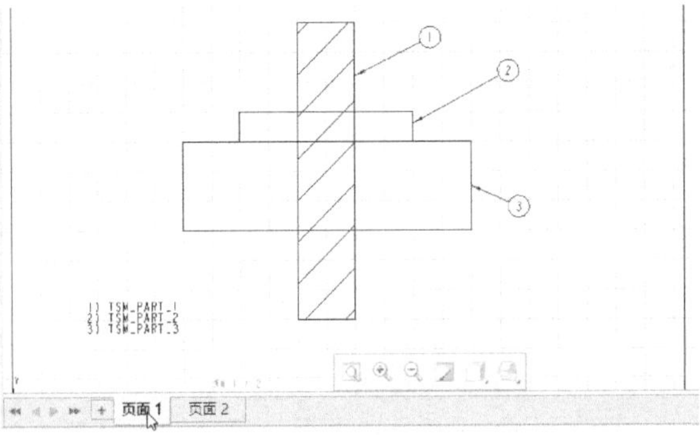

图4-113　切换页面

4.5.6 利用记事本对零件进行参数控制

利用布局可以控制多个零件的尺寸。这需要在记事本中建立参数或关系式，并在元件中声明与记事本的关联，建立零件尺寸与记事本参数间的关系式。

下面介绍一个利用记事本对零件进行参数控制的实例，具体的操作步骤如下。

步骤1：建立记事本文件。

1）在“快速访问”工具栏中单击“新建”按钮，弹出“新建”对话框。

2）在“类型”选项组中选择“记事本”单选按钮，在“文件名”文本框中输入新记事本名称，如输入TSM_4_8_1，单击“确定”按钮，打开“新记事本”对话框。

3）在“指定模板”选项组中选择“空”单选按钮，在“方向”选项组中单击“横向”按钮，在“大小”选项组的“标准大小”下拉列表框中选择“A4”选项。

4）单击“确定”按钮，进入记事本工作界面。

步骤2：绘制图形、标注尺寸、建立参数。

1）切换到功能区的"草绘"选项卡，利用绘图工具绘制图4-114所示的图形。

2）切换到功能区的"注释"选项卡，从"注释"组中单击"尺寸"按钮 ⊢→⊣，弹出图4-115所示的"选择参考"对话框。

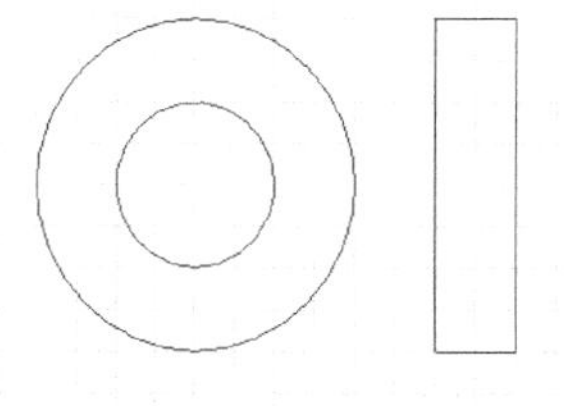

图 4-114　绘制图形

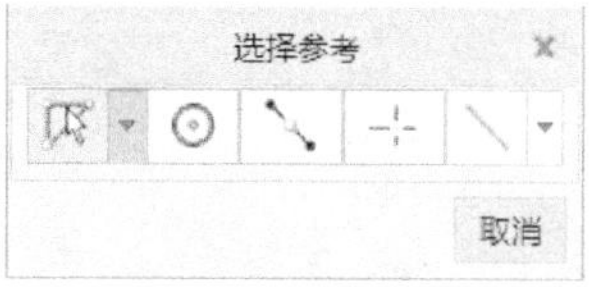

图 4-115　"选择参考"对话框

3）确保选中"选择图元"按钮 🖰，双击大圆，接着移动鼠标光标在欲放置尺寸的地方单击鼠标中键，在图4-116所示的框中输入尺寸参数名称为"DIAMETER"，单击"接受"按钮 ✓。接着，在图4-117所示的文本框中输入大圆直径的初始尺寸值为"100"，单击"接受"按钮 ✓。此时，标注大圆的直径尺寸如图4-118所示。

图 4-116　输入大圆直径尺寸的参数名称

图 4-117　输入大圆直径的初始尺寸值

4）同上述方法一样，标注小圆的直径尺寸，其直径尺寸参数名称为"DIAMETER_1"，初始值为"50"。标注结果如图4-119所示。

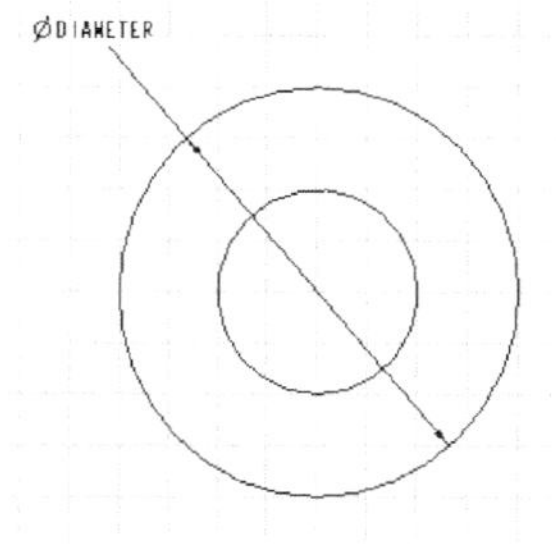

图 4-118　标注大圆的直径尺寸

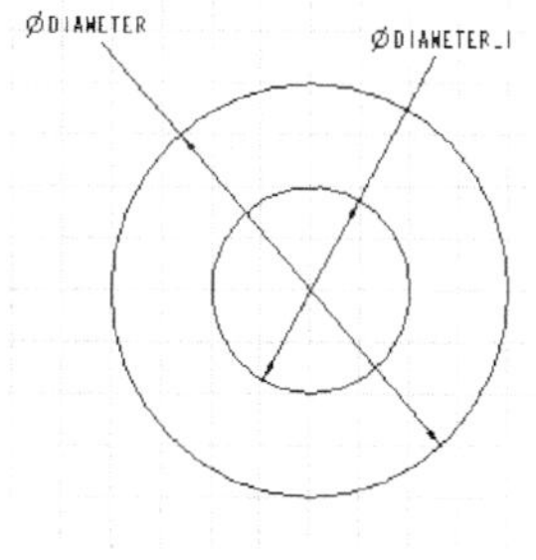

图 4-119　标注小圆的直径尺寸

5）标注右侧矩形短边的长度（宽）尺寸，尺寸参数名称为"THICK"，尺寸值为"10"。完成的效果如图4-120所示。标注完后在"选择参考"对话框中单击"取消"按钮。

说明：

如果要查看尺寸参数的值，可以单击"工具"→"参数"按钮 []，打开图4-121所示的

“参数”对话框。在该对话框中，显示建立的3个尺寸参数DIAMETER、DIAMETER_1和THICK，可以在指定尺寸参数的“值”框中输入新值。

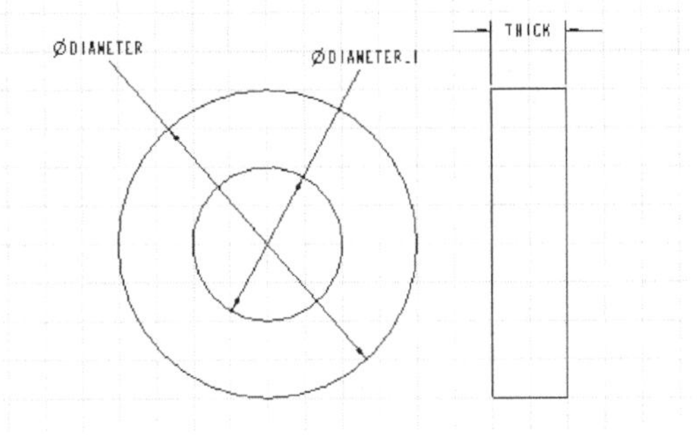

图4-120　布局图中的标注结果

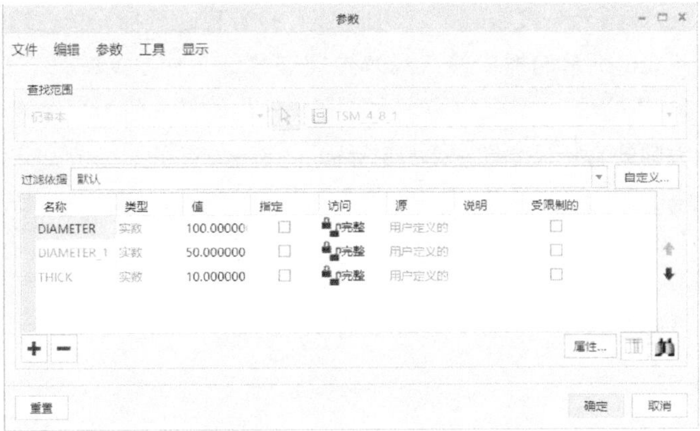

图4-121　“参数”对话框

6）在指定的工作目录下保存文件。

步骤3：建立零件模型。

1）新建一个零件文件，文件名为TSM_4_8_2，采用mmns_part_solid_abs模板。

2）利用拉伸工具创建图4-122所示的实体特征。

步骤4：声明连接。

1）在功能区“文件”选项卡中选择“管理文件”→“声明”命令，打开图4-123所示的菜单管理器。

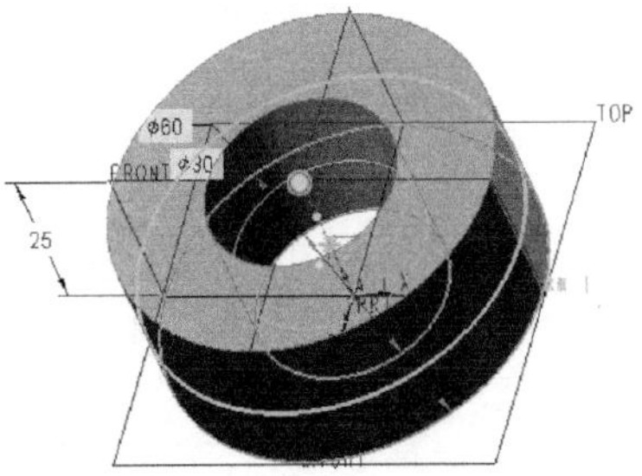

图4-122　实体特征

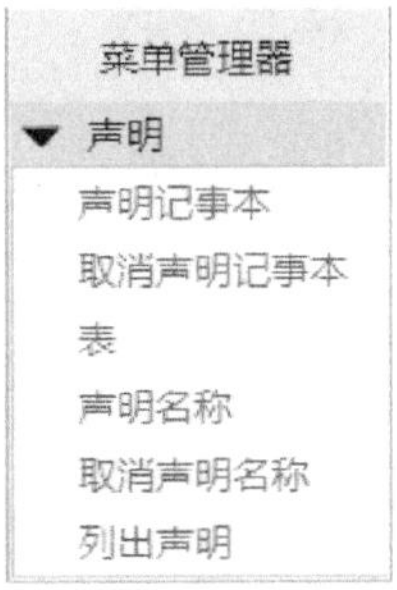

图4-123　菜单管理器

2）在菜单管理器的“声明”菜单中选择“声明记事本”命令，此时出现“记事本”菜单，如图4-124所示，选择“TSM_4_8_1”，将零件声明到TSM_4_8_1. LAY记事本中。

步骤5：建立零件特征尺寸与记事本中尺寸参数之间的关系。

1）在功能区中切换至“工具”选项卡，从“模型意图”组中单击“关系”按钮d=，打开“关系”对话框。

2）在模型窗口中单击零件特征，此时零件显示其特征尺寸的代号，如图4-125所示。

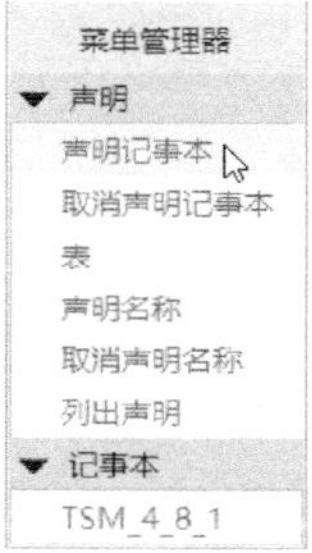

图4-124 菜单管理器

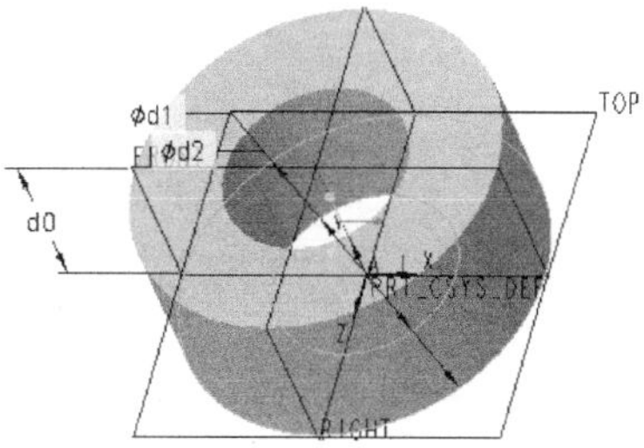

图4-125 显示特征尺寸代号

3）在“关系”对话框的文本框中输入下列关系式，如图4-126所示。

d1 = DIAMETER

d2 = DIAMETER_1

d0 = THICK

图4-126 输入关系式

4）单击“关系”对话框中的“确定”按钮，则零件中的尺寸代号与指定记事本中的尺寸参数建立了对应的关系。

5）在功能区中切换到“模型”选项卡，单击“重新生成”按钮，则零件模型如图4-127所示，即再生后的模型尺寸由记事

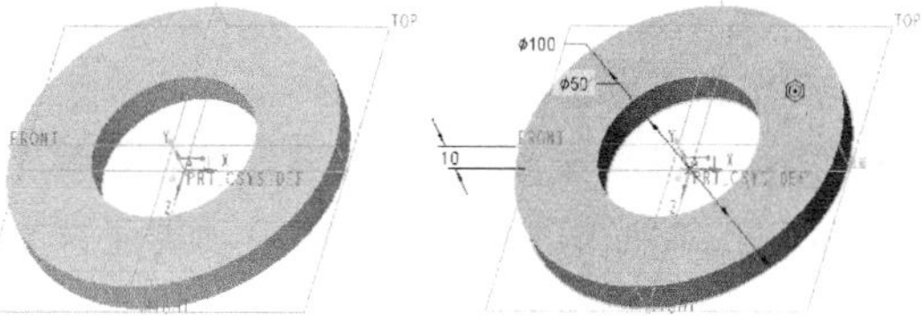

图4-127 再生模型后的效果

本参数控制。

步骤 6：在记事本中修改参数，观察零件的变化。

1）在“快速访问”工具栏中单击“窗口”按钮，选择 TSM_4_8_1. LAY 记事本来激活。

2）在功能区“工具”选项卡的“模型意图”组中单击“参数”按钮，打开“参数”对话框。

3）在“参数”对话框中，设置 DIAMETER = 200、DIAMETER_1 = 25、THICK = 20，如图 4-128 所示。

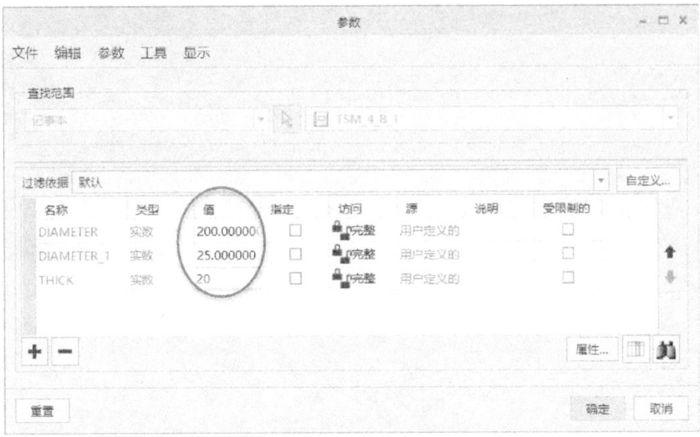

图 4-128　修改参数值

4）在“参数”对话框中单击“确定”按钮。

5）在“快速访问”工具栏中单击“窗口”按钮，选择 TSM_4_8_2. PRT 来激活。

6）在功能区“模型”选项卡的“操作”组中单击“重新生成”按钮，则零件模型如图 4-129 所示。

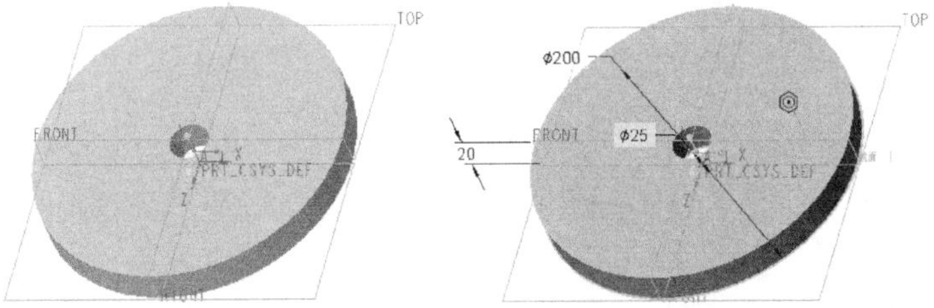

图 4-129　利用记事本对零件进行参数控制

4.5.7 利用记事本实现产品自动装配

利用记事本布局，可以实现零件的自动装配。其设计思想是，通过全局基准来控制零件的装配，即在记事本布局中创建满足设计要求的全局基准特征，接着通过分别声明零件中的基准与全局基准之间的对应关系，形成自动装配的关系。这里所说的全局基准特征，是指可以在零件、装配、记事本模块中通用的基准特征。

本小节介绍一个利用记事本绘图实现产品自动装配的设计实例，完成的产品装配组件模型如图 4-130 所示。这也是产品设计方法中的一种高级设计方法。

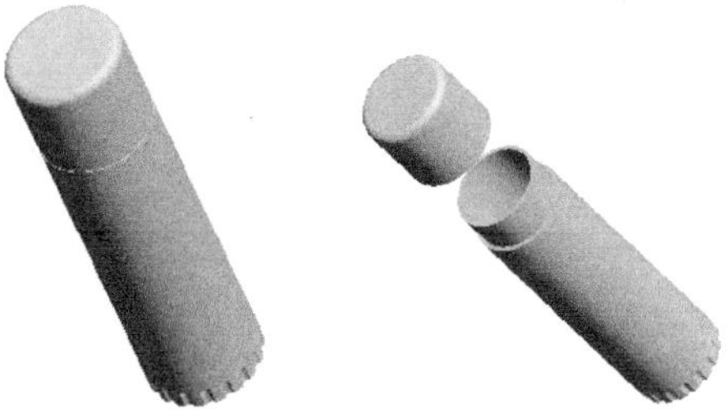

图 4-130　简易产品组件（装配体）

步骤 1：建立记事本文件。

1）在“快速访问”工具栏中单击“新建”按钮，弹出“新建”对话框。

2）在“类型”选项组中选择“记事本”单选按钮，在“文件名”文本框中输入新记事本名称，如输入 TSM_4_9_1，单击“确定”按钮，打开“新记事本”对话框。

3）在“指定模板”选项组中选择“空”单选按钮，在“方向”选项组中单击“横向”按钮，在“大小”选项组的“标准大小”下拉列表框中选择“A4”选项。

4）单击“确定”按钮，进入记事本工作界面。

步骤 2：绘制记事本布局图。

1）切换至功能区的“草绘”选项卡，利用绘图工具绘制产品图形，并利用“注释”组中的“球标注解”命令建立球标，如图 4-131 所示。球标标识的两个零件注释分别为 TSM_4_9_1 和 TSM_4_9_2。

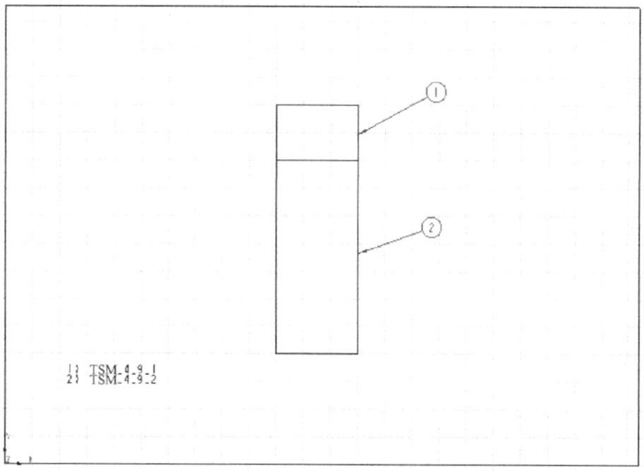

图 4-131　绘制图形和建立球标

2）建立基准平面。在功能区“注释”选项卡的“注释”组中单击“绘制基准”→“绘制基准平面”按钮，弹出“选择点”对话框。指定水平方向上的两点定义基准平面，输入该基准平面的名称为“TSM_PLANE”，单击“接受”按钮。绘制的全局基准平面如图 4-132 所示，关闭“选择点”对话框。

3）绘制基准轴。在“注释”组中单击“绘制基准”→“绘制基准轴”按钮，指定垂直方向上的两点定义基准轴，输入该基准轴的名称为“TSM_AXIS”，单击“接受”按钮。绘制的全局基准轴，如图4-133所示。在"选择点"对话框中单击"取消"按钮。

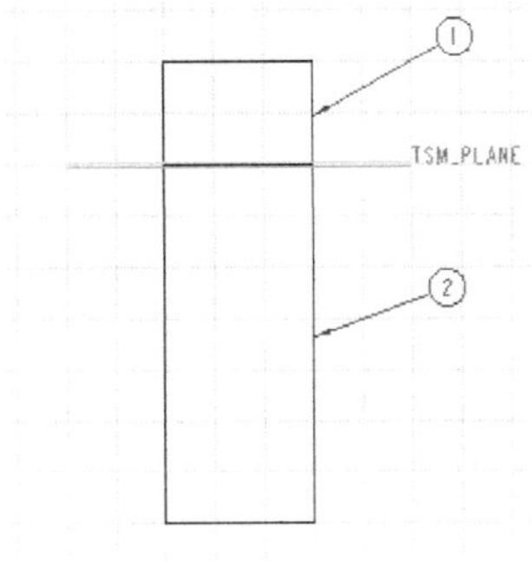

<div align="center">图4-132　绘制全局基准平面　　　　　图4-133　绘制全局基准轴</div>

✎ **技巧：**

为了让绘制的基准轴位于合适的位置处，可以事先临时调整栅格参数。

4）保存文件。

步骤3：声明 TSM_4_9_1. PRT 零件与布局图的关系。

1）单击"打开"按钮，选择配套资料包CH4→TSM_4_9目录下的TSM_4_9_1. PRT，单击对话框中的"打开"按钮。

2）在功能区的"文件"选项卡中选择"管理文件"→"声明"命令，弹出一个菜单管理器。

3）在菜单管理器中选择"声明记事本"→"TSM_4_9_1"命令，将零件声明到TSM_4_9_1. LAY中。

4）选择"声明名称"命令，接着在模型窗口中选择TOP基准平面，在菜单管理器中选择"确定（正向）"命令，在图4-134所示的文本框中输入平面的全局名称为"TSM_PLANE"，单击"接受"按钮 ✓。

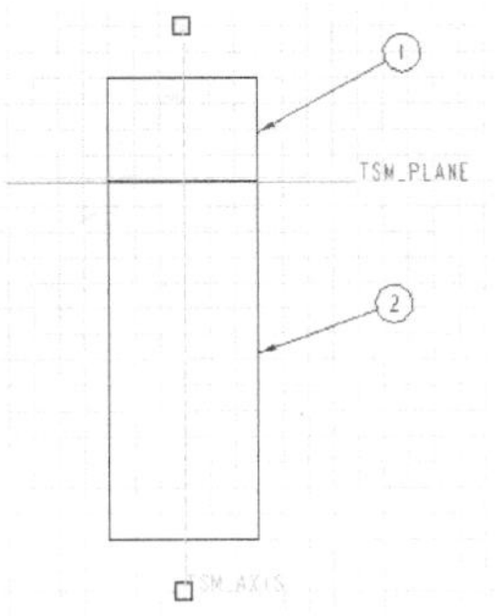

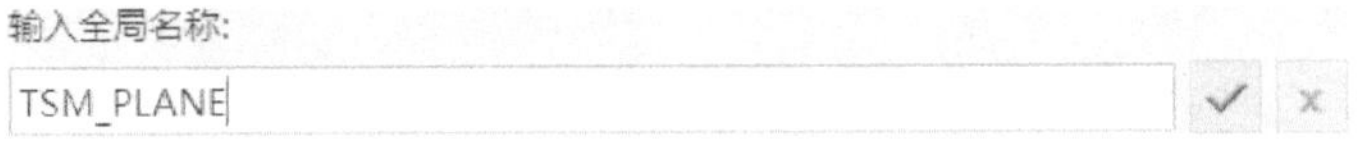

<div align="center">图4-134　输入全局基准平面名称</div>

5）在模型中选择特征轴A_2，在图4-135所示的文本框中输入轴的全局名称为"TSM_AX-IS"，单击"接受"按钮 ✓。声明后，零件模型如图4-136所示。

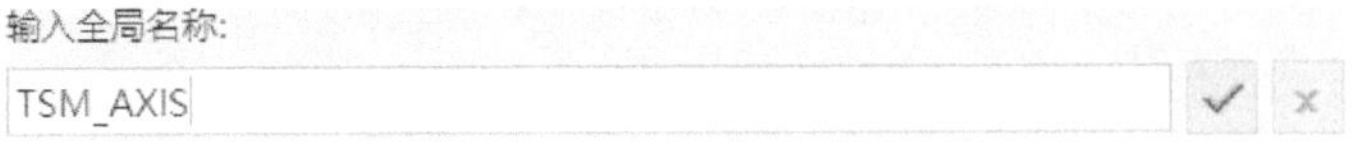

<div align="center">图4-135　输入全局基准轴名称</div>

步骤4：声明 TSM_4_9_2. PRT 零件与布局图的关系。

1）单击"打开"按钮，选择配套资料包CH4→TSM_4_9目录下的TSM_4_9_2. PRT，单击对话框中的"打开"按钮，打开的零件如图4-137所示。

2）在功能区的"文件"选项卡中选择"管理文件"→"声明"命令，弹出一个菜单管

理器。

3）在菜单管理器中选择"声明记事本"→"TSM_4_9_1"选项，将该零件声明到 TSM_4_9_1. LAY 中。

4）选择"声明名称"命令，接着在模型窗口中选择 TOP 基准平面，在菜单管理器中选择"确定（正向）"命令，输入全局基准平面的名称为"TSM_PLANE"，单击"接受"按钮 ✓。

5）在模型中选择特征轴 A_2，输入全局基准轴的名称为"TSM_AXIS"，单击"接受"按钮 ✓。声明后的零件模型如图 4-138 所示。

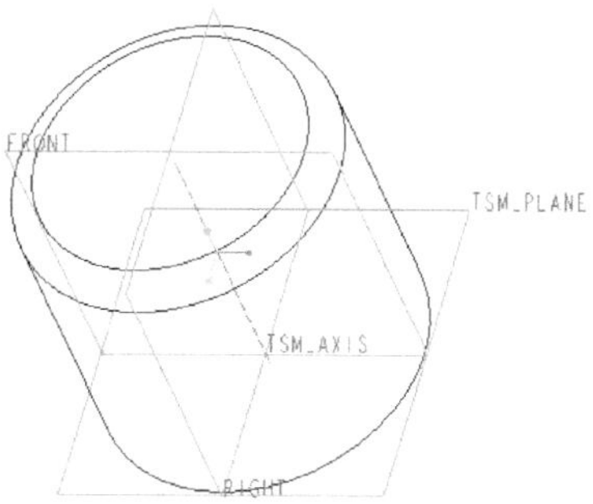

图 4-136　声明零件的效果（一）

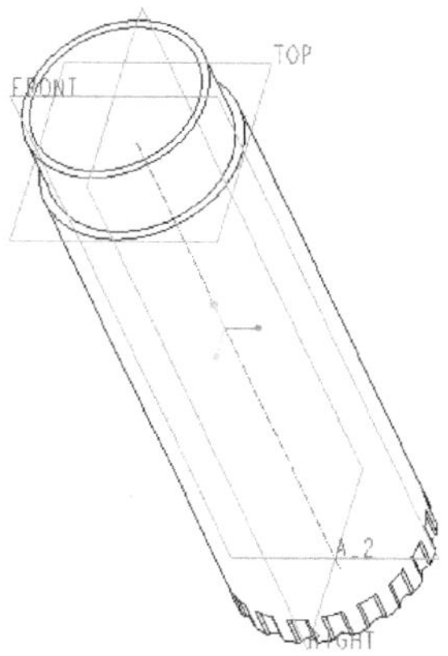

图 4-137　打开的零件

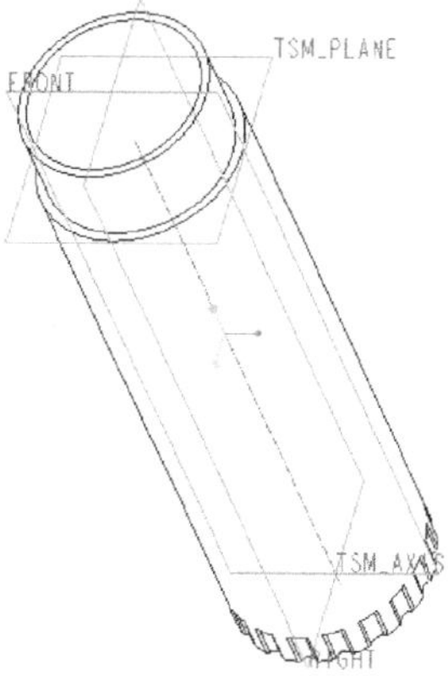

图 4-138　声明零件的效果（二）

步骤 5：新建装配文件。

1）单击"新建"按钮 🗋，弹出"新建"对话框。

2）在"类型"选项组中选择"装配"单选按钮，在"子类型"选项组中选择"设计"单选按钮，输入装配名称为"TSM_4_9_MAIN"，取消选中"使用默认模板"复选框，单击"确定"按钮，弹出"新文件选项"对话框。

3）在"新文件选项"对话框中选择 mmns_asm_design_abs，单击"确定"按钮，进入装配设计环境。

步骤 6：自动装配零件。

1）在功能区"模型"选项卡的"元件"组中单击"组装"按钮 🔧，选取 TSM_4_9_2. PRT，单击"打开"按钮，出现"元件放置"选项卡。

2）选择"默认"选项，单击"完成"按钮 ✓，以默认的方式组装第一个零件，如图 4-139 所示。

3）在"元件"组中单击"组装"按钮 🔧，选取 TSM_4_9_1. PRT，单击"打开"按钮，此时出现图 4-140 所示的菜单管理器。

4）在菜单管理器的"自动/手工"菜单中选择"自动"命令，自动组装该零件，结果如图 4-141 所示。

5）可以在指定目录下保存文件，并拭除该文件。

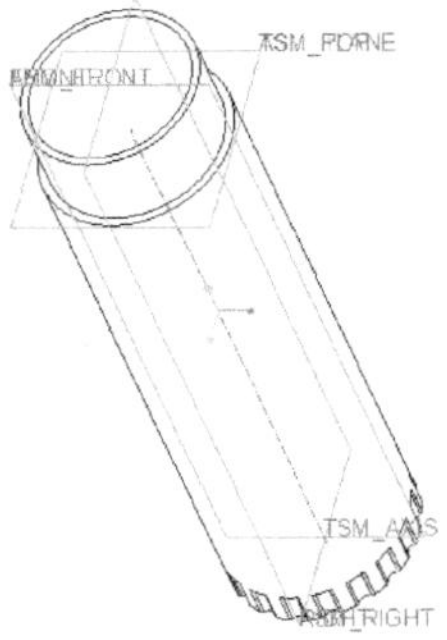

图 4-139　以默认方式组装

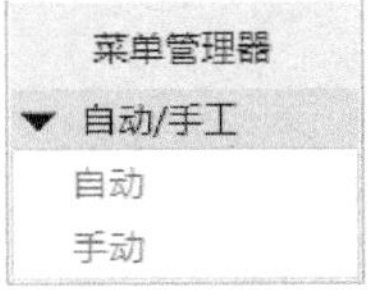

图 4-140　菜单管理器

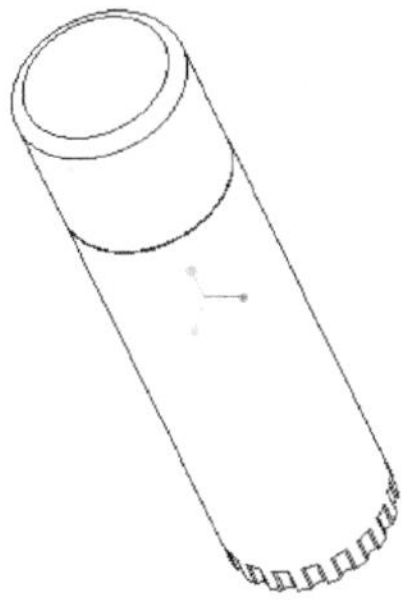

图 4-141　自动组装零件

4.6 骨架模型的应用

采用骨架模型的设计是一种典型的自顶向下装配设计，它通常应用在大型的装配设计中。所谓的骨架模型，主要由基准点、基准轴、基准坐标系、基准曲线和曲面组成，这些组成元素都没有质量属性，不过可以在骨架模型中建立实体特征；骨架模型一般是按照每个零部件在空间中的静态位置而绘制的，或者是按照运动时的特定相对位置而绘制的，相当于形成产品装配的基本框架。设计好骨架模型之后，就可以将指定的零部件按部就班地组装上去，或者直接在装配模式中参考骨架模型来创建需要的元件。

建立的骨架模型可以在多个装配组件中使用，这对于团队标准化设计十分适合。骨架模型会捕捉并定义设计目的和产品结构，可以使设计者们将必要的设计信息从一个子系统或装配传递至另一个，对骨架所做的任何更改也会更改与其有关联的元件。

4.6.1 骨架模型的分类

骨架模型可以分为两种主要的类型，即标准骨架模型和运动骨架模型。另外在运动骨架模型中还可以创建一种“主体骨架模型”。

1. 标准骨架模型

标准骨架模型可以被视为一种特殊的零件，它是为了定义装配中某一元件的设计意图而创建的，其文件保存为“. PRT”格式。在标准骨架模型中，会建立3D实际约束，其尺寸和位置的最终几何信息将被合并到个别元件中，以建立通用的几何信息。值得注意的是，使用标准骨架可以表示两个元件之间的界面，以便能够共享信息。

在装配中，建立或插入的标准骨架总会作为装配中的一个插入元件。它被列在模型树中，并在所有其他元件和装配特征之前再生。

标准骨架模型的标识在模型树中显示为。

2. 运动骨架模型

运动骨架模型用来定义装配中实体元件之间的运动，它是在活动装配或子装配中创建的子装配，其文件保存为“. ASM”格式。

这里所说的运动骨架模型包括设计骨架、骨架主体（也描述成主体骨架）和预定义的约束集。其中，设计骨架可以是一个现有的骨架模型，也可以是带有新创建几何对象的内部骨架；而主体骨架则是由设计骨架的图元所创建的，然后以预定义的约束集而被放置在运动骨架中的元件。通常，运动骨架模型中的第一个主体是基础主体，当创建并放置了多个主体骨架时，系统会自动创建基准轴来连接它们。建立的骨架主体为装配中的元件设计提供了框架，而系统将这些骨架主体都视为零件，它们具有常规零件的大多数特征。事实上，可以将骨架主体作为独立于装配的一个零件打开，并可以将其用作元件设计的基础特征。

可以将运动骨架模型的设计工作看作是机械装配的概念设计工作。使用运动骨架模型的一个好处是，在创建实际的装配元件之前，可以在运动骨架中测试涉及的基本结构和运动。

运动骨架模型的标识在模型树中显示为。

注意：

在装配中只能创建或插入一个运动骨架。

4.6.2 建立骨架模型文件

在装配中建立骨架模型的步骤如下。

1）在活动装配中，在功能区“模型”选项卡的“元件”组中单击“创建”按钮，打开“创建元件”对话框。

2）在“类型”选项组中选择“骨架模型”单选按钮，在“子类型”选项组中选择“标准”单选按钮或者“运动”单选按钮。然后接受默认的骨架名称或者输入新的骨架名称，如图4-142所示。

3）单击“确定”按钮，打开“创建选项”对话框，如图4-143所示。选择“创建方法”选项后（“创建方法”选项包括“从现有项复制”“定位默认基准”“空”和“创建特征”选项），单击“确定”按钮，创建骨架模型文件。“从现有项复制”单选按钮用于从现有零件复制骨架零件；“空”单选按钮用于创建无几何的骨架零件（在创建骨架零件后再将添加几何）；“创建特征”单选按钮则创建无几何的骨架零件，骨架零件直接处于活动状态以便用户随即为骨架零件创建特征几何。

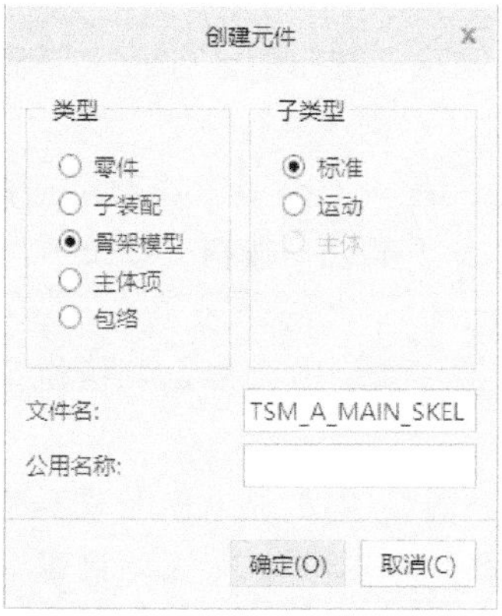

图4-142 “创建元件”对话框

图4-143 “创建选项”对话框

也就是说，如果选择的“创建方法”选项为“创建特征”，那么在单击“确定”按钮来关闭“创建选项”对话框后，新建的骨架模型零件处于活动状态，即处于被激活状态，此时可以为该骨架模型创建特征了。

如果选择的“创建方法”选项为“从现有项复制”或者“空”，那么在单击“确定”按钮来关闭“创建选项”对话框后，新建的骨架模型零件没有处于活动状态。此时要想在骨架模型中创建特征，则需要右击该骨架模型零件，从弹出的快捷菜单中选择“激活”命令。

在系统默认情况下，每个装配只能创建一个运动骨架模型，倘若要在装配中创建多个标准骨架模型，则需要将 Config. pro 的配置文件选项 multiple_skeletons_allowed 的值设置为 yes（其默认值为 no *）。

4.6.3 使用骨架模型装配元件

对于一些已经建构好的元件，可以考虑使用骨架模型来控制元件的组合状态。例如，可以建立一个由长方体曲面构成的骨架模型来控制计算机机箱侧板的组合状态，可以创建相应的曲线段来约束产品元件的组合位置等。然而，在某种情形下，以后修改骨架模型的外形时，需要注意这类骨架模型中的某些尺寸不宜修改，因为这些尺寸不能控制元件的特征变化，即元件的创建没有参考骨架模型。

下面介绍一个使用骨架模型装配元件的实例。该实例要求建立标准骨架模型来组装若干个已经建构好的链节零件，完成的链条组件如图 4-144 所示。两种形状的链节零件位于配套资料包中的 CH4→TSM_4_10 文件夹中。

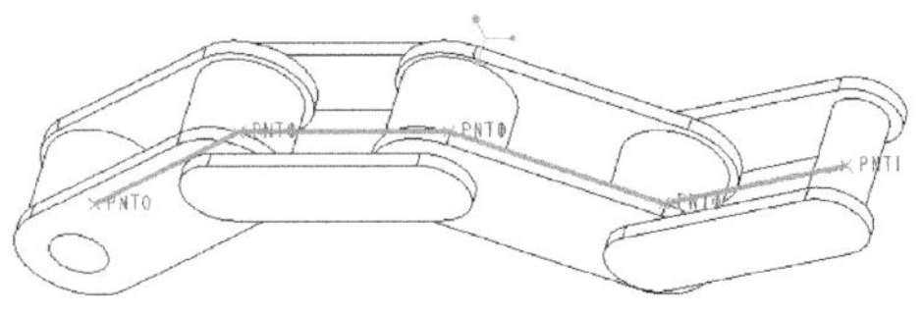

图 4-144 利用骨架模型装配好的链条组件

具体的操作步骤如下。

步骤 1：新建一个装配文件。

1）单击“新建”按钮，打开“新建”对话框，在“类型”选项组中选择“装配”单选按钮，在“子类型”选项组中选择“设计”单选按钮，输入装配名称为“TSM_4_10”，单击“使用默认模板”复选框以不使用默认模板，单击“确定”按钮。

2）在“新文件选项”对话框中，从“模板”选项组中选择 mmns_asm_design_abs，单击“确定”按钮，建立一个装配文件。

步骤 2：建立骨架模型。

1）在功能区“模型”选项卡的“元件”组中单击“创建”按钮，打开“创建元件”对话框。

2）在“类型”选项组中选择“骨架模型”单选按钮，在“子类型”选项组选择“标准”单选按钮，输入新的骨架名称为“TSM_4_10_SKEL1”，单击“确定”按钮，系统弹出“创建选项”对话框。

3）从“创建方法”选项组中选择“创建特征”单选按钮，单击“确定”按钮，创建一个骨架模型文件。此时模型树如图 4-145 所示。

4）在功能区“模型”选项卡的“基准”组中单击“平面”按钮，弹出“基准平面”对话框，选择 ASM_FRONT 基准平面作为偏移参考，输入偏距值为“30”，单击“确定”按钮，建立图 4-146 所示的 DTM1 基准平面。

5）确保刚创建的 DTM1 基准平面处于被选中的状态，从“基准”组中单击“草绘”按钮，快速进入草绘器，此时 DTM1 基准平面用作草绘平面。利用“参考”对话框选择图 4-147 所示的参考，单击“参考”对话框的“关闭”按钮。绘制图 4-148 所示的 4 段线段，单击“确定”

按钮✔。

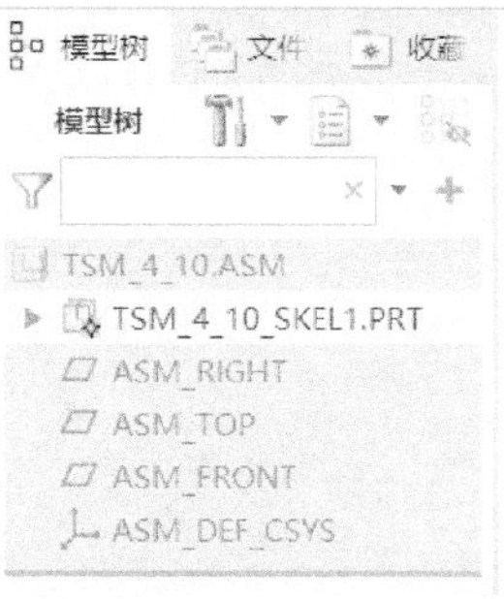

图 4-145　注意骨架模型在模型树中的显示状态

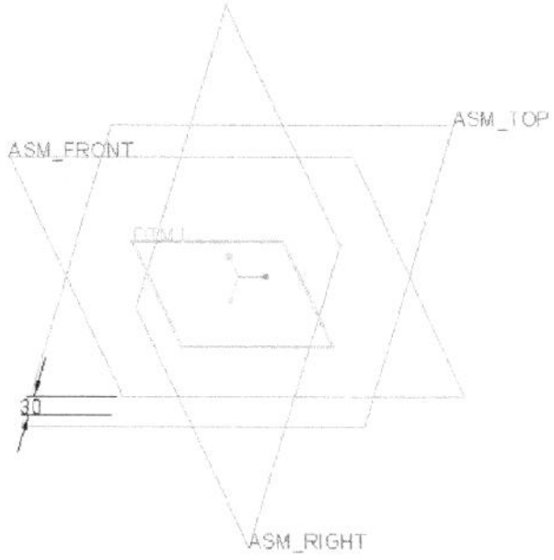

图 4-146　DTM1 基准平面

图 4-147　“参考”对话框

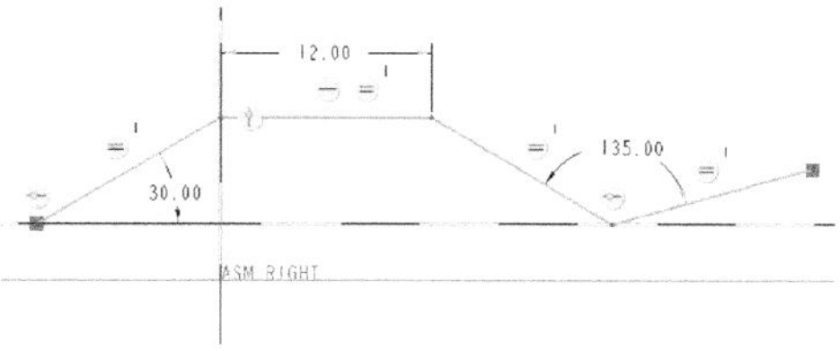

图 4-148　建立骨架线条

此时，按〈Ctrl + D〉快捷键，调整为标准方向的视角，如图 4-149 所示。接下来，准备开始将零件组装在骨架上了。首先需要将顶级装配组件激活，方法是在模型树中右击 TSM_4_10. ASM，如图 4-150 所示，接着从浮动工具栏中单击“激活”按钮◈。

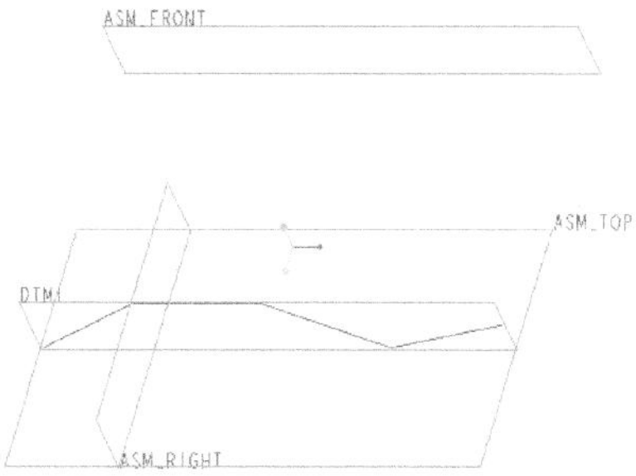

图 4-149　建立的骨架模型

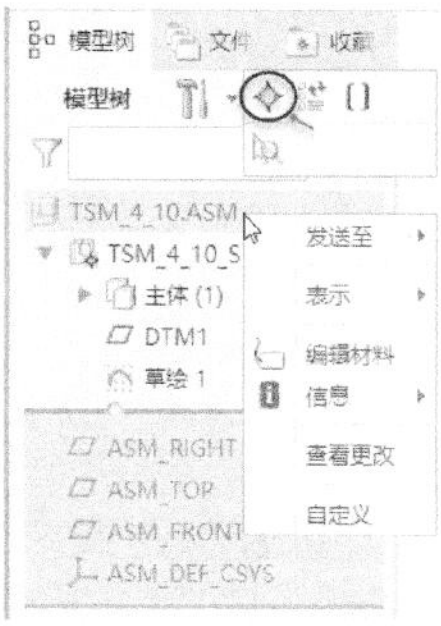

图 4-150　激活装配

步骤 3：组装链节零件 TSM_LINK_SEG1. PRT。

1）在功能区“模型”选项卡的“元件”组中单击“组装”按钮，弹出“打开”对话框。

2）通过“打开”对话框查找并选择源文件 TSM_LINK_SEG1. PRT，单击“打开”按钮。

3）功能区出现“元件放置”选项卡。从“约束类型”下拉列表框中选择“重合”选项，分别选择骨架模型中的 DTM1 基准平面和 TSM_LINK_SEG1. PRT 元件的 FRONT 基准平面。

4）在“元件放置”选项卡中打开“放置”面板，新建一个约束，并从“约束类型”下拉列表框中选择“重合”选项，分别选择 TSM_LINK_SEG1. PRT 元件的 PNT0 基准点和骨架模型的左侧端点。

5）再新建一个约束，约束类型定为“重合”，分别选择 TSM_LINK_SEG1. PRT 元件的 PNT1 基准点和骨架模型的相应点，此时如图 4-151 所示。

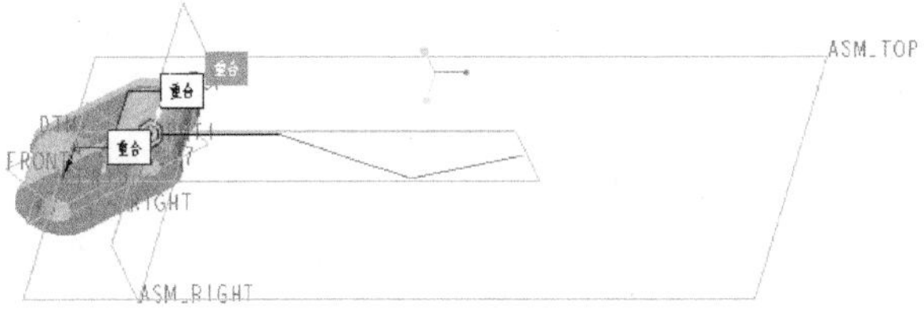

图 4-151　装配第 1 个链节零件 TSM_LINK_SEG1. PRT

6）单击“元件放置”选项卡中的“确定”按钮，完成组装第 1 个链节零件 TSM_LINK_SEG1. PRT。

步骤 4：组装链节零件 TSM_LINK_SEG2. PRT。

1）在功能区的“模型”选项卡的“元件”组中单击“组装”按钮，弹出“打开”对话框。

2）在“打开”对话框中，查找并选择源文件 TSM_LINK_SEG2. PRT，单击“打开”按钮，此时如图 4-152 所示。

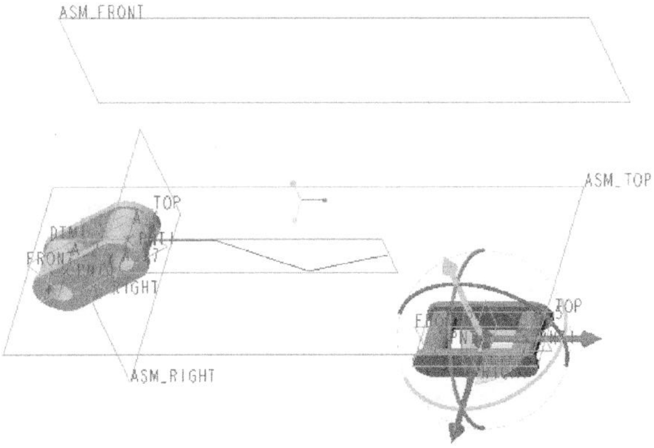

图 4-152　打开要装配的第 2 个链节零件

3）使用 3 组“重合”约束来在骨架上组装该链节零件，单击“确定”按钮，装配结果如图 4-153 所示。

步骤 5：继续组装链节零件。

1）用同样的方法，继续使用 3 组“重合”约束来在骨架上组装 TSM_LINK_SEG1. PRT 零件。为了容易捕捉到骨架模型中的曲线点，可以事先将 TSM_LINK_SEG2. PRT 零件隐藏起来，装配效果如图 4-154 所示（图中隐藏了 TSM_LINK_SEG2. PRT 零件）。

2）用同样的方法，继续使用 3 组“重合”约束来在骨架上组装 TSM_LINK_SEG2. PRT 零件。最后完成的装配效果如图 4-155 所示。

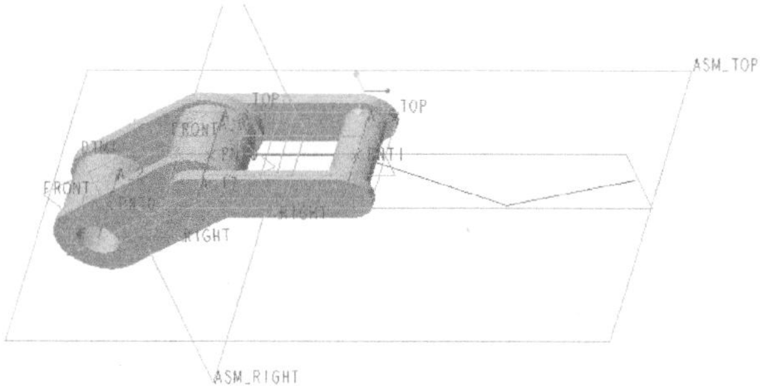

图 4-153　组装链节零件 TSM_LINK_SEG2. PRT

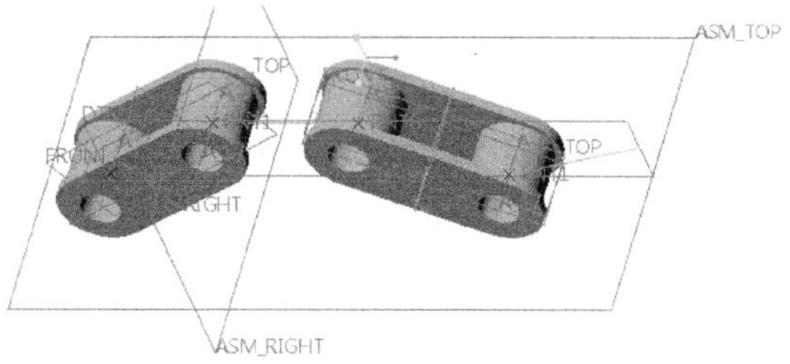

图 4-154　在骨架中组装第 3 个零件

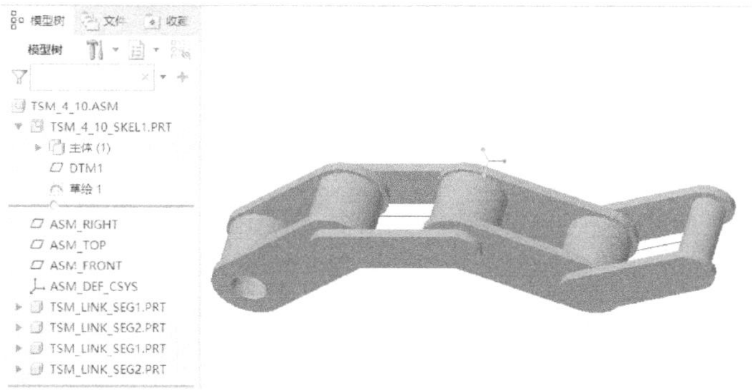

图 4-155　利用骨架模型完成装配

4.6.4 参考骨架模型在组件中创建元件

在本小节中，将介绍参考骨架模型来创建元件的一个典型实例，其元件的创建及装配工作是在装配模式下完成的。这也是最为常用的骨架装配方式之一。若修改其骨架模型，则再生（重新生成）后元件的外形尺寸也会随之发生变化。

本实例要完成的装配模型是一个简易连杆，其机构示意图如图 4-156 所示。该简易连杆，由运动骨架模型来控制。在本例中，注意创建运

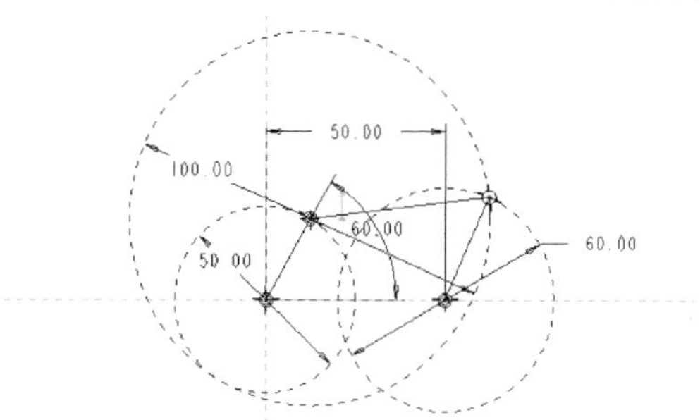

图 4-156　连杆机构示意图

动骨架模型的方法及步骤。

步骤 1：新建一个装配文件，并设置显示特征。

1）单击“新建”按钮，打开“新建”对话框，在“类型”选项组中选择“装配”单选按钮，在“子类型”选项组中选择“设计”单选按钮，输入装配名称为“TSM_4_11”，单击“使用默认模板”复选框以不使用默认模板，单击“确定”按钮。

2）在“新文件选项”对话框中，从“模板”选项组中选择 mmns_asm_design_abs，单击“确定”按钮，建立一个装配文件。

3）单击模型树上方的“设置”按钮，选择“树过滤器”选项，打开“模型树项”对话框，确保选中“特征”复选框和“放置文件夹”复选框，单击“确定”按钮。

步骤 2：建立运动骨架模型文件并在其中创建设计骨架。

1）在功能区“模型”选项卡的“元件”组中单击“创建”按钮，打开“创建元件”对话框。

2）在“类型”选项组中选择“骨架模型”单选按钮，在“子类型”选项组中选择“运动”单选按钮，输入新的骨架名称为“MOTION_SKEL_4_11”，如图 4-157 所示，单击“确定”按钮，弹出“创建选项”对话框。

3）在“创建方法”选项组中选择“从现有项复制”单选按钮，在“复制自”选项组中输入 mmns_asm_design_abs. asm 或通过“浏览”按钮选择 mmns_asm_design_abs. asm，如图 4-158 所示，单击“确定”按钮，创建一个运动骨架模型文件。

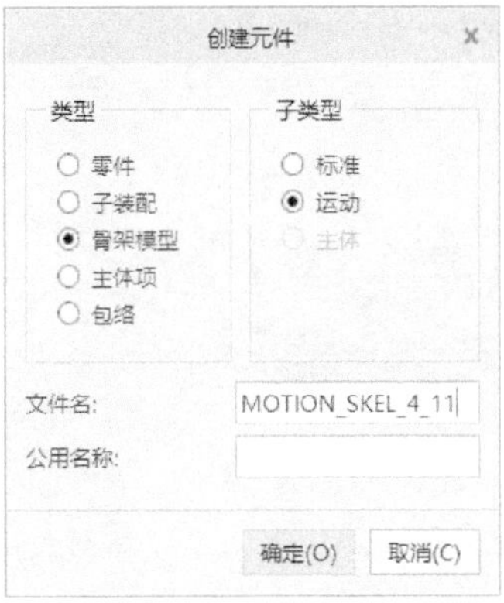

图 4-157　创建运动骨架模型

图 4-158　选择创建方法选项

说明：

mmns_asm_design_abs. asm 模板位于软件安装目录下的 PTC\Creo 7. 0\M010（细节版本号）\Common Files\templates 文件夹中。为了快速浏览到模板文件，可以将 Config. pro 系统配置文件选项 start_model_dir 的指定路径设置为软件安装目录下的 PTC \ Creo 7. 0 \ M010（细节版本号）\Common Files \ templates。具体路径以实际为准。

4）在模型树中单击选择或右击运动骨架，如图 4-159 所示（这里图中以单击选择为例），接着从浮动工具栏中选择“激活”按钮。为了方便在运动骨架中创建几何特征，即创建设计骨架，特意将顶级装配组件的基准特征隐藏，隐藏后的模型树如图 4-160 所示。

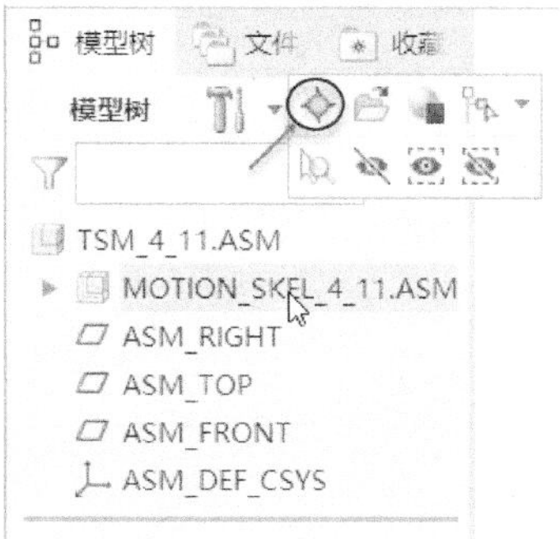

图 4-159 激活运动骨架模型

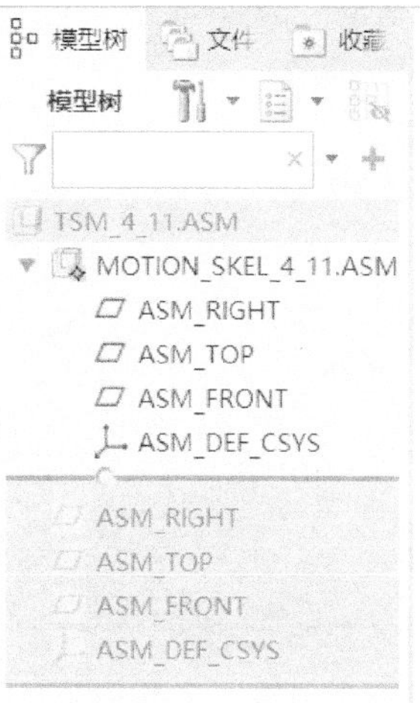

图 4-160 模型树

说明：

在创建运动骨架的设计骨架之前需要有几何参考，而在本例中由于采用了 mmns_asm_design_abs. asm 模板，便不需要再新创建几何参考，如基准坐标系、基准平面等。如果没有采用公制模板，而运动骨架自身没有基准坐标系和基准平面时，则需要执行“基准坐标系”按钮来建立一个参考坐标系，以及执行“基准平面”按钮来创建所需的基准平面。

5）单击“草绘”按钮，打开“草绘”对话框，在运动骨架模型中选择 ASM_FRONT 基准平面作为草绘平面，其他设置默认，单击“草绘”按钮，进入草绘模式。

6）绘制图 4-161 所示的图形，其中水平方向的两个圆的圆心分别依附在一条长为 50 的线段的端点上。

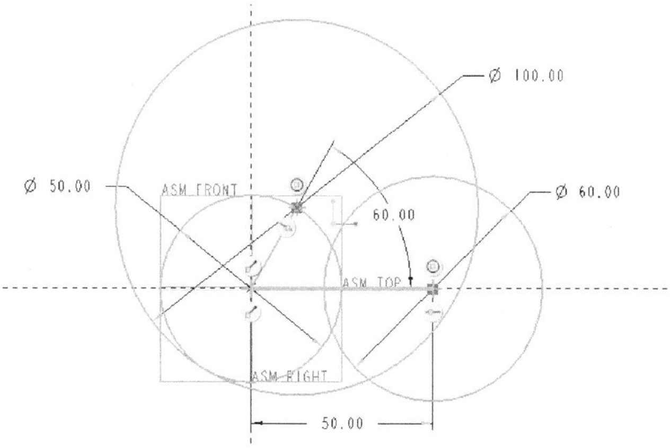

图 4-161 绘制图形

7）结合〈Ctrl〉键选择 3 个圆，在出现的浮动工具栏中单击“构造”按钮，或者从功能区“草绘”选项卡的“操作”组中选择“操作”→“构造”命令，或者按〈Shift + G〉快捷键，将它们转化为构造线。接着执行“线链”工具绘制其他两条直线段，绘制好的图形如图 4-162

所示，单击“确定”按钮✔。

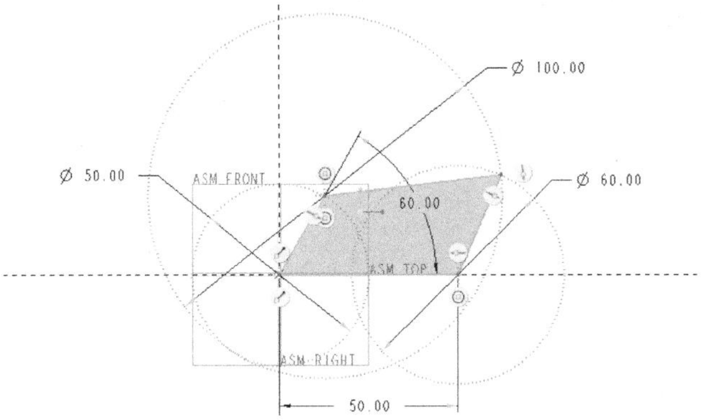

图 4-162　创建设计骨架特征

步骤 3：在运动骨架中创建主体骨架 1。

在运动骨架中创建的第一个主体骨架作为基础骨架。

1）在“元件”组中单击“创建”按钮，打开“创建元件”对话框。

2）在“类型”选项组中选择“骨架模型”单选按钮，在“子类型”选项组选择“主体”单选按钮，输入新的骨架名称为“BODY_SKEL_1”，如图 4-163 所示，单击“确定”按钮，打开“创建选项”对话框。

3）在“创建方法”选项组中选择“空”单选按钮，单击“确定”按钮，创建一个主体骨架模型文件，此时弹出“主体定义”对话框，如图 4-164 所示。

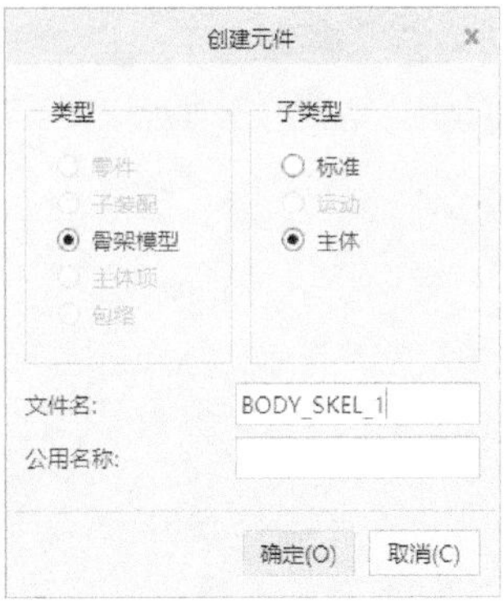

图 4-163　创建主体骨架

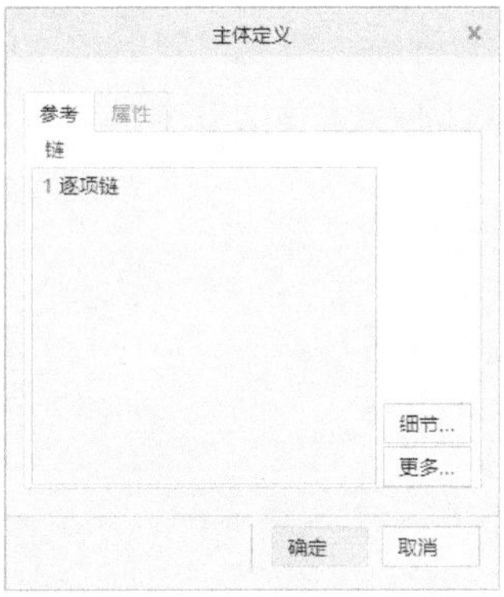

图 4-164　“主体定义”对话框

4）在“参考”选项卡中，单击“细节”按钮，打开“链”对话框。

5）在“链”对话框的“参考”选项卡上，选择“基于规则”单选按钮，接着设置规则选项为“部分环”，如图 4-165 所示。

6）在运动骨架中选取图 4-166 所示的曲线段来定义零件几何体。

7）在“链”对话框中单击“确定”按钮，接着在“主体定义”对话框中单击“确定”按钮，建立一个主体骨架，它在模型树中的显示如图 4-167 所示。

步骤 4：在运动骨架中创建主体骨架 2。

1）在“元件”组中单击“创建”按钮，打开“创建元件”对话框。

图 4-165　设置参考规则

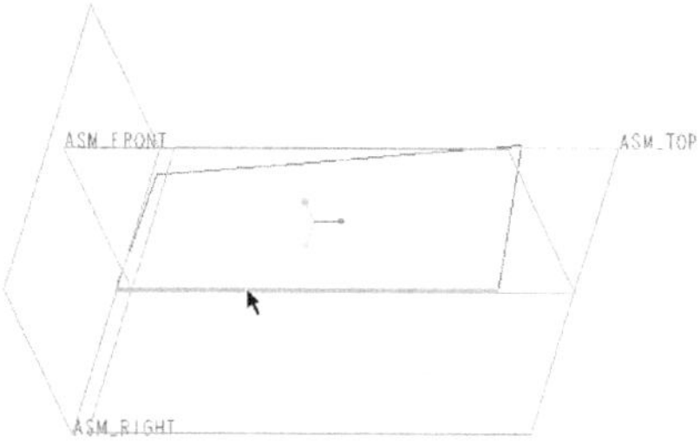

图 4-166　选择需要的曲线段

2）在“类型”选项组中选择“骨架模型”单选按钮，在“子类型”选项组中选择“主体”单选按钮，输入新的骨架名称为“BODY_SKEL_2”，单击“确定”按钮，打开“创建选项”对话框。

3）在“创建方法”选项组中选择“空”单选按钮，单击“确定”按钮，这时弹出图 4-168 所示的“主体定义”对话框，其中“在放置定义中使用连接”复选框处于选中状态。

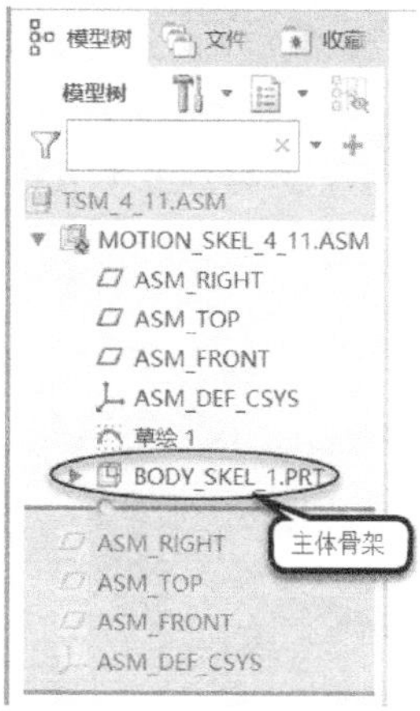

图 4-167　创建一个主体骨架

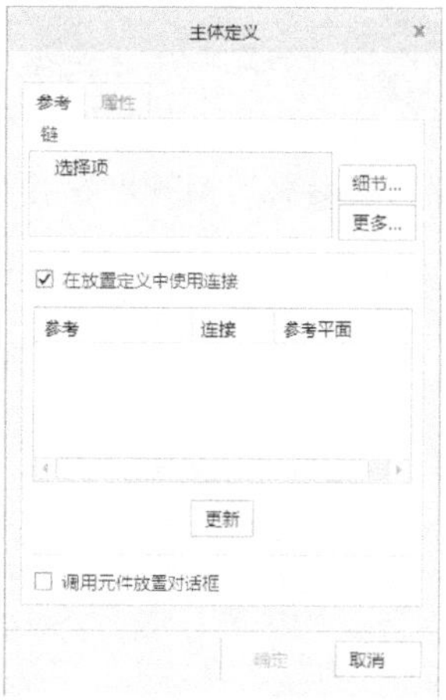

图 4-168　“主体定义”对话框

4）在“主体定义”对话框“参考”选项组的“链”收集器右侧单击“细节”按钮，弹出“链”对话框。在“链”对话框的“参考”选项卡中，选择“基于规则”单选按钮，接着在“规则”选项组中选择“部分环”单选按钮，如图 4-169 所示。

5）单击如图4-170所示的曲线段。

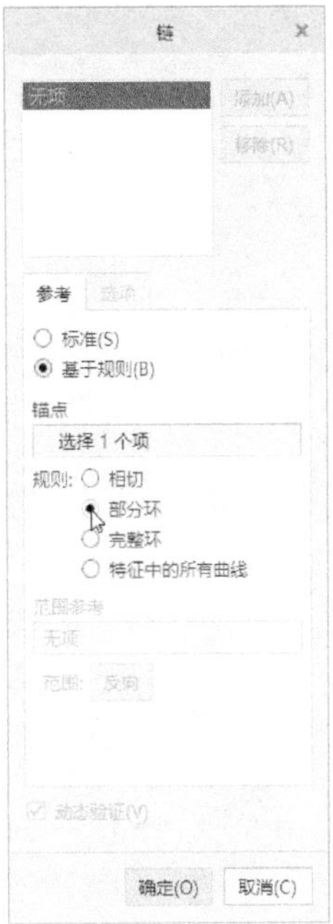

图4-169 “链”对话框

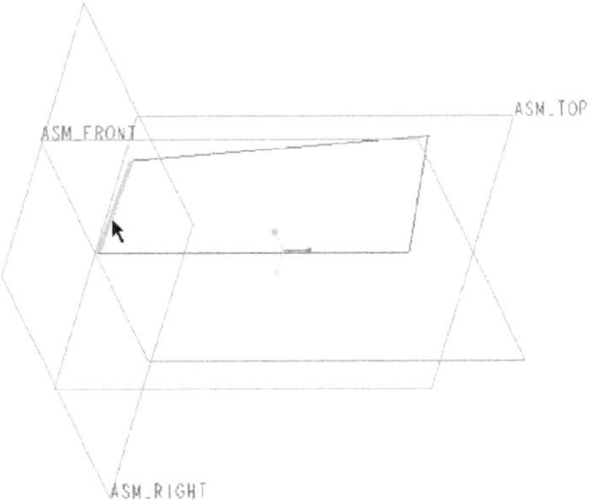

图4-170 选取曲线段

6）单击“链”对话框中的“确定”按钮，返回到“主体定义”对话框。

7）在“主体定义”对话框中单击“更新”按钮，此时在此对话框的表中会出现连接定义，如图4-171所示。

说明:

在某些情况下，如果要改变连接的类型，则可以在“主体定义”对话框表格中单击相应的单元格，如图4-172所示，并从出现的下拉列表框中选择其他连接类型。另外，若选中“调用元件放置对话框”复选框，则可以在打开的“元件放置”选项卡中编辑放置定义等。

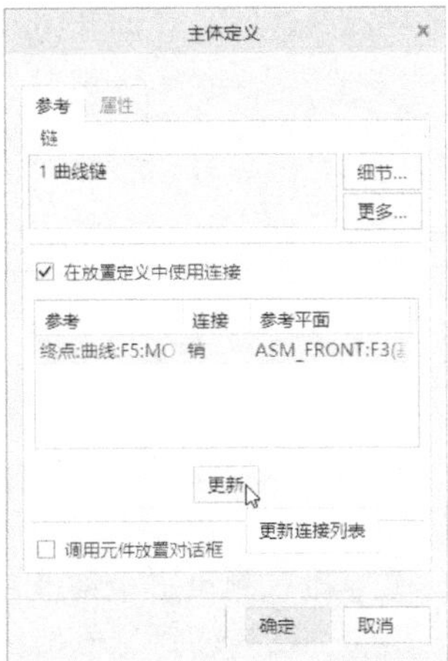

图4-171 连接定义

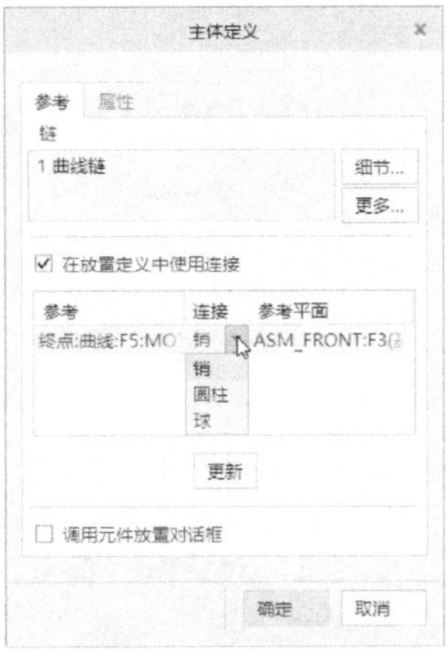

图4-172 改变连接类型

8）在“主体定义”对话框中单击“确定”按钮，完成第 2 个主体骨架的创建工作，此时如图 4-173 所示，注意系统在模型树中增加了一个组特征“MOTTON_AXES”。

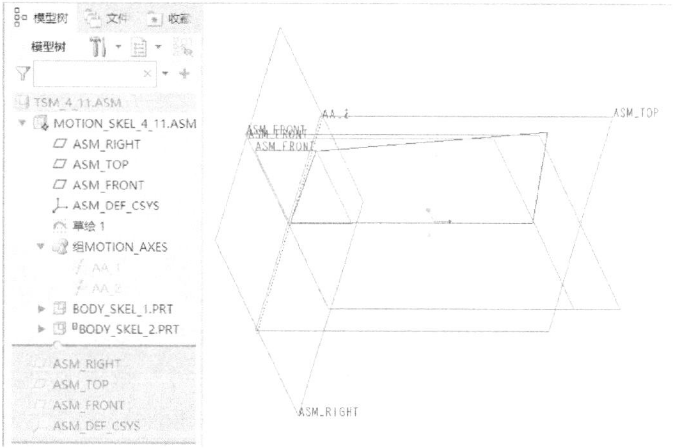

图 4-173　建立第 2 个主体骨架

步骤 5：在运动骨架中创建主体骨架 3。

1）在“元件”组中单击“创建”按钮，打开“创建元件”对话框。

2）在“类型”选项组中选择“骨架模型”单选项，在“子类型”选项组中选择“主体”单选按钮，输入新的骨架名称为“BODY_SKEL_3”，单击“确定”按钮，打开“创建选项”对话框。

3）在“创建方法”选项组中选择“空”单选按钮，单击“确定”按钮，此时弹出“主体定义”对话框。默认时，“在放置定义中使用连接”复选框处于选中状态。

4）在“主体定义”对话框的“参考”选项卡中单击“细节”按钮，弹出“链”对话框。在“链”对话框的“参考”选项卡选择“基于规则”单选按钮，并在“规则”选项组中选择“部分环”单选按钮。

5）单击图 4-174 所示的曲线段。

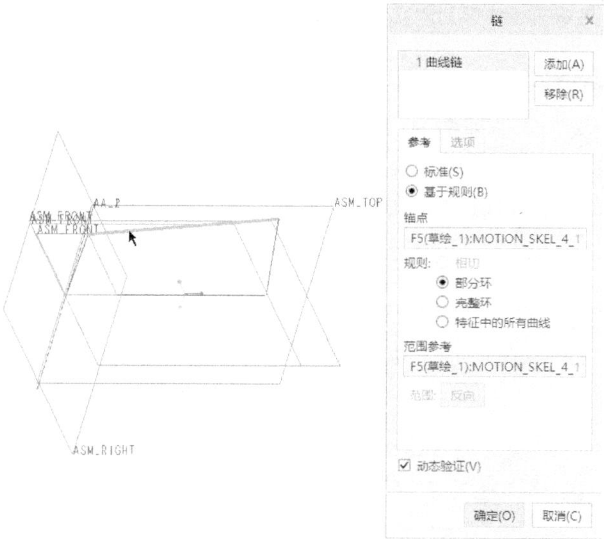

图 4-174　选择曲线段

6）单击“链”对话框中的“确定”按钮，返回到“主体定义”对话框。

7）单击“主体定义”对话框中的“更新”按钮，系统提供默认的连接定义，如图4-175所示。

8）单击“确定”按钮，完成第3个主体骨架的创建。

步骤6：在运动骨架中创建主体骨架4。

1）在“元件”组中单击“创建”按钮，打开“创建元件”对话框。

2）在“类型”选项组中选择“骨架模型”单选按钮，在“子类型”选项组中选择“主体”单选按钮，输入新的骨架名称为“BODY_SKEL_4”，单击“确定”按钮，弹出“创建选项”对话框。

3）在“创建方法”选项组中选择“空”单选按钮，单击“确定”按钮，这时弹出“主体定义”对话框。默认时，“在放置定义中使用连接”复选框处于选中状态。

4）单击“细节”按钮，弹出“链”对话框，在其“参考”选项卡中，选择“基于规则”单选按钮，接着从“规则”选项组中选择“部分环”单选按钮。

5）单击图4-176所示的曲线段。

4-175　单击“更新”按钮获得默认连接

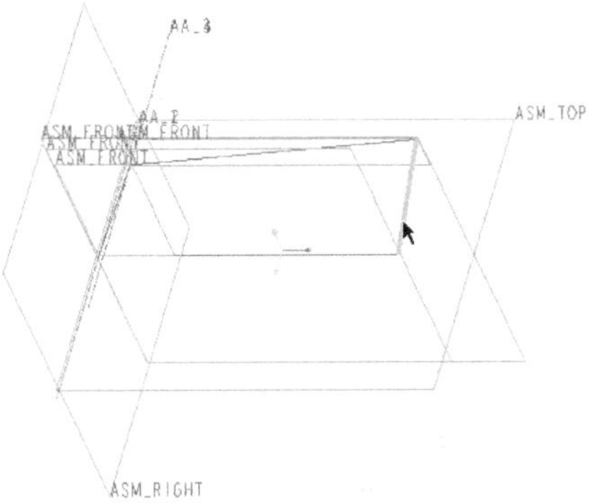

图4-176　选择曲线段

6）单击“链”对话框中的“确定”按钮，返回到“主体定义”对话框。

7）单击“主体定义”对话框中的“更新”按钮，出现默认的连接定义，如图4-177所示。

图4-177　单击“更新”按钮

8）单击“确定”按钮，完成第4个主体骨架的创建工作。

步骤7：设计连杆零件1。

1）将鼠标光标移动到模型树的TSM_4_11.ASM（顶级装配组件）处，右击，接着从出现的浮动工具栏中单击“激活”按钮。

2）在“元件”组中单击“创建”按钮，系统弹出“创建元件”对话框。

3）在“类型”选项组中选择“零件”单选按钮，在“子类型”选项组中选择“实体”单选按钮，输入零件名称为“TSM_4_11_1”，如图4-178所示，单击“确定”按钮。

4）系统弹出“创建选项”对话框。在“创建方法”选项组中选择“定位默认基准”单选按钮；在“定位基准的方法”选项组中选择“对齐坐标系与坐标系”单选按钮，如图4-179所示，单击“确定”按钮。

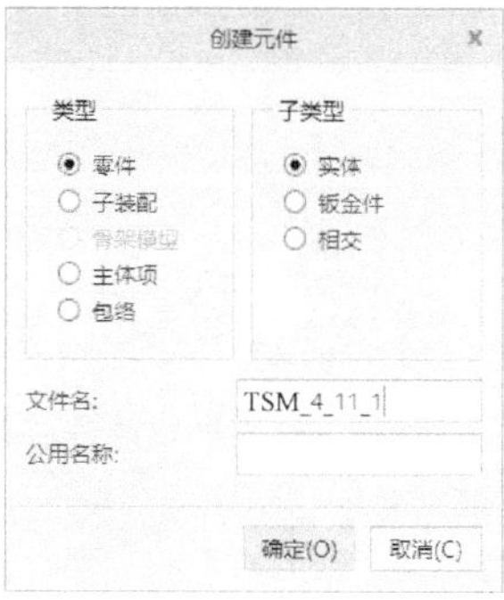

图4-178 “创建元件”对话框

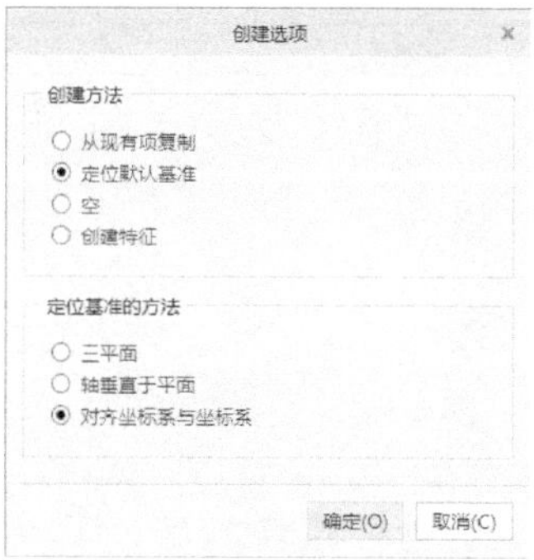

图4-179 选择创建选项

5）选择运动骨架模型的坐标系，此时在模型树中出现一个新的元件，该元件为当前活动元件，如图4-180所示。

6）在功能区的“模型”选项卡的“形状”组中单击“拉伸”按钮，打开“拉伸”选项卡。单击“拉伸”选项卡的“放置”标签以打开“放置”面板，单击“定义”按钮，弹出“草绘”对话框，选择该元件中的DTM3基准平面作为草绘平面，如图4-181所示，单击“草绘”按钮，进入内部草绘器。

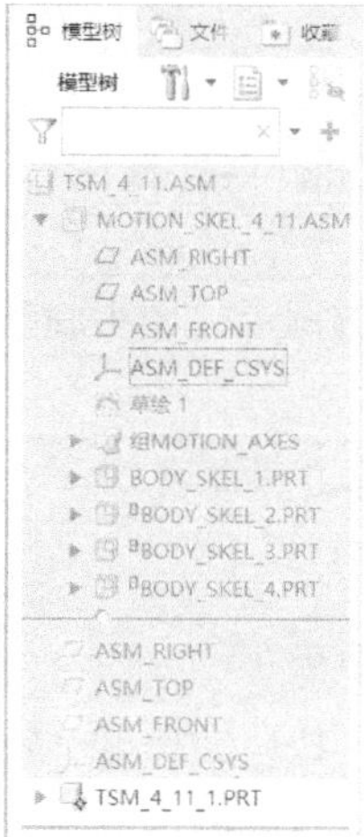

图4-180 新建元件

图4-181 定义草绘平面

7）绘制图4-182所示的剖面，注意该剖面的两个圆心分别位于主体骨架2（BODY_SKEL_2）的端点处，单击“确定”按钮✓。

技巧：

在绘制该图形之前，可以临时将主体骨架1（BODY_SKEL_1）和主体骨架3（BODY_SKEL_3）隐藏起来，以便选择主体骨架2的端点作为参考；待绘制好图形后再显示主体骨架1和主体骨架3。也可以这样处理，先将所有主体骨架隐藏起来，在需要时再将相关的主体骨架显示出来。

8）输入侧1的深度值为“5”，接受默认的深度方向，单击“确定”按钮✓。创建的连杆零件1如图4-183所示。

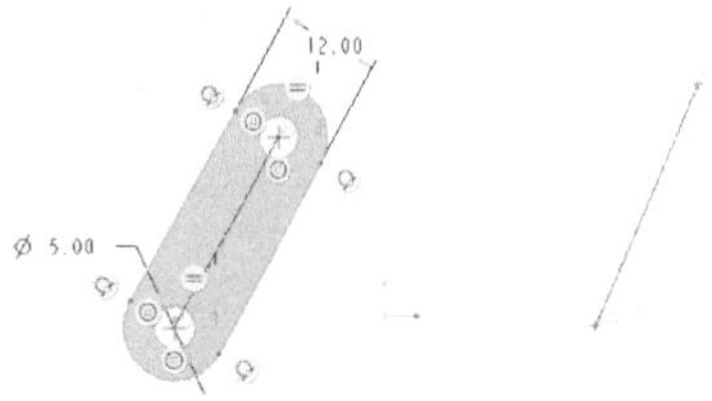

图4-182　绘制剖面

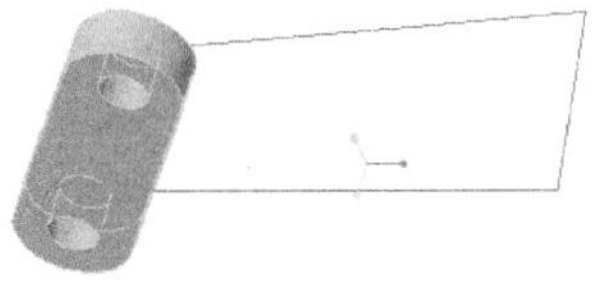

图4-183　创建的连杆零件1

步骤8：设计连杆零件2。

1）将鼠标光标移动到模型树的TSM_4_11. ASM（顶级装配组件）处，右击，接着从出现的浮动工具栏中单击“激活”按钮◆，将其激活。

2）在“元件”组中单击“创建”按钮，系统弹出“创建元件”对话框。

3）在“类型”选项组中接受默认的“零件”单选按钮，以及在“子类型”选项组中接受默认的“实体”单选按钮，在“文件名”文本框中输入零件名称为“TSM_4_11_2”，单击“确定”按钮。

4）系统弹出“创建选项”对话框。在其“创建方法”选项组中选择“定位默认基准”单选按钮；在“定位基准的方法”选项组中选择“对齐坐标系与坐标系”单选按钮，单击“确定”按钮。

5）选择运动骨架模型的坐标系，此时在模型树中会出现一个新的活动元件。

6）单击“拉伸”按钮，打开“拉伸”选项卡。选择该元件自身的DTM3基准平面作为草绘平面，系统自动快速地进入内部草绘器。

7）参考主体骨架3（BODY_SKEL_3）绘制图4-184所示的图形（图中临时隐藏了其他主体骨架），单击“确定”按钮✓。

8）在“拉伸”选项卡中输入侧1的拉伸深度为“5”，单击“深度方向”按钮，更改特征的深度创建方向。

9）单击“确定”按钮✓，创建的元件特征如图4-185所示。

10）单击“拉伸”按钮，打开“拉伸”选项卡。单击“拉伸”选项卡的“放置”标签以打开“放置”面板，单击“定义”按钮，弹出“草绘”对话框，单击“使用先前的”按钮，进入内部草绘器。

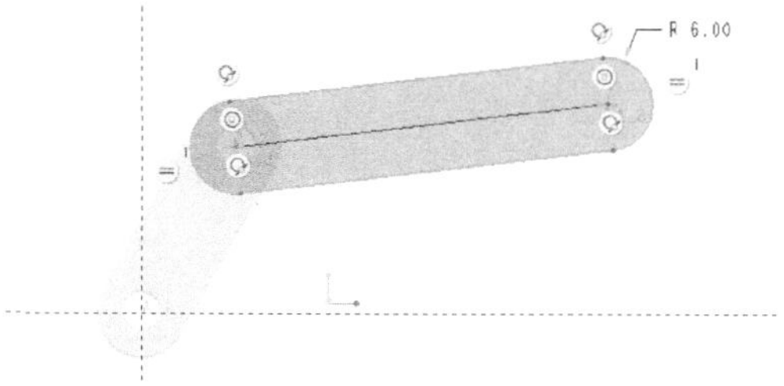

图 4-184 参考骨架绘制图形

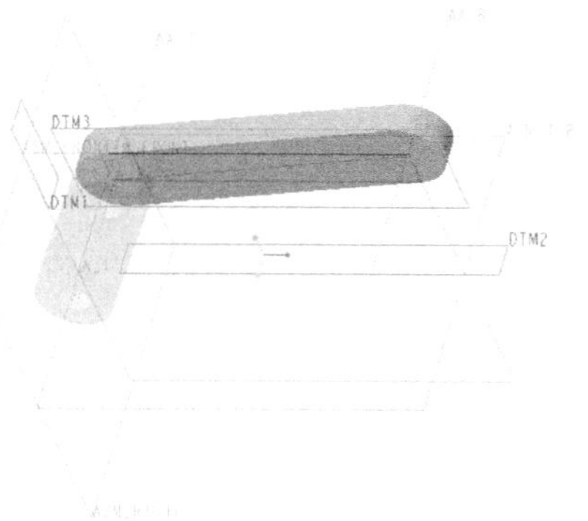

图 4-185 创建连杆零件 2 的拉伸特征 1

11）使用“同心圆”按钮◎，参考自身拉伸特征 1 的圆弧轮廓边来绘制图 4-186 所示的图形，单击“确定”按钮✔。

12）输入拉伸深度值为 6。

13）单击“确定”按钮✔，创建的连杆零件 2 如图 4-187 所示。

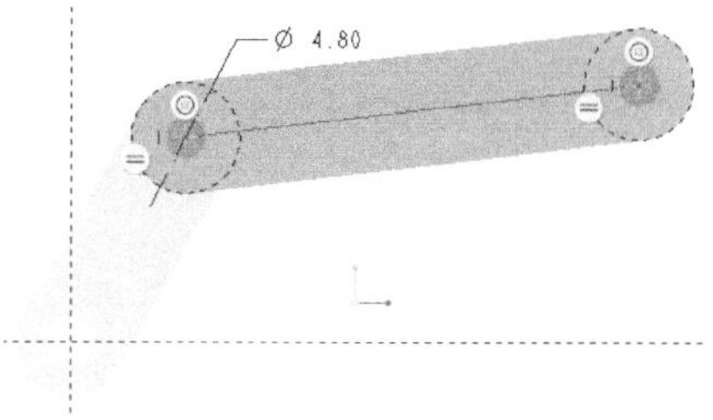

图 4-186 绘制连杆伸出轴的剖面

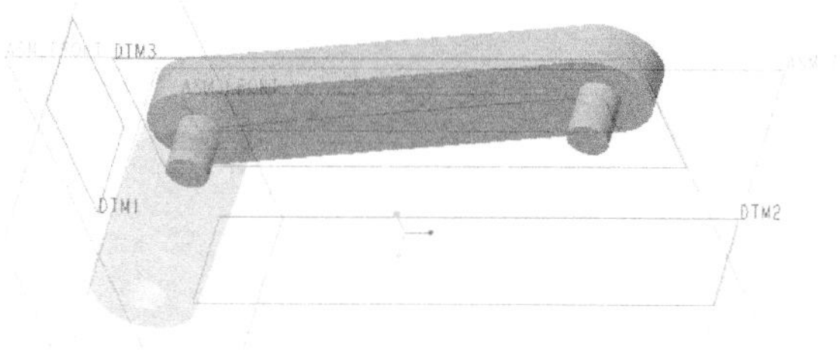

图 4-187 初步完成连杆零件 2

步骤 9：设计连杆 3。

1）在模型树上选择 TSM_4_11. ASM（顶级装配组件），接着从弹出的浮动工具栏中单击“激活”按钮◆。并将主体骨架 1（BODY_SKEL_1）、主体骨架 2（BODY_SKEL_2）和主体骨架 3（BODY_SKEL_3）隐藏起来，而只显示主体骨架 4（BODY_SKEL_4）。

2）在“元件”组中单击“创建”按钮，系统弹出“创建元件”对话框。

3）接受默认的“零件”类型和“实体”子类型选项，输入零件名称为“TSM_4_11_3”，单击“确定”按钮，弹出“创建选项”对话框。

4）在“创建选项”对话框的“创建方法”选项组中选择“定位默认基准”单选按钮；在“定位基准的方法”选项组中选择“对齐坐标系与坐标系”单选按钮，单击“确定”。

5）选择运动骨架模型的坐标系，此时在模型树中出现一个新的元件，该元件为当前活动元件。

6）单击“拉伸”按钮，打开“拉伸”选项卡。单击“拉伸”选项卡的“放置”标签以打开“放置”面板，单击“定义”按钮，弹出“草绘”对话框。选择元件自身的 DTM3 基准平面作为草绘平面，默认以 DTM1 基准平面为“右”方向参考，单击“草绘”按钮，进入内部草绘器。也可以在“拉伸”按钮后直接选择元件自身的 DTM3 基准平面作为草绘平面，并自动快速进入草绘器。

7）参考主体骨架4（BODY_SKEL_4）绘制图4-188所示的图形，单击“确定”按钮✔。

8）输入侧1的深度值为5，接受默认的深度方向，单击“确定”按钮✔，创建的拉伸特征如图4-189所示。

至此，在运动骨架的基础上完成了一个连杆组件的基本设计。下面操作步骤的目的是：当修改设计骨架时，观察连杆装配体的变化。

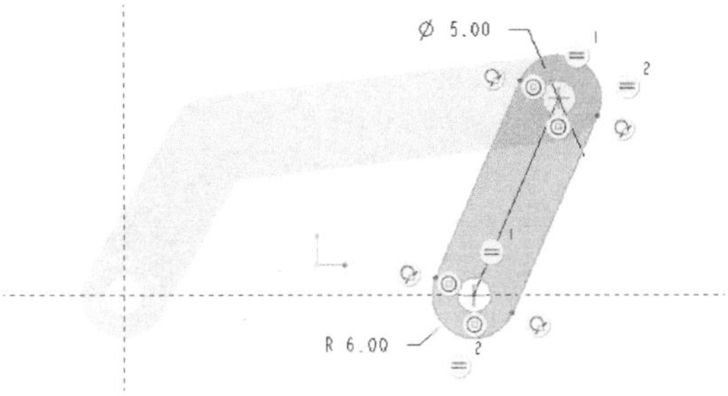

图4-188　参考主体骨架4绘制图形

1）将鼠标光标移动到模型树的TSM_4_11. ASM（顶级装配组件）处，右击，并接着从弹出的浮动工具栏中选择“激活”按钮◆。

2）在模型树中，右击运动骨架的设计骨架曲线特征，如图4-190所示，从弹出的浮动工具栏中单击“编辑定义”图标选项。

图4-189　创建连杆零件3的特征

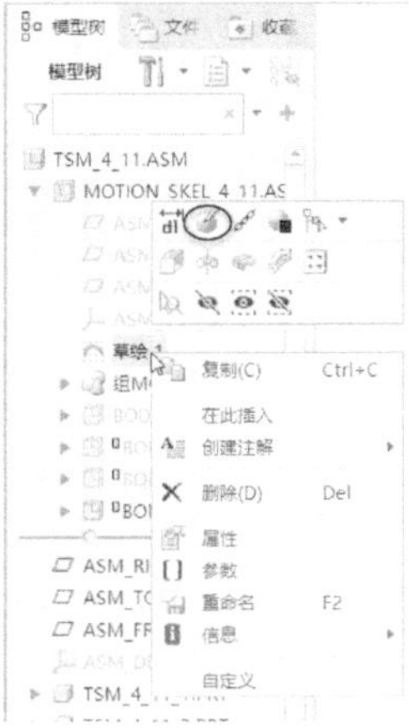

图4-190　选择“编辑定义”命令

3）在进入的草绘器中，修改图4-191所示的两处尺寸，确认修改值后，单击“确定”按钮✔。

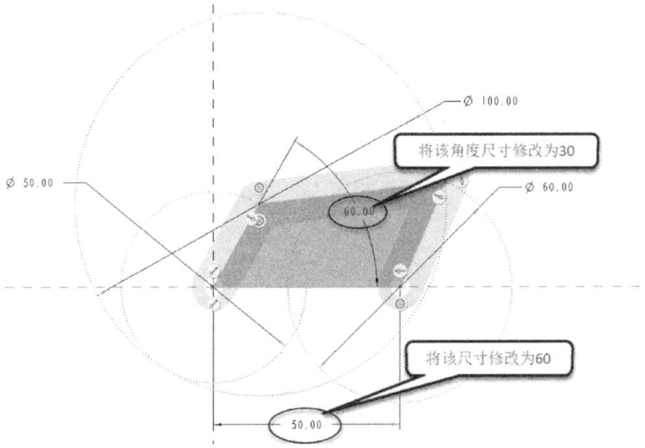

图4-191　修改尺寸

4）在功能区“模型”选项卡的“操作”组中单击“重新生成”按钮，则可以观察到连杆随骨架发生的变化，如图4-192所示。

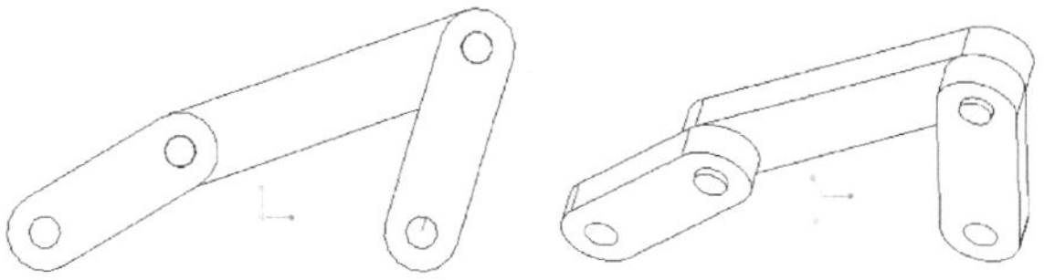

图4-192 修改骨架时连杆的变化

4.7 装配处理计划

装配处理计划也称“装配规划”，它可以反映装配体各零部件的装配顺序和拆卸顺序等工序信息。它是装配设计的一个有机组成部分，应该引起设计师的重视。Creo Parametric 7.0 提供了专门的一个装配子模块，用来创建装配处理计划和装配的适用性文档，具体的功能范围主要包括下列内容。

1）定义装配制品处理或拆卸处理的步骤。

2）为每个步骤创建一个制造BOM。

3）重组独立于设计装配之外的元件，以精确地模拟制品结构。

4）组装处理步骤中唯一且不影响设计装配的工具和工艺。

5）对装配制品处理的时间和成本进行估算。

6）为每个步骤创建详细绘图。

7）通过定义多个分解状况，并根据其在步骤中的状况，对元件分配不同的颜色和线造型，自定义每个处理步骤的显示。

4.7.1 工艺计划及装配处理

在Creo Parametric 7.0中，工艺计划是一种包含各定义工艺步骤的各特征的Creo Parametric装配。装配处理相当于一种或多种设计装配和夹具模型，它包括所有参考的装配和零件，以及定义处理活动的步骤序列，这里的处理活动包括组装、拆卸、重组装、重定位以及其他与紧固、表面处理、精加工等相关的步骤。

本小节接下来将介绍装配处理的一些基础知识，包括进入装配处理计划模式的步骤、在模型树上显示处理状态、创建和修改步骤参数、设置处理元件显示等。

1. 进入装配处理计划模式的步骤

1）在“快速访问”工具栏中单击“新建”按钮，打开“新建”对话框。

2）在“类型”选项组中选择“装配”单选按钮，在“子类型”选项组中选择“工艺计划”单选按钮，如图4-193所示。

3）在“文件名”文本框中输入新装配名称或接受默认的装配名称。

4）单击“确定”按钮，进入装配处理计划模式。此时，出现“装配处理”菜单，如图4-194所示。

该“装配处理”菜单中提供了4个命令，它们的功能及含义如下。

- “序列”：选择该命令时，将打开“工步序列”菜单，进行创建、复制、删除、隐含、恢复隐含处理步骤等操作。

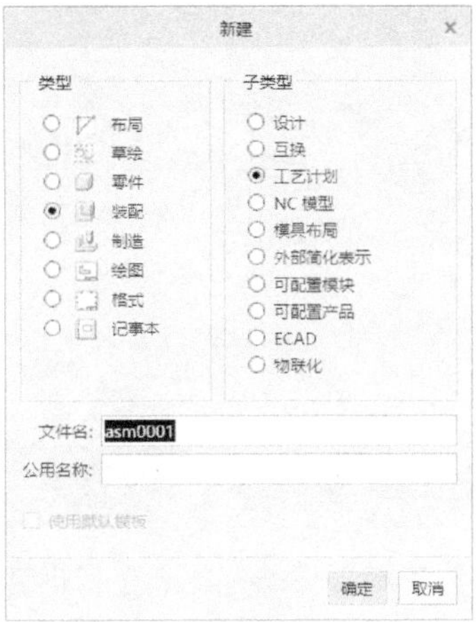

图 4-193　新建处理计划

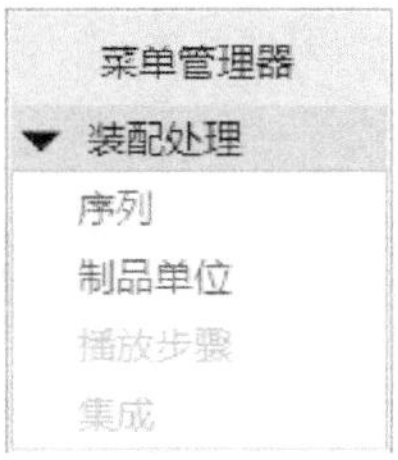

图 4-194　“装配处理”菜单

- “制品单位”：选择该命令时，可以使用“制品单位”菜单来创建、修改或删除制品单位等。
- “播放步骤（逐步执行）”：选择该命令时，可以使用“步骤生成”菜单进行“设置步骤”“先前步骤”“下一步”以及查看当前处理步骤的信息等操作。
- “集成”：选择该命令时，可以解决源和目标处理之间的差异。

2. 在模型树上显示处理状况

在一个打开的装配处理计划模型中，可以在模型树上显示其对象的当前处理状况，如显示“装配”“未组装”“已组装”“拆卸”等。图 4-195 所示，增加一个“处理状况”树列，用来描述处理装配的当前状态，其顶级装配组件被描述成“仅设计”，重新定位或重新装配的元件始终被描述成“已装配”状况。

如果要想在模型树上显示处理状态，需要在模型树的上方，单击“设置”按钮，从其下拉列表框中选择“树列”选项，弹出“模型树列”对话框；在“不显示”选项组中，从“类型”下拉列表框中选择“信息”选项，并从其列表中选择“处理状况”选项，单击“添加列”按钮 >> ，则“处理状况”选项被添加到“显示”选项组的列表中，如图 4-196 所示，单击“确定”按钮。

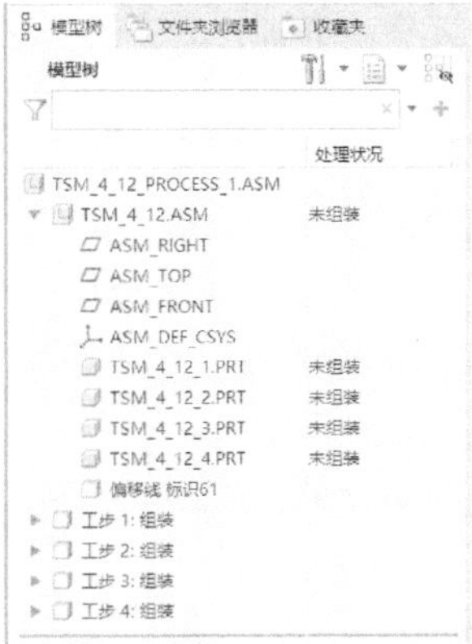

图 4-195　显示处理状态

图 4-196　增加要显示的树列

3. 创建和修改步骤参数

1）在功能区“文件”选项卡中选择“准备”→“模型属性”命令，弹出图 4-197 所示的“模型属性”对话框。

图 4-197 “模型属性”对话框

2）在“模型属性”对话框的“关系、参数和实例”选项组中单击“参数”行的“更改”选项，弹出“参数”对话框。

3）选定对象，并在图 4-198 所示的列表中选择“步骤”选项。

图 4-198 从列表中选择“步骤”选项

4）系统弹出图 4-199 所示的“选择工步”对话框，选择需要的工步，单击“确定”按钮。

5）此时，“参数”对话框的表格中出现选定工步中的参数，如图 4-200 所示，可以在表格中对参数进行修改。如果要为该工步创建参数，则单击“添加新参数”按钮+，接着指定参数的名称、类型、值等相关内容。

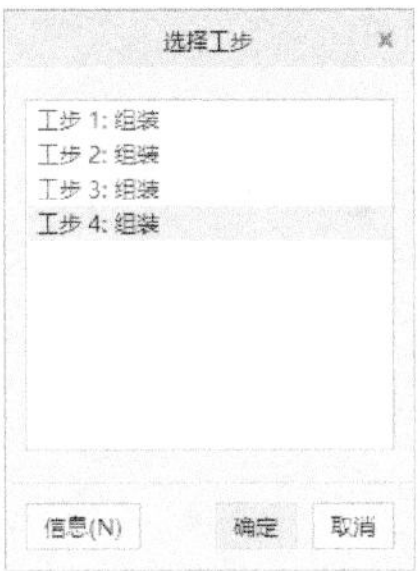

图 4-199 “选择工步”对话框

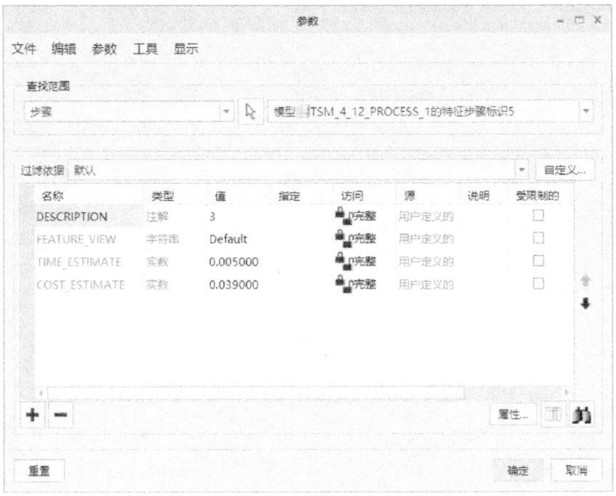

图 4-200 指定工步的参数

4. 设置工艺元件显示

在装配处理中，可以根据元件在装配处理中的状态而设置其显示。默认情况下，当元件处于某一特殊状态时，其线型将发生变化。在创建装配处理时，交替使用不同的线型显示元件，这样将有助于把某元件与其他元件区分开来。

在功能区“模型”选项卡的“工艺计划”组中选择“工艺显示”工具命令，打开图 4-201 所示的“处理元件显示”对话框。在装配处理过程中，可以在“工艺显示”和“选择显示”两列中设置相应选项来表示元件状况。其中，“工艺显示”列用于设置显示元件的装配方式，“选择显示”列用于设置在显示步骤定义期间选定元件的显示方式。可以针对“工艺显示”和“选择显示”设置以下 3 个级别的元件显示选项。

- 前一元件：设置已作为现有步骤一部分而被组装的元件所使用的显示。
- 当前元件：设置在当前装配步骤中处于活动状态的元件所使用的显示。
- 未使用的元件：设置尚未在装配处理中使用或已拆卸的元件所使用的显示。

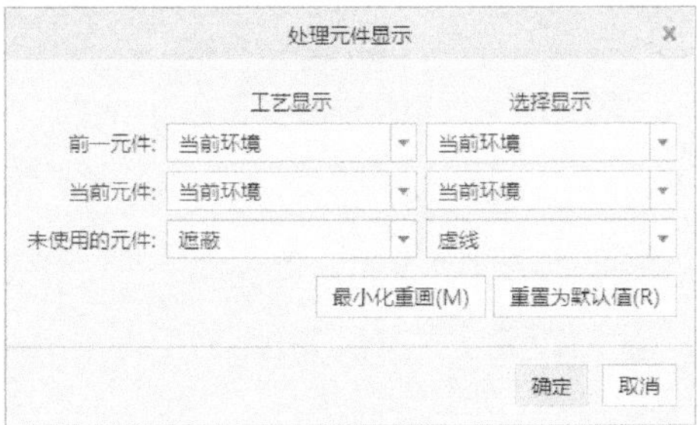

图 4-201 “处理元件显示”对话框

对于每一个元件而言，可以在两个不同的显示阶段选择不同的显示设置。这里的两个不同的显示阶段为工艺显示和选择显示。

在相应元件的相应下拉列表框中选择相应显示选项级别的显示样式，可供选择的显示样式有“当前环境”“虚线”“线框”“隐藏线”“消隐”“着色”“Transparent Shaded”等。

在“处理元件显示”对话框中，如果单击“重置为默认值”按钮，则可以将两个显示阶段的“前一元件”和“当前元件”的显示状态均设置为“当前环境”，“工艺显示”阶段的“未使用的元件”的显示状态设置为“遮蔽”，而“选择显示”阶段的“未使用的元件”的显示状况为“虚线”。

倘若单击“最小化重画”按钮，则以“选择显示”阶段的设置来覆盖“工艺显示”阶段的设置。在定义和重新显示处理装配之后，对显示阶段使用相同的设置，将最小化所需要的重画。

这里值得注意的是，对特定元件、元件层状态的显示设置，将覆盖该元件的所有工艺显示设置。

5. 获取装配处理信息

在装配处理模式下，可以根据设计需要显示序列信息和步骤信息等。

（1）处理序列

如果要显示序列信息，即要想获取诸如时间估计、成本估计、元件使用列表的信息，则可以执行功能区“模型”选项卡的“工艺计划”组中的“处理序列”命令。

在功能区“模型”选项卡的“工艺计划”组中选择“处理序列”工具命令，将打开图4-202所示的信息窗口。在该信息窗口中，可以查看到来自处理序列的文本信息，包括每一步骤的说明和类型（如组装、拆卸等）、所有属性名称以及相应的值。

图4-202 信息窗口

（2）处理步骤

利用“工艺计划”组中的“处理步骤”工具命令，可以获取特定步骤的信息。

在功能区“模型”选项卡的“工艺计划”组中选择“处理步骤”工具命令，将打开“选择工步”对话框，如图4-203所示；然后从“选择工步”对话框中，选择需要的工步（步骤），单击“信息”按钮，则系统会显示一个信息窗口，内含步骤号和类型、参考和参考类型、步骤说明的简短说明（节选说明）、时间估计、成本估计、简化表示名称、分解状态名称、全部说明等信息，如图4-204所示。

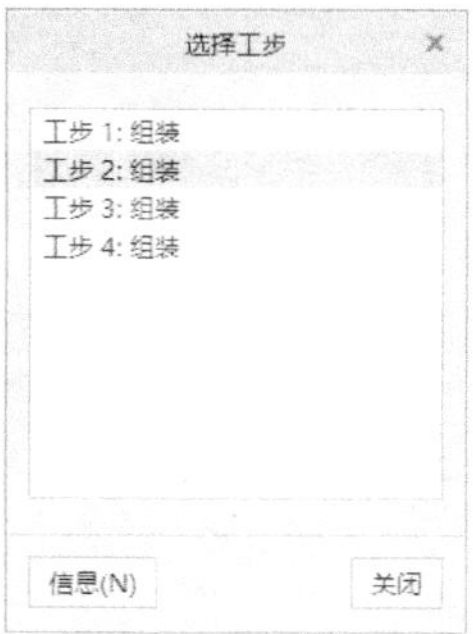

图4-203 “选择工步”对话框

图4-204 信息窗口

4.7.2 建立装配步骤的组件处理计划实例

本小节将介绍一个描述车轮模型装配步骤的实例，主要说明创建装配处理计划模型的一般步骤以及一些操作方法、技巧等。本实例所用到的源文件位于配套资料包的 CH4→TSM_4_12 文件夹中，实例车轮模型效果如图 4-205 所示。为了让读者对该车轮装配体的结构有个清晰的认识，请看该车轮的装配爆炸图，如图 4-206 所示。其中，1 为 TSM_4_12_1. PRT（车轮零件）、2 为 TSM_4_12_3. PRT（车轮侧板）、3 为 TSM_4_12_2. PRT（定位件）、4 为 TSM_4_12_4. PRT（卡件）。

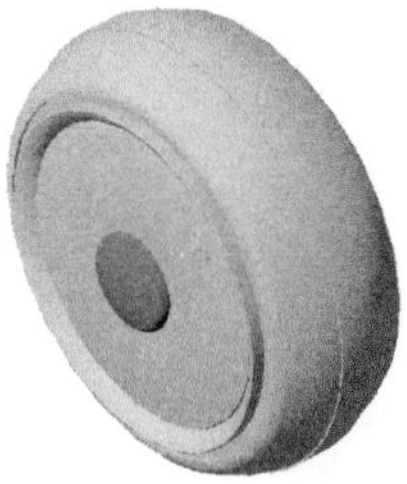

图 4-205　车轮装配体

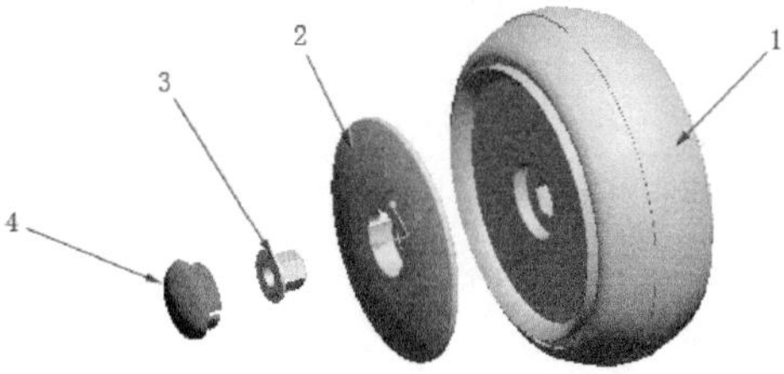

图 4-206　车轮装配体的装配爆炸图

具体的操作步骤如下。

步骤 1：建立一个装配处理计划的文件。

1）在“快速访问”工具栏中单击“新建”按钮，打开“新建”对话框。

2）在“类型”选项组中选择“装配”单选按钮，在“子类型”选项组中选择“工艺计划”单选按钮。

3）输入工艺计划的装配名称为“TSM_4_12_PROCESS1”。

4）单击“确定”按钮，进入装配处理模式，此时，出现一个菜单管理器。

步骤 2：建立装配步骤 1。

1）在菜单管理器的“装配处理”菜单中，选择“序列”命令，此时菜单管理器出现“工步序列”菜单，如图 4-207 所示。

2）在菜单管理器的“工步序列”菜单中，选择“新工步”命令，此时菜单管理器出现“步骤类型”菜单，如图 4-208 所示。

3）在菜单管理器的“工步类型”菜单中选择“组装”→“完成”命令，此时弹出图 4-209 所示的“步骤：组装”对话框和菜单。

图 4-207　菜单管理器（一）

图 4-208　菜单管理器（二）

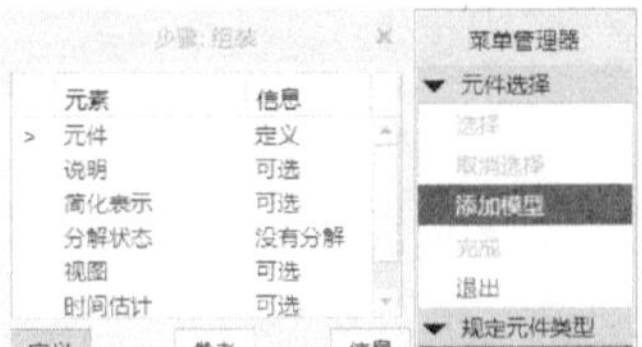

图 4-209　弹出的对话框和菜单

4）在菜单管理器中选择“添加模型”→“标准元件”→“打开”命令，接着在弹出的“打开”对话框中选择源文件 TSM_4_12. ASM，单击“打开”按钮。该车轮零部件出现在模型窗口（图形窗口）中，以非着色状态显示，如图 4-210 所示。

5）在模型树中展开全部，选择 TSM_4_12_1. PRT 零件，单击“选择”对话框中的“确定”按钮或者单击鼠标中键确认，此时该车轮零件以着色显示，如图 4-211 所示。

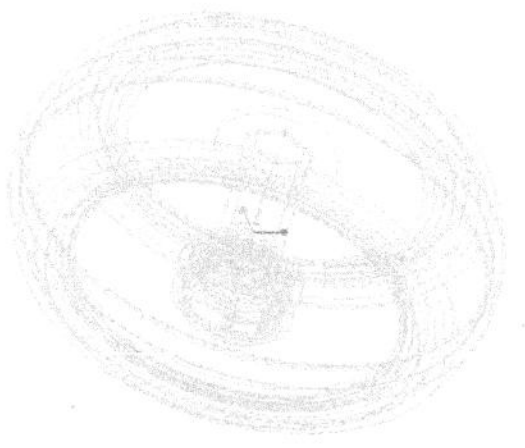

图 4-210　车轮零部件

图 4-211　车轮零件以着色显示

6）在图 4-212 所示的“元件选择”菜单中选择“完成”命令。

7）在图 4-213 所示的“步骤：组装”对话框中选择“说明”元素选项，单击“定义”按钮。

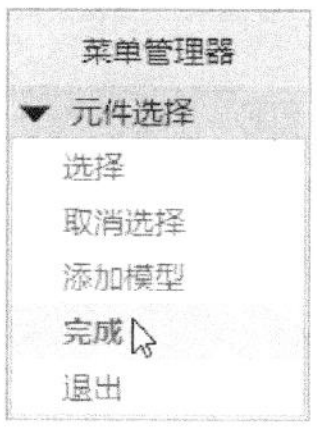

图 4-212　“元件选择”菜单

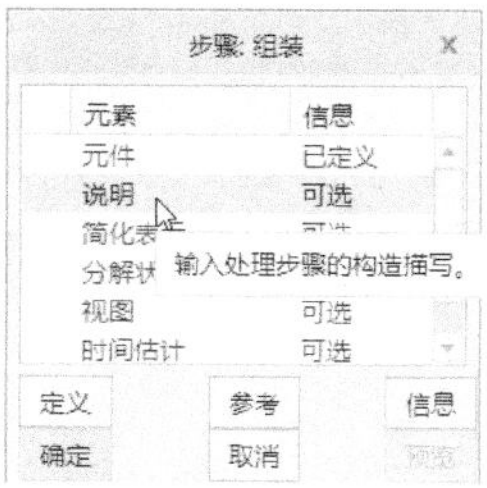

图 4-213　“步骤：组装”对话框

说明：

在“步骤：组装”对话框中，在选择要装配的元件之后，可以再定义该步骤的一些可选项（元素），如“说明”“简化表示”“分解状态”“视图”“时间估计”和“成本估计”等。其中，分解状态在默认时被定义为“没有分解”。

8）在弹出的“步骤说明”对话框的文本框中输入“组装车轮零件”，如图 4-214 所示，单击“确定”按钮，完成步骤说明的定义。

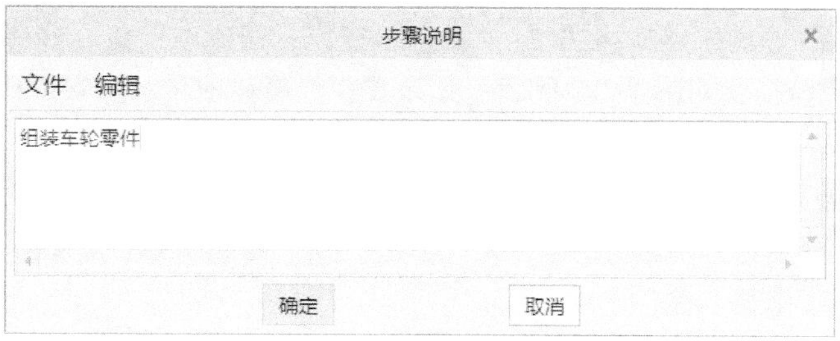

图 4-214　“步骤说明”对话框

9）在“步骤：组装”对话框中，选择“视图”选项，单击“定义”按钮，弹出“方向”对话框。在“已保存方向”选项组中选择“默认方向”视图名，如图 4-215 所示，然后单击“确定”按钮，完成视图的定义。

说明：

也可以通过调整获得一个满意的视角视图，并在“已保存方向”选项组中输入视图名称，将其保存，然后单击“确定”按钮定位视图方向。

10）在“步骤：组装”对话框中，选择“时间估计”选项，如图 4-216 所示，单击“定义”按钮。输入该工步（步骤）的估计时间为“0. 01”，单击“接受”按钮✓。

说明：

这里输入的 0. 01，即代表着时间为 0. 01 小时，也就是说以小时为单位指定执行此工步（步骤）所需的估计时间。

图 4-215　定义视图

图 4-216　选择“时间估计”选项

11）在“步骤：组装”对话框中选择“成本估计”选项，单击“定义”按钮。输入该工步（步骤）的成本估计为 1 或者输入一个关系式，单击“接受”按钮✓。

12）单击“步骤：组装”对话框中的“确定”按钮，完成本工步（步骤）的设置。在模型树中会生成一个步骤特征，如图 4-217 所示（如果要在模型树中显示步骤特征，需要设置在装配模型树中显示特征）。

步骤 3：建立装配步骤 2。

1）在菜单管理器中选择“新工步”→“组装”→“完成”命令，此时菜单管理器的选项如图 4-218 所示，接受其默认选项。

2）在模型树上选择 TSM_4_12_3. PRT，单击“选择”对话框中的“确定”按钮，或者单击鼠标中键。此时该零件以着色状态显示。

图 4-217 步骤特征显示在模型树上

图 4-218 接受默认选项

3）在菜单管理器的“元件选择”菜单中选择“完成”命令。

4）在“步骤：组装”对话框中选择“说明”选项，单击“定义”按钮。在打开的“步骤说明”对话框中输入该步骤的描述信息：“组装车轮的侧板”，单击“确定”按钮。

5）在“步骤：组装”对话框中选择“视图”选项，单击“定义”按钮，打开“方向”对话框。在“已保存方向”选项组中选择“默认方向”，单击“确定”按钮。

6）在“步骤：组装”对话框中选择“时间估计”选项，单击“定义”按钮；输入该步骤的估计时间为“0.015”，单击“接受”按钮 。

7）在“步骤：组装”对话框中，选择“成本估计”选项，单击“定义”按钮；输入该步骤的成本估计为“0.8”，单击“接受”按钮 。

8）单击“步骤：组装”对话框中的“确定”按钮。

步骤4：建立装配步骤3。

1）在菜单管理器中，选择“新工步”→“组装”→“完成”命令，接受此时菜单管理器的默认选项。

2）在模型树上选择 TSM_4_12_2.PRT，单击“选择”对话框中的“确定”按钮，或者单击鼠标中键。此时该零件以着色状态显示。

3）在菜单管理器的“元件选择”菜单中选择“完成”命令。

4）在“步骤：组装”对话框中选择“说明”选项，单击“定义”按钮。在打开的“步骤说明”对话框中输入该步骤的描述信息：“组装定位车轮侧板的配合件”，单击“确定”按钮。

5）在“步骤：组装”对话框中选择“视图”选项，单击“定义”按钮，打开“方向”对话框。在“已保存方向”选项组中选择“默认方向”，单击“确定”按钮。

6）在“步骤：组装”对话框中选择“时间估计”选项，单击“定义”按钮；输入该步骤的估计时间为“0.01”，单击“接受”按钮 。

7）在“步骤：组装”对话框中，选择“成本估计”选项，单击“定义”按钮；输入该步骤的成本估计为“0.05”，单击“接受”按钮 。

8）单击“步骤：组装”对话框中的“确定”按钮。

步骤5：建立装配步骤4。

1）在菜单管理器中，选择“新工步”→“组装”→“完成”命令，接受此时菜单管理器的默认选项。

2）在模型树上选择 TSM_4_12_4. PRT，单击“选择”对话框中的“确定”按钮，或者单击鼠标中键。此时该零件以着色状态显示，如图 4-219 所示。

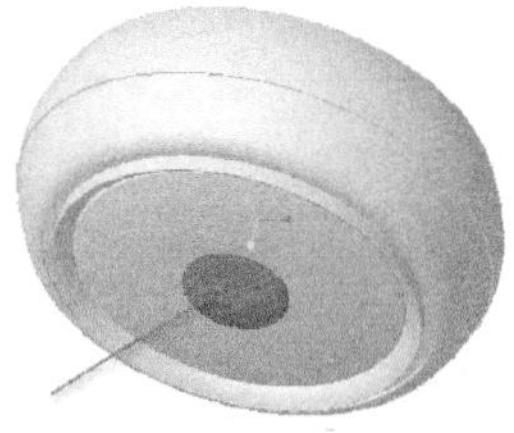

图 4-219 着色显示要装配的 TSM_4_12_4. PRT

3）在菜单管理器的“元件选择”菜单中选择“完成”命令。

4）在“步骤：组装”对话框中选择“说明”选项，单击“定义”按钮。在打开的“步骤说明”对话框中输入该步骤的描述信息：“组装卡件”，单击“确定”按钮。

5）在“步骤：组装”对话框中选择“视图”选项，单击“定义”按钮，打开“方向”对话框。在“已保存方向”选项组中选择“默认方向”，单击“确定”按钮。

6）在“步骤：组装”对话框中选择“时间估计”选项，单击“定义”按钮；输入该步骤的估计时间为“0.005”，单击“接受”按钮✓。

7）在“步骤：组装”对话框中，选择“成本估计”选项，单击“定义”按钮；输入该步骤的成本估计为“0.039”，单击“接受”按钮✓。

8）单击“步骤：组装”对话框中的“确定”按钮。至此，一共建立了 4 个装配步骤的处理特征，它们均出现在模型树上，如图 4-220 所示。

9）在图 4-221 所示的菜单管理器中选择“完成/返回”命令，返回到顶级菜单。

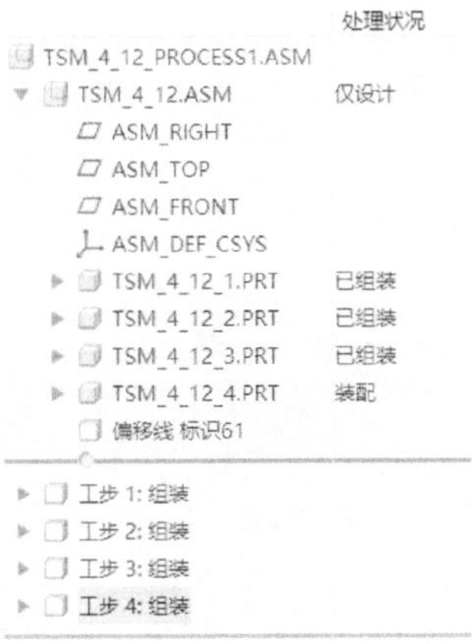

图 4-220 完成装配步骤的定义

图 4-221 菜单管理器

步骤 6：查看逐步执行的情况。

1）在菜单管理器的“装配处理”菜单中选择“播放步骤（逐步执行）”命令，此时菜单管理器出现图 4-222 所示的“工步生成”菜单。

2）选择“设置工步”命令，打开图 4-223 所示的“选择工步”对话框。

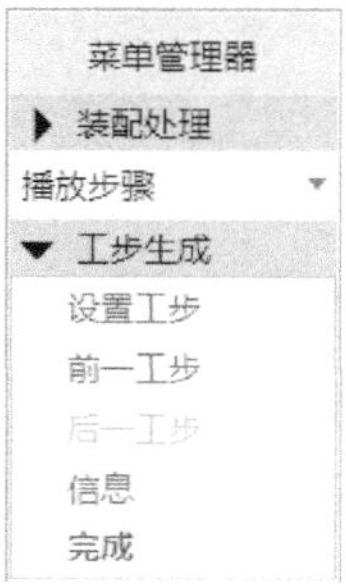

图 4-222 出现“工步生成”菜单

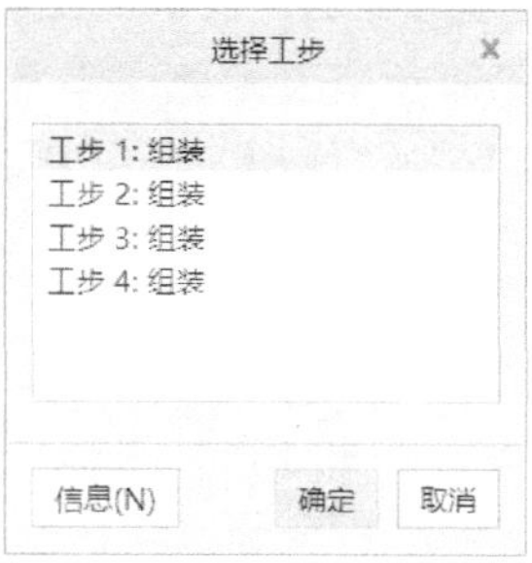

图 4-223 “选择工步”对话框

3）选择“工步 1：组装”选项，单击“信息”按钮，则打开图 4-224 所示的信息窗口，从中可以查看工步 1（步骤 1）的处理信息。单击“关闭”按钮，关闭该信息窗口。

图 4-224 信息窗口

4）在“选择工步”对话框中单击“确定”按钮，则在模型窗口中显示选定的“组装工步 1”的组装结果，如图 4-225 所示。

5）在菜单管理器的“工步生成”菜单中，选择“后一工步”命令，则在模型窗口中显示“组装工步 2”的装配结果，即在第一个零件的基础上装配了 TSM_4_12_3. PRT（车轮侧板）零件，如图 4-226 所示。

图 4-225 组装工步 1 结果

图 4-226 组装工步 2 结果

6）在菜单管理器的“工步生成”菜单中，继续选择“后一工步”命令来在模型窗口中观察“组装工步 3”和“组装工步 4”的组装结果。

7）在菜单管理器的“工步生成”菜单中选择“完成”命令，返回到顶级菜单。

步骤7：获取所有装配处理信息。

1）在功能区的“模型”选项卡的“工艺计划”组中单击“处理序列”工具命令，打开图4-227所示的信息窗口。

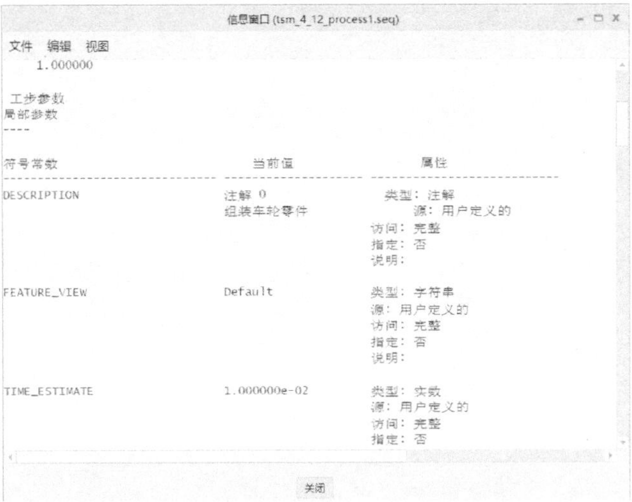

图4-227　获取所有工步的装配处理信息

2）单击“关闭”按钮，关闭信息窗口。

步骤8：重新定义指定的组装工步。

在这里，以介绍如何定义组装工步（装配步骤）的分解状态为例，说明重新定义指定的组装工步的一般方法及技巧等。

1）在菜单管理器的顶级菜单“装配处理”菜单中，选择“序列”命令，出现“工步序列”菜单，如图4-228所示，选择“重新定义”命令。

2）在打开的“选择工步”对话框中选择“工步2：组装”选项，如图4-229所示，单击“确定”按钮。

图4-228　菜单管理器

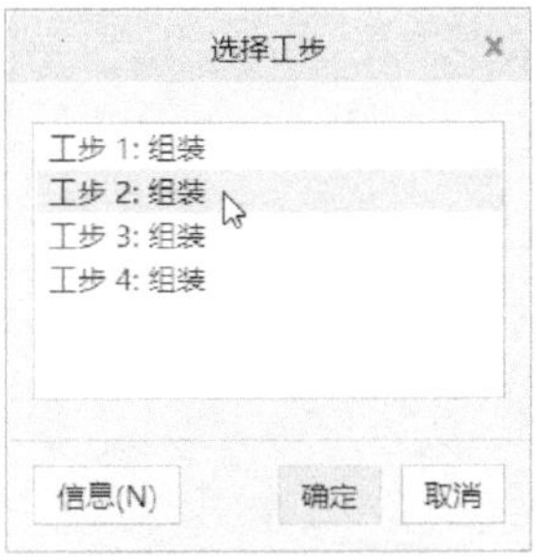

图4-229　选择工步

3）弹出图4-230所示的“步骤：组装”对话框，选择“分解状态”选项，单击“定义”按钮，弹出“分解视图”对话框，如图4-231所示。

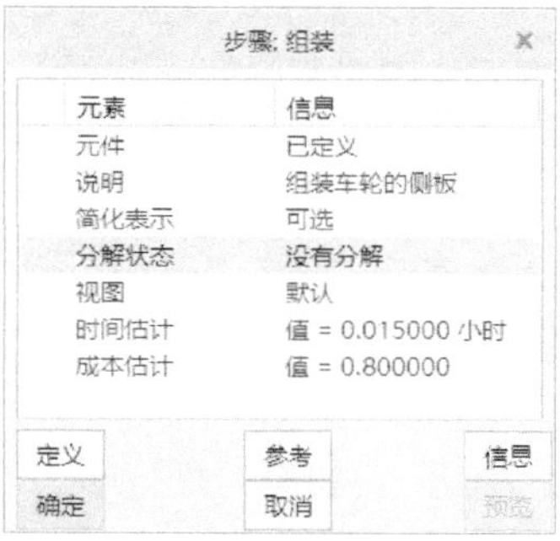

图 4-230 “步骤：组装”对话框

图 4-231 “分解视图”对话框（一）

4）在“分解视图”对话框中单击“新建”按钮，在对话框出现的文本框中输入 TSM_EXP1，如图 4-232 所示，按〈Enter〉键确认，此时如图 4-233 所示。

图 4-232 “分解视图”对话框（二）

图 4-233 建立分解视图 TSM_EXP1

5）单击“分解视图”对话框的“属性”按钮 属性>>，此时“分解视图”对话框如图 4-234 所示。

6）单击其“编辑位置”按钮，则在功能区中打开图 4-235 所示的“分解工具”选项卡。

图 4-234 “分解视图”对话框（三）

图 4-235 “分解工具”选项卡

7）在图形窗口或模型树中单击 TSM_4_12_3. PRT 零件，接着选择与中心轴线同向的坐标控制轴，按住并沿着该轴移动鼠标光标，将其沿着轴线拖至图 4-236 所示的位置处释放以放置。

8）单击“分解工具”选项卡的“确定”按钮✓。接着单击“分解视图”对话框的“切换至垂直视图”按钮 << 列表 。

9）在“分解视图”对话框中右击 TSM_EXP1，如图 4-237 所示，选择“保存”命令。

10）弹出图 4-238 所示的“保存显示元素”对话框，接受默认项，单击“确定”按钮。

11）单击“分解视图”对话框的“关闭”按钮，关闭“分解视图”对话框。此时，可以在“步骤：组装”对话框中看到分解状态的信息显示为“TSM_EXP1”，如图 4-239 所示，单击“确定”按钮。

使用同样的方法，定义“工步 3：组装”和“工步 4：组装”的分解状态，其分解视图名称分别定为 TSM_EXP2 和 TSM_EXP3，分解的形式均是将要装配的零件从装配中拖出而放置在合适的地方。

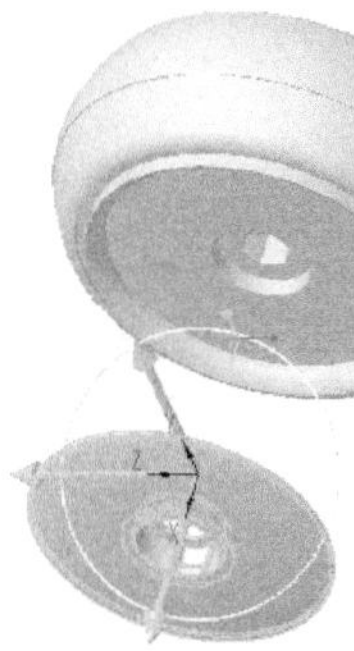

图 4-236　编辑位置

图 4-237　保存分解视图

图 4-238　“保存显示元素”对话框

图 4-239　完成分解状态的定义

4.7.3 建立拆卸步骤的装配处理计划实例

在菜单管理器的“步骤类型”菜单中，执行“拆卸”命令，可以给已经建立组装步骤的产品（组件）建立拆卸步骤。

请看下面的一个实例。源文件位于配套资料包的 CH4→TSM_4_12 文件夹中。

1）打开 TSM_4_12_PROCESS_1. ASM，该装配处理计划模型已经建立了装配步骤，如图 4-240 所示，图中的模型树已经通过树过滤器设置显示特征。

2）在菜单管理器中的“装配处理”菜单中，选择“序列”命令，接着在菜单管理器的“工步序列”菜单中选择“新工步”命令，此时菜单管理器出现“工步类型”菜单，如图 4-241 所示。

3）在“工步类型”菜单中选择“拆卸”→“完成”命令，弹出图 4-242 所示的对话框和菜单。

4）选择 TSM_4_12_4. PRT 零件，单击“选择”对话框的“确定”按钮，完成元件选择。接着在菜单管理器的“元件装配”菜单中选择“完成”命令。

5）在“步骤：拆卸”对话框中选择“说明”选项，单击“定义”按钮，然后在“步骤说明”对话框中的文本框输入文本“拆卸卡件”，如图 4-243 所示，单击“确定”按钮。

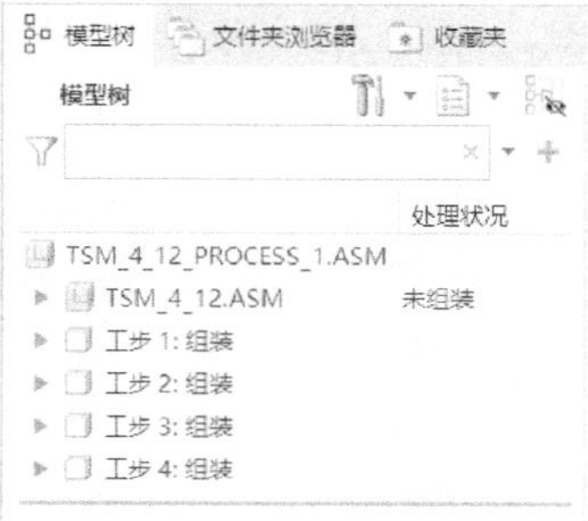

图 4-240　装配处理计划模型

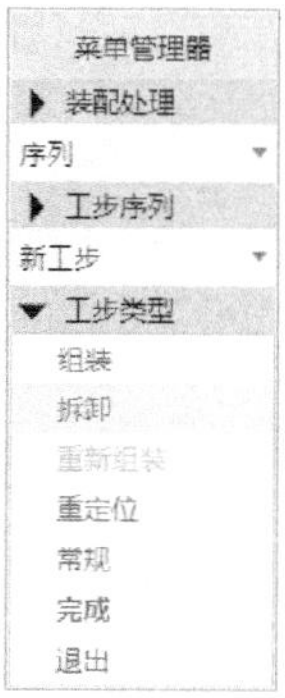

图 4-241　菜单管理器

图 4-242　打开的对话框和菜单

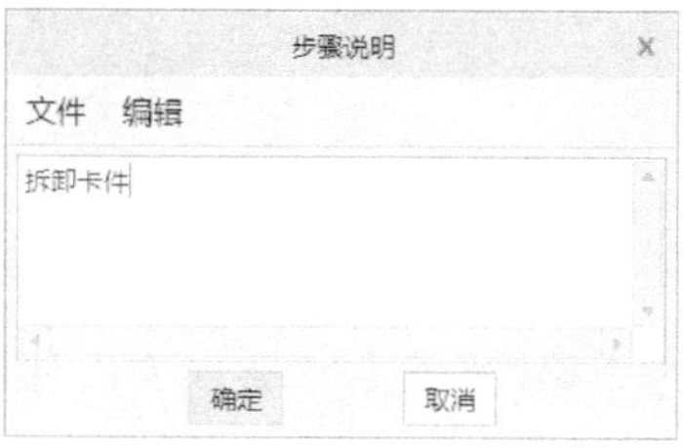

图 4-243　输入步骤说明

说明：

读者可以继续定义其他可选元素（选项）。

6）单击“步骤：拆卸”对话框中的“确定”按钮，建立了一个拆卸步骤。

7）用相同的方法，继续建立其他拆卸步骤。

4.7.4 建立工程装配指导文件实例

在 Creo Parametric 7.0 的“绘图”模式（工程图模式）中，可以为装配处理模型建立定制的工程文档。例如，为每一个步骤各创建一张工程图，或者在一张工程图中加入所有步骤的视图。所建立的这些工程图便是所谓的工程装配指导文件，对日后产品制造或者机械装配等实际性工作具有重要的参考和指导价值。

1. 建立工程装配指导文件实例 1

例如，为前述建立的组件处理计划模型建立一张用于指导某装配步骤的工程图。所用到的源文件位于配套资料包中的 CH4→TSM_4_13 文件夹中。在执行如下步骤建立工程图之前，建议先设置一个工作目录，以方便源文件的选取和管理操作等。

步骤 1：新建一个工程图文件。

1）在“快速访问”工具栏中单击“新建”按钮，打开“新建”对话框。

2）在“类型”选项组中选择“绘图”单选按钮，输入绘图（工程图）文件名为“TSM_4_13”，并清除“使用默认模板”复选框，如图 4-244 所示。

3）单击“确定”按钮，弹出“新建绘图”对话框，如图 4-245 所示，指定“默认模型”为 TSM_4_13_PROCESS. ASM。在“指定模板”选项组中选择“格式为空”单选按钮，在“格式”选项组中，通过单击“浏览”按钮选择源格式文件 TSM_A3. FRM。

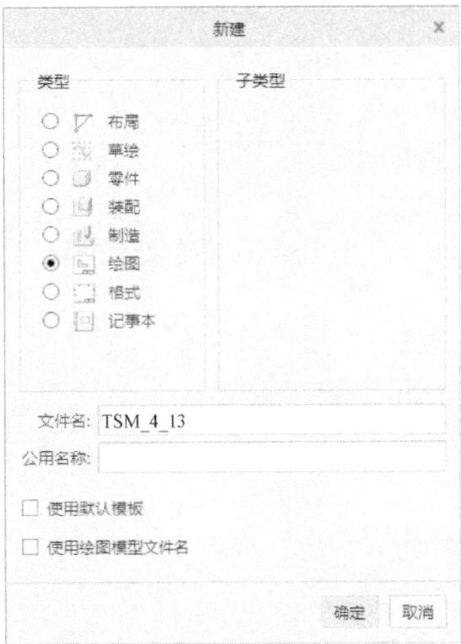

图 4-244 指定“绘图”类型

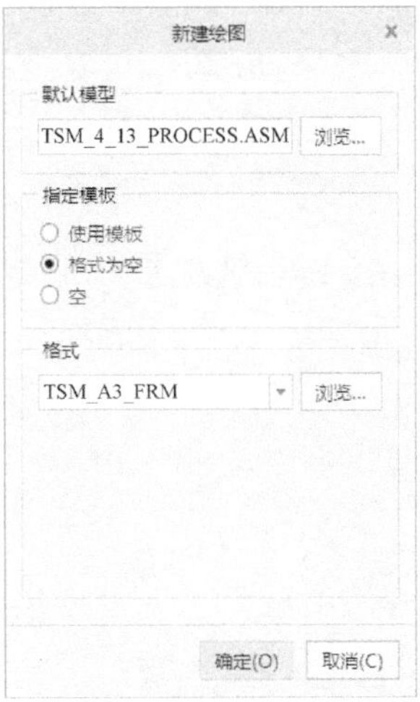

图 4-245 “新建绘图”对话框

4）单击“确定”按钮，进入工程图模式。

此时，可以从功能区“文件”选项卡的“准备”菜单中选择“绘图属性”命令，接着在弹出的“绘图属性”对话框中单击“详细信息选项”行的“更改”按钮，弹出“选项”对话框。将 drawing_units 选项的值设置为“mm”，单击“添加/更改”按钮，然后单击“确定”按钮。

步骤 2：为指定处理状态建立视图。

1）系统弹出图 4-246 所示的“处理状态”对话框。在“状态”列表中选择“工步 4：组装”选项，在“简化表示”下拉列表框中选择“默认表示”选项，在“分解状态”下拉列表框中选择“TSM_EXP3”选项。

图 4-246 “处理状态”对话框

2）单击“确定”按钮。此时，系统要求为参数 description 输入文本，输入的文本为“车轮组装步骤”，单击“接受”按钮，出现图 4-247 所示的工程图图框。

说明：

这里要求为参数 description 输入文本，是由于采用了本书提供的 TSM_A3. FRM 格式文件，该格式文件特意要求定义这个参数。也可以不输入任何信息而直接按〈Enter〉键，待打开工程图图框后再填写。

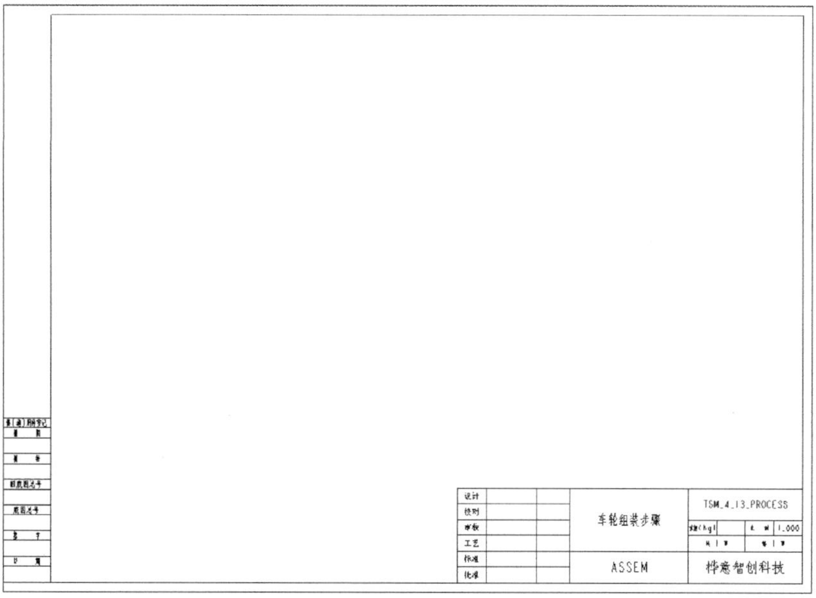

图 4-247 打开的工程图图框

3）单击“普通视图”按钮，弹出图 4-248 所示的“选择组合状态”对话框，选择组合状态名称为“全部默认”，单击“确定”按钮。

4）在图框中右侧适当位置处单击，指定一点作为放置分解视图的中心点，如图4-249所示。

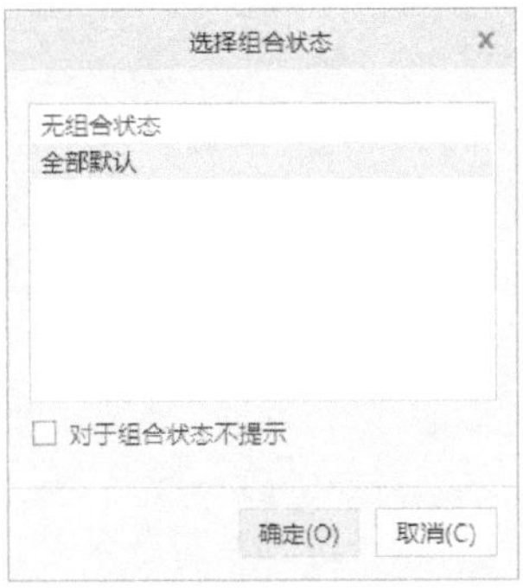

图4-248 “选择组合状态”对话框

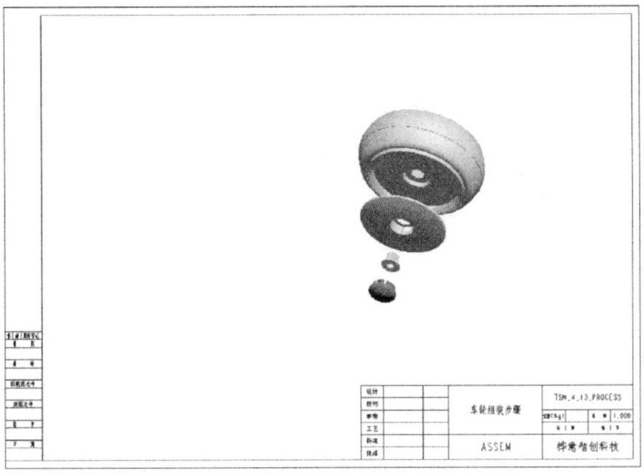

图4-249 指定放置位置

5）同时，系统弹出“绘图视图”对话框，选择“视图显示”类别选项，如图4-250所示。在“显示样式”下拉列表框中选择“消隐”选项，在“相切边显示样式”下拉列表框中选择“默认”选项，单击“应用”按钮。

6）选择“视图状态”类别选项，在“分解视图”选项组的“装配分解状态”下拉列表框中选择“TSM_EXP3”，该类别的其他设置如图4-251所示，单击“应用”按钮。

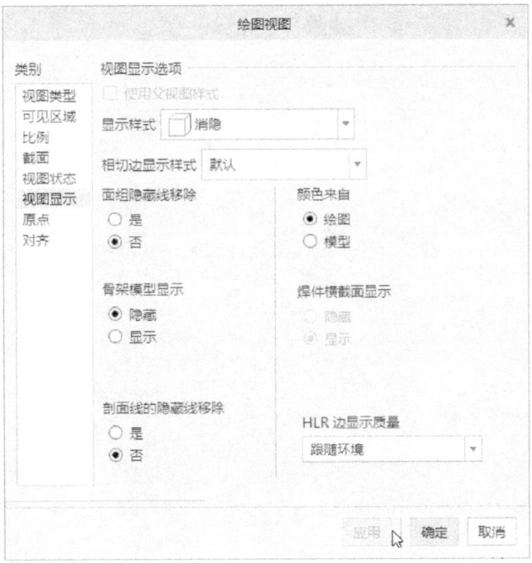

图4-250 设置视图显示

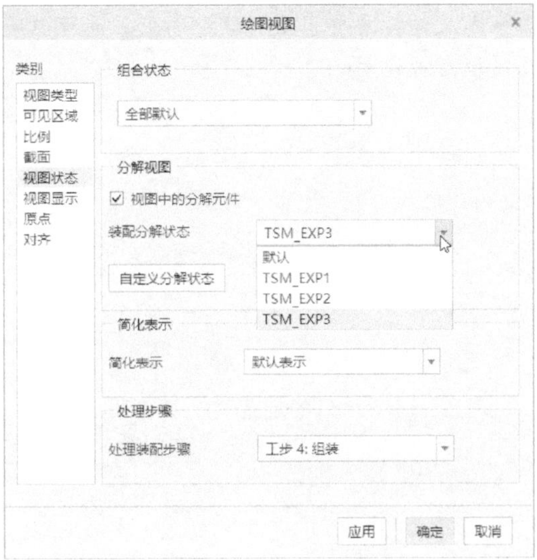

图4-251 设置视图状态

说明：

类似地，如果设计需要，还可以利用“绘图视图”对话框来设置其他类别，如“可见区域”“比例”“剖面”等。在这里不再一一介绍，有兴趣的读者可以自己尝试一些其他设置，以获得满意的工程视图效果。在本例中，可以将比例适当地设置稍大一些。

7）单击“绘图视图”对话框的“取消”按钮，完成正在进行装配处理工步4的一个视图的创建，如图 4-252 所示。

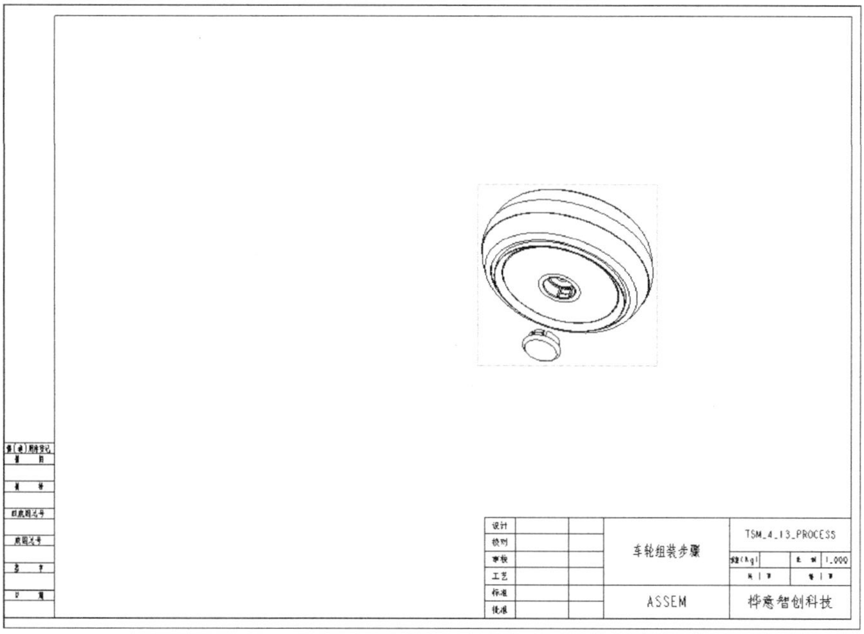

图 4-252　工步 4 其中的一个视图

8）单击“普通视图”按钮，弹出“选择组合状态”对话框，选择组合状态名称为“无组合状态”，单击“确定”按钮。

9）在图框中左侧适当位置单击，指定一点作为放置视图的中心点，该视图以着色状态显示，表示完成组装工步 4 的装配效果。接着利用“绘图视图”对话框来获得所需的定制比例，然后单击“绘图视图”对话框的“确定”按钮，得到的视图如图 4-253 所示。

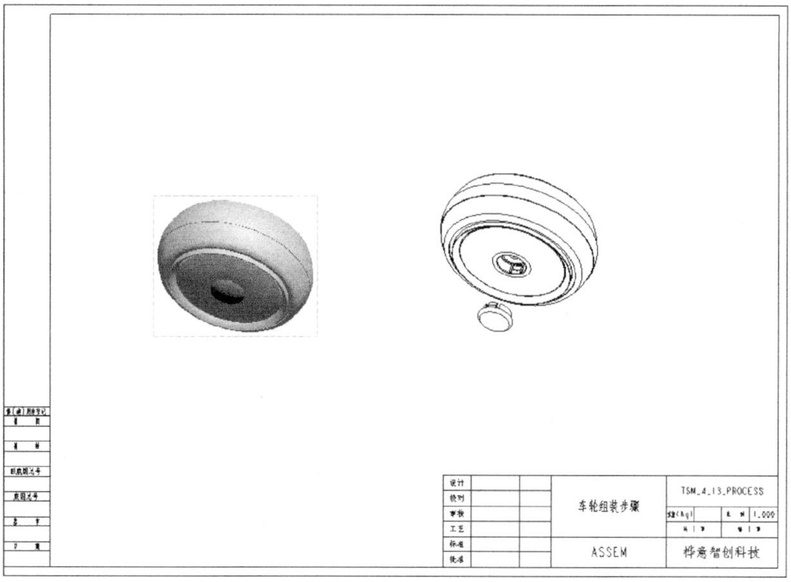

图 4-253　完成组装工步 4 的两个视图

步骤 3：建立工程指导表格。

在介绍建立工程指导表格之前，先来介绍一些用在表格中的装配处理计划参数。使用这些特殊的参数定制表格，将有助于详细说明组件处理。表 4-2 列举了一些可用的装配处理计划参数。

表 4-2　用于说明组件处理的系统参数

参 数 名 称	功 能 定 义
&prs. actstep. comp. name	列出当前活动状态步骤中所有组件元件的名称
&prs. actstep. comp. param. name	列出当前活动状态步骤中各组件元件的所有参数名称
&prs. actstep. comp. param. value	列出当前活动状态步骤中各组件元件的所有参数值
&prs. actstep. comp. type	列出当前活动状态步骤中各元件的装配方式
&prs. actstep. comp. User Defined	列出当前活动状态步骤中各组件元件的任何用户定义参数值
&prs. actstep. desc	列出当前活动状态步骤的说明短语
&prs. actstep. name	列出当前活动状态步骤名称
&prs. actstep. number	列出当前活动状态步骤号
&prs. actstep. param. name	列出所有和当前组件模型相关的参数名
&prs. actstep. param. value	列出所有和当前组件模型相关的参数值
&prs. actstep. type	列出所有和当前活动状态步骤相关的参数名
&prs. actstep. User Defined	列出当前活动状态步骤中的任何用户定义参数值
&prs. step. comp. name	列出绘图中显示的各步骤的所有元件名称
&prs. step. comp. param. name	对于绘图中所显示的各步骤，列出其中各组件元件的所有参数名
&prs. step. comp. param. value	对于绘图中所显示的各步骤，列出其中各组件元件的所有参数值
&prs. step. comp. type	对于绘图中所显示的各步骤，列出正被装配的元件类型
&prs. step. comp. User Defined	列出绘图中显示的各组件元件的任何用户定义参数值
&prs. step. desc	对于绘图中所显示的各步骤，显示出其说明短语
&prs. step. name	对于绘图中所显示的各步骤，显示出其名称
&prs. step. number	显示绘图中各步骤的所有步骤号
&prs. step. param. name	列出和绘图中所显示的步骤相关的所有参数名
&prs. step. param. value	列出和绘图中所显示的步骤相关的所有参数值
&prs. step. type	对于绘图中所显示的各步骤，列出组件正被组装的方式

该步骤具体的操作如下。

1）在功能区中切换至“表”选项卡，如图 4-254 所示。从该选项卡的“表”组中单击“表”→“插入表”按钮，打开图 4-255 所示的“插入表”对话框。

2）在“插入表”对话框的“方向”选项组中选择“表的增长方向：向右且向上”图标选项，在“表尺寸”选项组中设置列数为“5”，行数为“2”，在“行”选项组中选中“自动高度调节”复选框，并设置高度（MM）为“10”，在“列”选项组中设置宽度（MM）为“38”，单击“确定”按钮。

3）系统弹出图 4-256 所示的“选择点”对话框，在绘图上选择一个自由点以放置表格，放置位置如图 4-257 所示。

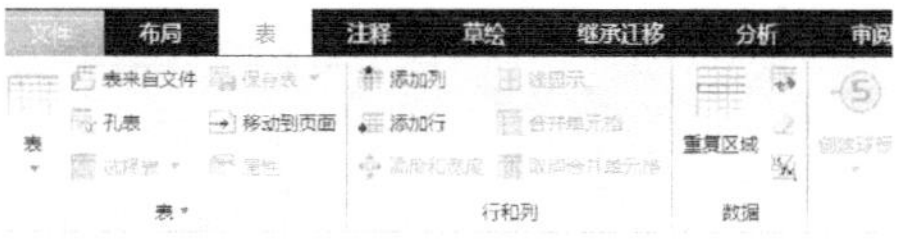

图 4-254 “表”选项卡的“表”组

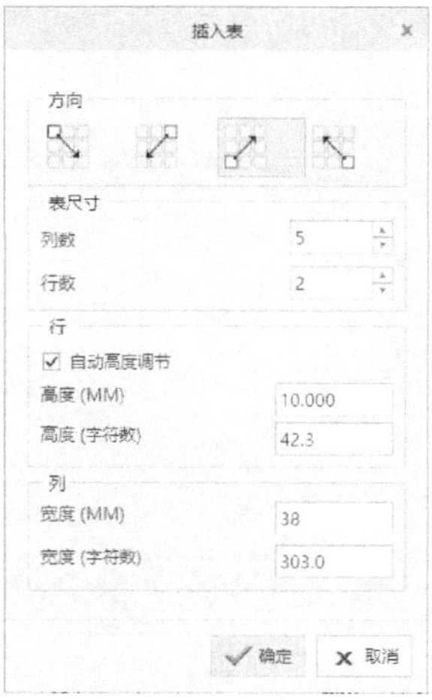

图 4-255 “插入表”对话框

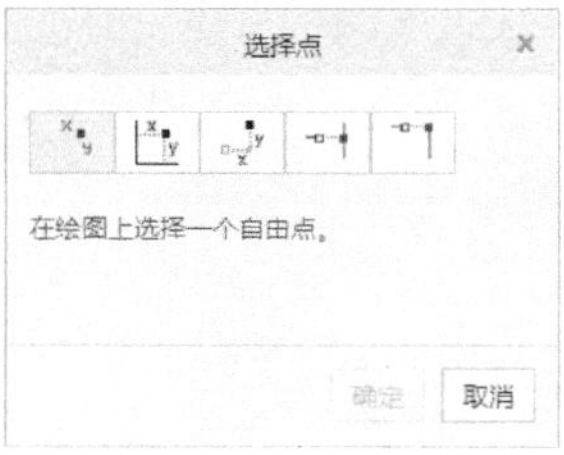

图 4-256 “选择点”对话框

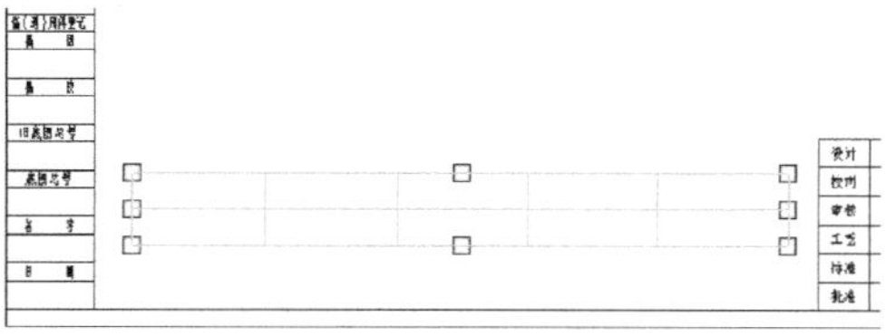

图 4-257 插入表

4）在表格左下角的单元格中双击，在功能区中打开“格式”选项卡。

图 4-258 功能区出现“格式”选项卡

5）在功能区的“格式”选项卡的“样式”组中单击“样式”→“文本样式”，弹出“文本样式”对话框。从中设置相关的参数和选项，如图 4-259 所示，包括字符高度为“5”，水平对齐选项为“中心”，竖直对齐选项为“中间”等，然后单击“确定”按钮。此时在该单元格中输入文本为“当前组装工步号”，如图 4-260 所示。

6）使用同样的方法，在该行其他单元格中输入文本信息，完成的结果如图 4-261 所示。从左到右的文本信息依次是“当前组装工步号”“当前组装工步的名称”“当前组装工步说明”“组装方式”“装配元件的名称”。

7）在功能区的“表”选项卡中单击“数据”组中的“重复区域”按钮，打开图 4-262 所示的菜单管理器。

8）在菜单管理器的“表域”菜单中选择“添加”→“简单”命令，如图 4-263 所示。

9）选择“当前组装工步号”上方的空单元格，接着选择“装配元件的名称”上方的空单元格，完成一个重复区域的定义。

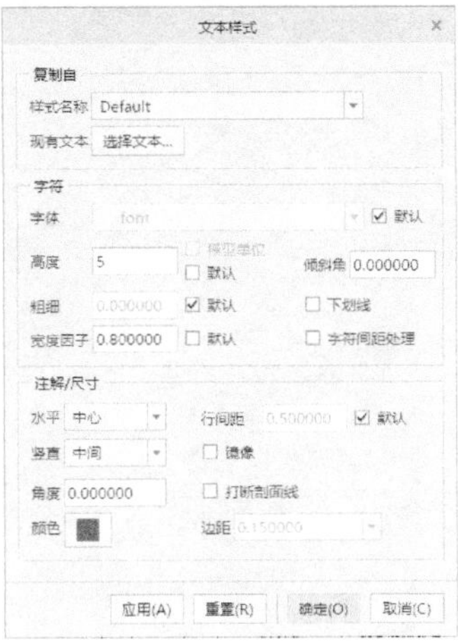

图 4-259 “文字样式”对话框

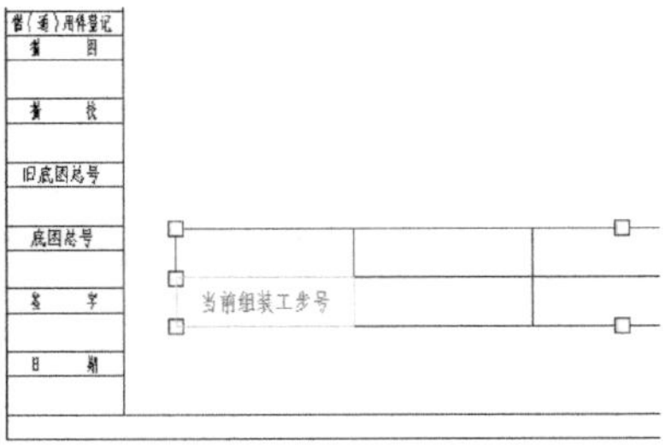

图 4-260 在单元格中输入文本

当前组装工步号	当前组装工步的名称	当前组装工步说明	组装方式	装配元件的名称

图 4-261 完成一行单元格的显示信息

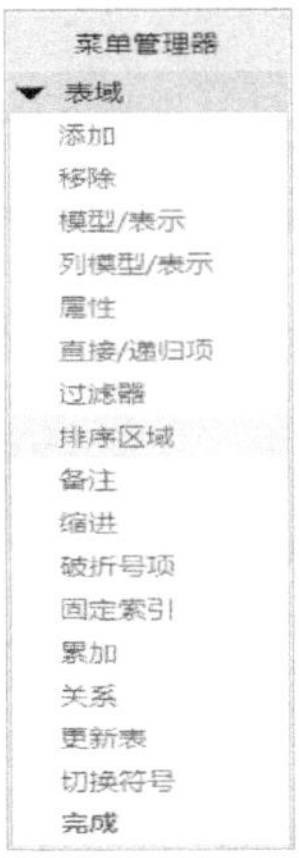

图 4-262 菜单管理器（一）

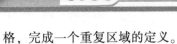

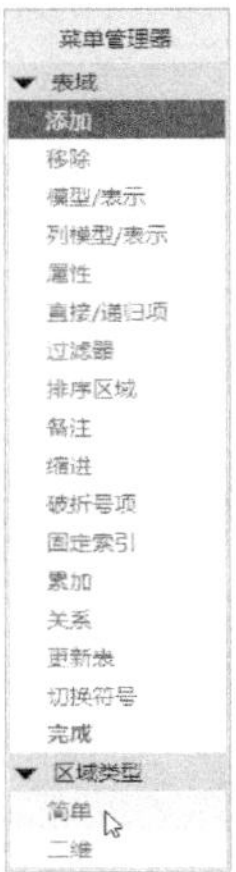

图 4-263 菜单管理器（二）

10）在菜单管理器的“表域”菜单中选择“完成”命令。

11）双击第 1 行左边第 1 个单元格，弹出图 4-264 所示的“报告符号”对话框。在对话框中选择 prs，接着在图 4-265 所示的对话框中选择 actstep，然后在图 4-266 所示的对话框中选择 number，即该参数名定为 &prs. actstep. number。

此时，表格如图 4-267 所示。

12）使用同样的方法，为其他 4 个单元格设置相应的参数名称。其中，“当前组装工步的名称”对应单元格的参数名称为 &prs. actstep. name，“当前组装工步说明”对应单元格的参数名称为 &prs. actstep. desc，“组装方式”对应单元格的参数名称为 &prs. actstep. comp. type，“装配元件的名称”对应单元格的参数名称为 &prs. actstep. comp. name。

图 4-264 “报告符号”对话框

图 4-265 选择报告符号（一）

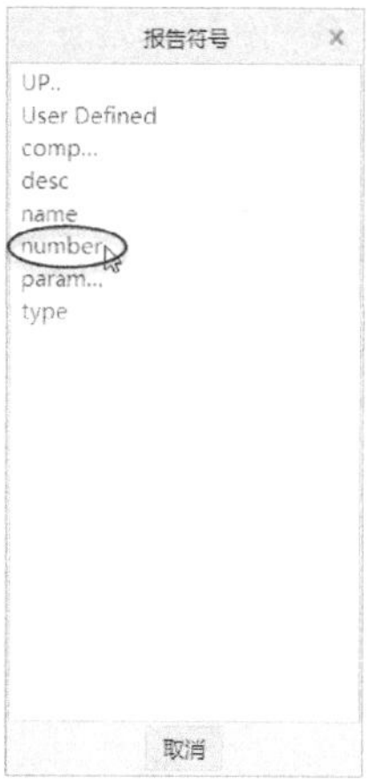

图 4-266 选择报告符号（二）

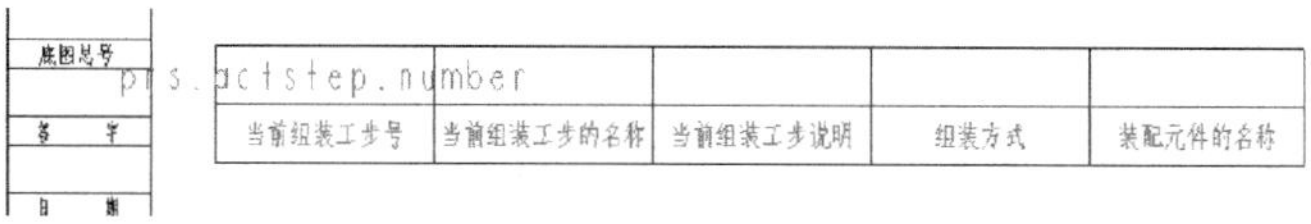

图 4-267 定义单元格参数

13）在功能区“表”选项卡的“数据”组中单击“重复区域”按钮，然后在菜单管理器的“表域”菜单中选择“更新表”命令。此时表的内容进行了自动更新，如图 4-268 所示。

4	步骤	装配卡件	PART	TSM_4_13_4
当前组装工步号	当前组装工步的名称	当前组装工步说明	组装方式	装配元件的名称

图 4-268 更新后的表格

更新表格后，选择菜单管理器中的“完成”命令。

14）使用鼠标将该表格拖至合适的位置，并可以对表格的列宽进行调整。调整表格列宽的方法是，右击需要调整列宽的单元格，从弹出的图 4-269 所示的浮动工具栏中选择“高度和宽度”选项，弹出图 4-270 所示的“高度和宽度”对话框；然后在“列”选项组中，在“宽度（绘图单元）”或“宽度（字符）”文本框中输入合适的数值即可。

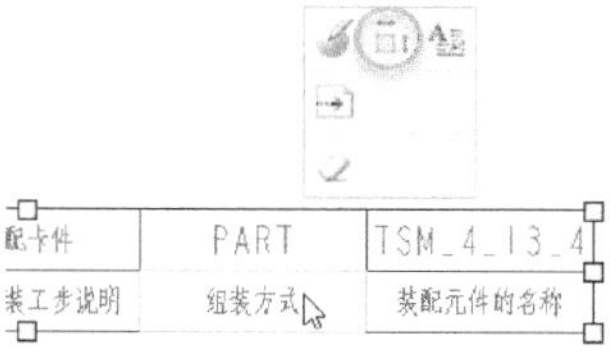

图 4-269 右键快捷菜单

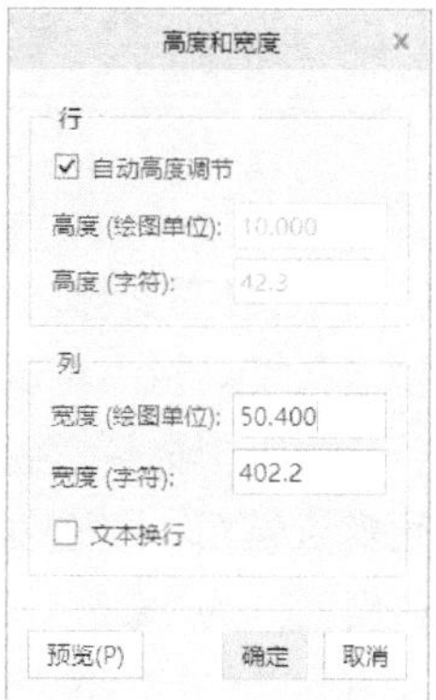

图 4-270 “高度和宽度”对话框

调整后用于组装工步 4 的指导工程图如图 4-271 所示。

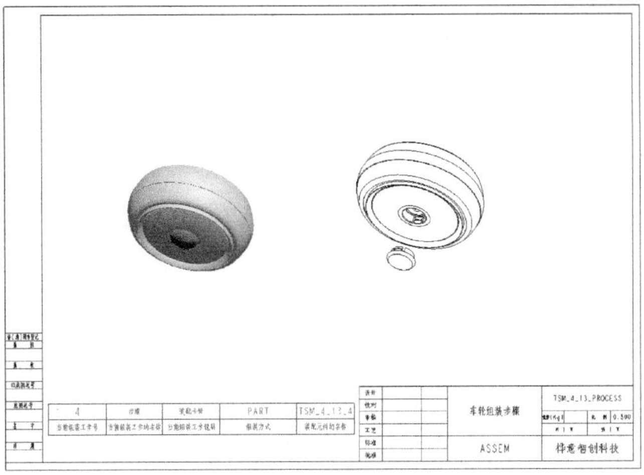

图 4-271　装配工步 4 的指导工程图文件

2. 建立工程装配指导文件实例 2

在一些特殊的情况下，可以将所有步骤的视图集中在一张工程图中表示，如图 4-272 所示。下面简述该实例的操作步骤、方法及技巧。

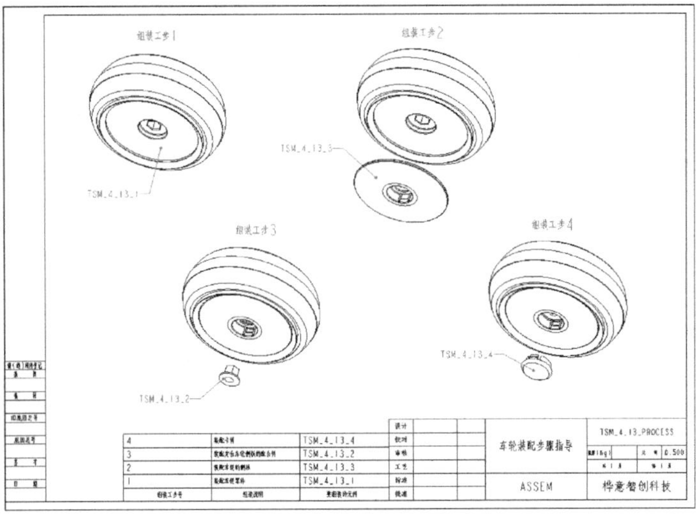

图 4-272　建立工程装配指导文件

步骤 1：新建一个工程图文件。

1）在“快速访问”工具栏中单击“新建”按钮，打开“新建”对话框。

2）在“类型”选项组中选择“绘图”单选按钮，输入绘图（工程图）名称为“TSM_4_13_P2”，并清除“使用默认模板”复选框，单击“确定”按钮，弹出“新建绘图”对话框。

3）指定“默认模型”为 TSM_4_13_PROCESS. ASM，在“指定模板”选项组中选择“格式为空”单选按钮。在“格式”选项组中，通过单击“浏览”按钮选择源格式文件 TSM_A3. FRM。

4）单击“确定”按钮，进入工程图设计模式。

步骤 2：建立组装工步 1 的视图。

1）系统弹出“处理状态”对话框。在“状态”列表中选择“工步 1：组装”选项，在“简化表示”下拉列表框中选择“默认表示”选项，在“分解状态”下拉列表框中选择“默认”选项。

2）单击“确定”按钮。此时，系统要求为参数 description 输入文本，输入的文本为“车轮装配步骤指导”，单击“接受”按钮，出现工程图图框。

3）单击“常规视图”按钮，弹出“选择组合状态”对话框，选择组合状态名称为“无组合状态”，单击“确定”按钮。

4）在图框中适当位置单击，指定一点作为放置视图的中心点。

5）在“绘图视图”对话框中选择“视图显示”类别选项，接着在“显示样式”下拉列表框中选择“消隐”选项，在“相切边显示样式”下拉列表框中选择“默认”选项，单击“应用”按钮。

6）可以在“绘图视图”对话框中切换至“视图状态”类别选项页，将处理装配步骤设置为“工步 1：组装”，单击“绘图视图”对话框的“确定”按钮，完成该组装工步 1 视图的创建，结果如图 4-273 所示。

步骤 3：建立组装工步 2 的视图。

1）在“模型视图”组中单击“绘图模型”按钮来打开该菜单管理器。从该菜单管理器的“绘图模型”菜单中选择“设置状态”命令。

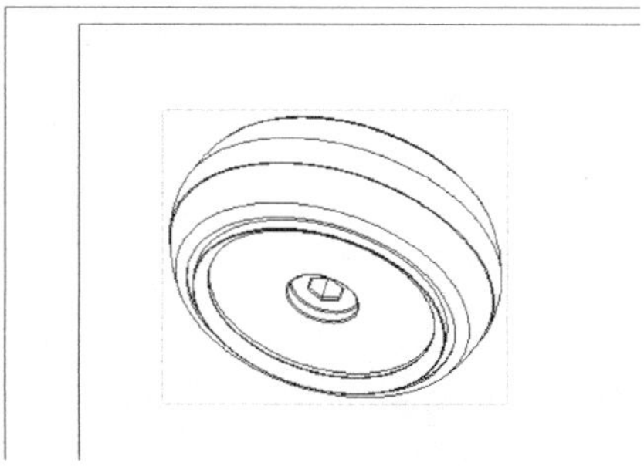

图 4-273 完成工步 1 视图的创建

图 4-274 菜单管理器

2）弹出“处理状态”对话框，选择“工步 2：组装”选项，其余选项如图 4-275 所示，单击“确定”按钮。

3）单击“普通视图”按钮，弹出“选择组合状态”对话框，选择组合状态名称为“全部默认”，单击“确定”按钮。

4）在图框中适当位置单击，指定一点作为放置该视图的中心点。

5）在“绘图视图”对话框中选择“视图显示”类别选项，接着在“显示样式”下拉列表框中选择“消隐”选项，在“相切边显示样式”列表框中选择“默认”选项，单击“应用”按钮。

6）选择“视图状态”类别选项，从“装配分解状态”下拉列表框中选择该工步对应的分解视图选项“TSM_EXP1”，在“处理步骤”选项组中选择处理装配步骤为“工步 2：组装”，如图

4-276 所示，单击“应用”按钮。

7）单击“绘图视图”对话框的“取消”按钮，完成装配工步 2 的视图的创建，如图 4-277 所示。

步骤 4：建立装配工步 3 的视图。

1）在“模型视图”组中单击“绘图模型”按钮，弹出菜单管理器，从中选择“设置状态”命令。

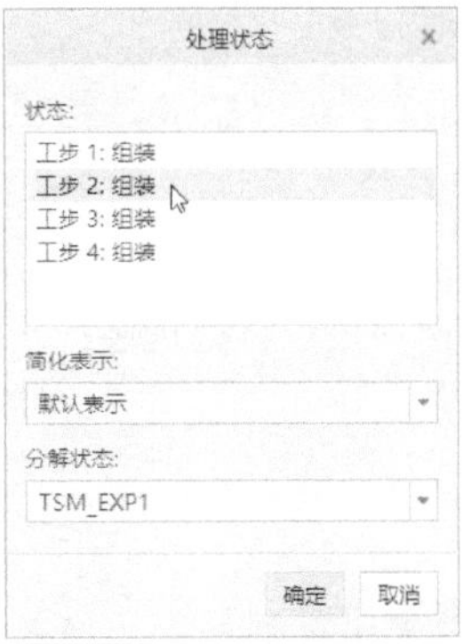

图 4-275　处理状态

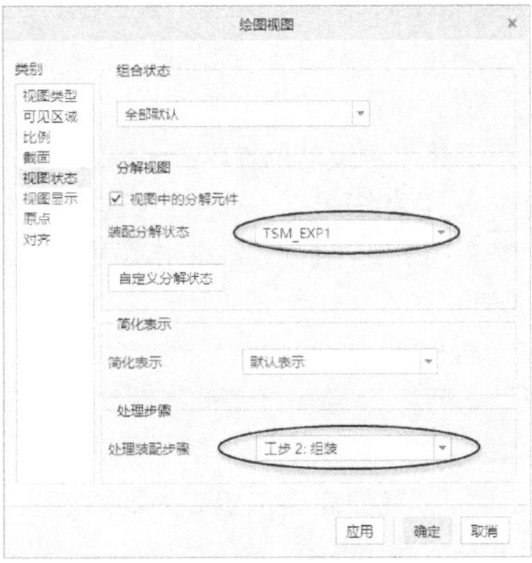

图 4-276　设置视图状态

2）弹出“处理状态”对话框，选择“工步 3：组装”选项，其余选项默认，单击“确定”按钮，然后在菜单管理器的“绘图模型”菜单中选择“完成/返回”命令。

3）单击“普通视图”按钮，弹出“选择组合状态”对话框，选择组合状态名称为“全部默认”，单击“确定”按钮。

4）在图框中适当位置单击，指定一点作为放置该视图的中心点。

5）在“绘图视图”对话框中选择“视图显示”类别选项，接着在“显示样式”下拉列表框中选择“消隐”选项，在“相切边显示样式”列表框中选择“默认”选项，单击“应用”按钮。

6）选择“视图状态”类别选项，从“装配分解状态”下拉列表框中选择该工步对应的分解视图选项“TSM_EXP2”，在“处理步骤”选项组中选择处理装配步骤为“工步 3：组装”，单击“确定”按钮。

完成装配工步 3 的视图的创建，如图 4-278 所示。

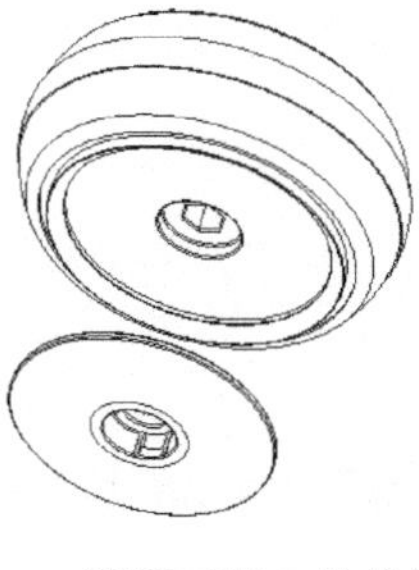

图 4-277　装配工步 2 的分解视图

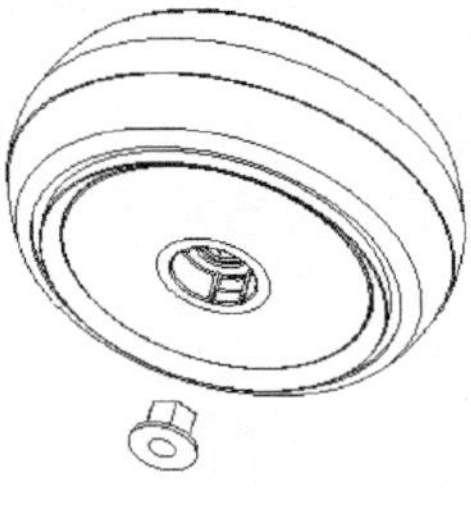

图 4-278　装配工步 3 的分解视图

步骤 5：建立装配工步 4 的视图。

1）在“模型视图”组中单击“绘图模型”按钮，弹出菜单管理器，从中选择“设置状态”命令。

2）系统弹出“处理状态”对话框，选择“工步 4：组装”选项，其余选项默认，单击“确定”按钮，然后在菜单管理器的“绘图模型”菜单中选择“完成/返回”命令。

3）单击“普通视图”按钮，弹出“选择组合状态”对话框，选择组合状态名称为“全部默认”，单击“确定”按钮。

4）在图框中适当位置单击，指定一点作为放置该视图的中心点。

5）在“绘图视图”对话框中选择“视图显示”类别选项，接着在“显示样式”下拉列表框中选择“消隐”选项，在“相切边显示样式”列表框中选择“默认”选项，单击“应用”按钮。

6）选择“视图状态”类别选项，在“组合状态”选项组中选择“全部默认”选项；选中“视图中的分解元件”复选框，从“装配分解状态”下拉列表框中选择该工步对应的分解视图选项“TSM_EXP3”。在“处理步骤”选项组中选择处理装配步骤为“工步 4：组装”，单击“确定”按钮。完成装配工步 4 的视图的创建，结果如图 4-279 所示。此时，可以适当调整各视图在图框内的放置位置。

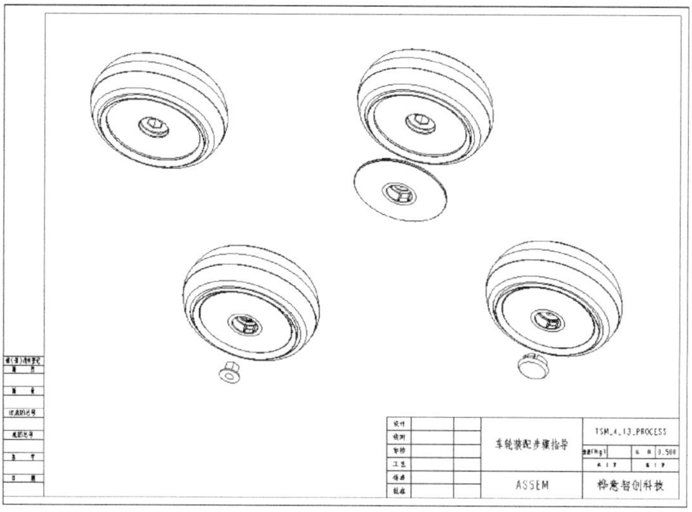

图 4-279　插入 4 个装配工步的视图

步骤 6：创建报表表格。

1）在功能区“表”选项卡的“表”组中单击“表”→“插入表”按钮，弹出“插入表”对话框。

2）在“方向”选项组中单击“表的增长方向：向左且向上”按钮，在“表尺寸”选项组中设置列数为“3”，行数为“2”，在“行”选项组中选中“自动高度调节”复选框，设定其高度（字符数）为“1”，接着在“列”选项组中设置列宽度（字符数）为“16”，如图 4-280 所示。

3）在“插入表”对话框中单击“确定”按钮，系统弹出图 4-281 所示的“选择点”对话框。利用该对话框将表格放置在图纸图框内的合适位置。

4）可以使用鼠标拖动表格微调位置，创建 2 行 3 列的表格如图 4-282 所示。

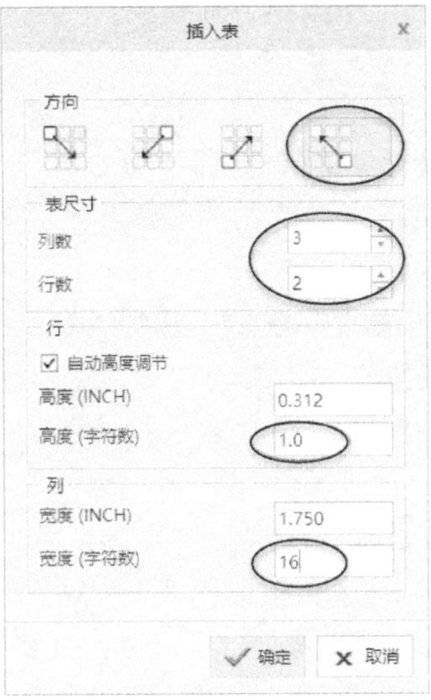

图 4-280 “插入表”对话框

图 4-281 “选择点”对话框

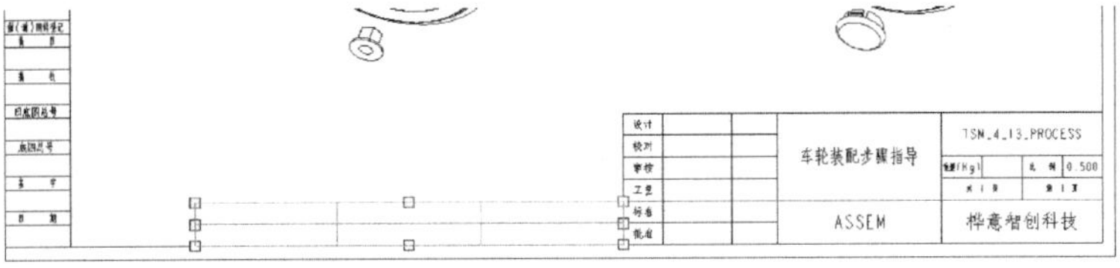

图 4-282 创建 2 行 3 列的表格

5）通过双击单元格而弹出的“注释属性”对话框，填写单元格，如图 4-283 所示。

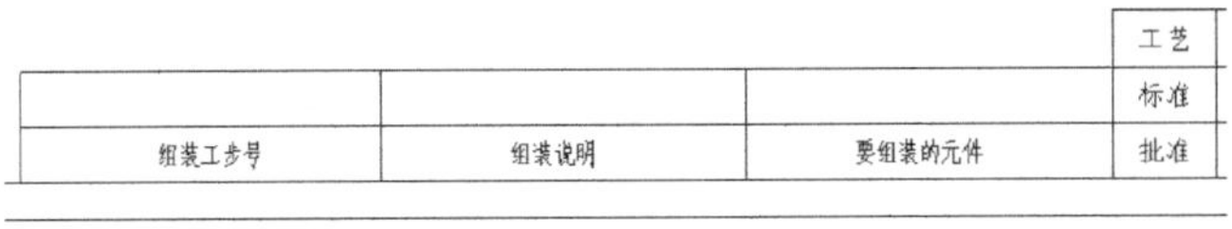

图 4-283 填写单元格

6）在功能区的“表”选项卡的“数据”组中单击“重复区域”按钮，接着在出现的菜单管理器中选择“添加”→“简单”命令，选择第 1 行左边第一个单元格，然后选择第 1 行最右侧的单元格，单击鼠标中键确认。在菜单管理器中，选择“完成”命令。

7）通过双击的方式给第 1 行各单元格设置参数，其中，“组装工步号”列对应的第 1 行第 1 个单元格的参数为 prs. step. number，“组装说明”列对应的第 1 行单元格的参数为 prs. step. desc，“要组装的元件”列对应的第 1 行单元格的参数为 prs. step. comp. name，如图 4-284 所示。

工艺
prs.step.number
prs.step.desc
prs.step.comp.name
标准
组装工步号
组装说明
要组装的元件
批准

图 4-284 添加区域参数

8）执行“重复区域”按钮，并在“表域”菜单中选择“更新表”命令。更新表后，自动生成图 4-285 所示的报表表格。

4	装配卡件	TSM_4_13_4
3	装配定位车轮侧板的配合件	TSM_4_13_2
2	装配车轮的侧板	TSM_4_13_3
1	装配车轮零件	TSM_4_13_1
组装工步号	组装说明	要组装的元件

图 4-285　更新后的表格

步骤 7：插入注释信息。

1）在功能区中切换至“注释”选项卡，从“注释”组中单击“引线注释”按钮，弹出图 4-286 所示的“选择参考”对话框。接着在图纸页面上要引出注释的元件上选定一个引出参考点，在欲定义注释信息放置的地方单击鼠标中键并输入注释文本，一共插入 4 处引线注释（均用于表述各装配工步要组装的元件），如图 4-287 所示。

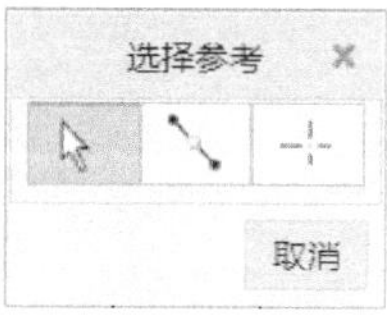

图 4-286　“选择参考”对话框

2）从“注释”组中单击“独立注解”按钮，弹出图 4-288 所示的“选择点”对话框，分别插入 4 处独立注解。

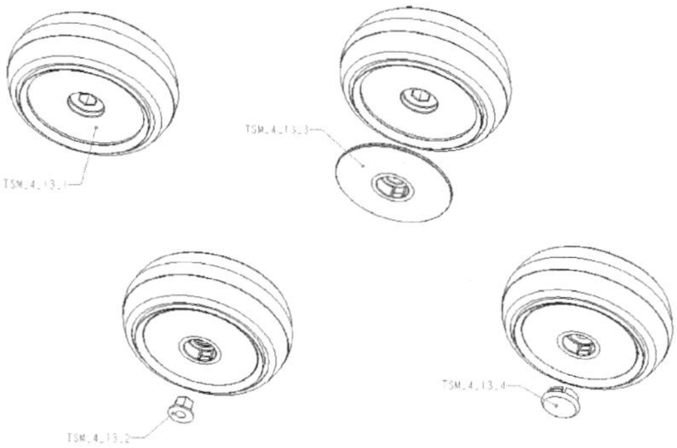

图 4-287　一共插入 4 处引出注释

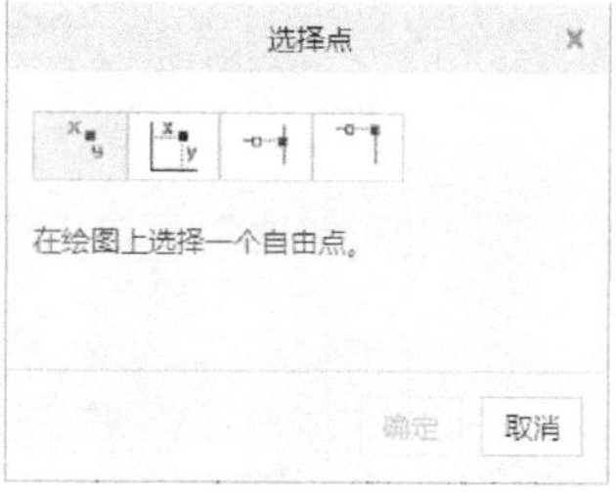

图 4-288　“选择点”对话框

3）插入注释后，双击选定的注释文本，利用打开的“格式”选项卡来适当地修改注释文本的高度，如图 4-289 所示。

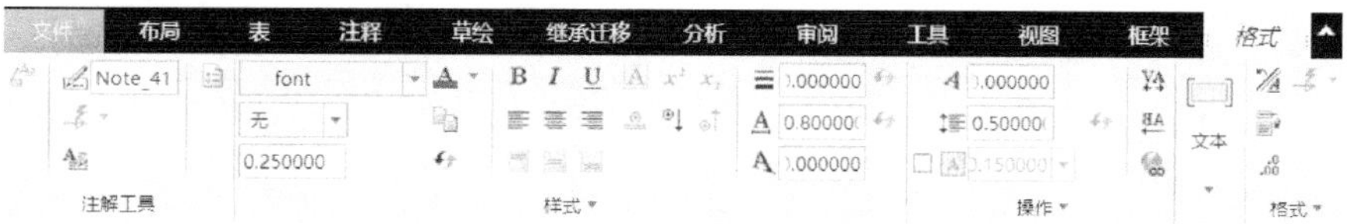

图 4-289　“格式”选项卡

步骤 8：调整位置。

调整相关视图的位置，以及调整注释文本位置等，最后的结果如图 4-290 所示。

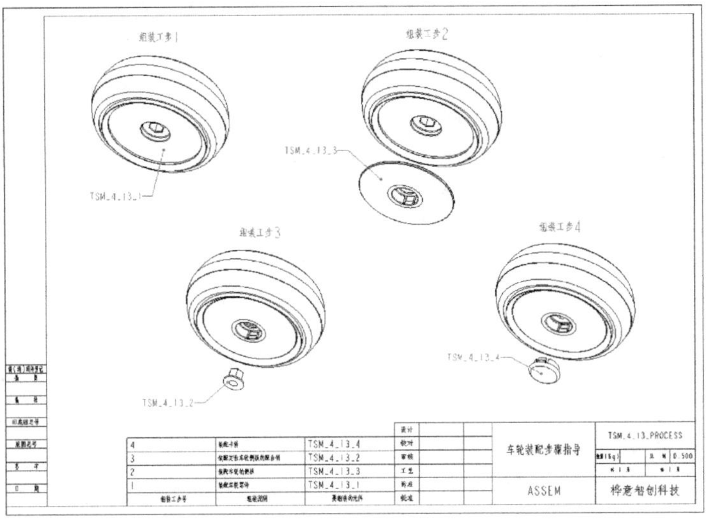

图 4-290　建立的工程装配指导文件

4.8　在装配工程图中自动创建 BOM 和零件球标

本节将介绍一个在装配工程图中自动创建 BOM 和零件球标的实例。所用到的源文件位于配套资料包 CH4→TSM_4_14 文件夹中。

具体的步骤如下。

步骤 1：建立一个表格。

1）打开源文件 TSM_4_14. DRW，如图 4-291 所示。

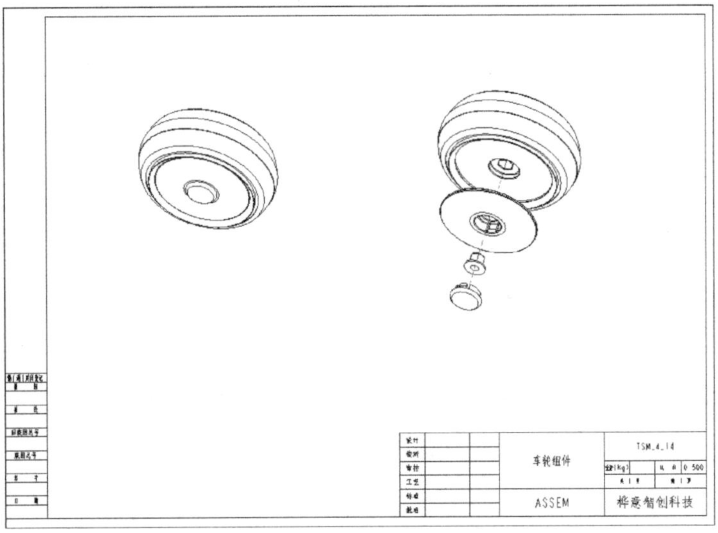

图 4-291　原始工程图

2）在功能区中切换至“表”选项卡，从“表”组中单击“表”→“插入表”按钮，弹出“插入表”对话框。

3）在“方向”选项组中单击“表的增长方向：向左且向上”按钮，在“表尺寸”选项组中设置列数为“4”，行数为“2”，在“行”选项组中选中“自动高度调节”复选框，设定其高度（字符数）为“1.1”，接着在“列”选项组中设置列宽度（字符数）为“15”，如图4-292所示。

4）在“插入表”对话框中单击“确定”按钮，系统弹出“选择点”对话框。在“选择点”对话框中单击“自由点”按钮，接着在绘图上选择一个自由点以放置表格，放置参考效果如图4-293所示。

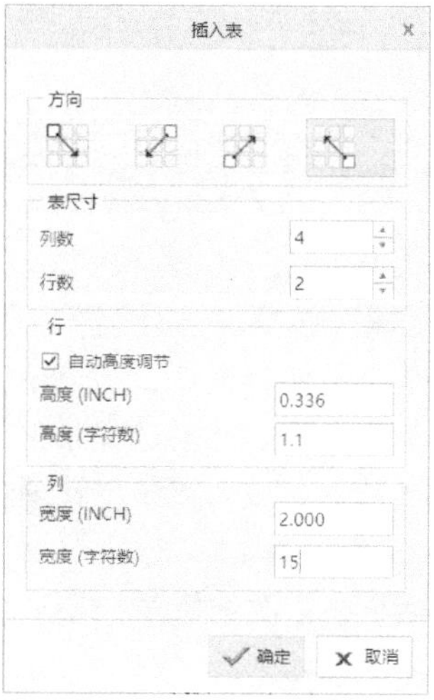

图4-292 “插入表”对话框

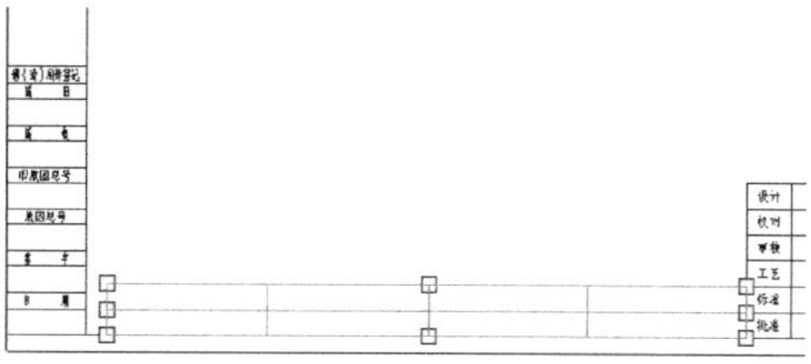

图4-293 指定一点放置表格

5）选中表格从左算起的第1列的上单元格，弹出一个浮动工具栏，如图4-294所示。从浮动工具栏中单击“高度和宽度”选项，弹出“高度和宽度”对话框，在“列”选项组中将宽度（绘图单位）的值设置为“1.2”，如图4-295所示，然后单击“确定”按钮。

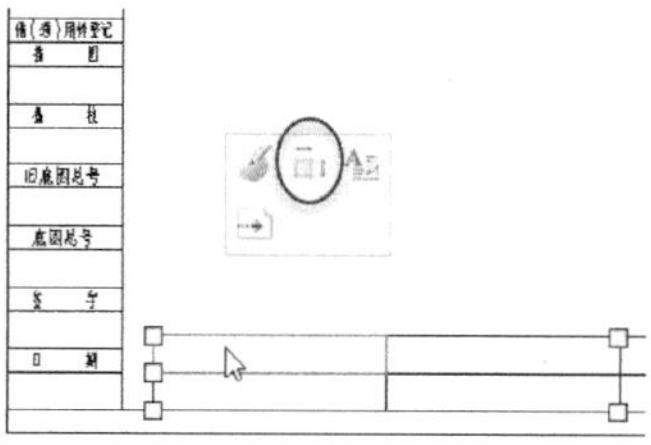

图4-294 浮动工具栏

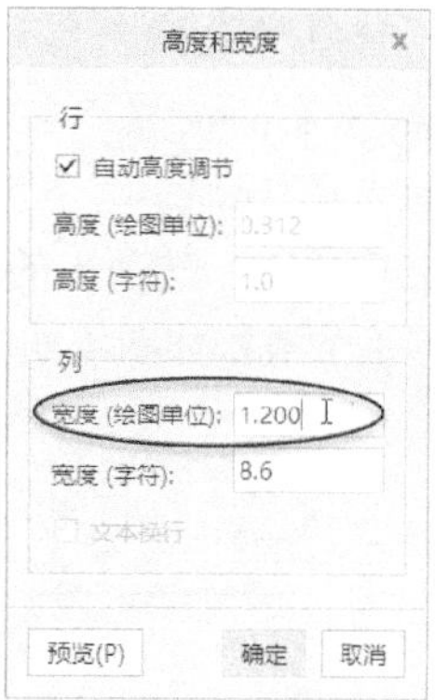

图4-295 重设列宽度

6）使用同样的方法，将从左算起的第3列的宽度也设置为1.2个绘图单位。此时，表格效果如图4-296所示。

7）双击表格左下角的单元格，则功能区打开“格式”选项卡，设置好文本格式，在该单元格中输入所需文本。其他几个单元格注释的输入方法也一样，最终结果如图 4-297 所示。

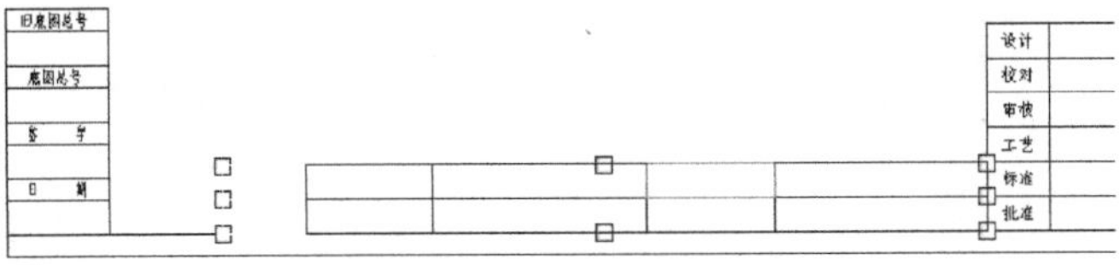

图 4-296　修改相应列宽后的表格

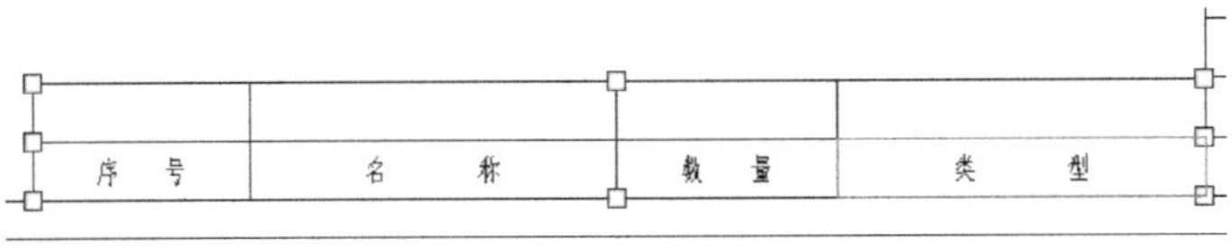

图 4-297　输入一行各单元格的注释文本

8）在功能区“表”选项卡的“数据”组中单击“重复区域”按钮，弹出一个菜单管理器，该菜单管理器提供“表域”菜单。在“表域”菜单中选择“添加”命令，则菜单管理器提供“区域类型”菜单，接着从“区域类型”菜单中选择“简单”命令。然后选择第 1 行左边第 1 个单元格，再选择该行最右边的单元格，完成一个重复区域的建立，最后在菜单管理器的“表域”菜单中选择“完成”命令。

9）双击第 1 行左边第 1 个单元格，弹出“报告符号”对话框，依次选择 rpt、index。使用同样的方法，为该行其他 3 个单元格分别设置参数名称，如图 4-298 所示。

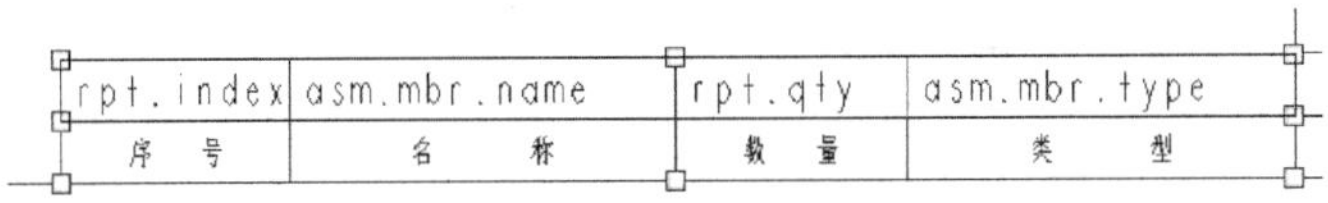

图 4-298　设置参数

说明：

其中，&asm. mbr. name 定义显示装配成员的名称和标记，&asm. mbr. type 定义显示装配成员的类型（如零件或者装配）。

10）在功能区“表”选项卡的“数据”组中单击“更新表”按钮，表的内容进行了自动更新，自动更新后的表格如图 4-299 所示。

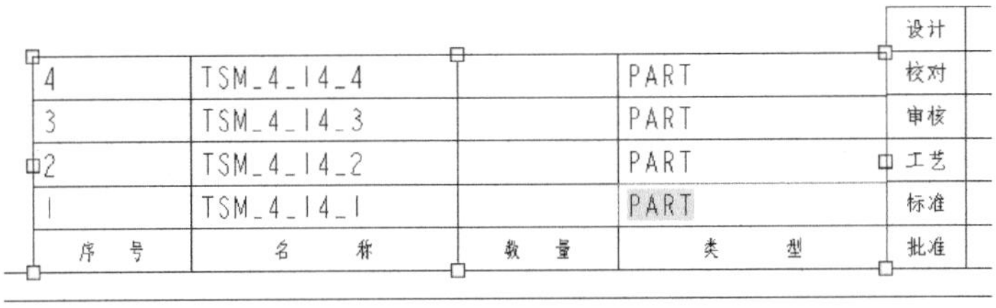

4
TSM_4_14_4
PART
3
TSM_4_14_3
PART
2
TSM_4_14_2
PART
1
TSM_4_14_1
PART
序　号
名　　称
数　量
类　　型
设计
校对
审核
工艺
标准
批准

图 4-299　自动更新的表格

步骤 2：建立零件球标。

BOM 球标是装配绘图中的圆形注解，它显示装配视图中每一元件的“物料清单”信息。该信息源自于报表重复区域（即该区域必须被设置为 BOM 球标区域），也就是在添加 BOM 球标之前，必须创建表和添加重复区域。要在装配视图中显示 BOM 球标，除了在绘图中必须要有一个带有重复区域的表之外，还要求该重复区域应至少包含报告索引号（rpt. index）和模型名称（asm. mbr. name）的报告符号。

1）选择前面创建的重复区域表格，接着在功能区“表”选项卡的“表”组中单击“属性”按钮，弹出“表属性”对话框。

2）切换至“BOM 球标”选项卡，指定 BOM 球标区域为“Region_1”，类型为“简单圆”，BOM 球标参数为“rpt. index”，如图 4-300 所示。然后单击“确定”按钮，从而在表中设置了 BOM 球标区域属性。

图 4-300　设置 BOM 球标

3）在绘图中选择爆炸图中的全部 4 个目标元件（需要按住〈Ctrl〉键实现多选）。接着右击，弹出一个快捷菜单，如图 4-301 所示。从该快捷菜单中选择“创建 BOM 球标”命令，从而在该爆炸图中创建 BOM 球标，效果如图 4-302 所示。

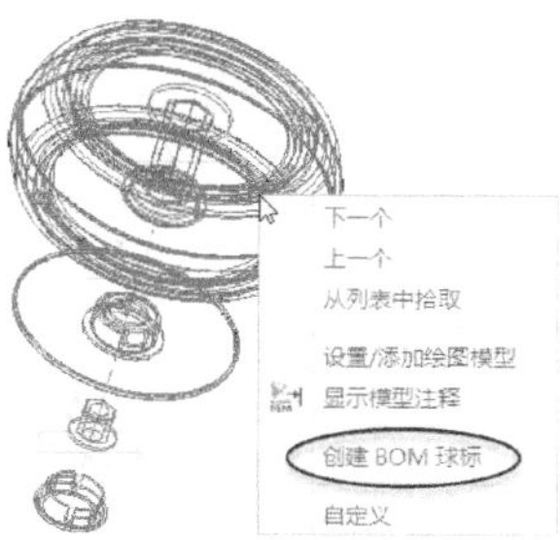

图 4-301　右击多个目标元件

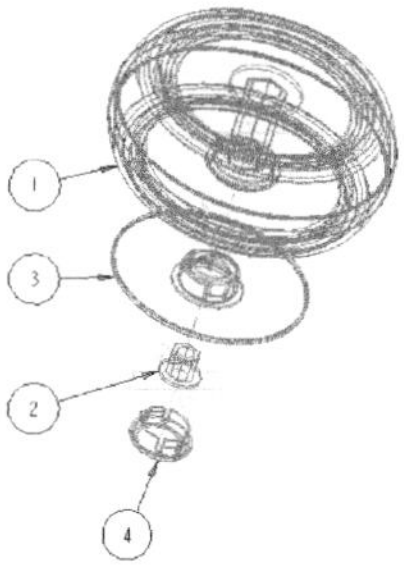

图 4-302　创建 BOM 球标

4）调整视图、表格的位置，完成本例操作，完成的效果如图 4-303 所示。

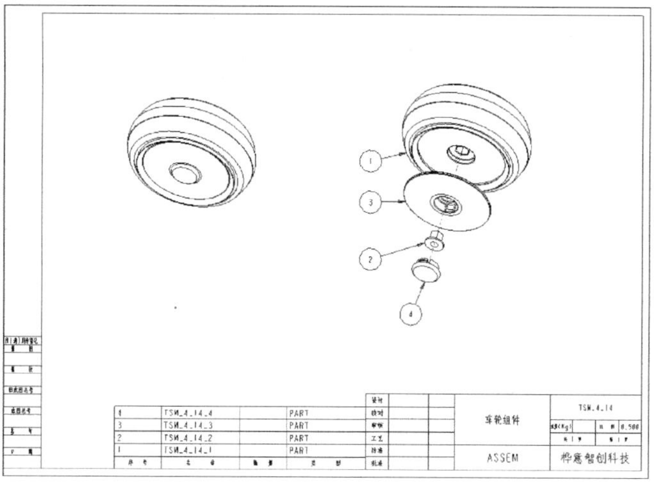

图 4-303　完成的效果

说明：

本实例源文件绘图参数的单位为英寸，如果要想将其绘图参数的单位设置为毫米，则需要将绘图配置文件选项 Drawing_units 的值设置为 mm。设置的方法如下。

1）在打开的该绘图文件中，从功能区的“文件”选项卡中选择“准备”→“绘图属性”命令，打开“绘图属性”对话框。

2）在“绘图属性”对话框中单击“详细信息选项”对应的“更改”选项，弹出“选项”对话框。

3）找出选项 drawing_units，在“值”框中选择 mm，如图 4-304 所示，单击“添加/更改”按钮。

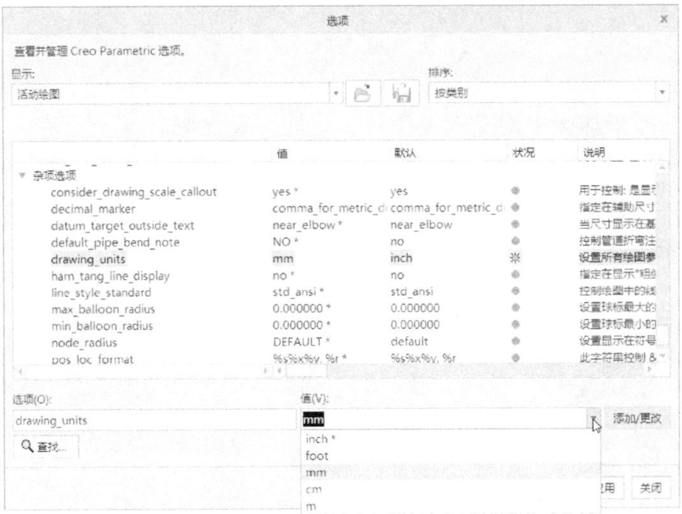

图 4-304 设置绘图参数的单位

4）单击“应用”按钮，然后单击“关闭”按钮退出“选项”对话框，再在“绘图属性”对话框中单击“关闭”按钮。

4.9 思考题

1）在什么情况下，应考虑使用连接装配？连接装配的主要类型包括哪些？

2）什么是元件接口？如何使用接口自动装配元件？

3）如何实现拖动式自动放置？

4）俗称的“柔性零件”是指什么样的零件？如何定义及装配柔性零件？

5）如何建立记事本文件？使用记事本布局图可以进行哪些重要设计？

6）骨架模型怎么分类？如何建立骨架模型文件？

7）什么是装配处理计划或装配规划？在什么情况下，应用装配处理计划？

8）如何在装配工程图中自动创建 BOM 和零件球标？

第 5 章　机构运动仿真

本章导读

通常，采用连接方式建立的装配机构是可以运动的。利用 Creo Parametric 7.0 提供的机构（Mechanism）设计模块，可以对建立的机构进行运动仿真和运动学分析等。

本章将详细介绍机构模块的常用功能及其使用方法、技巧等，通过典型实例，读者可以熟练掌握机构运动仿真等应用知识。具体内容主要包括：初识机构模块、机构树及机构图标显示、建立运动模型、设置运动环境、建立机构分析、回放结果、运动轨迹曲线、测量运动、高级连接。

5.1 初识机构模块

连接装配可看作是限制零件若干个自由度的装配，它可以说是创建运动的前提条件。连接装配的设置基本上是在组件（装配）设计环境中完成的，如果要想实现机构运动的功能，则需要进入系统集成的机构模式。

5.1.1 机构模式简介

打开一个设计有连接结构的装配组件后，从功能区中切换至“应用程序”选项卡，如图 5-1 所示。接着在“应用程序”选项卡的“运动”组中单击“机构”按钮，即可进入机构模式，其主工作界面如图 5-2 所示。

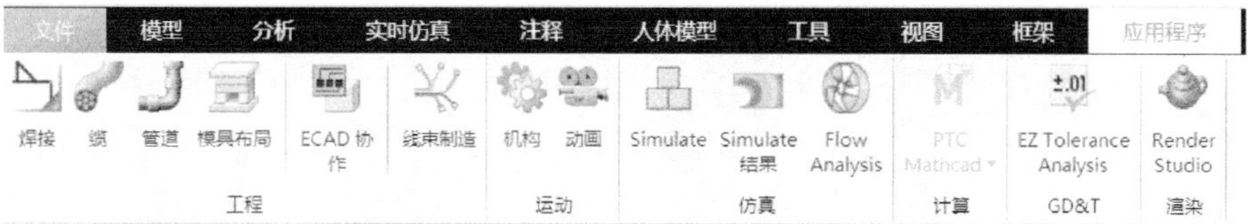

图 5-1　功能区的“应用程序”选项卡

说明：

如果要从机构模式返回到装配设计模式，则需要在机构模式功能区的“应用程序”选项卡的“运动”组中取消选中“机构”按钮即可。

在机构模式的功能区中，用户需要重点熟悉“机构”选项卡，如图 5-3 所示的，该选项卡集中了机构模式绝大部分的功能。

表 5-1 给出了机构模式用于机构设计的常见工具按钮的功能说明。

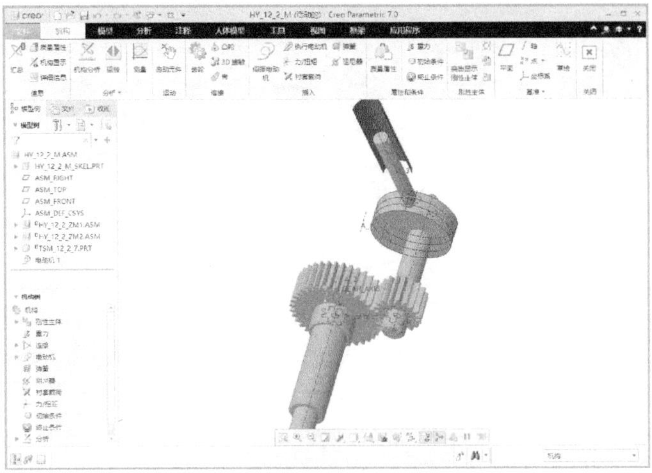

图 5-2　机构模式的主工作界面

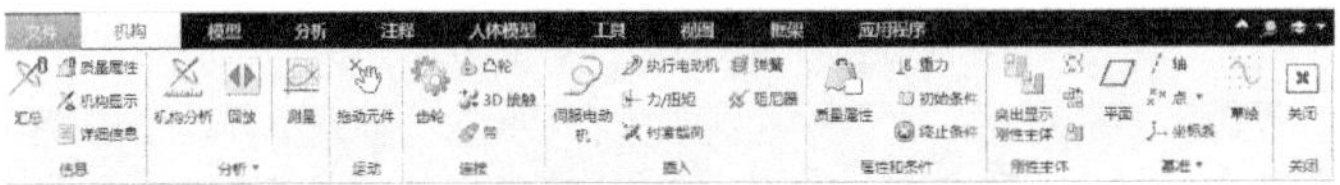

图 5-3　机构模式的“机构”选项卡

表 5-1　机构模式的常见机构工具按钮

功 能 组	按 钮	按 钮 名 称	功 能 说 明
信息		汇总	显示机构图元的汇总信息
		质量属性	显示顶级机构装配模型的质量属性信息
		机构显示	选择显示或隐藏的机构图标
		详细信息	显示机构图元的详细信息
分析		机构分析	设置分析定义
		回放	回放以前运行的分析
		测量	生成分析的测量结果
		轨迹曲线	创建一条轨迹曲线
	——	在仿真中使用	将载荷导出到仿真
运动		拖动元件	在允许的运动范围内移动装配元件以查看装配在特定配置下的工作情况
连接		齿轮	定义齿轮副连接
		凸轮	定义凸轮从动机构连接
		3D 接触	定义 3D 接触
		带	定义带
插入		伺服电动机	定义伺服电动机，伺服电动机定义一个主体如何相对于另一个主体运动
		执行电动机	定义执行电动机，执行电动机提供作用于旋转或平移运动轴上而引起运动的力
		力/扭矩	定义力/扭矩
		衬套载荷	定义衬套载荷
		弹簧	定义弹簧
		阻尼器	定义阻尼器模拟机构上的力

（续）

功能组	按钮	按钮名称	功能说明
属性和条件		质量属性	定义质量属性
		重力	定义重力、方向和大小来模拟重力效果
		初始条件	定义动态分析的初始条件
		终止条件	定义动态分析的终止条件
主体		突出显示刚性主体	突出显示刚性主体
		重新连接	重新连接选定的刚性主体
		重新定义刚性主体	查看或重新定义刚性主体
		查看刚性主体	查看刚性主体定义
关闭		关闭	关闭“机构”选项卡，退出机构模式

5.1.2 体验实例

为了让读者了解机构分析的基本步骤，产生对机构运动分析的初步整体印象，先介绍一个典型的机构运动体验实例。该实例所用到的源文件位于本书配套资料包 CH5→TSM_5_1 文件夹中。该实例将构造一个连杆装置，并对其进行机构运动分析。

下面是该体验实例的具体操作步骤。

步骤 1：建立装配文件并创建用来定位连杆的轴线。

1）单击“新建”按钮，打开“新建”对话框。在“类型”选项组中选择“装配”单选按钮，在“子类型”选项组中选择“设计”单选按钮，输入装配名称为“TSM_5_1”，清除“使用默认模板”复选框，单击“确定”按钮，弹出“新文件选项”对话框。

2）在“新文件选项”对话框的模板列表中选择 mmns_asm_design_abs，单击“确定”按钮。

3）确保设置在模型树中增加显示“特征”及“放置文件夹”项目。

4）在功能区“模型”选项卡的“基准”组中单击“基准轴”按钮，弹出“基准轴”对话框。结合〈Ctrl〉键选择 ASM_RIGHT 基准平面和 ASM_TOP 基准平面作为参考，单击“确定”按钮，在这两个平面的相交处建立一个基准轴 AA_1。

5）在图形窗口的空白区域任意单击，以使基准轴 AA_1 处于非选中状态，单击“基准轴”按钮，弹出“基准轴”对话框。选择图 5-4 的参考和偏移参考，单击“确定”按钮，即在 ASM_TOP 基准平面上创建了基准轴 AA_2，该基准轴距离基准轴 AA_1 为 50，注意 AA_2 位于 ASM_RIGHT 基准平面的所在侧。

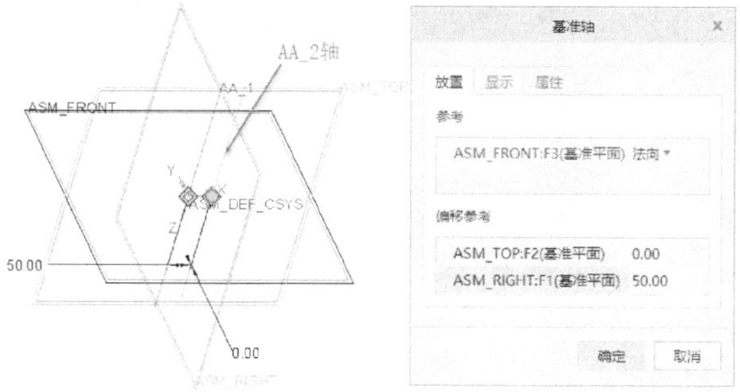

图 5-4　建立基准轴 AA_2

步骤 2：连接装配。

1）在“元件”组中单击“组装”按钮，弹出“打开”对话框，选择 TSM_5_1_1. PRT，单击“打开”按钮。

2）在“元件放置”选项卡的“预定义集”下拉列表框中选择“销”选项，接着进入“放置”滑出面板。选择装配中的 AA_1 基准轴和 TSM_5_1_1. PRT 元件的 A_4 轴；接着选择装配的 ASM_FRONT 基准平面和 TSM_5_1_1. PRT 元件的 DTM3 基准平面，此时如图 5-5 所示。在“元件放置”选项卡中单击“确定”按钮。

图 5-5　定义销钉连接

3）在“元件”组中单击“组装”按钮，弹出“打开”对话框，选择 TSM_5_1_2. PRT，单击“打开”按钮。

4）在“元件放置”选项卡的“预定义集”下拉列表框中选择“销”选项。打开“放置”滑出面板，选择装配中 TSM_5_1_1. PRT 的 A_3 轴和元件 TSM_5_1_2. PRT 的 A_4 轴；接着选择装配中 TSM_5_1_1. PRT 元件的 DTM3 基准平面和 TSM_5_1_2. PRT 元件的 DTM3 基准平面。单击“确定”按钮，此时装配如图 5-6 所示。

5）在“元件”组中单击“组装”按钮，弹出“打开”对话框，选择 TSM_5_1_3. PRT，单击“打开”按钮。

6）在“元件放置”选项卡的“预定义集”下拉列表框中选择“销”选项。打开“放置”滑出面板，选择装配中 TSM_5_1_2. PRT 的 A_3 轴和元件 TSM_5_1_3. PRT 的 A_3 轴；接着选择装配中 TSM_5_1_2. PRT 元件的 DTM3 基准平面和元件 TSM_5_1_3. PRT 的 DTM3 基准平面，完成该连接定义。

7）在“放置”滑出面板中，单击“新建集”，增加一个“销”连接，选择装配中的 AA_2 基准轴和元件 TSM_5_1_3. PRT 的 A_4 轴；接着选择装配中的 ASM_FRONT 基准平面和元件 TSM_5_1_3. PRT 的 DTM3 基准平面。单击“确定”按钮，完成装配的连接装配，如图 5-7 所示。

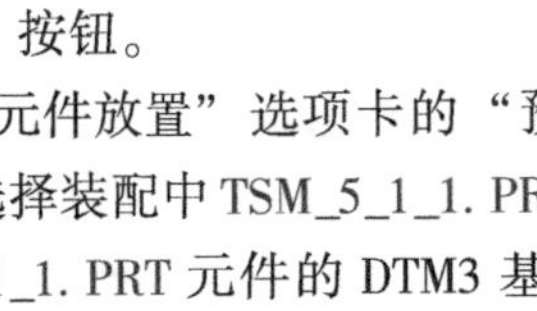

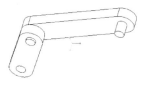

图 5-6　装配

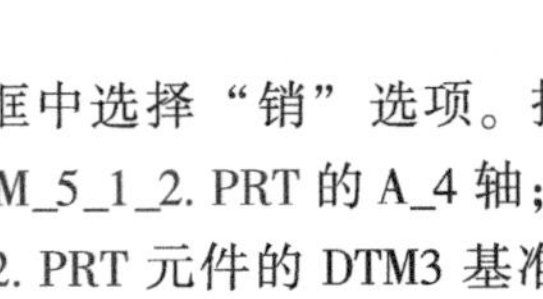

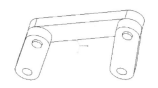

图 5-7　连接装配效果

步骤 3：定义伺服电动机。

1）在功能区中切换至“应用程序”选项卡，从该选项卡的“运动”组中单击“机构”按钮，进入机构模式。此时在连杆装配模型中显示出销钉连接的图标，如图 5-8 所示。

2）在功能区“机构”选项卡的“插入”组中单击“伺服电动机”按钮，打开图 5-9 所示的“电动机”选项卡。在“属性”滑出面板可以看到默认的名称为“电动机_1”。

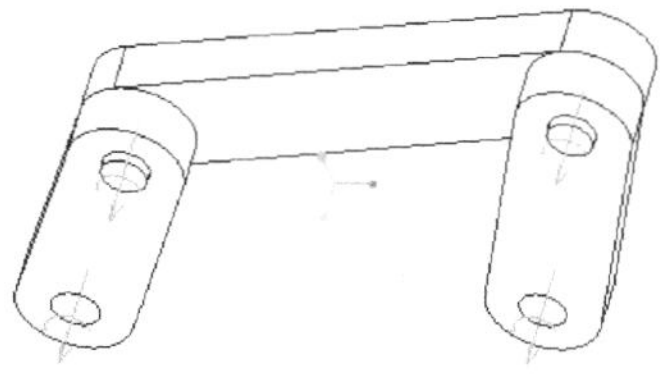

图 5-8　进入机构模式

图 5-9　“电动机”选项卡

3）选择图 5-10 左下角的连接轴。

说明：

在图形窗口中，默认时，运动方向由洋红色箭头显示，驱动图元（主体 1）以橙色加亮。单击“电动机”选项卡上的“反向”按钮，可以反转伺服电动机的运动方式。

4）单击“配置文件详情”标签，进入“配置文件详情”选项卡。在“驱动数量”选项组的下拉列表框中选择“角位置”，在“电动机函数”选项组的“函数类型”下拉列表框中选择“斜坡”选项，设置“A”值为“50”，“B”值为“20”，如图 5-11 所示。

图 5-10　选择连接轴

图 5-11　定义参数

5）在“图形”选项组中，单击“绘制选定数量相对于时间或其他变量的图形”按钮，则打开图 5-12 所示的“图形工具”窗口，以图形的形式描述特定的驱动参数，关闭该图形窗口。

6）在“电动机”选项卡上单击“确定”按钮，此时连杆组件模型如图 5-13 所示。

步骤 4：定义运动学分析。

1）在“分析”组中单击“机构分析”按钮，弹出“分析定义”对话框。

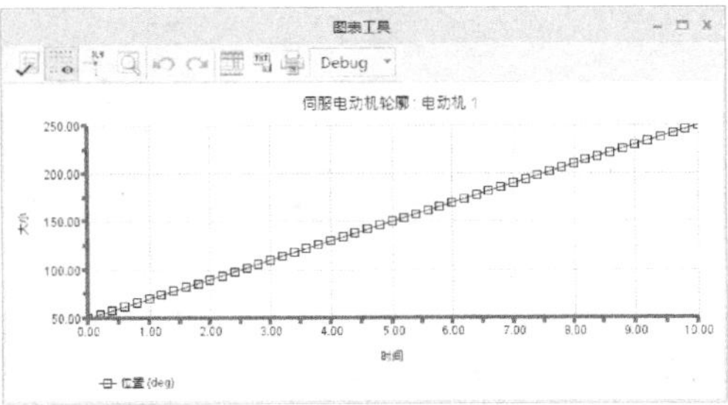

图 5-12 “图形工具”窗口

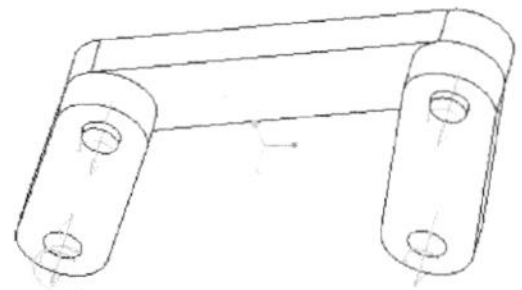

图 5-13 定义了伺服电动机

2）接受默认的分析名称为 AnalysisDefinition1，在“类型”选项组的下拉列表框中选择“运动学”选项。

3）在“首选项”选项卡上，选择“长度和帧频”选项，设置开始时间为“0”，结束时间为“20”，该选项卡上的其他选项如图 5-14 所示。

4）切换到“电动机”选项卡，可以看到之前建立的伺服电动机“电动机 1”作为动力源，如图 5-15 所示。

图 5-14 “分析定义”对话框

图 5-15 指定的动力源

5）在“分析定义”对话框中单击“运行”按钮，机构便按照设定的条件进行运行计算，运动过程中的两个截图如图 5-16 所示。

6）单击“确定”按钮。

步骤 5：回放以前运行的分析。

1）在“分析”组中单击“回放”按钮，打开图 5-17 所示的“回放”对话框。

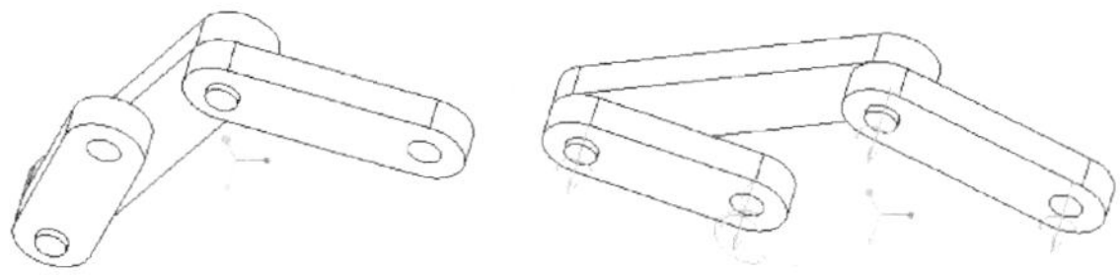

图 5-16　运行计算（两个运动截图）

2）单击“碰撞检测设置”按钮，打开图 5-18 所示的“碰撞检测设置”对话框。利用该对话框，可以设置无碰撞检测、全局碰撞检测、部分碰撞检测。这对检查机构运动时的干涉情况十分有用。

设置好所需的碰撞（冲突）检测选项后，单击“碰撞检测设置”对话框的“确定”按钮。

图 5-17　“回放”对话框

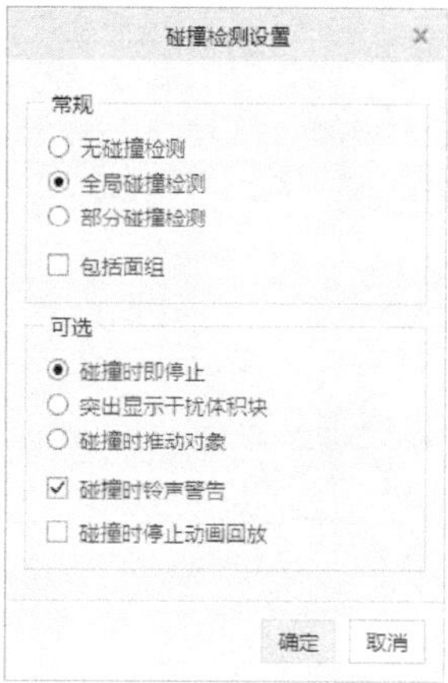

图 5-18　“碰撞检测设置”对话框

3）单击“回放”对话框的“播放当前结果集”按钮，弹出图 5-19 所示的“动画”对话框。在该对话框中，通过拖动滑块的方式设置动画播放的速度，选中“重复播放动画”按钮可以设置重复播放动画，选中“在结束时反转方向”按钮则可以设置在结束时以反转方向的形式播放动画。

单击“捕获”按钮，弹出图 5-20 所示的“捕获”对话框。从“格式”下拉列表框中可以指定以 MPEG、JPEG、TIFF、BMP 或 AVI 格式保存录制结果。

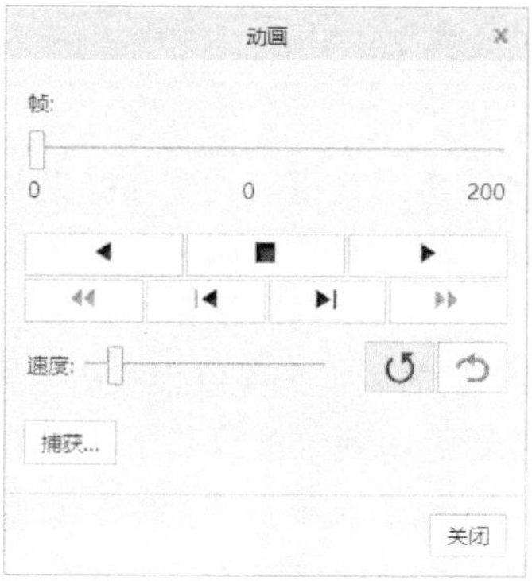

图 5-19　“动画”对话框

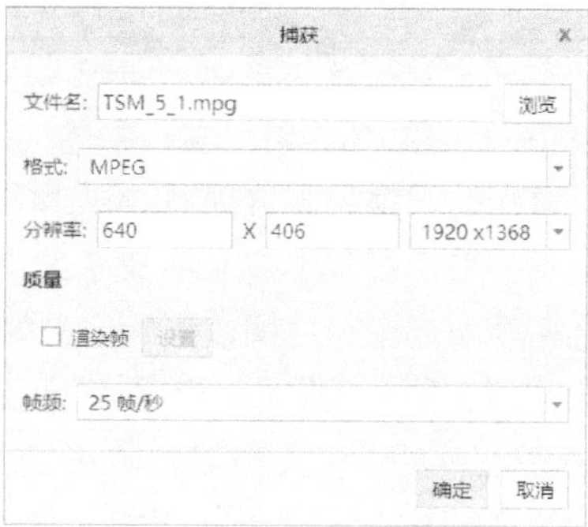

图 5-20　“捕获”对话框

5.2 机构树及机构图标显示

在装配模式下单击功能区“应用程序”选项卡中的“机构”按钮，便进入了机构模式。此时，在导航区中，多了一个图5-21所示的机构树。在进行机构分析等工作时，可以结合鼠标右键的功能和单击选中对象时弹出的浮动工具栏，在机构树中进行操作，则会在一定程度上提高设计效率。

可以设置机构图标的显示情况。方法是在功能区“机构”选项卡的“信息”组中单击“机构显示”按钮，打开图5-22所示的“图元显示”对话框，从中设置显示项目（即选择显示或隐藏的机构图标），单击“确定”按钮即可。在默认情况下，除了LCS外所有所列出来的图标都是可见的。

图5-21　机构树

图5-22　“图元显示”对话框

5.3 建立运动模型

为机构运动建立模型主要包括：在模型中定义刚性主体、连接、设置连接轴、质量属性、拖动和快照、定义动力源（如指定伺服电动机）等。

5.3.1 在模型中定义刚性主体

在Creo Parametric 7.0中，刚性主体（一般提到的主体基本都是指刚性主体）是机构模型的基本元件，是指受严格控制（刚性连接控制）的一组零件，在该零件组内没有自由度。倘若两个零件之间由于装配过程中定义的放置约束而导致无自由度，那么它们将作为同一主体的一部分。只能在两个不同主体之间放置预定义的连接集。如果定义的机构未能以预定的方式运动，或者因为两个零件在同一主体中而不能创建连接，则可能需要返回到装配模式下来重新定义机构的主体。

在功能区“机构”选项卡的“刚性主体”组中单击“突出显示刚性主体”按钮，可以加亮显示模型中的刚性主体。

5.3.2 连接

使用连接的目的是限制主体对象的自由度而保留所需要的自由度，以此使机构产生所需要的运动。连接通常是在装配模式下建立的，可供选择的主要连接类型有“刚性”“销”“滑块”“圆柱”“平面”“球”“焊缝”“轴承”“常规”“6DOF”“万向”和“槽”等。有关连接的具体介绍可以参看第 4 章的相关内容。

此外，在机构模式下，还可以定义多种高级连接，包括齿轮副连接、凸轮连接（凸轮从动机构连接）、3D 接触连接和带连接等。而在装配模式下定义的槽连接，习惯上也将其看作是一种高级连接，这些内容一同将在 5.9 节中重点介绍。

5.3.3 连接轴设置

在装配中添加了连接及指定其运动轴后，可以使用“运动轴”对话框中的选项，来控制主体的相对位置、运动轴的零位置参考、运动轴所允许的运动限制、阻碍轴运动的摩擦力等。注意，不能为球接头定义运动轴设置。

连接轴设置的一般方法及步骤如下。

1）在机构模式下，从机构树上或直接在模型中选择运动轴，接着从浮动工具栏中单击“编辑定义”按钮，如图 5-23 所示。

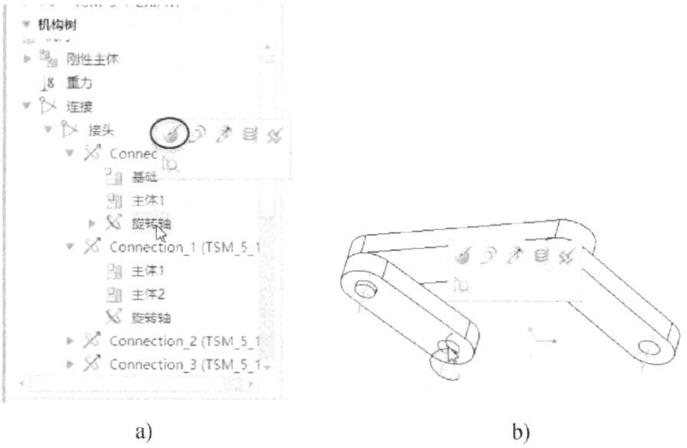

图 5-23 选择设置连接轴的命令

a）机构树上的操作 b）在模型中的操作

2）打开图 5-24 所示的“运动轴”对话框。在“旋转轴”框（或“运动轴”框）中，显示了旋转轴及其参考。可以根据设计情况选取元件零参考和装配零参考，指定零参考时，激活了对话框中的其他选项，如图 5-25 所示。

默认零位置是与装配参考相对的运动轴元件参考的初始放置位置。如果要使用不同的位置来作为零位置，可以先设置或移动元件位置，接着再单击“设置零位置”按钮，则新的零位置便成为当前位置偏移、重新生成值及元件移动的最大限制值和最小限制值的参考。此时，如果要使用默认零位置作为零位置参考，那么可以从“设置零位置”按钮所在的下拉列表框中选择“默认零位置”按钮。

3）如果对运动轴的当前位置不满意，可以在“当前位置”文本框中输入一个新的角度或距离值，并按下〈Enter〉键，则屏幕上主体的方向由新值驱动而发生变化。对于旋转轴，输入的

新值必须介于 -360°~360°之间。

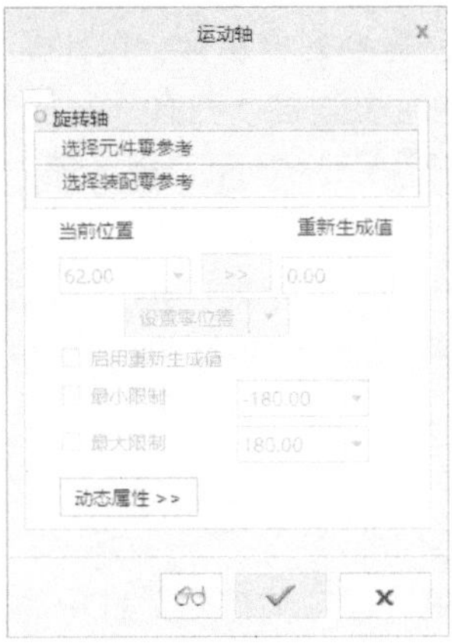

图 5-24 “运动轴”对话框

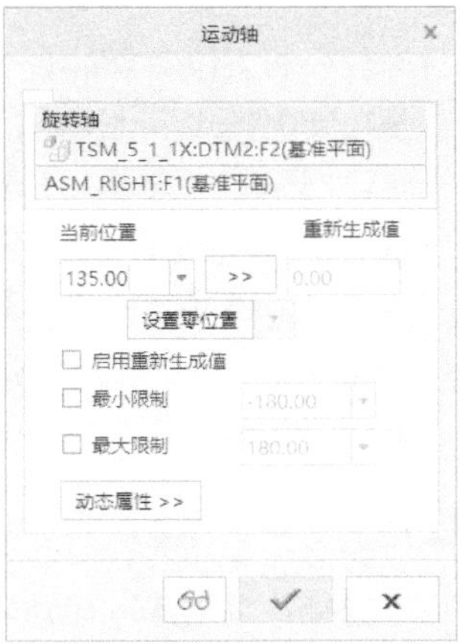

图 5-25 指定零参考时

4）再生值（重新生成值）为装配分析中所使用的值，用来设置运动轴相对于运动轴零点的方向，以便装配再生时使用。启用再生值决定再生装配时使用的偏移值。例如，先选中“启动重新生成值”复选框，接着在“当前位置”框中输入所需的值，按〈Enter〉键确认，然后单击“将当前位置设置为再生值”按钮 >>，则在“当前位置”框中输入的值成为再生值。

5）如果设计需要，可以为轴的运动设置限制范围，以及指定摩擦等。

例如，选中“最小限制”和“最大限制”复选框，分别输入“最小限制”值和“最大限制”值，这样就设置了一个运动范围，也就说超出此限制范围时，运动轴将不能移动。可以使用拖动的方式来检查极限是否在可提供预期的运动范围之内。

说明：

设置旋转轴的最小和最大运动范围时，应该注意各自的取值范围。“最小限制”值介于 -180°与 180°之间的最小值，应小于或等于最大值；而“最大限制”值是介于 -180°与 180°之间的最大值，应大于或等于最小值。旋转轴最小和最大限值之间的差距不得超过 360°，且必须大于 0。

单击“动态属性”按钮 动态属性>>，可以设置恢复系数和启用摩擦，如图 5-26 所示。

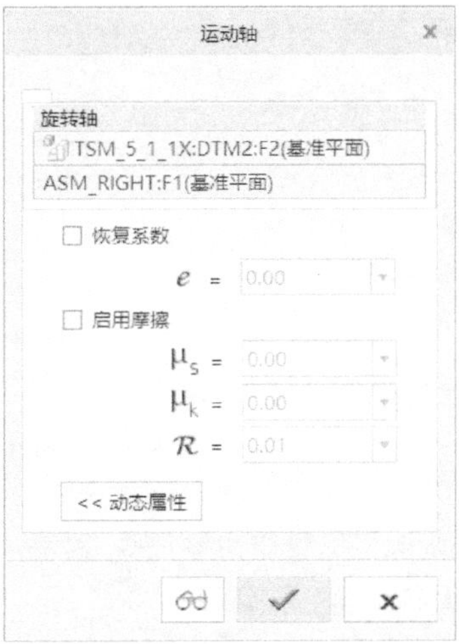

图 5-26 用于设置“动态属性”的“运动轴”对话框

恢复系数：模拟运动轴达到其极限后的冲击力。恢复系数值为两个图元碰撞前后的速度比，典型的恢复系数可以从相关的工程书籍或实际经验中获得。

启用摩擦：模拟摩擦，即阻碍轴的曲面相对运动的阻力。力的作用方向与轴的运动方向相反。摩擦系数（静态或动态）决定力的模，这两种摩擦系数都取决于所接触材料的类型。可在物理或工程书籍中查找各典型曲面组合的摩擦系数表。

- 静摩擦系数 μ_s：指定摩擦力，当摩擦力达到某一极限并开始运动前，该摩擦力可阻碍轴曲面的相对运动。静摩擦系数大于等于动摩擦系数。

- 动摩擦系数 μ_k：指定阻碍轴曲面的相对自由运动并可导致运动速度减慢的摩擦力。
- 接触半径（仅限旋转轴）R：指定运动轴和接触点之间的距离值，该值应大于零。该值定义了摩擦扭矩所作用的圆形区域的半径。

6）单击“确定”按钮 ✓ ，完成连接轴的设置。

5.3.4 质量属性

可以指定零件的质量属性，或指定装配的密度。质量属性将确定应用力时机构如何阻碍其速度或位置的改变。运动模型（机构）的质量属性由其密度、体积、质量、重力及惯性矩等组成。如果要进行动态和静态分析，必须为机构分配质量属性。

在功能区“机构”选项卡的“属性和条件”组中单击“质量属性”按钮，打开图 5-27 所示的“质量属性”对话框。

图 5-27 “质量属性”对话框

在“参考类型”选项组的下拉列表框中可供选择的选项有“零件或顶级布局”“装配”和“刚性主体”。通过该对话框，可以选择零件、装配来指定或查看其属性，包括质量、重心和惯性矩。而当选择参考类型为刚性主体时，则只能查看选定刚性主体的质量属性，而不能对其进行编辑。

“定义属性”选项组用来选择定义质量属性的方法。选定的参考类型不同，则选项也将有所不同。如果没有为模型指定密度和质量属性，则其默认选项为“默认”。

下面介绍一个典型实例，内容是在某装配中指定其中一个零件的质量属性。

1）打开该装配，进入机构模式，在功能区“机构”选项卡的“属性和条件”组中单击“质量属性”按钮，打开“质量属性”对话框。

2）在“质量属性”对话框的“参考类型”选项组中，从其下拉列表框中选择“零件或顶级布局”选项。

3）在装配中选择要定义的零件。

4）在“定义属性”选项组的下拉列表框中选择“密度”选项。可供选择的选项有“默认”“密度”“质量属性”。

5）在“坐标系”选项组中单击激活“坐标系”收集器，选择该零件的内部坐标系。

6）在“基本属性”选项组中输入密度值，如图 5-28 所示，单击“应用”按钮。注意观察修改密度后，其惯性矩等参数的变化。

7）在“定义属性”选项组的下拉列表框中选择“质量属性”选项，接着可以修改一个“质量”值，设定“重心”的位置坐标，并可以在“惯性”选项组中修改相关惯性矩的值等。最后单击“应用”按钮，此时“质量属性”对话框显示结果数据，如图 5-29 所示。

图 5-28　设置零件的密度

图 5-29　设置零件的质量属性

8）单击“确定”按钮，完成操作。

5.3.5 拖动和快照

在机构模式下，拖动是指用鼠标拾取并手动模拟机构运动。在功能区“机构”选项卡的“运动”组中单击“拖动”按钮，打开图 5-30 所示的“拖动”对话框。可以根据实际情况选择“点拖动”或“刚性主体拖动”的拖动方式，在允许的运动范围内移动元组件。

展开“快照”工具盒（也称“快照”选项区域），如图 5-31 所示。单击“快照”按钮，可以拍下当前配置的快照，即保存当前运动结构的瞬间位置状态。

注意使用“快照”选项卡中的这些工具按钮：“显示选定快照”按钮、“从其他快照中借用零件位置”按钮、“将选定快照更新为屏幕上的当前配置”按钮、“使选定快照可用于绘图”按钮和“删除选定快照”按钮。若切换到“快照”工具盒的“约束”选项卡，则需要注意这些工具按钮：“对齐两个图元”按钮、“配对两个图元”按钮

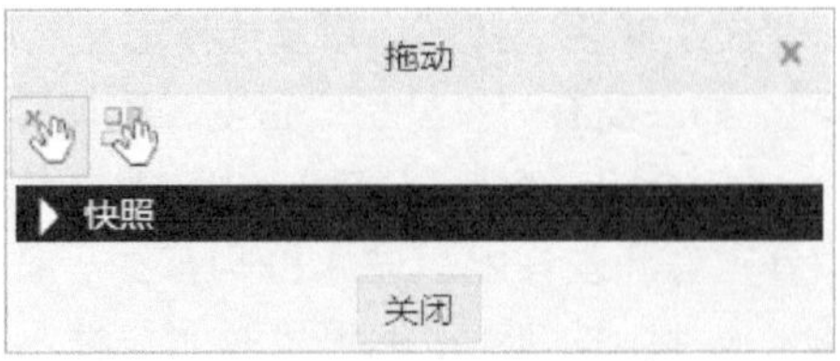

图 5-30　“拖动”对话框

图 5-31 “快照”工具盒

、“定向两个曲面”按钮、“运动轴约束”按钮、“启用/禁用凸轮升离”按钮、“刚性主体－刚性主体锁定约束”按钮、“启用/禁用连接”按钮、“删除选定约束”按钮和“仅基于约束重新连接（不使用运动轴重新生成值）”按钮。

另外，展开“高级拖动选项”工具盒，如图 5-32 所示，可以实现一些高级拖动操作，如封装移动、X 向平移、Y 向平移、Z 向平移、绕 X 旋转、绕 Y 旋转、绕 Z 旋转等。

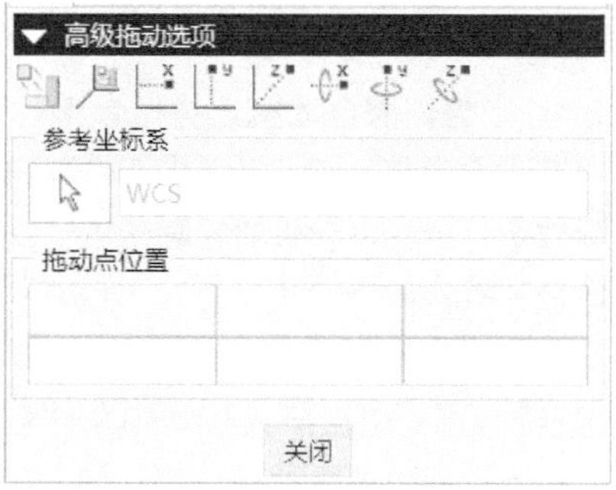

图 5-32 “高级拖动选项”工具盒

5.3.6 伺服电动机

建立伺服电动机，能够为机构提供驱动动力，实现旋转及平移运动。也就是使用伺服电动机可规定机构以特定方式运动（即伺服电动机可引起在两个主体之间、单个自由度内的特定类型的运动）。通过指定伺服电动机函数，如常数或线性函数，可以定义运动的轮廓。向模型中添加伺服电动机，可为分析做准备。

在机构模式下，单击“插入”组中的“伺服电动机”按钮，打开图 5-33 所示的“电动机”选项卡。利用该选项卡，可以很方便地创建或编辑伺服电动机。

图 5-33 “电动机”选项卡

为电动机选择参考，这需要用到“电动机”选项卡的“参考”面板。在大多数情况下选择的参考类型将用于设置运动类型。

● 当选择一个运动轴时，可根据选定运动轴创建“平移”“旋转”或“槽”电动机。如果要编辑运动轴设置，那么可单击“编辑运动轴设置”按钮，如图5-34所示，接着利用弹出的“运动轴”对话框对运动轴进行编辑设置。“参考”面板上的“运动类型”取决于选定的“从动图元”参考。如果要反转运动方向，那么可单击“反向”按钮。

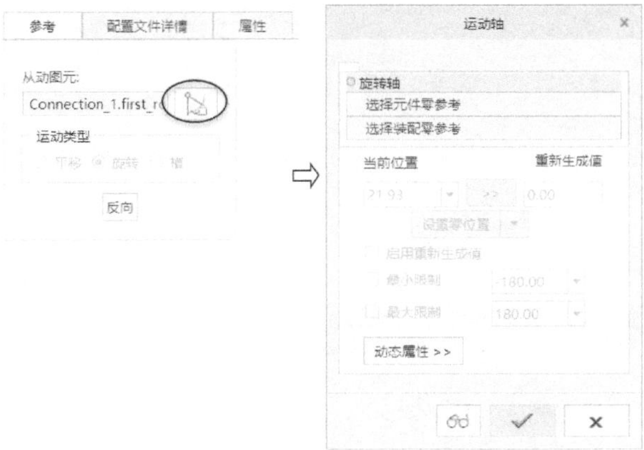

图5-34 为电动机指定运动轴参考并编辑运动轴设置

● 当为伺服电动机选择两参考，那么根据选定的参考，可创建平移或旋转电动机。

在“电动机”选项卡上打开“配置文件详情”面板，如图5-35所示，可以设置电动机驱动的实际数量，定义电动机的轮廓函数，查看以图形表示的电动机轮廓。对于旋转伺服电动机而言，驱动数量的默认值为“角位置”，还提供有“角速度”“角加速度”“扭矩”等选项。“位置”用于根据选定图元的位置定义伺服电动机运动，“速度”用于根据伺服电动机的速度对其运动进行定义，“加速度”用于根据伺服电动机的加速度对其运动进行定义，“力”或“扭矩”用于定义执行电动机。执行电动机可驱动运动轴、单个基准点或顶点、一对基准点/顶点，或整个刚性主体。

在“电动机函数”选项组的“函数类型”下拉列表框中，提供了电动机函数的多种定义方式选项，如图5-36所示，包括“常量”“斜坡”“余弦”“摆线”“抛物线”“多项式”“表”“用户定义”等，选择不同的函数时需要设置的函数系数/参数会有所不同。表5-2给出了电动机函数类型选项的函数关系，相关函数中的x一般指模拟时间。

图5-35 “配置文件详情”面板

图5-36 电动机函数

表 5-2 电动机函数类型选项

类 型	函数/参数	运动轮廓说明
常数(恒定)	q = A 其中 A 为常数	恒定的运动，需要恒定轮廓时使用此类型
斜坡(线性)	q = A + B * x A = 常数 B = 斜率	轮廓随时间做线性变化
余弦	q = A * cos(360 * x/T + B) + C A = 幅值 B = 相位 C = 偏移量 T = 周期	指定电动机轮廓为余弦曲线

SCCA(正弦-常数-余弦-加速度)	当0 < = t < A 时，
	y = H * sin [(t * Pi)/(2 * A)];
	当a < = t < (A + B)时，
	y = H;
	当(A + B) < = t < (A + B + 2C)时，
	y = H * cos [(t - A - B) * Pi/(2 * C)];
	当(A + B + 2C) < = t < (A + 2B + 2C)时，
	y = -H;
	当(A + 2B + 2C) < = t < = 2 * (A + B + C)时，
	y = -H * cos [(t - A -2B -2C) * Pi/(2 * A)];
	A = 递增加速度的归一化时间部分
	B = 恒定加速度的归一化时间部分
	C = 递减加速度的归一化时间部分
	其中 A + B + C = 1，H = 幅值，T = 周期
	式中 t 是归一化时间，
	t = t_a * 2 / T，其中 t_a = 实际时间，T = SCCA 轮廓周期
	如果实际时间长于 SCCA 轮廓的周期，则轮廓将重复自身
		用于模拟凸轮轮廓输出，只有选中“加速度”后才可使用 SCCA；此轮廓不适用于执行电动机

摆线	q = L * x/T - L * sin (2 * Pi * x/T)/2 * Pi L = 总高度（全升值） T = 周期	用于模拟凸轮轮廓输出
抛物线	$q = A * x + 1/2 * B * x^2$ A = 线性系数（一次项系数） B = 二次项系数	可用于模拟电动机的轨迹
多项式	$q = A + B * x + C * x^2 + D * x^3$ A = 常数项 B = 线性项系数 C = 二次项系数 D = 三次项系数	用于三次多项式电动机轮廓
表	###. tab	用于利用四列表格中的值生成模；如果已将测量结果输出到表中，此时就可以使用该表
用户定义		用于指定由多个表达式段定义的任一种复合轮廓

5.4 设置运动环境

在本节中，将介绍有关重力、执行电动机、阻尼器、弹簧、力/扭矩、初始条件的相关知识，以便读者熟悉如何设置运动环境。

5.4.1 重力

使用“属性和条件”组中的“重力”按钮，可以模拟重力对机构运动的影响（即定义重力、方向和大小来模拟重力效果）。定义重力后，在模型中会出现一个 WCS（全局坐标系）图标和一个指示重力加速度方向的箭头，如图 5-37 所示。重力加速度的默认方向是 WCS 的 Y 轴负方向。

需要注意的是，在进行动态、静态或力平衡等分析时，如果要使重力包括在计算过程中，需要打开“分析定义”对话框，在“外部载荷”选项卡中选中“启动重力”复选框。如果未选中“启动重力”复选框，则默认在分析过程中将不应用重力。

在功能区“机构”选项卡的“属性和条件”组中单击“重力”按钮，将打开图 5-38 所示的“重力”对话框。此时，在装配组件中显示 WCS 图标和指示重力加速度方向的箭头。在“大小”选项组中，显示的默认值是以 Creo Parametric 默认单位表示的引力常数。用户可以在“方向”选项组中为重力加速度向量输入方向坐标，然后单击“确定”按钮。

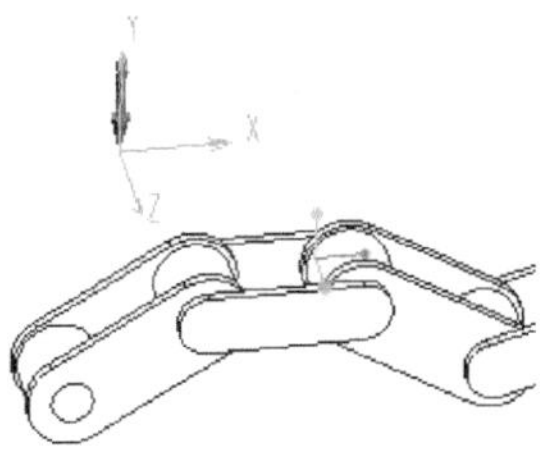

图 5-37　重力显示

图 5-38　“重力”对话框

5.4.2 执行电动机

使用执行电动机，可以向机构施加特定的负载。添加执行电动机主要是为了给模型进行动态分析做准备的。执行电动机可通过以单个自由度施加力（沿着平移、旋转或槽轴）的方式来产生相应的运动。

创建执行电动机的方法步骤和创建伺服电动机的方法步骤是类似的，其方法步骤如下。

1）在“插入”组中单击“执行电动机”按钮，打开图 5-39 所示的“电动机”选项卡。执行电动机和伺服电动机的定义都使用“电动机”选项卡，但执行电动机和伺服电动机具有不同的参考收集规则。

2）打开“属性”滑出面板，在“名称”文本框中输入执行电动机的名称或接受默认的执行电动机名称。

图 5-39 “电动机”选项卡

3）为执行电动机选择参考。运动轴执行电动机和点对点力以单个自由度施加力（沿平移、旋转或槽轴），因此定义此类执行电动机或力时只能选择从动图元参考。对于使用单点力和扭矩在指定方向施加运动的执行电动机、力或扭矩，可设置“运动方向”选项。

4）打开“配置文件详情”滑出面板，设置“驱动数量”，定义电动机的函数，查看以图形表示的电动机轮廓等，如图 5-40 所示。

5）单击“确定”按钮，机构上出现一个执行电动机图标。

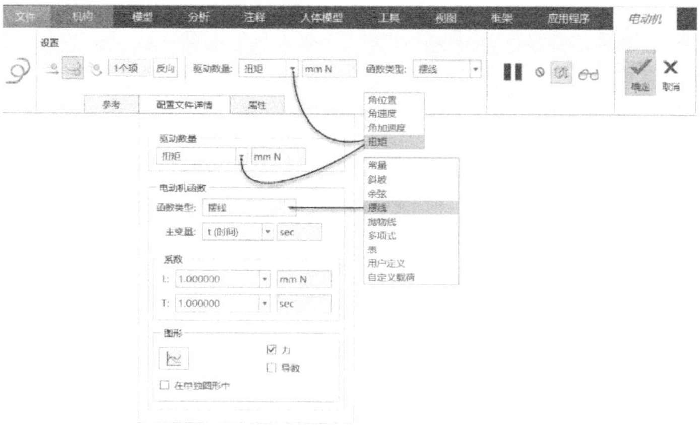

图 5-40 选择电动机函数选项

5.4.3 阻尼器

在 Creo Parametric 软件系统中，所说的阻尼器是一种载荷类型，它产生的力会消耗运动机构的能量并阻碍其运动。阻尼力始终和应用该阻尼器的图元的速度成比例，且与运动方向相反。在机构上创建所需的阻尼器，可以模拟真实的力。例如，可以使用阻尼器代表将液体推入柱腔的活塞减慢运动的黏性力。

下面介绍创建阻尼器的一般方法及步骤。

1）在功能区“机构”选项卡的“插入”组中单击“阻尼器”按钮，打开图 5-41 所示的“阻尼器”选项卡。

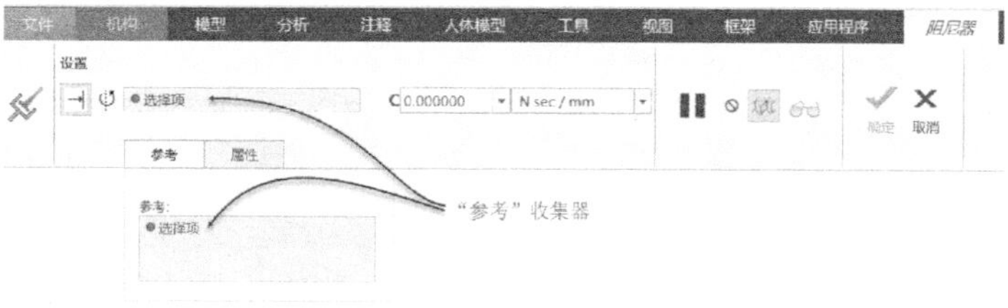

图 5-41 “阻尼器”选项卡

说明：

"阻尼器"选项卡上主要组成元素的功能含义如下。

- ⊣：阻尼器平移运动。相当于将阻尼器类型设置为延伸或压缩。
- ↻：阻尼器旋转运动。相当于将阻尼器类型设置为扭转。
- "参考"收集器：该收集器处于被激活状态，且选中⊣按钮时，选取一个平移轴、一个槽从动结构或一对点以定义阻尼器；而当选中↻按钮时，则选取旋转轴以定义阻尼器。
- C框：输入一个阻尼系数（C）或从最近使用值中选取。注意关系：力＝C＊速度。

2）在"阻尼器"选项卡上，选中"阻尼器平移运动"按钮⊣或"阻尼器旋转运动"按钮↻。

3）根据实际情况，选取有效参考（如运动轴或基准点等）定义阻尼器。注意按住〈Ctrl〉键的同时可实现选择两个基准点。

4）为阻尼系数 C 指定一个值。该阻尼系数可以由生产商提供，或者从一些专业书籍中查阅到，还或者从实际经验中得出。

5）在"阻尼器"选项卡上单击"属性"按钮，打开"属性"滑出面板。在"名称"文本框中为阻尼特征输入定制名称以替换自动生成的名称；用户也可以接受默认的阻尼器名称。

如果在"属性"滑出面板上单击"显示此特征的信息"按钮 ℹ️，则可以打开浏览器来查看该特征的详细信息。

6）单击"确定"按钮 ✔️，将阻尼器添加到机构中。

5.4.4 弹簧

在机构模式下定义的弹簧，可以在结构中产生平移或旋转弹力，即弹簧在模拟被拉伸或者压缩时能够产生线性弹力，在旋转时产生扭转力。在力学分析中，弹力的大小与距平衡位置的位移成正比。可以沿着平移轴或在不同主体上的两点间创建一个拉伸弹簧，也可以沿着旋转轴创建一个扭转弹簧。

在机构环境中，定义弹簧的一般步骤及方法如下。

1）在功能区"机构"选项卡的"插入"组中单击"弹簧"按钮 🌀，打开图 5-42 所示的"弹簧"选项卡。利用该选项卡，可以定义新的弹簧或者编辑现有弹簧。

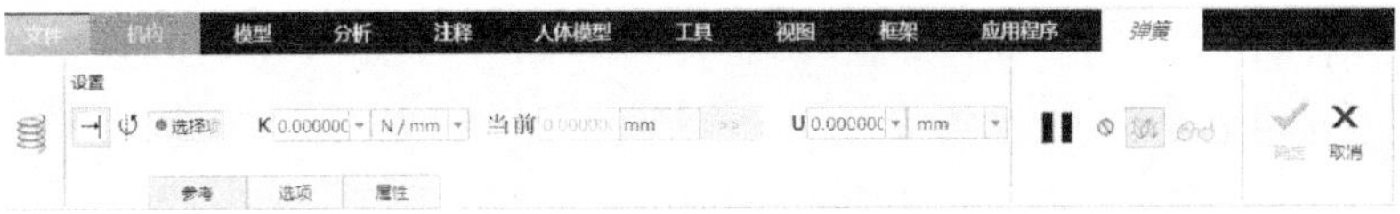

图 5-42 "弹簧"选项卡

说明：

"弹簧"选项卡上的主要组成元素的功能含义如下。

- →⊢：延伸/压缩弹簧。
- ↻：扭转弹簧。
- "参考"收集器：用于选取参考（如选取运动轴或一对点作为参考图元）以定义弹簧，即用于选择和显示弹簧放置参考。

- K框：用于指定弹簧刚度系数 K。
- U框：用于指定弹簧平衡位移，即设置弹簧未拉伸的长度。

2）进入"属性"滑出面板，在"名称"文本框中输入弹簧特征新名称，或者接受默认的弹簧特征名称。

3）在"弹簧"选项卡上，选中"延伸/压缩弹簧"按钮➝或"扭转弹簧"按钮↻。

4）选取参考（如运动轴或一对点）以定义弹簧。

5）分别指定弹簧刚度系数及弹簧平衡位移，即指定弹簧刚度系数 K 的值，以及弹簧处于自由状态时的常数 U 值。

说明：

弹力大小的公式为"力 = K * (x − U)"，K 为弹簧的刚度系数，U 为弹簧处于自由状态时（未拉伸或未压缩时的状态）的常数值。在输入弹簧自由状态时的常数 U 值时，应该遵循这些原则：对于平移的运动轴，以长度单位输入该值；对于旋转的运动轴，以角度测量单位输入该值；对于点到点弹簧，系统自动显示 U 常数的值作为两个选定参考图元间的距离，如果要修改该值，则以长度单位输入该值。

6）在"弹簧"选项卡上单击"选项"按钮，打开"选项"滑出面板，如图 5-43 所示。在某些情况下，可以选中"调整图标直径"复选框，从而设置一个新的图标直径值。

图 5-43　打开"选项"滑出面板

7）单击"确定"按钮✔，完成弹簧的编辑定义。新弹簧图标将出现在机构中。

5.4.5　力/扭矩

在机构模式下建立所需外部的力或扭矩，可以真实模拟对机构运动的外部影响。所述的力/扭矩通常表示机构与另一主体的动态交互作用，并且是在机构的零件与机构外部实体接触时产生的。力总表现为推力或拉力，它可导致对象更改其平移运动。而扭矩是一种扭曲力或旋转力。在 Creo Parametric 7.0 中，力和扭矩被视为电动机特征，它们的定义方式与电动机的定义方式相同。

建立力/扭矩的一般方法及步骤如下。

1）在功能区"机构"选项卡的"插入"组中单击"力/扭矩"按钮，打开"电动机"选项卡，可以看到"驱动数量"设置为"力"。

2）在"电动机"选项卡上打开"参考"滑出面板，选择参考，并设置运动类型和方向。对于在模型上选择参考图元，当要施加点力，那么可选择一点或顶点；当要考虑刚性主体扭矩，那么选择刚性主体；对于点对点力，则在不同的刚性主体上选择两个点或顶点。一个点力或点对点力，表示的是平移运动，刚性主体扭矩始终表示旋转运动。图 5-44 的示例，选定的"从动图元"参考为位于模型表面上的一个基准点。该参考自动确定了其运动类型为平移运动，在"运动方向”选项组中指定力或扭矩矢量的方向。

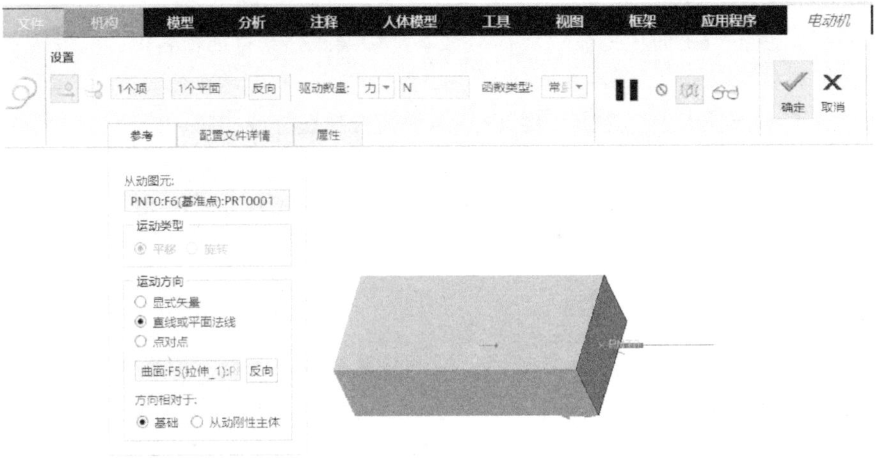

图 5-44　配合使用“电动机”选项卡的“参考”滑出面板

3）打开“配置文件详情”滑出面板，设置力或扭矩轮廓详细信息，如图 5-45 所示。若要定义力或扭矩的类型，那么可以从“函数类型”下拉列表框中选择“常量”“斜坡”“余弦”“摆线”“抛物线”“多项式”“表”“用户定义”“自定义载荷”之一，接着设置所选类型电动机函数的系数或参数。

4）设置或查看图形显示。在“配置文件详情”滑出面板的“图形”选项组中默认选中“力”复选框表示选择“力”图形轮廓。单击按钮，则打开图 5-46 所示的“图表工具”窗口，该窗口显示“力扭矩轮廓图”。如果在“图形”选项组中选中“导数”复选框，则将轮廓添加到图形；清除“导数”复选框时，则从图形中移除轮廓。如果选中“在单独图形中”复选框，则在单独的窗口中显示每个图形。

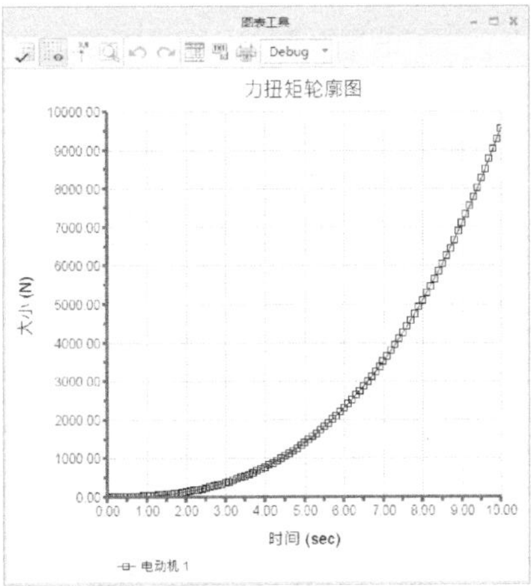

图 5-45　选择电动机函数等

图 5-46　图表工具

当函数类型为“表”时，定义表轮廓时可以修改与显示和插值点数有关的设置，如图 5-47 所示。

5）如果要更改力/扭矩特征属性，那么可使用上述“电动机”选项卡的“属性”滑出面板，可以编辑其名称，以及在浏览器中显示特征信息。

6）单击“确定”按钮✓，完成力/扭矩的定义。

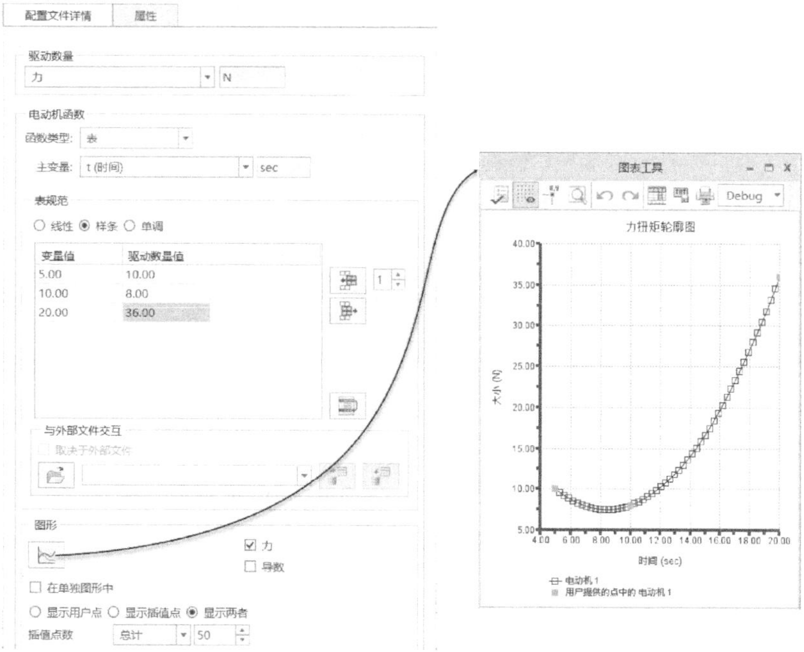

图 5-47　定义表轮廓

5.4.6 初始条件

在机构中设置的初始条件主要分两大类，即位置初始条件和速度初始条件。位置初始条件用于确保分析从特定的位置开始；而速度初始条件则确保分析以特定的速度开始，可以定义点、运动轴、角度及切向槽速度设置。

在机构模式下，定义初始条件的一般方法及步骤如下。

1）在功能区“机构”选项卡的“属性和条件”组中单击“初始条件”按钮，打开“初始条件定义”对话框，如图 5-48 所示。

2）在“名称”文本框中指定初始条件的名称。

3）在“快照”选项组中，接受默认的“当前屏幕”选项，或者从下拉列表框中选择先前创建的快照。

4）在“速度条件”选项组中，选中所需要的工具图标来辅助定义速度，注意检查初始条件的兼容性和有效性。

5）单击“确定”按钮，保存定义好的初始条件规范。

在单击“初始条件定义”对话框中的“确定”按钮后，系统将执行验证检查。如果初始条件不一致，则系统将显示一条错误信息，指出速度约束不符合要求，且定义的初始条件无效。

在这里，有必要介绍使用初始条件的一些注意事项。例如，在分析中使用初始条件之前，要始终检查其有效性，确保创建的初始条件在物理上是可能的，并且彼此之间不冲突。

- 在分析中，如果将活动的伺服电动机添加到模型中，则起始位置将发生异常。由伺服电

图 5-48 “初始条件定义”对话框

动机定义的初始位置将在分析开始时覆盖原起始位置。

- 当定义角速度初始条件时，选取一个与任何旋转运动轴连接都不冲突的矢量（向量）。旋转轴与指定的矢量平行，这取决于自由度及其与组件连接的方式。
- 角速度的初始条件对封装元件（而非有运动轴连接的元件）来说是最有用的。
- 在分析定义中使用初始形态快照，可以为位置、运动学、静态和力平衡分析指定初始位置。

5.5 建立机构分析

为了有效地评估机构以满足不同的设计需求，可以在建立运动模型和设置运动环境之后，建立所要求的机构分析。机构分析分为位置分析、运动学分析、动态分析、静态分析和力平衡分析。

在“分析”组中单击“机构分析”按钮，打开图 5-49 所示的“分析定义”对话框。在指定好分析名称后，从“类型”选项组的下拉列表框中选择其中的一个类型选项，可供选择的类型选项有“位置”“运动学”“动态”“静态”和“力平衡”，如图 5-50 所示，即可以建立位置分析、运动学分析、动态分析、静态分析和力平衡分析。

5.5.1 位置分析

位置分析是由伺服电动机驱动的一系列组件分析，它可以用来研究元件随时间而运动的位置、元件间的干涉以及机构运动的轨迹曲线等。

位置分析模拟机构运动，满足伺服电动机轮廓和任何接头、凸轮从动机构、槽从动机构或齿轮副连接等的要求，并记录机构中各元件的位置数据。位置分析将不考虑力和质量的因素，而机构模型中的动态图元，例如弹簧、阻尼器、重力、力/扭矩以及执行电动机等都不会影响位置分析。

定义位置分析的一般步骤如下。

图 5-49 “分析定义”对话框

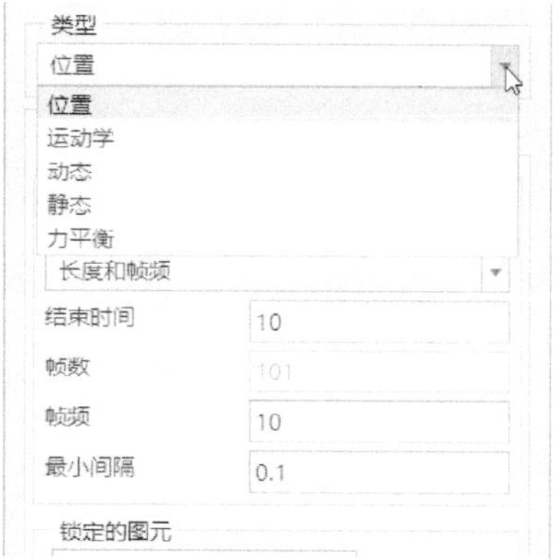

图 5-50 选择分析的类型选项

1）单击“机构分析”按钮，打开“分析定义”对话框

2）为分析输入名称或者接受默认的名称。

3）在“类型”选项组的下拉列表框中选择“位置”选项。

4）在“首选项”选项卡上设置“图形显示”“锁定的图元”“初始配置”方面的首选项。例如，在“图形显示”选项组中，设置“开始时间”为“0”，选择“长度和帧频”选项，并指定结束时间为“15”，帧频为“10”，最小间隔为“0.1”；在“初始配置”选项组中选“快照”选项，接着从列表中选择已保存的快照，如图 5-51 所示。

5）进入“电动机”选项卡，指定所需要的电动机，如图 5-52 所示。按钮用于添加新行，按钮用于删除突出显示的行，按钮用于添加所有电动机。

6）倘若要运行刚定义的位置分析，则单击“运行”按钮；倘若要接受该分析定义并在以后运行，则单击“确定”按钮。

5.5.2 运动学分析

定义运动学分析可以有效地评估机构在伺服电动机驱动下的运动。运动学分析同位置分析十分相似，都会模拟机构的运动，满足伺服电动机轮廓和任何接头、凸轮从动机构、槽从动机构或齿轮副连接的要求。运动学分析同样可不考虑受力。

使用运动学分析可以获知：几何图元和连接位置、速度以及加速度；元件间的干涉；机构运动的轨迹曲线等。而使用位置分析则不能获知有关速度与加速度的信息，这是运动学分析与位置分析的一个不同之处。

请看下面的一个运动学分析的实例。

图 5-51　定义位置分析的优先选项

图 5-52　指定电动机

步骤 1：打开装配，并进入机构模式。

1）在“快速访问”工具栏中单击“打开”按钮，弹出“文件打开”对话框，选取本书配套资料包之 CH5→TSM_5_2 文件夹中的 TSM_5_2. ASM，单击“打开”按钮。

2）在功能区“应用程序”选项卡的“运动”组中单击“机构”按钮，进入机构模式。此时在模型中显示滑动杆的图标，如图 5-53 所示。

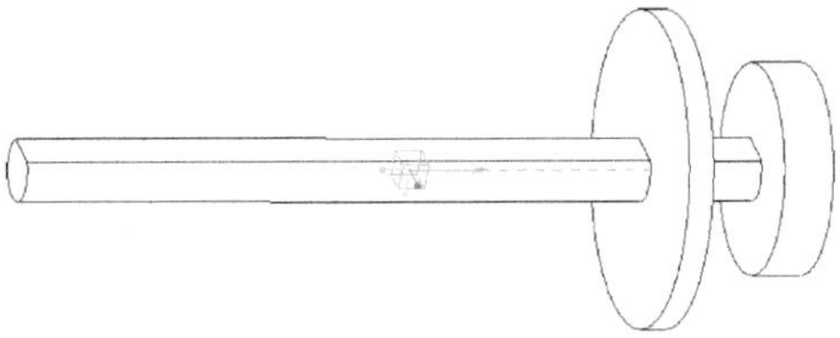

图 5-53　滑动杆简易装置

步骤 2：定义伺服电动机。

1）在功能区“机构”选项卡的“插入”组中单击“伺服电动机”按钮，打开“电动机”选项卡。

2）接受默认的名称为“电动机_1”（可在“属性”滑出面板中查看和设置名称），选择滑动杆运动轴，单击“反向”按钮，此时如图 5-54 所示。

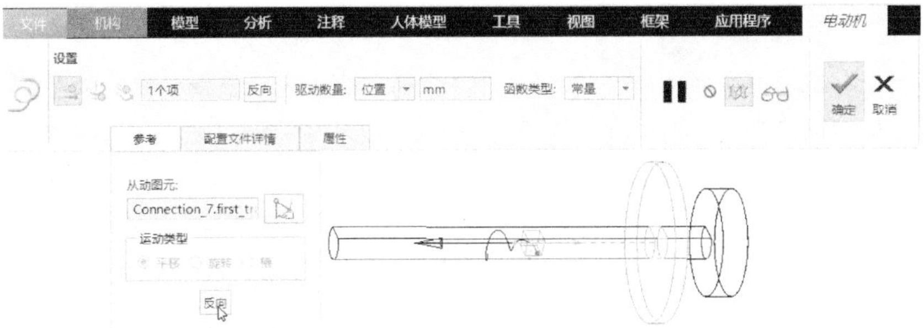

图 5-54　定义运动轴伺服电动机

3）打开“配置文件详情”滑出面板，在“驱动数量”选项组的下拉列表框中选择“位置”选项，在“电动机函数”选项组的“函数类型”下拉列表框中选择“斜坡”选项，设置“A”值为“8”（单位为 mm），“B”值为“6”（单位为 mm/sec），如图 5-55 所示。

4）打开“参考”滑出面板，从中单击“定义运动轴设置”按钮，打开图 5-56 所示的“运动轴”对话框。

图 5-55　伺服电动机定义

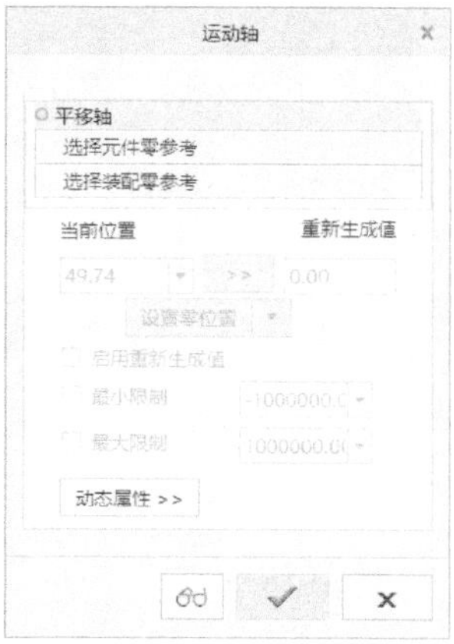

图 5-56　“运动轴”对话框

5）分别选择图 5-57 所示的元件零参考和装配零参考。

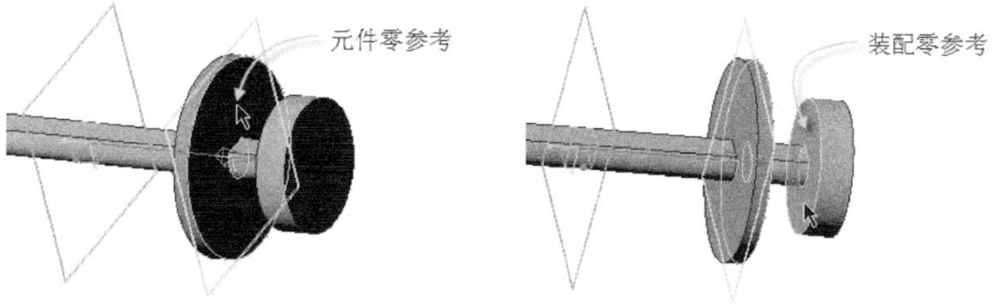

图 5-57　选择零参考

6）在“运动轴”对话框中选中“启用重新生成值”复选框，在“当前位置”文本框中输入“-1”，单击“将当前位置设置为重新生成值”按钮。

7）单击“应用”按钮，返回到“电动机”选项卡。

8）在“电动机”选项卡中单击“确定”按钮。

步骤 3：建立运动学分析。

1）在功能区“机构”选项卡的“分析”组中单击“机构分析”按钮，打开“分析定义”对话框。

2）接受默认的名称为 AnalysisDefinition1。

3）在“类型”选项组的下拉列表框中选择“运动学”选项。

4）在“首选项”选项卡的“图形显示”选项组中，设置开始时间为“0”，结束时间为“16”，选择“长度和帧频”选项，帧频为“10”，最小间距为“0.1”，如图 5-58 所示；切换到“电动机”选项卡，指定电动机如图 5-59 所示。

图 5-58 设置首选项

图 5-59 指定电动机

5）单击“运行”按钮，将可以在主窗口中显示机构运动的动态画面。

6）单击“确定”按钮。

5.5.3 动态分析

动态分析是力学的一个分支，它主要用来研究主体运动或平衡时的受力情况以及力之间的关系。建立动态分析，可以考虑力、质量、惯性等外力作用。在“分析定义”对话框中，从“类型”下拉列表框中选择“动态”选项后，打开“外部载荷”选项卡，可以决定是否启用重力、是否启用所有摩擦，并可以载入其他外部载荷，如图 5-60 所示。

图 5-60 “分析定义”对话框的“外部载荷”选项卡

下面介绍一个进行动态分析的摇摆实例，其具体的操作步骤如下。

步骤 1：打开装配，并进入机构模式。

1）在“快速访问”工具栏中单击“打开”按钮，弹出“文件打开”对话框，选取本书配套资料包中 CH5→TSM_5_3 文件夹中的 TSM_5_3. ASM，单击“打开”按钮。

2）从功能区“应用程序”选项卡的“运动”组中单击“机构”按钮，进入机构模式，此时模型如图5-61所示。

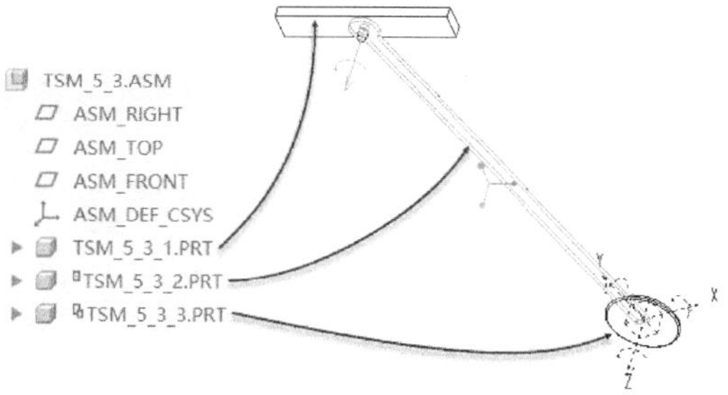

图5-61 摇摆结构

步骤2：定义质量属性。

1）从功能区“机构”选项卡的“属性和条件”组中单击“质量属性”按钮，打开“质量属性”对话框。

2）从“参考类型”选项组的下拉列表框中选择“装配”选项，选择TSM_5_3. ASM。

3）在“定义属性”选项组的下拉列表框中选择“密度”选项，接着在“零件密度”文本框中输入7.605e－9，如图5-62所示。

图5-62 定义质量属性

4）单击“确定”按钮。

步骤3：使用拖动和快照功能设置摇摆初始角。

1）在功能区“机构”选项卡的“运动”组中单击“拖动元件”按钮，打开“拖动”对话框。

2）展开“快照”工具盒，并进入“约束”选项卡，单击“运动轴约束”按钮，选择摇摆的销钉连接接头轴，在“值”选项组中输入数值为“3.95”（即设置单摆的角度为3.95°），如图5-63所示，按〈Enter〉键确认后，摇摆如图5-64所示。

3）在“拖动”对话框的“快照”工具盒中，单击“拍下当前配置的快照”按钮，默认的快照名称为Snapshot1，单击“关闭”按钮。

步骤4：建立在重力作用下的动态分析。

1）在“分析”组中单击“机构分析”按钮，打开“分析定义”对话框。

图 5-63 设置摇摆的初始角

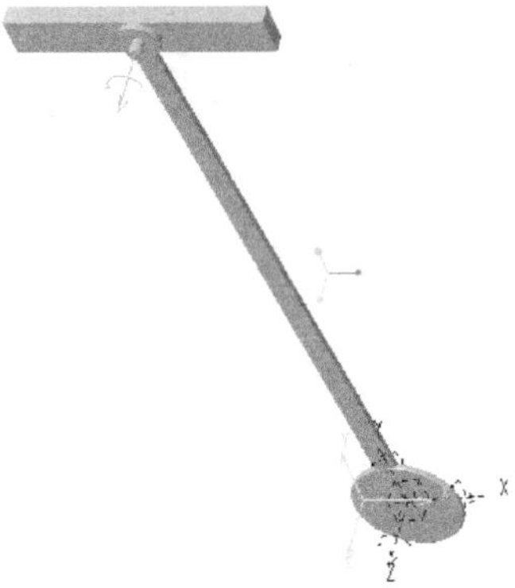

图 5-64 设置初始角度

2）接受默认的名称为 AnalysisDefinition1。

3）在“类型”选项组的下拉列表框中选择“动态”选项。

4）在“首选项”选项卡中设置的选项及参数如图 5-65 所示。

5）切换到“外部载荷”选项卡，选中“启用重力”复选框，如图 5-66 所示。

图 5-65 设置动态类型的首选项

图 5-66 启用重力

6）单击“运行”按钮，在主窗口中显示单摆在重力作用下的动态画面。

7）单击“确定”按钮。

5.5.4 静态分析

静态分析也是运动力学的一个重要分支，它主要研究主体平衡时的受力状况。在结构中使用静态分析，可以确定机构在承受已知力的一个稳定状态。其中，机构中所有负载和力处于平衡状态，其总势能等于零。

在静态分析中，不考虑速度和惯性等因素。

在这里介绍一个利用静态分析获得机构平衡状态的实例。源文件位于本书配套资料包 CH5→TSM_5_4 文件夹中。

步骤1：打开组件模型，并进入机构模式。

1）在“快速访问”工具栏中单击“打开”按钮，弹出“文件打开”对话框，选取本书配套资料包 CH5→TSM_5_4 文件夹中的 TSM_5_4. ASM，单击“打开”按钮。

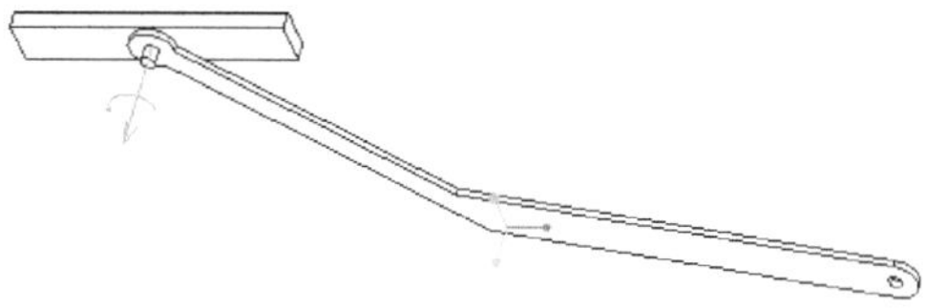

图 5-67　原始机构模型

2）在功能区“应用程序”选项卡的“运动”组中单击“机构”按钮，进入机构模式，此时模型所处的状态如图 5-67 所示。

步骤2：建立静态分析。

1）在“分析”组中单击“机构分析”按钮，打开“分析定义”对话框。

2）接受默认的分析名称。

3）在“类型”选项组的下拉列表框中选择“静态”选项。

4）切换到“外部载荷”选项卡，选中“启用重力”复选框。

5）单击“运行”按钮，此时结构变为平衡状态，如图 5-68 所示；并且出现一个“图形工具”窗口，如图 5-69 所示。然后在“分析定义”对话框中单击“确定”按钮。

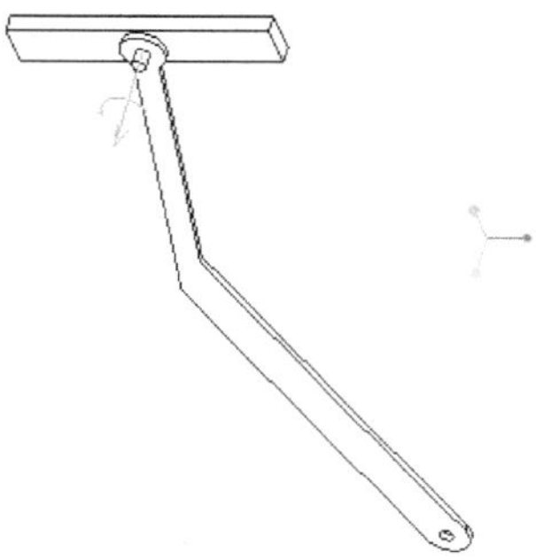

图 5-68　平衡状态的机构

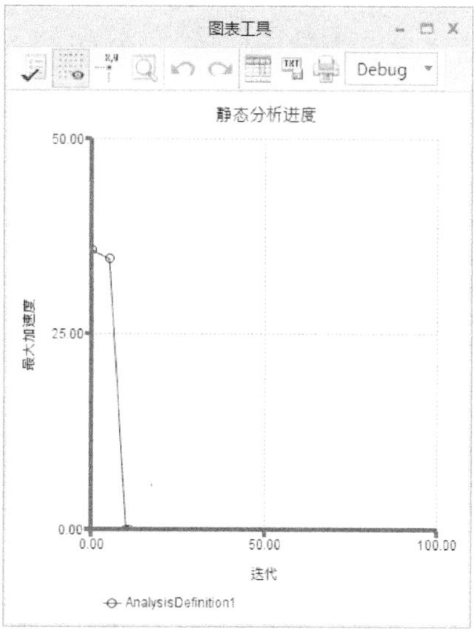

图 5-69　“图表工具”对话框

5.5.5 力平衡分析

力平衡分析属于一种逆向的静态分析，使用力平衡分析可以求解出使机构在特定形态中保持固定所需要的力。

在运行力平衡分析之前，必须将结构自由度降至为零，所以需要使用连接锁定、两个主体间的主体锁定、某点的测力计锁定等方式使自由度降至为零。

在这里采用上一小节的组件作为原始组件模型，也可以从本书配套资料包 CH5→TSM_5_5 文件夹选择原始组件文件。下面是对该组件特定位置的力平衡分析。

步骤 1：打开装配组件模型，并进入机构模式。

1）在“快速访问”工具栏中单击“打开”按钮，弹出“文件打开”对话框，选取本书配套资料包 CH5→TSM_5_5 文件夹中的 TSM_5_5. ASM，单击“打开”按钮。

2）在功能区“应用程序”选项卡的“运动”组中单击“机构”按钮，进入机构模式。

步骤 2：使用拖动和快照功能指定需要的位置。

1）在功能区“机构”选项卡的“运动”组中单击“拖动元件”按钮，打开“拖动”对话框。

2）展开“快照”工具盒，并进入“约束”选项卡，单击“运动轴约束”按钮，选择装配组件中的连接轴，在“值”选项组中输入数值为“30”，按〈Enter〉键确认。

3）在“快照”工具盒的“当前快照”选项组中单击“拍下当前配置的快照”按钮，默认的快照名称以 Snapshot#形式（如快照名默认为 Snapshot1）来显示，单击“关闭”按钮。

步骤 3：定义质量属性。

1）在功能区“机构”选项卡的“属性和条件”组中单击“质量属性”按钮，打开“质量属性”对话框。

2）在“参考类型”选项组的下拉列表框中选择“装配”选项，在装配模型树上选择 TSM_5_5. ASM。

3）在“定义属性”选项组的下拉列表框中选择“密度”选项，接着在“零件密度”框中输入“7. 8e－09”。

4）单击“质量属性”对话框的“确定”按钮，并确认零件密度应用于装配中的所有元件。

步骤 4：定义力平衡分析。

1）在功能区“机构”选项卡的“分析”组中单击“机构分析”按钮，打开“分析定义”对话框。

2）接受默认的分析名称。

3）在“类型”选项组的下拉列表框中选择“力平衡”选项。在“首选项”选项卡的“初始配置”选项组中，选择“快照”单选按钮，选择之前拍下的快照。

4）在“自由度”选项组中，单击“评估”按钮，检查到自由度为 1，如图 5-70 所示。

5）在“锁定的图元”选项组中单击“创建测力计锁定”按钮，选取图 5-71 所示的基准点 PNT0 作为用于测力计约束的点，单击鼠标中键。

说明：

在“锁定的图元”选项组中，具有 5 个实用的工具按钮，它们的功能与用途如下。

- ：创建主体锁定。需要选取先导主体，然后选取一组要锁定的从动主体。在分析过程中，从动主体相对于先导主体保持固定。

- ：创建连接锁定。需要选取某个连接。
- ：创建测力计锁定。
- ：启用/禁用连接。
- ：删除锁定的图元。

图 5-70　评估自由度

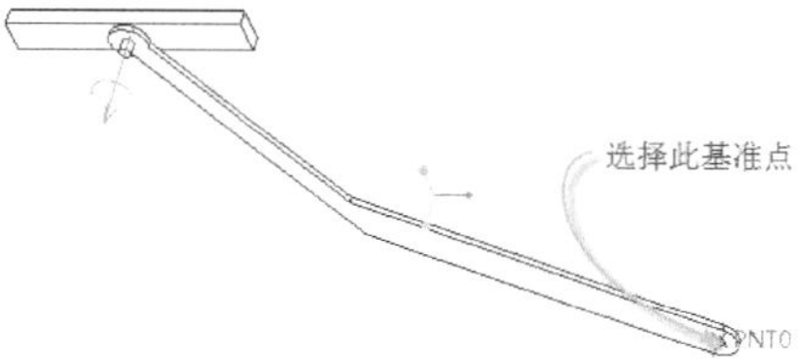

图 5-71　选择基准点

6）在图 5-72 所示的文本输入框中输入测力计向量的 X 分量为 0，单击“接受”按钮。

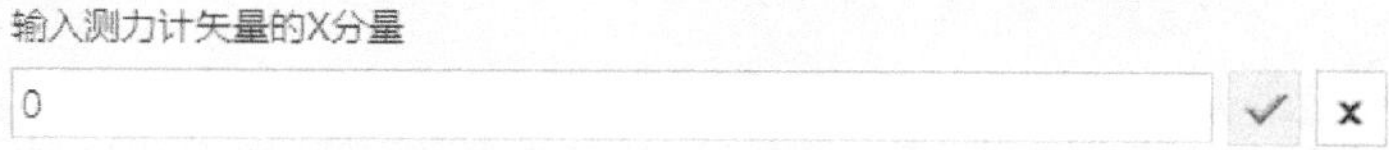

图 5-72　输入 X 分量

7）输入测力计向量的 Y 分量为 1，单击“接受”按钮。

8）输入测力计向量的 Z 分量为 0，单击“接受”按钮。此时，机构如图 5-73 所示。

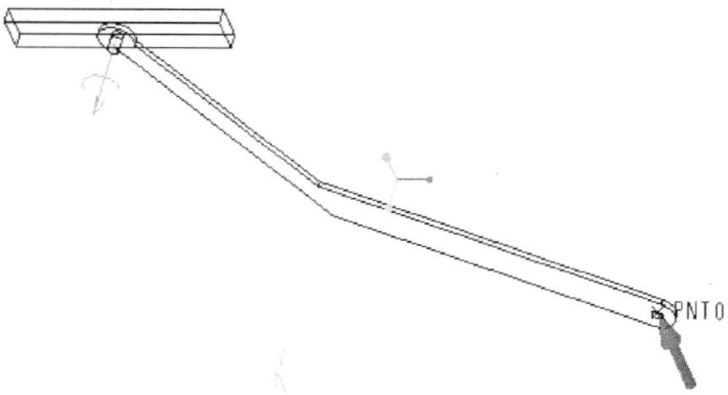

图 5-73　显示所需要的力的图标

9）切换到“外部载荷”选项卡，选中“启用重力”复选框。

10）单击“运行”按钮，系统将弹出一个“力平衡反作用负荷”对话框，用来显示保持当前位置平衡时所需要的力的大小，单击“确定”按钮。

11）最后单击“分析定义”对话框中的“确定”按钮。

5.6 回放结果

在功能区“机构”选项卡的“分析”组中单击“回放（回放以前的分析）”按钮，打开图5-74所示的“回放”对话框。利用该对话框，可以播放已建立的分析并输出成为允许的动画文件，可以实现运动的冲突干涉检查和创建运动包络等。

图5-74 “回放”对话框

- ：播放当前结果集中的指定分析。
- ：从磁盘中恢复结果集，即导入分析结果。
- ：将当前的分析结果保存在磁盘中。
- ：从进程会话中移除当前的分析结果。
- ：将结果输出为 *.FRA 文件。
- ：创建运动包络。
- “影片排定”选项卡，用来定制影片动画播放的进度及显示时间。当不采用默认进度表时，由用户设置开始时间和终止时间，如图5-75所示。
- “显示箭头”选项卡，如图5-76所示，主要用来设置以矢量化箭头的方式使测量结果、输入负荷显示在运动画面中。

图5-75 定制影片进度表

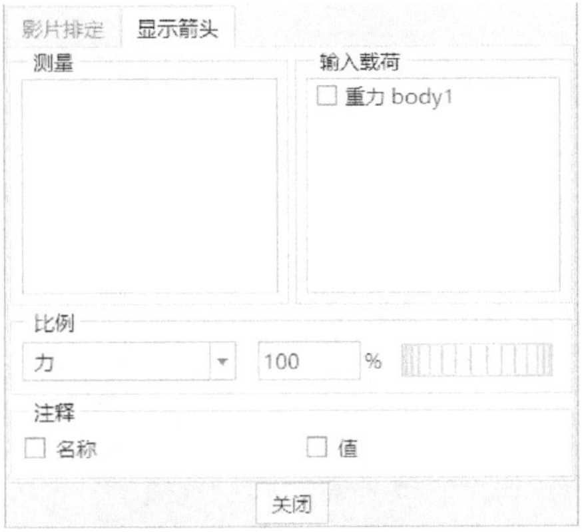

图5-76 设置显示箭头

5.6.1 碰撞检测设置

在“回放”对话框中，单击“碰撞检测设置”按钮，打开图5-77所示的“碰撞检测设置”对话框。

“常规”选项组中的选项说明如下。

- “无碰撞检测”单选按钮：此为默认选中的单选按钮。执行无碰撞检测时，即使发生碰撞冲突也允许平滑拖动。
- “全局碰撞检测”单选按钮：选中此单选按钮时，将检查整个装配组件中的各种碰撞冲突（运动冲突），并根据所设定的方式提示。
- “部分碰撞检测”单选按钮：选中该单选按钮时，则在选定的零件之间进行碰撞检测，可以按住〈Ctrl〉键选取多个零件。
- “包括面组”复选框：仅在全局或部分碰撞检测过程中，将曲面作为碰撞检测的一部分。

只有在“常规”选项组中选择“全局碰撞检测”单选按钮或者“部分碰撞检测”单选按钮时，“可选”选项组中的选项才可用。默认安装时，系统配置文件选项 enable_advance_collision 默认值为 no *。此时，“可选”选项组中只有“碰撞时铃声警告”和“碰撞时停止动画回放”两个复选框。如果要想使用其他可选的高级设置选项，如图5-78所示，则需要将系统配置文件选项 enable_advance_collision 的值设置为 yes。需要注意的是，在具有许多主体的大型装配组件中，执行高级碰撞（冲突）检测将导致装配运动非常缓慢。

操作说明：

如果要想将系统配置文件选项 enable_advance_collision 的值设置为 yes，可以在功能区的“文件”选项卡中选择“选项”命令，打开“PTC Creo Parametric 选项”对话框，接着选择“配置编辑器”，查找并选择到 enable_advance_collision，并将其值设置为 yes。

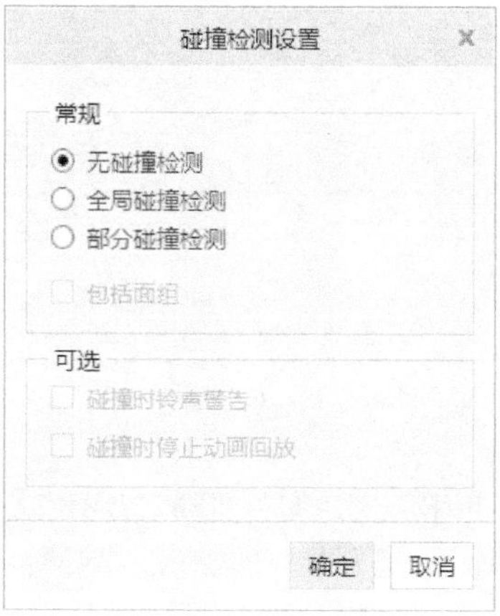

图5-77 “碰撞检测设置”对话框

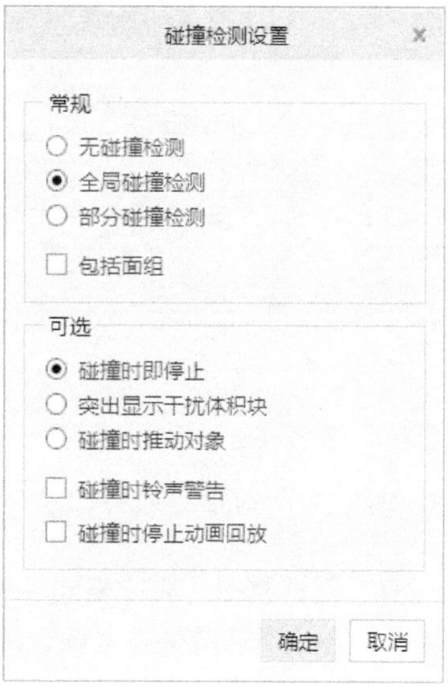

图5-78 “可选”选项组中的高级选项

- “碰撞时即停止”单选按钮：选中此单选按钮时，在运动中，如有碰撞，则停止运动。
- “突出显示干扰体积块”单选按钮：选中此单选按钮时，则加亮干扰图元。
- “碰撞时推动对象”单选按钮：选中此单选按钮时，显示碰撞的影响，即如果可能，碰撞对象会相互推挤。
- “碰撞时铃声警告”复选框：选中此复选框时，遇到碰撞时，即发出警告铃声。
- “碰撞时停止动画回放”复选框：选中该复选框时，如果系统检测到碰撞干涉，则停止动画回放。

5.6.2 播放动画及捕获动画

在“回放”对话框中，从“结果集”选项组的下拉列表框中选择所需要的分析，接着单击该对话框中的“播放当前结果集”按钮◁▷，弹出图 5-79 所示的“动画”对话框。

- ◀：向后播放。
- ■：停止播放。
- ▶：播放。
- ◀◀：将动画结果重新设置到开始位置，即显示播放段的第一帧。
- |◀：显示前一帧。
- ▶|：显示后一帧。
- ▶▶：向前播放动画到结束，即显示到该播放段的最后一帧。
- ↺：重复播放动画。
- ↶：在结尾时反转方向。
- “捕获”按钮：单击该按钮，可以将捕获的动画保存为 MPEG、JPEG 等格式的文件。单击“捕获”按钮，将打开图 5-80 所示的“捕获”对话框。

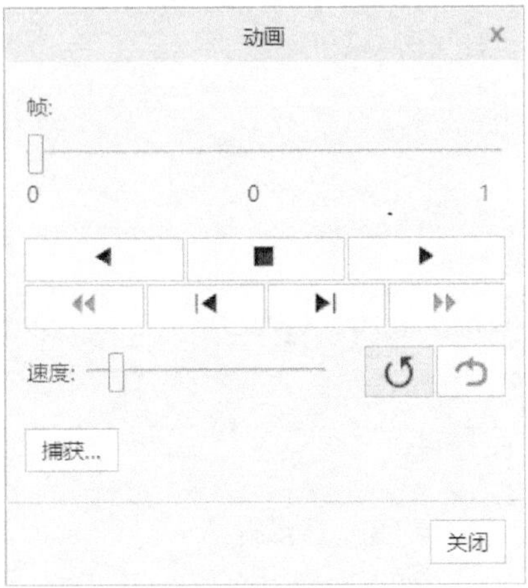

图 5-79 “动画”对话框

图 5-80 “捕获”对话框

在“捕获”对话框中，从“格式”下拉列表框中选择 MPEG、JPEG、TIFF、BMP 或 AVI 选项，以将动画录制成所需的格式文件。默认时，录制的动画将保存为单一的 MPEG 文件；如果选取 JPEG、TIFF 和 BMP 格式中的一种，则录制的动画将保存为一系列文件，每个文件对应分析结果的每一帧。另外，将动画保存为 AVI 格式，可以通过常规的播放器中来进行查看。

“分辨率”选项组用来设置图像宽度和高度的像素，注意可锁定其长宽比。

“质量”选项组用来决定是否启用“渲染帧”。如果希望使用 Creo Parametric 的照片级渲染功能来录制动画，则需要选中“质量”选项组中的“渲染帧”复选框，并可单击“设置”按钮来对渲染帧进行设置。

5.6.3 创建运动包络

在功能区“机构”选项卡的“分析”组中单击“回放”按钮以回放以前运行的分析，系统弹出“回放”对话框，并从“结果集”下拉列表框中选择一个可用的分析结果。此时，单击“创建运动包络”按钮，便打开图 5-81 所示的“创建运动包络”对话框。利用该对话框，可以创建一个多面运动包络模型，表示机构在分析期间的全部运动。多面运动包络模型是由一组相邻的三角形组成的。

在“质量”选项组内，为创建运动包络模型指定质量级，输入的质量级别范围是从 1 ~ 10 的一个整数，其默认值为 1。

在“元件”选项组内，单击“选取”按钮，可以重新在装配组件中选取或取消选取要包括进运动包络的子组件、零件或主体。

如果要包括模型中的任何骨架或面组，则在“特殊处理”选项组内，清除“忽略骨架”或“忽略面组”复选框。

在“输出格式”选项组内，指定输出文件的格式。输出文件的格式可以为下列中的一种。

- “零件”：默认的格式，将创建具有普通几何的 Creo Parametric 零件。
- “轻量化零件”：创建具有轻重量、多面几何的 Creo Parametric 零件。
- STL：创建“. stl”格式文件。
- VRML：创建“. vrl”格式文件。

当在“输出格式”选项组内选择“零件”或“轻量化零件”单选按钮时，“使用默认模板”复选框可用；而当选择 STL 或 VRML 选项时，则“使用默认模板”复选框不可用。

图 5-81 “创建运动包络”对话框

单击“预览”按钮，系统将着色显示运动包络模型，而在 Creo Parametric 消息区则出现一条信息报告组成运动包络模型的各个面的三角形数量。图 5-82 所示的某摇摆（重力摆）机构预览的运动包络模型。如果自动计算的运动包络不能准确反映机构的运动，则可以单击“颠倒三角对”选项组中的“颠倒相邻三角对”按钮，此时如图 5-83 所示。单击两个三角形之间的边，系统将使用两个三角形的四个顶点所定义的四面体的另外两个三角形替换这两个三角形。如果对颠倒三角形操作不满意，可以单击“撤销上次操作”或“撤销全部”按钮。调整完成后，再次单击“预览”按钮，然后单击“确定”按钮，便创建了一个运动包络模型。

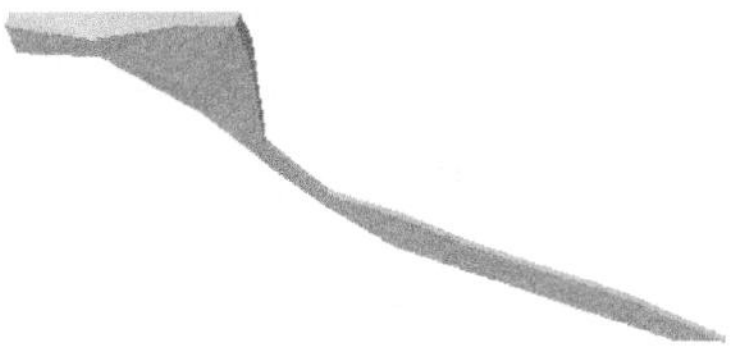

图 5-82　运动包络模型

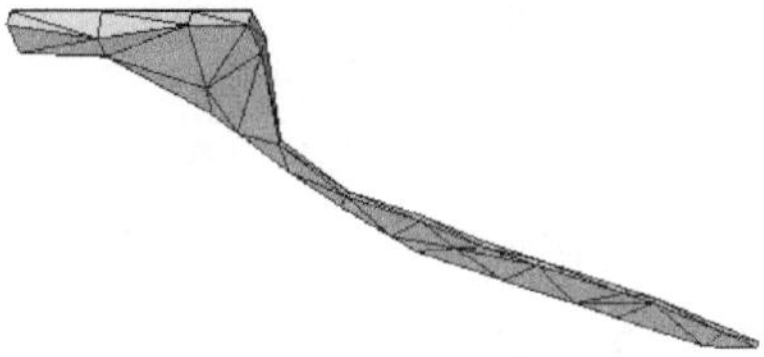

图 5-83　颠倒相邻三角对

5.7 运动轨迹曲线

建立运动轨迹曲线有助于使用图形来研究分析运动主体的点、边或曲线相对于零件的运动。在实际应用中使用轨迹曲线，可以创建的内容包括："机械设计"中的凸轮轮廓、"机械设计"中的槽曲线和 Creo Parametric 中的实体几何。

如果要创建运动轨迹曲线，必须先从分析运动创建一个分析结果集，然后才能生成这些曲线。可以使用当前进程会话中的结果集，或通过装载先前进程会话中的结果文件，来生成常规的轨迹曲线或凸轮合成曲线。

小知识概念：关于轨迹曲线和凸轮合成曲线。

- 轨迹曲线。轨迹曲线用图形表示机构中某一点或顶点相对于零件的运动。
- 凸轮合成曲线。凸轮合成曲线用图形表示机构中曲线或边相对于零件的运动。

创建运动轨迹曲线的方法及步骤如下。

1）在功能区的"机构"选项卡中单击"分析"→"轨迹曲线"按钮，打开图 5-84 所示的"轨迹曲线"对话框。

图 5-84　"轨迹曲线"对话框

2）在“纸零件”选项组中单击“选择”按钮，然后选择一个主体作为参考来追踪曲线。

说明：

这里的“纸零件”是指作为轨迹曲线所参考的零件，创建后的轨迹曲线将位于“纸零件”的特征中。

3）在“轨迹”选项组的下拉列表框中，选择“轨迹曲线”或者“凸轮合成曲线”选项。

4）如果在步骤3）中选择“轨迹曲线”选项，则在“点、顶点或曲线端点”选项组中单击“选择”按钮，在另一主体上选择点或顶点，然后在“曲线类型”选项组中选择“2D”单选按钮或“3D”单选按钮。

如果在步骤3）选择“凸轮合成曲线”选项，则需要单击按钮，并在另一主体上选择曲线或边，或一系列连续的曲线或边。

5）从“结果集”选项组的可用结果集列表中选择所需要的一个分析结果（结果集）。倘若要使用以前保存的结果集，那么可单击对话框中的“从文件加载结果集”按钮，然后选取一个已保存的结果集。

6）单击“预览”按钮，预览轨迹曲线或凸轮合成曲线。

7）单击“确定”按钮，完成操作以在纸张主体中创建一个用于当前轨迹曲线的基准曲线特征。如果要保存基准曲线特征，必须在“机构设计”中保存该零件。

5.8 测量运动

对运动进行测量，可以了解机构运动过程中所产生的参数变化及其他结果，这有助于优化机械设计。

在机构模式中，在功能区“机构”选项卡的“分析”组中单击“测量”按钮，打开图5-85所示的“测量结果”对话框。使用该对话框设置分析结果集的图形、查看测量结果以及创建新的测量。下面介绍一下该对话框中的工具按钮。

- ：绘制指定结果集里所选测量的图形，即根据选定结果集绘制选定测量的图形。
- ：从文件加载结果集。
- ：创建或更新与选定测量对应的各Creo Parametric参数。
- ：创建新测量。
- ：编辑选定的测量。
- ：复制选定的测量。
- ✕：删除选定的测量。

在“图形类型”选项组的下拉列表框中选择“测量对时间”或者“测量对测量”选项，其默认项为“测量对时间”选项。接着可以在“结果集”选项组中指定所需要的分析结果，并在“测量”选项组中单击“创建新测量”按钮，弹出图5-86所示的“测量定义”对话框。

在“测量定义”对话框中利用图5-87所示的“类型”下拉列表框来指定测量类型，包括“位置”“速度”“加速度”“连接反作用”“净载荷”“测力计反作用”“冲击”“冲量”“系统”“刚性主体”“分离”“凸轮”“用户定义”“传送带”“3D接触”这些测量类型。按要求建立测量后，在“测量结果”对话框的“测量”表格中单击（选择）所需要的测量，单击“测量定义”对话框上的“绘制指定结果集里所选测量的图形”按钮，弹出图5-88所示的“图形工具”窗口，窗口中显示绘制的测量图形。

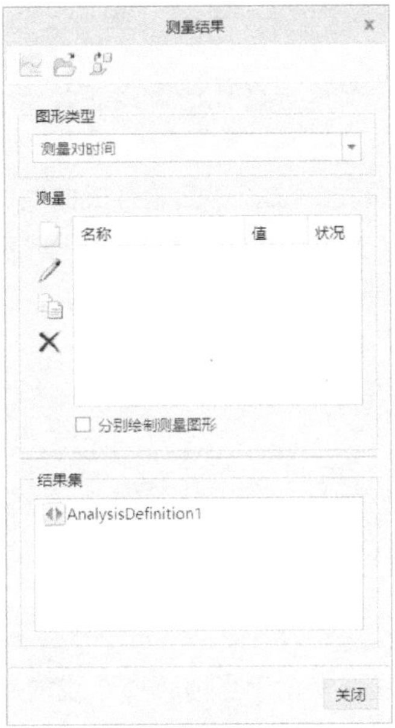

图 5-85 “测量结果”对话框

图 5-86 “测量定义”对话框

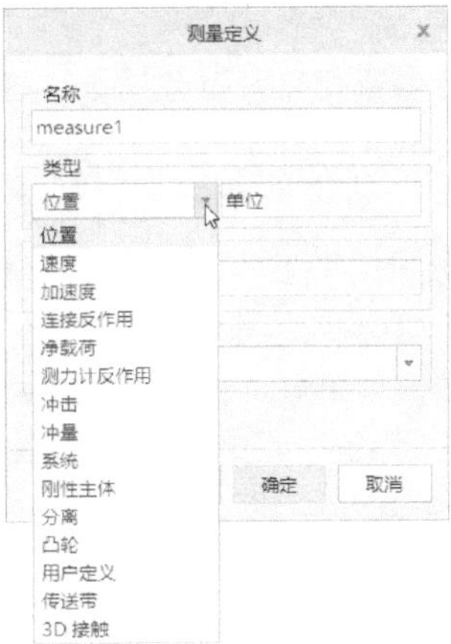

图 5-87 定义测量类型

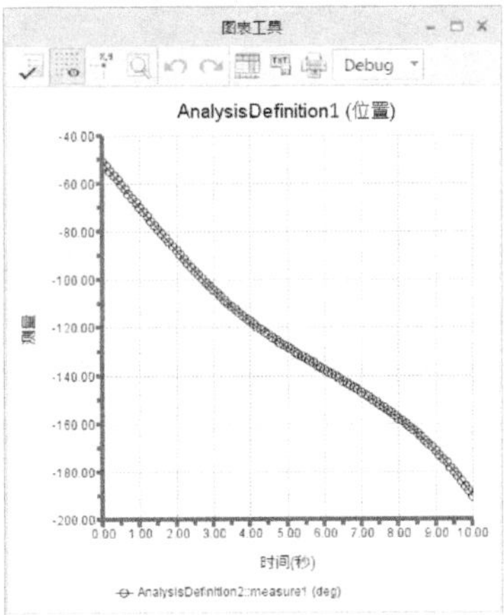

图 5-88 “图表工具”窗口

扩展知识：

了解如下各种的主要测量类型。

- 位置：在分析期间测量点、顶点或运动轴的位置。
- 速度：在分析期间测量点、顶点或运动轴的速度。
- 加速度：在分析期间测量点、顶点或运动轴的加速度。
- 连接反作用：测量接头、齿轮副、凸轮从动机构或槽从动机构连接处的反作用力和力矩。
- 净载荷：测量弹簧、阻尼器、伺服电动机、力、扭矩或运动轴上强制载荷的模，还可确认执行电动机上的强制载荷。

- 测力计反作用：在力平衡分析期间测量测力计锁定上的载荷。
- 冲击（碰撞）：确定分析期间是否在接头限制、槽端处或两个凸轮间发生冲击（碰撞）。
- 冲量：测量由碰撞事件引起的动量变化。可测量有限制的接头、允许升离的凸轮从动机构连接或槽从动机构连接的冲量。
- 系统：测量描述整个系统行为的多个数量。
- 刚性主体：测量描述选定主体行为的多个数量。
- 分离（间隔）：测量两个选定点之间的间隔距离、间隔速度及间隔速度变化。
- 凸轮：测量凸轮从动机构连接中任一凸轮的曲率、压力角和滑动速度。
- 用户定义：将测量定义为包括测量、常数、算术运算符、Creo Parametric 参数和代数函数在内的数学表达式。注意：表达式不得超过 1023 个字符。
- 传送带：测算带对其任何滑轮轴施加的扭矩。
- 3D 接触：测算 3D 接触的接触点处的力。

5.9 高级连接

在这一节里，将介绍 5 种高级连接：齿轮副、凸轮（凸轮从动机构连接）、槽、3D 接触、带和滑轮（传动带）。其中，槽连接的定义是在组件模式下进行的，而齿轮副连接和凸轮连接是在机构模式中定义的。

5.9.1 齿轮副

在机械传动设计中，齿轮副连接是一种常见的连接方式。使用齿轮副可以控制两根连接轴之间的速度关系，并能够模拟齿轮副机构的运动效果。齿轮副主要分两类：一类是标准齿轮副（由两个齿轮定义，这些齿轮可以是圆柱齿轮，也可以是锥齿轮等）；另一类则是齿条与齿轮组成的齿轮副。

下面各以一个实例来辅助介绍这两种主要的齿轮副连接，并对其进行典型的机构分析及运动模拟。

1. 标准齿轮副

已知该齿轮副由大齿轮和小齿轮组成，大齿轮的模数 m 为 4，齿数 $Z_b=38$，两齿轮的中心距离为 $a=116$。设小齿轮的齿数为 Z_a，由关系式 $(m*Z_b+m*Z_a)/2=a$，算出小齿轮的齿数 Z_a 为 20。本书提供了已经建好模的该对齿轮零件，它们位于本书配套资料包的 CH5→TSM_5_6 文件夹里，源文件分别为 TSM_5_6_GEAR1. PRT 和 TSM_5_6_GEAR2. PRT。

下面是具体的操作步骤。

步骤 1：建立装配组件文件。

1）在“快速访问”工具栏中单击“新建”按钮，弹出“新建”对话框。

2）在“类型”选项组中选择“装配”单选按钮，在“子类型”选项组中选择“设计”单选按钮，输入装配组件的名称为“TSM_5_6”，取消选中“使用默认模板”复选框以不使用默认模板，单击“确定”按钮。

3）在出现的“新文件选项”对话框中，从“模板”选项组中选择 mmns_asm_design_abs，单击“确定”按钮，建立一个装配文件。

步骤2：建立骨架模型。

1）在功能区“模型”选项卡的“元件”组中单击“创建”按钮，打开“创建元件”对话框。

2）在“类型”选项组中选择“骨架模型”单选按钮，在“子类型”选项组中选择“标准”单选按钮，输入新的骨架名称为“TSM_5_6_SKEL”，单击“确定”按钮，弹出“创建选项”对话框。

3）在“创建选项”对话框的“创建方法”选项组中选择“创建特征”单选按钮，单击“确定”按钮，创建一个骨架模型文件。该骨架模型文件自动被激活。

4）在功能区“模型”选项卡的“基准”组中单击“基准轴”按钮，弹出“基准轴”对话框，选择ASM_RIGHT基准平面，接着按〈Ctrl〉键选择ASM_TOP基准平面，单击“确定”按钮。

5）在图形窗口的空白区域任意单击，接着在“基准”组中单击“基准轴”按钮，选择ASM_FRONT基准平面，设置其约束类型为“法向”，偏移参考及偏移距离如图5-89所示。单击“确定”按钮，在骨架模型中建立基准轴A_2。该基准轴位于ASM_TOP基准平面上，它离基准轴A_1的距离为116。

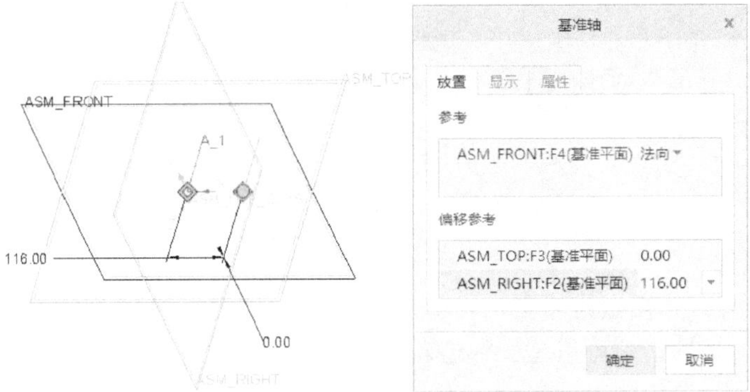

图5-89 创建基准轴A_2

步骤3：装配齿轮。

1）在模型树上，单击或右击顶级装配组件TSM_5_6. ASM，接着从弹出的浮动工具栏中单击“激活”按钮。

2）在功能区“模型”选项卡的“元件”组中单击“组装”按钮，选择TSM_5_6_GEAR1. PRT源文件，单击“打开”按钮。

3）在功能区出现“元件放置”选项卡，从“预定义集”下拉列表框中选择“销”选项，指定图5-90所示的两组参考（即轴对齐参考与平移参考）。

4）单击“元件放置”选项卡中的“确定”按钮，完成大齿轮的装配，如图5-91所示。

5）在功能区“模型”选项卡的“元件”组中单击“组装”按钮，选择TSM_5_6_GEAR2. PRT源文件，单击“打开”按钮。

6）在功能区出现“元件放置”选项卡，从“预定义集”下拉列表框中选择“销”选项，接着指定如下的轴对齐参考和平移参考。

轴对齐参考：骨架模型TSM_5_6_SKEL的A_2轴和TSM_5_6_GEAR2. PRT（小齿轮）的A_1轴。

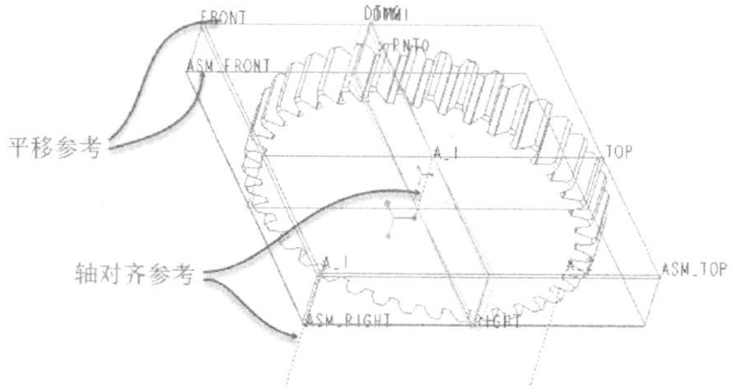

图 5-90　定义“销钉”

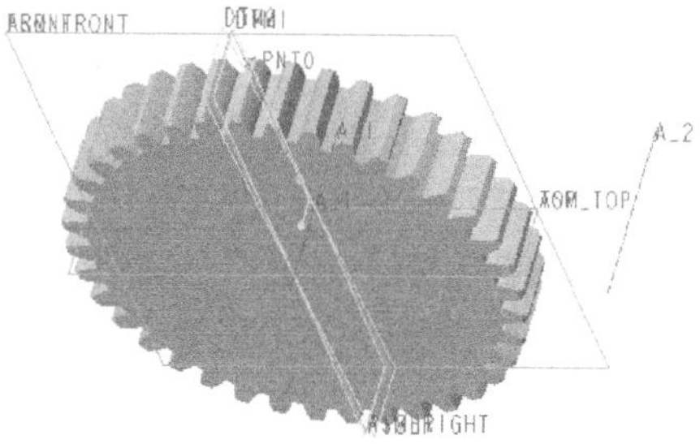

图 5-91　装配大齿轮

平移参考：装配的 ASM_FRONT 基准平面和 TSM_5_6_GEAR2. PRT（小齿轮）的 FRONT 基准平面。

7）单击“元件放置”选项卡中的“确定”按钮✓，此时的装配体如图 5-92 所示。

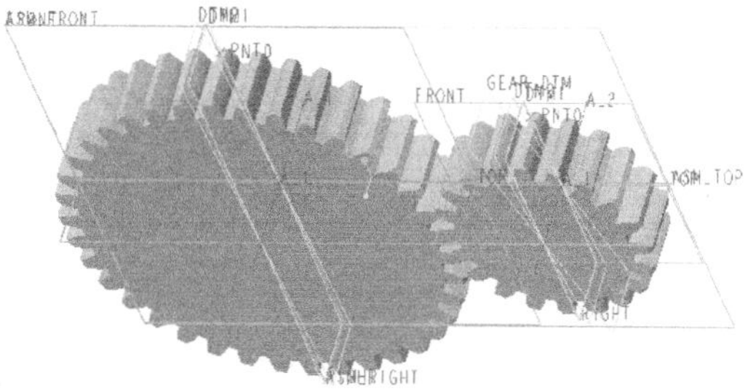

图 5-92　装配体

说明：

利用骨架模型辅助装配进来的两个齿轮可能存在干涉的问题，读着可以在“图形”工具栏中单击“已保存方向”按钮，并选择 FRONT 来设置以 FRONT 视角观察，如图 5-93 所示。这并不是齿轮的设计有问题，而是装配还没有到位，还应该要使一个齿轮的齿槽正对着另一个齿轮的齿。这可以在机构模式下对运动轴进行设置。当然也可以在之前定义好轴对齐参考和平移参考时，在“元件放置”选项卡的“放置”滑出面板上单击“旋转轴”，对旋转轴的零位置进行设置。这种方法，可以参考下一个齿轮副实例中的相关步骤。

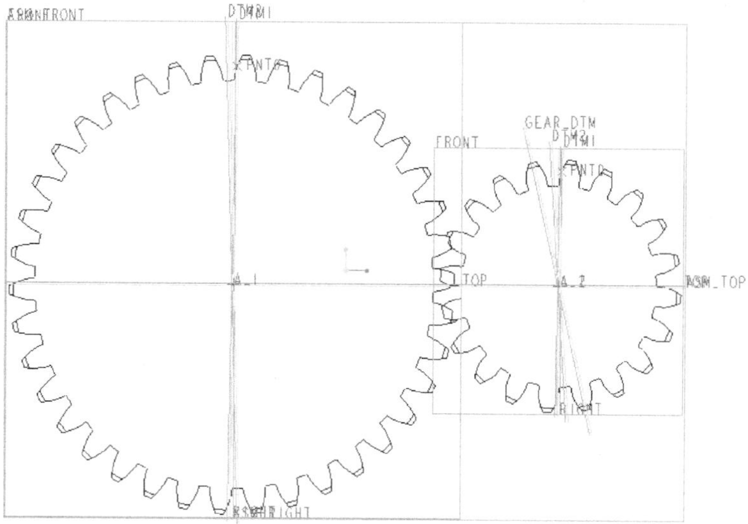

图 5-93　齿轮装配存在干涉情况

步骤4：定义齿轮副。

1）在功能区中选择“应用程序”→“机构”按钮，进入机构设计模式。

2）在功能区“机构”选项卡的“连接”组中单击“齿轮”按钮，弹出“齿轮副定义”对话框。

3）接受默认的齿轮副名称，并在“类型”选项组的下拉列表框中选择“一般”选项。

4）确保打开“齿轮1”选项卡，在图形窗口中选择大齿轮的销连接，接着在“节圆”选项组的文本框中输入大齿轮的节圆直径为“152”，如图5-94所示。节圆直径D的关系为D＝Z＊m，Z为齿数，m为模数。

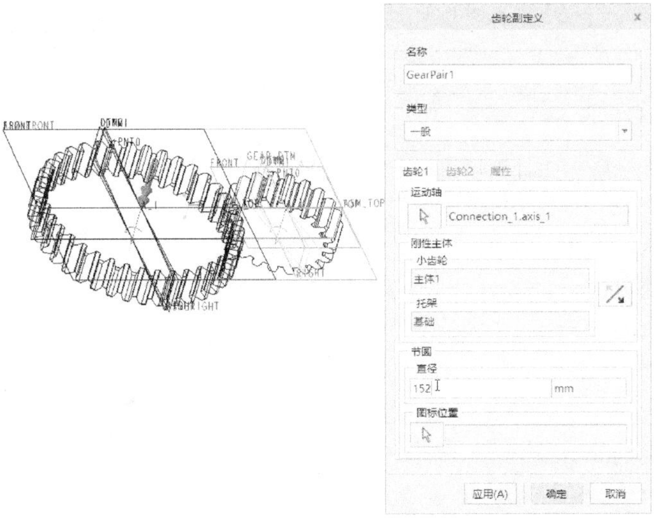

图5-94　定义齿轮1

5）切换至“齿轮2”选项卡，选择小齿轮的销连接，在“节圆”选项组的文本框中输入小齿轮的节圆直径为“80”，如图5-95所示。

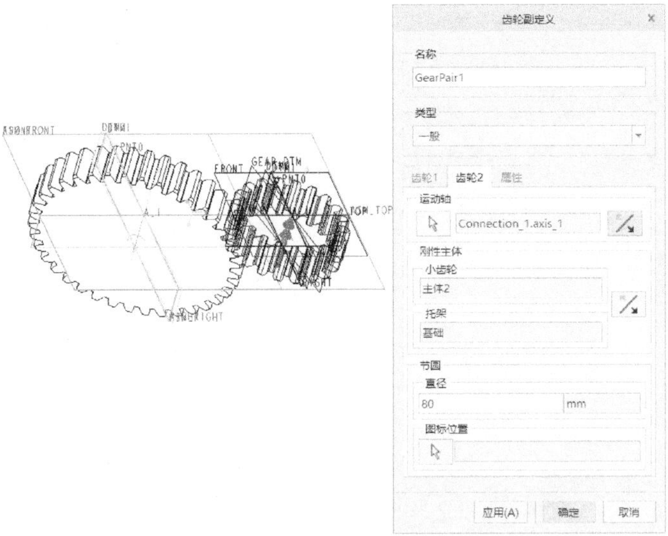

图5-95　定义齿轮2

6）单击"齿轮副定义"对话框的"确定"按钮。

步骤5：指定旋转轴设置。

1）从机构树中选择大齿轮 GEAR1 的运动轴，如图 5-96 所示，接着从浮动工具栏中单击"编辑定义"按钮🖌，弹出"运动轴"对话框。

2）选择大齿轮的 DTM2 基准平面作为元件零位置，选择装配体的 ASM_TOP 作为装配零位置，在"当前位置"文本输入框中输入"0"，按〈Enter〉键，如图 5-97 所示，单击"确定"按钮 ✓ 。

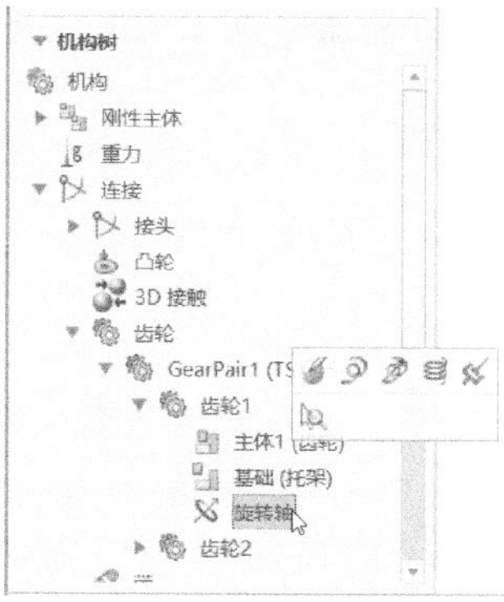

图 5-96 选择齿轮 1 的运动轴　　　　　5-97 设置大齿轮的当前零位置

3）用同样的方法，从机构树中选择小齿轮 GEAR2 的运动轴，接着从浮动工具栏中单击选择"编辑定义"按钮🖌，打开"运动轴"对话框。选择小齿轮的 GEAR_DTM 基准平面作为元件零位置，选择装配体的 ASM_TOP 作为装配零位置，接着在"当前位置"文本输入框中输入"0"，按〈Enter〉键，单击"确定"按钮 ✓ 。此时，齿轮副如图 5-98 所示，消除了干涉现象。

a)　　　　　　　　　　　　　　　　b)

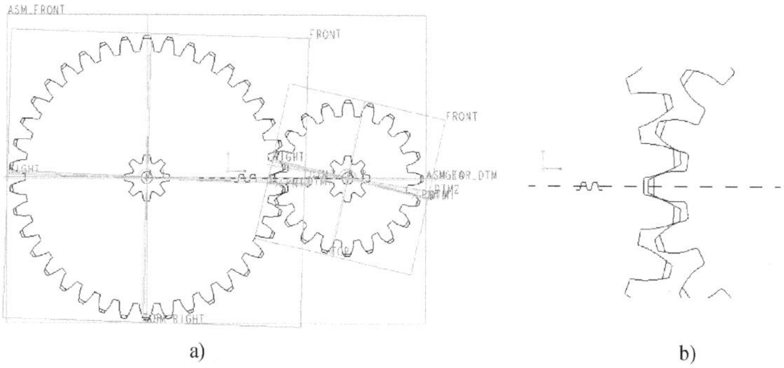

图 5-98 设置齿轮运动轴的零位置

a）以 FRONT 视角观察　b）局部详图

步骤6：定义伺服电动机。

1）在功能区"机构"选项卡的"插入"组中单击"伺服电动机"按钮 ，打开"电动机"选项卡。

2）接受默认的名称，在模型中选择大齿轮的 Connection_1. axis_1 连接轴，默认的运动类型为“旋转”（不可更改）。

3）切换到“配置文件详情”滑出面板，从“驱动数量”选项组的下拉列表框中选择“角速度”选项，在“初始状态”选项组中勾选“使用当前位置作为初始值”复选框，从“电动机函数”选项组的“函数类型”下拉列表框中选择“常量”选项，在“系数”选项组中输入“A”值为“32”（单位为 deg/sec）。

4）单击“确定”按钮✔。

步骤 7：定义分析。

1）在“分析”组中单击“机构分析”按钮，打开“分析定义”对话框。

2）接受默认的分析名称，接着在“类型”选项组的下拉列表框中选择“运动学”选项。

3）在“首选项”选项卡的“图形显示”选项组中，设置开始时间为“0”，结束时间为“16”，选择“长度和帧频”选项，帧频为“32”。

4）单击“运行”按钮。

5）单击“确定”按钮。

步骤 8：结果回放。

1）在“分析”组中单击“回放”按钮，打开“回放”对话框。

2）单击“回放”对话框中的“碰撞检测设置”按钮，打开“碰撞检测设置”对话框。在“常规”选项组中选择“全局碰撞检测”单选按钮，在“可选”选项组中选中“碰撞时铃声警告”复选框，并选中“碰撞时即停止”单选按钮，如图 5-99 所示，单击“确定”按钮。

3）在“回放”对话框中单击“播放当前结果集”按钮，系统开始计算干涉，计算完成后弹出图 5-100 所示的“动画”对话框。利用该对话框来控制动画的播放及将动画捕获为所需的格式文件。

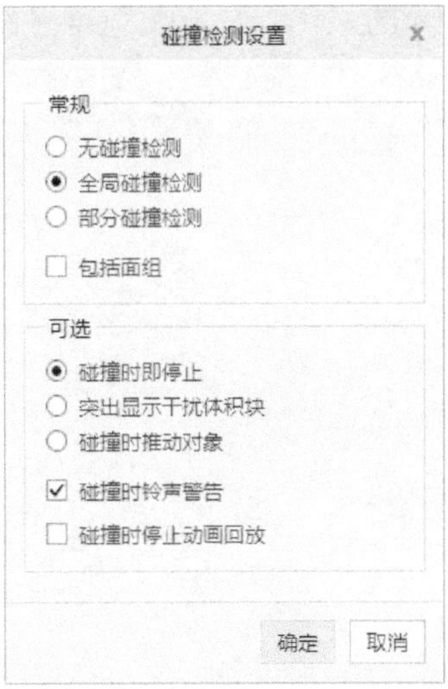

图 5-99　“碰撞检测设置”对话框

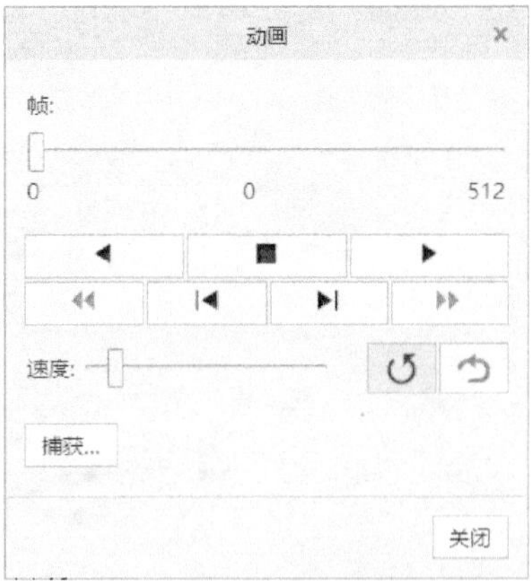

图 5-100　回放动画

2. 齿条与齿轮

可以将齿条视为圆柱齿轮的直径增加到无限大时，该齿轮便成了齿条，此时其分度圆、齿顶圆、齿根圆和齿廓曲线都成了直线。它的模数等于啮合齿轮的模数，而齿距、齿顶高及齿根高等参数和圆柱齿轮的相同。在装配齿条与齿轮时，应当注意齿轮分度圆和齿条分度线相切。

在这里，介绍一个齿条与齿轮连接的实例，所需要的源文件位于本书配套资料包的 CH5→TSM_5_7 文件夹中。

步骤 1：在装配模式中装配齿轮。

1）在“快速访问”工具栏中单击“打开”按钮，选择 TSM_5_7. ASM，单击“打开”按钮。

2）确保设置在模型树中显示特征。此时，原始装配组件如图 5-101 所示，从图中可以看出，该装配中已经建立了一个骨架模型，用于控制齿轮与齿条的装配。

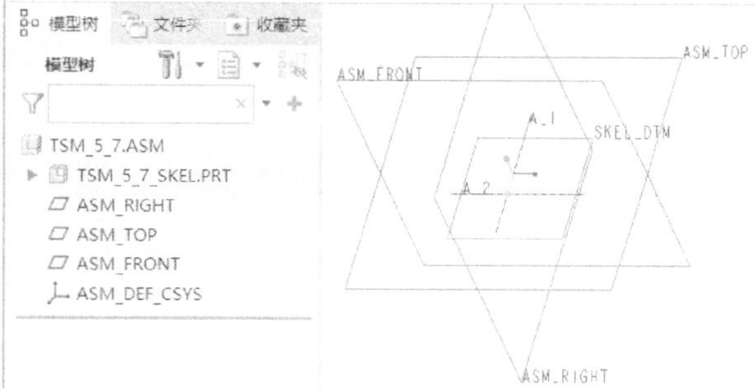

图 5-101　原始装配组件

3）在功能区的“模型”选项卡的“元件”组中单击“组装”按钮，选择 TSM_5_7_GEAR1. PRT 源文件，单击“打开”按钮。

4）在功能区出现“元件放置”选项卡，从“预定义集”下拉列表框中选择“销”选项，指定如下两组参考。

轴对齐：选择齿轮的 A_1 轴和装配组件中骨架模型的 A_1 轴。

平移：选择齿轮的 FRONT 基准平面和装配组件的 ASM_FRONT 基准平面。

5）在“放置”滑出面板的框中选择“旋转轴（Rotation1）”选项，选择齿轮的 GEAR_DTM 基准平面作为元件零位置参考，选择装配组件的 ASM_RIGHT 基准平面作为装配零位置参考。然后在“当前位置”框中输入“0”，按〈Enter〉键，单击“启用重新生成值”复选框，将“重新生成值”设置为“0”，如图 5-102 所示。

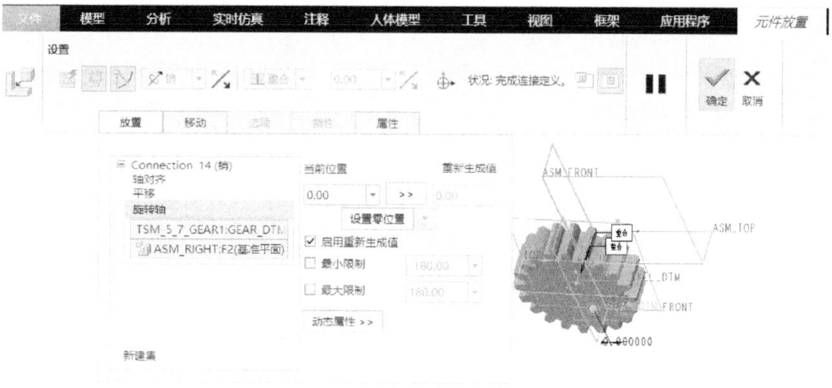

图 5-102　设置旋转轴

6）单击“元件放置”选项卡中的“确定”按钮✓。

步骤 2：在装配模式中装配齿条。

1）在功能区“模型”选项卡的“元件”组中单击“组装”按钮，选择 TSM_5_7_GEAR3. PRT 源文件，单击“打开”按钮。

2）在功能区出现“元件放置”选项卡，在“预定义集”下拉列表框中选择“滑块（滑动杆）”选项，指定如下两组参考。

轴对齐：选择齿条的 A_2 轴和骨架模型的 A_2 轴。

旋转：选择齿条的 DTM3 基准平面和骨架模型的 SKEL_DTM 基准平面。

3）在“放置”滑出面板的框中选择“平移轴（Translation1）”选项，选择齿条的 DTM4 基准平面作为元件零位置参考，选择装配组件的 ASM_RIGHT 基准平面作为装配零位置参考。接着在“当前位置”框中输入“0”，按〈Enter〉键，单击“启用重新生成值”复选框，将“重新生成值”设置为“0”，如图 5-103 所示。

图 5-103　设置平移轴

4）单击“元件放置”选项卡中的“确定”按钮✓。这样装配的齿轮与齿条便不会存在干涉情况，如图 5-104 所示。

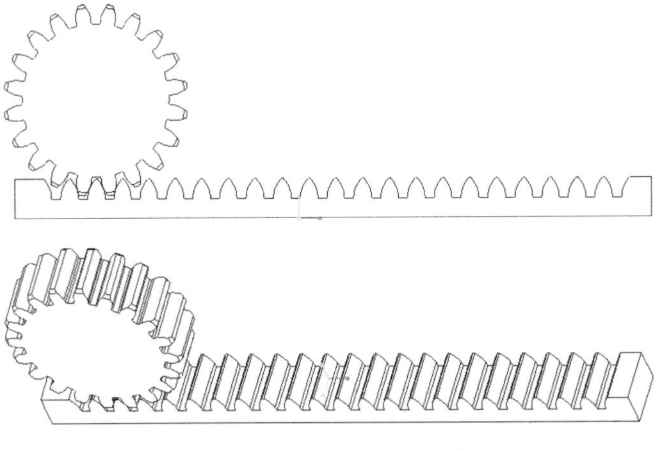

图 5-104　装配的齿轮和齿条

步骤 3：建立齿轮与齿条连接。

1）在功能区的“应用程序”选项卡中单击“机构”按钮，进入机构设计模式。

2）在功能区的“机构”选项卡的“连接”组中单击“齿轮”按钮，打开“齿轮副定义”对话框。

3）接受系统提供的默认的齿轮副名称，并在“类型”选项组的下拉列表框中选择“齿条与小齿轮”选项。

4）进入“小齿轮”选项卡，在“运动轴”选项组中单击“选择运动轴”按钮。在装配组件模型中选择齿轮的运动轴，然后在“节圆”选项组的“直径”框中输入节圆直径为“80”，如图 5-105 所示。

图 5-105　齿轮副定义（一）

5）切换到“齿条”选项卡，选择滑动杆 axis_1 连接轴，如图 5-106 所示，单击“应用”按钮。

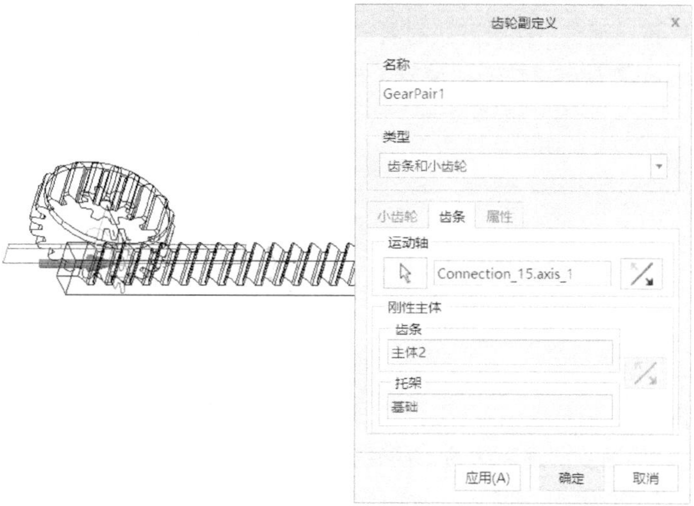

图 5-106　齿轮副定义（二）

说明:

如果切换到“属性”选项卡，可以看到默认设置如图 5-107 所示。可以从“齿条比”下拉列表框中选择“用户定义”选项，接着在尺寸框中输入“80 * Pi”，如图 5-108 所示，按〈Enter〉键确认。即给出齿轮旋转一周，齿条前进的距离，这里 80 * Pi 是齿轮节圆圆周。

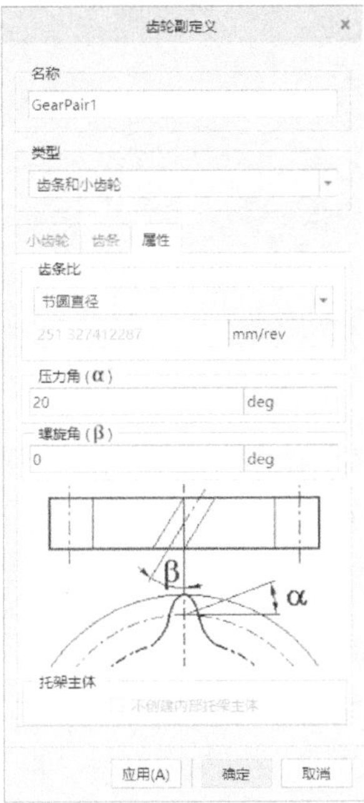

图 5-107 “属性”选项卡上的默认设置

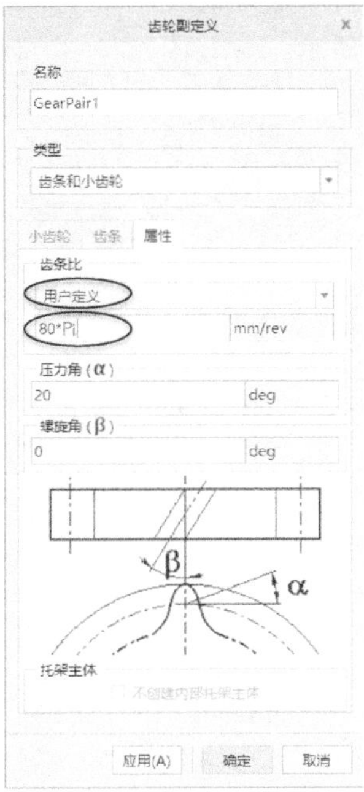

图 5-108 用户自定义传动关系

6）单击“确定”按钮，建立齿条与齿轮的连接，如图 5-109 所示。

步骤 4：定义伺服电动机 1。

1）在“插入”组中单击“伺服电动机”按钮，打开“电动机”选项卡。

2）在“属性”滑出面板中接受默认的名称为“电动机_1”；打开“参考”滑出面板，在模型中选择齿轮的 axis_1 连接轴，单击“反向”按钮，此时设置结果如图 5-110 所示。

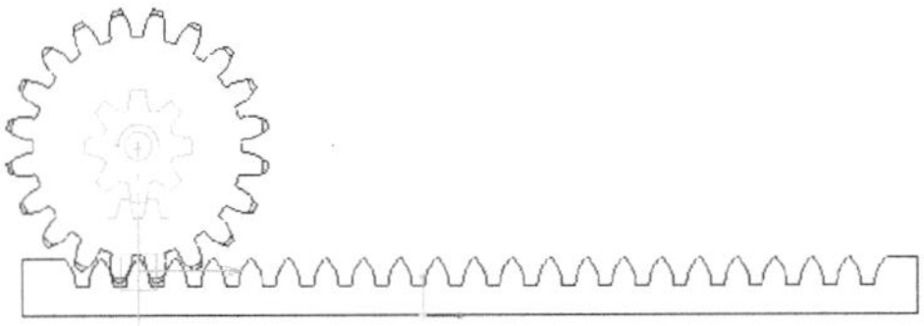

图 5-109 建立齿条与齿轮的连接

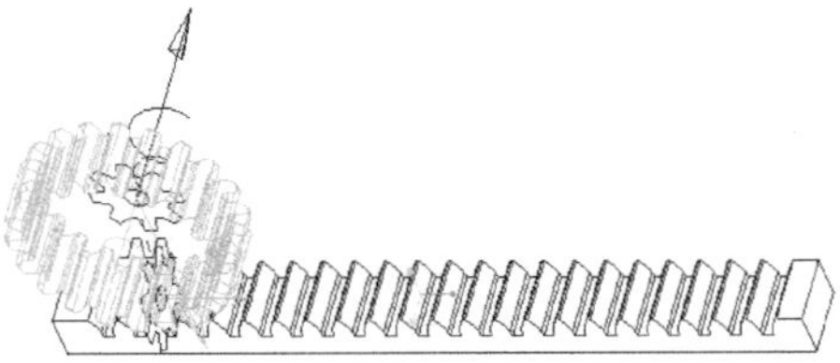

图 5-110 反向设置结果

3）切换到“配置文件详情”选项卡，从“驱动数量”选项组的下拉列表框中选择“角速度”选项，从“电动机函数”选项组的“函数类型”下拉列表框中选择“常量”选项，在“系数”选项组中输入“A”值为“16”。

4）单击“确定”按钮。

步骤 5：定义伺服电动机 2。

1）在“插入”组中单击“伺服电动机”按钮，打开“电动机”选项卡。

2）接受默认的名称为 ServoMotor2，在模型中选择齿轮的 axis_1 连接轴，此时如图 5-111 所示。

3）切换到“配置文件详情”选项卡，从“驱动数量”选项组的下拉列表框中选择“角速度”选项，从“电动机函数”选项组的“函数类型”下拉列表框中选择“常量”选项，在“系数”选项组中输入“A”值为“16”。

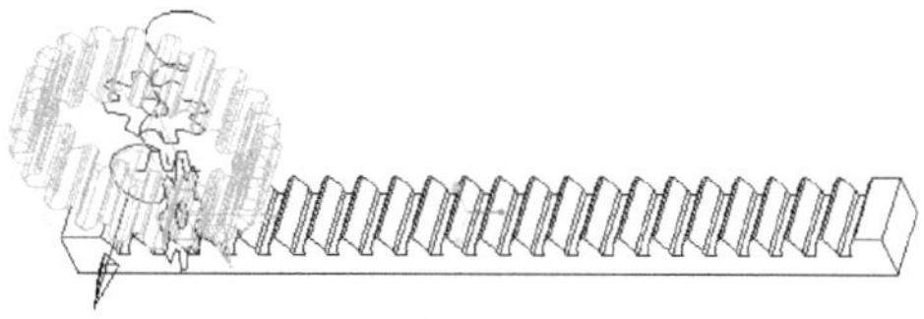

图 5-111　默认旋转方向

4）单击“确定”按钮。

步骤 6：定义运动分析。

1）在功能区的“机构”选项卡的“分析”组中单击“机构分析”按钮，打开“分析定义”对话框。

2）接受默认的分析名称，接着在“类型”选项组的下拉列表框中选择“运动学”选项。

3）在“首选项”选项卡的“图形显示”选项组中，设置开始时间为“0”，结束时间为“35”，选择“长度和帧频”选项，帧频为“10”，如图 5-112 所示。

4）切换到“电动机”选项卡，设置两个伺服电动机分别工作的时间段，如图 5-113 所示。

图 5-112　设置分析的首选项

图 5-113　设置伺服电动机工作时间

5）单击“运行”按钮，然后单击“确定”按钮。

6）此时可以使用“回放”按钮回放先前运行的分析。

5.9.2 凸轮

凸轮副结构是一种常见的机械机构。每个凸轮只能有一个从动机构，如果要为一个具有多从动机构的凸轮建模，则必须为每个新的连接副定义新的凸轮从动机构连接，必要时可以为各连接的其中一个凸轮选取相同的几何参考。

在机构模式中，在功能区“机构”选项卡的“连接”组中单击“凸轮”按钮，打开图5-114所示的“凸轮从动机构连接定义”对话框。定义凸轮从动机构连接需要定义两个凸轮，主要分别利用“凸轮1”和“凸轮2”选项卡来定义。

图5-114 “凸轮从动机构连接定义”对话框

在“凸轮1”选项卡上，单击“曲面/曲线”选项组中的按钮，以便需要在第一主体上选取曲面或者曲线来定义第一个凸轮。单击“反向”按钮，则反转凸轮曲面的法向。如果为其中一个凸轮选取了曲面或平面，那么使用“深度显示设置”选项组中的选项和选择的有效参考来定义凸轮深度、更改凸轮的直观显示等。在“深度显示设置”下拉列表框中可供选择的选项有“自动”“前面和后面”“前面、后面和深度”“中心和深度”。

类似地，在“凸轮2”选项卡上进行相应的设置。

切换到对话框的“属性”选项卡，如图5-115所示。选中“启用升离”复选框和“启用摩擦”复选框时，可以设置凸轮副的一些较为重要的参数，如恢复系数e、静摩擦系数μ_s和动摩擦系数μ_k。其中，恢

图5-115 定义凸轮从动机构连接的属性

复系数 e 也称还原系数 e。

扩展知识：

关于恢复系数 e 和凸轮从动机构摩擦。

1）恢复系数 e

恢复系数是两个图元碰撞前后的速度比，它取决于材料属性、主体几何以及碰撞速度等因素。指定恢复系数的值可用来模拟冲击力，对机构应用恢复系数可在刚体计算中模拟非刚性属性。典型的恢复系数可以从工程书籍或实际经验中得到。

2）凸轮从动机构摩擦

摩擦是由于两个表面之间的相向运动或相对运动而产生的，会导致能量损失。摩擦系数取决于接触材料的类型以及试验条件。典型的摩擦系数可以从相关的物理或工程书籍中查找到。

可以为凸轮从动机构或槽从动机构连接指定静摩擦和动摩擦。要注意的是只有允许升离的凸轮，摩擦才可用。而且必须将摩擦应用到凸轮从动机构连接中，才能在力平衡分析中计算凸轮滑动测量。初学者要初步理解如下 3 点基本概念。

- 两个表面的静摩擦系数必定大于同样的两个表面的动摩擦系数。
- 静摩擦系数描述模型中开始运动所需的能量。
- 动摩擦系数描述保持模型运动时因摩擦而损失的能量。

下面介绍一个凸轮从动机构连接的应用实例。所用到的源文件位于本书配套资料包的 CH5→TSM_5_8 文件夹中。

步骤 1：打开源文件。

1）在“快速访问”工具栏中单击“打开”按钮，选择 TSM_5_8. ASM，单击“打开”按钮。

2）设置在模型树中显示特征，此时，如图 5-116 所示。该装配组件中建立有一个只存在基准轴和曲面的骨架模型，并存在采用“销”连接的凸轮和采用“滑块（滑动杆）”连接的凸轮导杆。注意骨架模型中的曲面是用来导向凸轮导杆运动的。

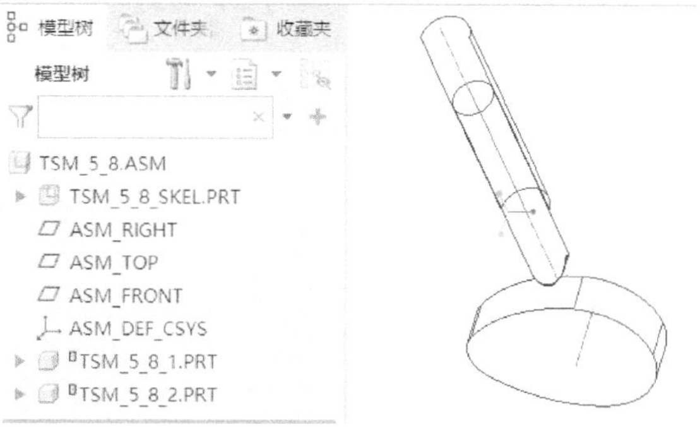

图 5-116 原始模型

步骤 2：定义凸轮连接。

1）在功能区中单击“应用程序”→“机构”按钮，进入机构模式。

2）在功能区“机构”选项卡的“连接”组中单击“凸轮”按钮，打开“凸轮从动机构连接定义”对话框。

3）在“名称”文本框中输入“Cam Follower1”（可接受此默认名称）。

4）在“凸轮 1”选项卡的“曲面/曲线”选项组中，选中“自动选择”复选框，接着单击图 5-117 所示的曲面，单击鼠标中键确认，系统自动选择整个有效的凸轮曲面。

5）切换到“凸轮 2”选项卡，单击图 5-118 所示的导杆曲面，单击鼠标中键确认。此时在机构模型中出现凸轮连接的图标。

6）在“凸轮从动机构连接定义”对话框中单击“确定”按钮。这时候，导杆曲面与凸轮曲面连接在一块，如图 5-119 所示。

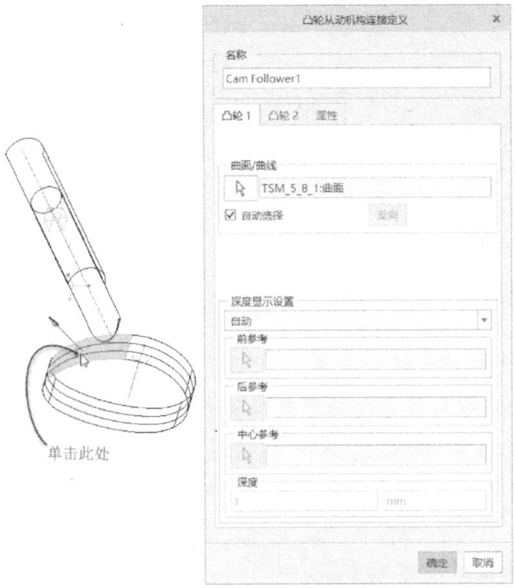

图 5-117　选择凸轮曲面

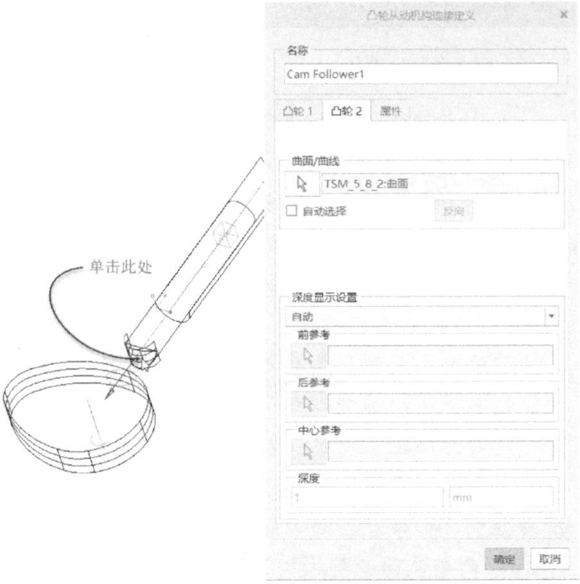

图 5-118　选择导杆的曲面

步骤 3：定义驱动（伺服电动机）。

1）单击“伺服电动机”按钮，打开“电动机”选项卡。

2）打开“电动机”选项卡的“属性”滑出面板，在“名称”文本框中输入名称为“Tsm_ServoMotor1”。

3）打开“电动机”选项卡的“参考”滑出面板，在模型中选择凸轮的连接轴，此时如图 5-120 所示。

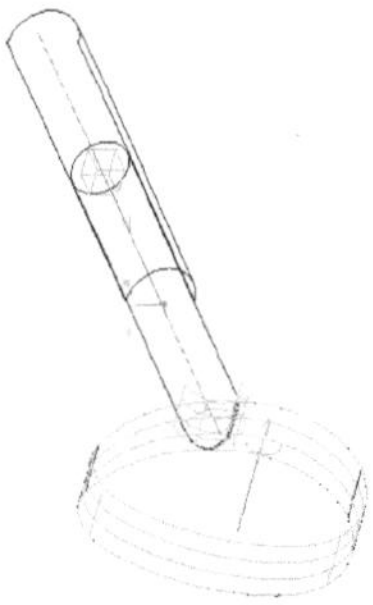

图 5-119　定义好凸轮从动结构连接

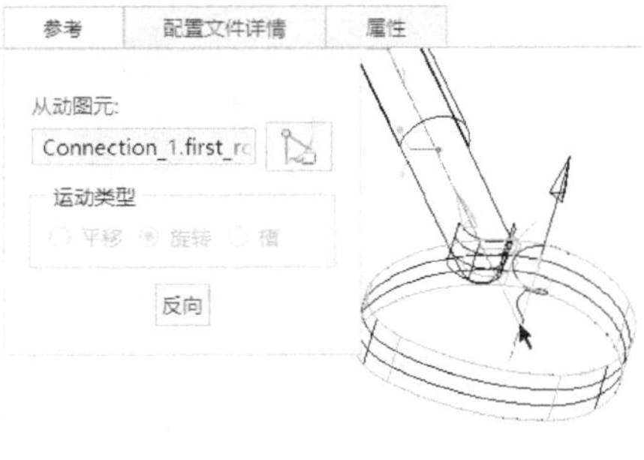

图 5-120　选择凸轮运动轴定义从动图元参考

4）切换到“配置文件详情”滑出面板，从“驱动数量”选项组的下拉列表框中选择“角速度”选项，从“电动机函数”选项组的“函数类型”下拉列表框中选择“常量”选项，在“系数”选项组中输入“A”值为“20”，在“初始状态”选项组中选中“使用当前位置作为初始值”复选框。

5）单击“确定”按钮。

步骤 4：定义运动。

1）单击“机构分析”按钮，打开“分析定义”对话框。

2）接受默认的分析名称，接着在“类型”选项组的下拉列表框中选择“运动学”选项。

3）在“首选项”选项卡的“图形显示”选项组中，设置开始时间为“0”，结束时间为“30”，选择“长度和帧频”选项，帧频为“10”，最小间隔为“0.1”。

4）单击“运行”按钮，可以在图形窗口看到凸轮的运行情况，然后单击“确定”按钮。

步骤5：回放凸轮运动。

1）在功能区的“机构”选项卡的“分析”组中单击“回放”按钮，打开“回放”对话框。

2）在“回放”对话框中，选择所建立的分析，接着单击对话框中的“播放当前结果集”按钮，弹出“动画”对话框。

3）调整机构的运动速度，单击“播放”按钮，回放机构运动的动画，如图5-121所示。

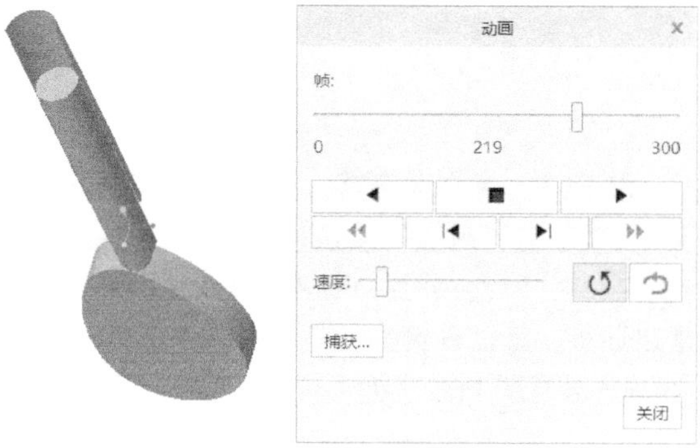

图5-121　回放机构运动的动画

4）单击“捕获”按钮，打开“捕获”对话框。接受默认选项或自行根据需要设置相应的选项，单击“确定”按钮，将运动动画保存为MPEG格式的文件。

5.9.3 槽

槽从动机构连接是两个主体之间的点-曲线连接。简单点描述就是，曲线代表槽的轨迹，点代表在槽中滑动的物体。这就是在Creo Parametric中定义槽从动机构连接的设计思想，需要在滑槽体上定义一条曲线，以及在与滑槽体配合的物体上定义一个点。

下面，通过一个实例来讲解如何在装配模式中定义槽连接，并在机构模式中实现槽连接机构的动态分析。在该实例中，还将讲解如何给机构定义初始条件。

实例中所用到的源文件位于本书配套资料包CH5→TSM_5_9文件夹中。

步骤1：建立装配文件。

1）在“快速访问”工具栏中单击“新建”按钮，弹出“新建”对话框。

2）在“类型”选项组中选择“装配”单选按钮，在“子类型”选项组中选择“设计”单选按钮，输入装配名称为“TSM_5_9”，取消选中“使用默认模板”复选框以不使用默认模板，单击“确定”按钮。

3）在出现的“新文件选项”对话框中，从“模板”选项组中选择mmns_asm_design_abs，单击“确定”按钮，建立一个装配文件。

4）确保设置在模型树中显示特征及放置文件夹。

步骤2：装配第一个零件。

1）单击“组装”按钮，选择TSM_5_9_1.PRT源文件，单击“打开”按钮，出现“元件放置”选项卡。

2）从“约束类型”下拉列表框中选择“默认”选项。

3）单击“确定”按钮，装配第一个零件的结果如图5-122所示。

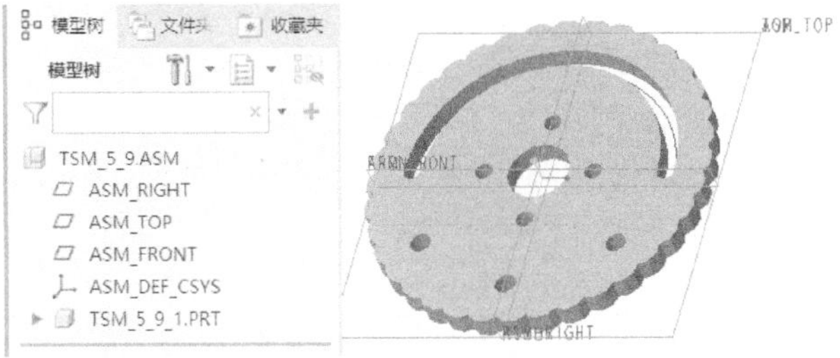

图 5-122　以默认方式装配第一个零件

步骤 3：建立槽连接。

1）单击“组装”按钮，选择 TSM_5_9_2. PRT 源文件，单击“打开”按钮。

2）在“元件放置”选项卡的“预定义集”下拉列表框中选择“槽”选项，并打开“放置”滑出面板，可以看到需要定义的是“直线上的点”约束，分别单击图 5-123 所示的 PNT0 基准点和 TSM_5_9_1. PRT 中的曲线。

图 5-123　定义线上的点

3）在“放置”滑出面板的框中选择“新建集”，然后从“元件放置”选项卡的“预定义集”下拉列表框中选择“常规”，并设置约束类型为“重合”，如图 5-124 所示。

图 5-124　增加一个常规约束集

4）选择图 5-125 所示的元件项目和装配项目作为重合参考。

5）单击“确定”按钮。

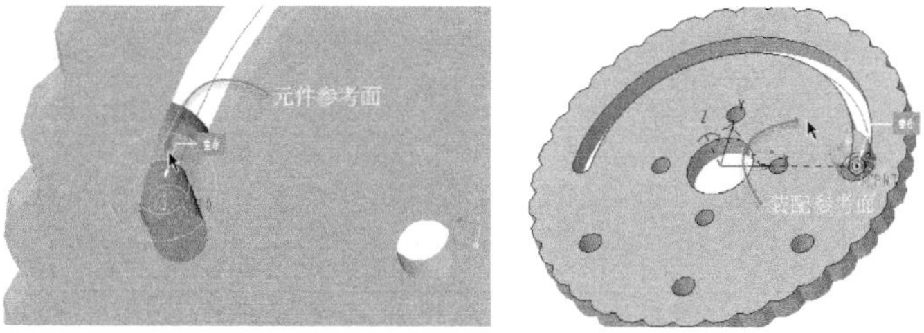

图 5-125　选择匹配参考

步骤 4：设置初始条件。

1）从功能区中选择“应用程序”标签以打开“应用程序”选项卡，从中单击“机构”按钮，进入机构模式。此时，功能区出现“机构”选项卡。

2）在功能区“机构”选项卡的“属性和条件”选项组中单击“初始条件”按钮，打开“初始条件定义”对话框。

3）在“初始条件定义”对话框中单击“定义切向槽速度”按钮。然后在图形窗口中选择槽从动机构，出现切线箭头，并在“大小”选项组的文本框中输入“18”，如图 5-126 所示。

4）在“初始条件定义”对话框中单击“确定”按钮。

步骤 5：建立动态分析。

1）在功能区“机构”选项卡的“分析”组中单击“机构分析”按钮，打开“分析定义”对话框。

2）输入的分析名称为 TSM_A1。

3）在“类型”选项组的下拉列表框中选择“动态”选项。

4）在“首选项”选项卡设置的选项及参数如图 5-127 所示，尤其注意在“初始配置”选项组中选择“初始条件状态”单选按钮，设置启动初始条件。

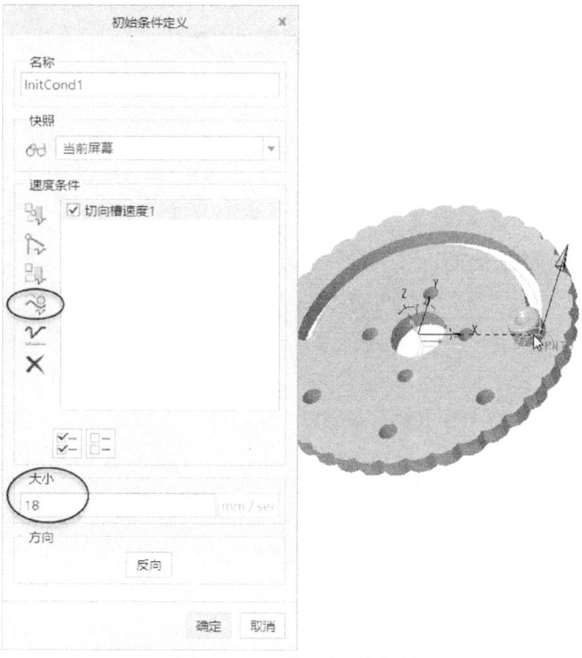

图 5-126　设置初始条件

图 5-127　设置首选项

5）单击“运行”按钮，槽机构按照设置的初始条件进行运动仿真，在指定时间内运行的结果如图 5-128 所示。

6）单击“确定”按钮。

5.9.4 3D 接触

3D 接触是指不同主体中两个零件之间的连接。此类接触位于第一个主体内的单个曲面或顶点与第二个主体内的一或多个球形、圆柱或平面曲面或顶点之间。用户可以在球面 – 球面、球面 – 平面（或平面 – 球面）、圆柱 – 圆柱或圆柱 – 平面（或平面 – 圆柱）对之间定义 3D 接触，如图 5-129 所示，但无法在平面 – 平面或球面 – 圆柱对之间定义 3D 接触。当选择顶点作为 3D 接触曲面时，系统会在该顶点周围显示一个球面，如图 5-130 所示，允许像处理球面一样处理该顶点。

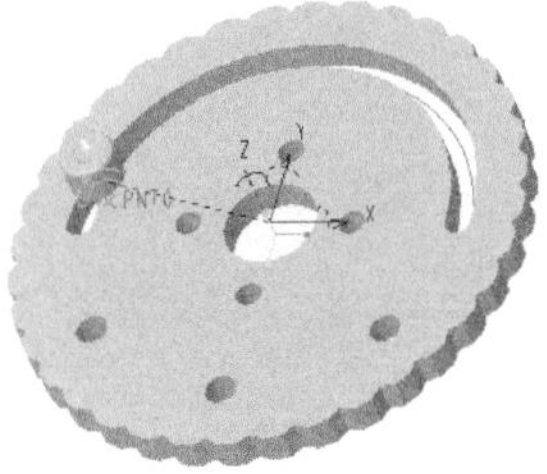

图 5-128　动态分析结果

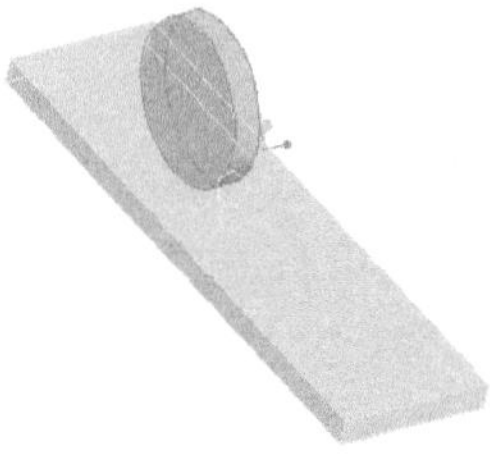

图 5-129　3D 接触

图 5-130　选择顶点用作 3D 接触曲面时

3D 接触并不是真正的连接，但是它们具有许多与其他连接类型相似的属性。另外，可以使用 3D 接触测量定义压力角、接触面积和滑动速度属性等。

要创建 3D 接触，则可以按照以下的方法步骤来进行。

1）在打开某个机构装配的情况下，在功能区“机构”选项卡的“连接”组中单击“3D 接触”按钮，打开“3D 接触”选项卡，如图 5-131 所示。

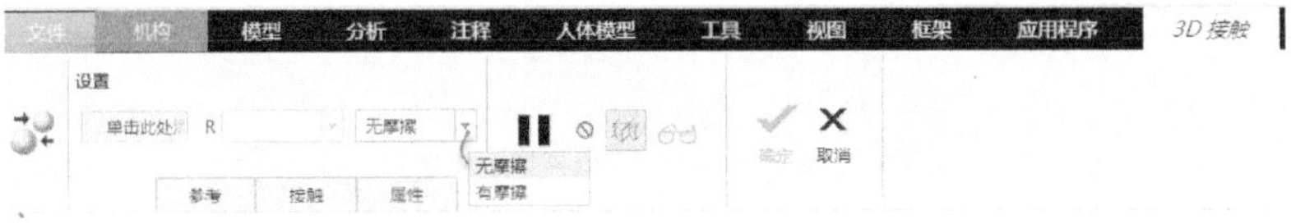

图 5-131　“3D 接触”选项卡

2）在两个零件上选择接触参考。可选择球形曲面、柱形曲面、平面曲面或者顶点。

3）如果选择顶点，则在 R 文本框中输入一个值定义顶点半径。

4）在“3D 接触”选项卡中打开“接触”滑出面板，可以查看和修改接触属性，包括“侧 1 接触属性”和“侧 2 接触属性”，并可以为每个零件选择不同的材料，如图 5-132 所示。对于“侧 1 接触属性”和“侧 2 接触属性”定义的内容是相一致的。以“侧 1 接触属性”为例：当选择“使用值”选项时，可接受默认值、键入新值或从列表中选择值，以更改“泊松比”“杨式模量”“阻尼”值；当选择“选择材料”

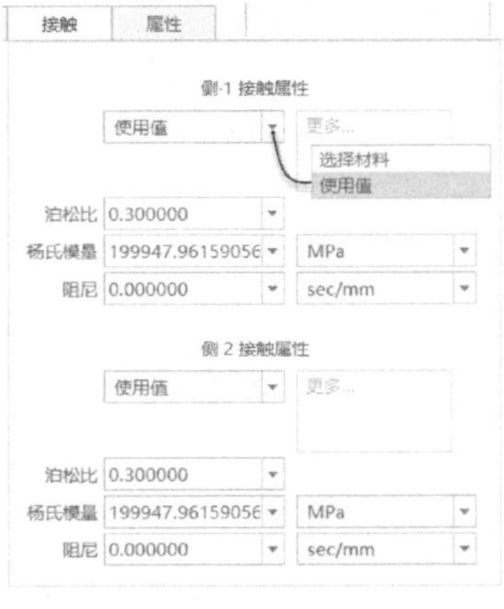

图 5-132　“接触”滑出面板

选项时，可单击“更多”选项，弹出“材料”对话框，从列表中查找和打开材料库，从中选择所需材料，将其添加到“模型＊中的材料”列表，然后单击“确定”按钮，选定的材料被添加到“接触”滑出面板的材料列表中，在该材料列表中选择所需材料，则“泊松比”“杨式模量”或“阻尼”值会进行相应更新。

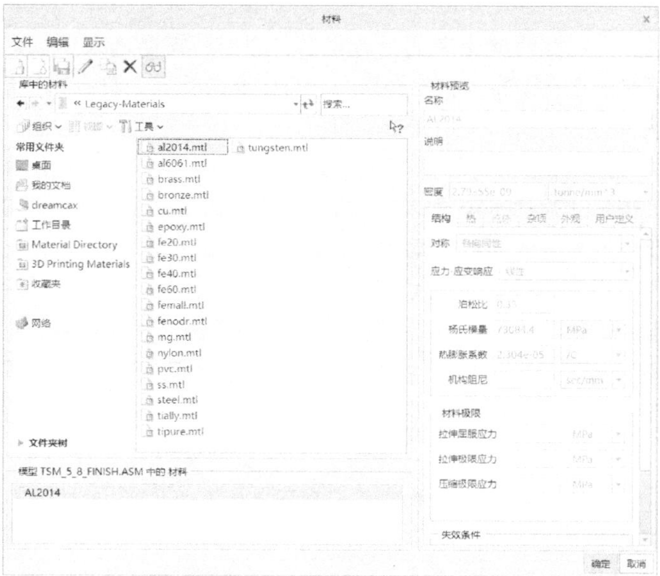

图 5-133 “材料”对话框

5）在“3D 接触”选项卡的摩擦选项下拉列表框中选择“无摩擦”或“有摩擦”选项。当选择“有摩擦”选项时，将创建有摩擦的 3D 接触，此时需要输入静摩擦和动摩擦的值。

6）单击“预览”按钮预览新接触，满意后单击“确定”按钮。

5.9.5 带和滑轮

带和滑轮组成了一种带传动，所谓的滑轮是一种在其结构上设计有槽的轮盘，带或缆绳沿着该槽运行，并将滑轮通过它们连接到下一个滑轮。这样的传动系统通常被称为带和滑轮系统。

要创建一个带和滑轮系统，则可以按照以下方法步骤来执行。

1）在功能区“机构”选项卡的“连接”组中单击“带”按钮，打开图 5-134 所示的“带”选项卡。

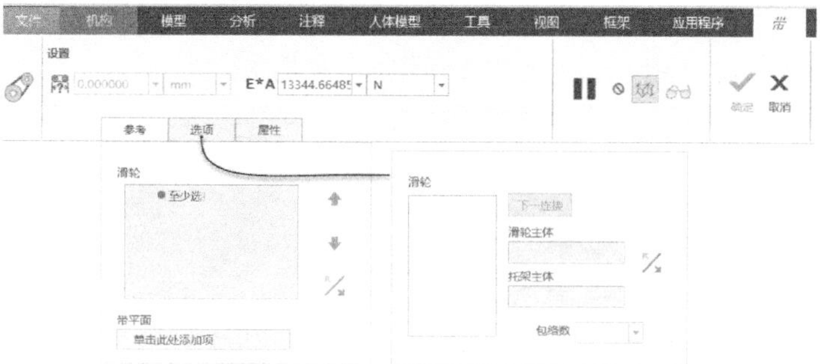

图 5-134 “带”选项卡

2）打开“参考”滑出面板，选择所需曲面、曲线、边或连接以定义滑轮。系统将沿着选定参考布线带，在图形窗口中出现的一条绿线就是指示带的路径。如果要同时选择两个参考时记得按住〈Ctrl〉键。如果要切换带包绕滑轮时使用的侧，那么单击“反向”按钮。单击“向上”或“向下”按钮可更改带路径中的滑轮顺序，也可以单击相应的拖动控制滑块来反向包绕侧或更改包绕顺序。

设置好带路径后，可以激活“带平面”收集器，选择所需曲面来定义带平面。需要用户注意的是，通常带平面是一个自动特征，不必用户自行定义带平面。只有当选定曲面不是用户需要的曲面时，才手动选择另一个曲面来定义带平面。

3）打开“选项”滑出面板进行相关操作来定义或编辑滑轮连接。在默认情况下，如果不存在冲突，那么滑轮的销钉或圆柱连接被定义为滑轮主体，而第二个主体则被定义为托架主体。在一些场合下，如果认为滑轮主体和托架主体的角色反了，那么可以单击“反向”按钮进行切换。但这样反向操作要谨慎，可能会导致不同滑轮间的刚性主体出现冲突的状况。“包络数”的默认值为1，用户可以根据实际情况输入一个值作为滑轮周围的“包络数”。

单击“下一连接”按钮可以浏览并选择一组用于滑轮的销钉或圆柱连接。只有当滑轮参考为几何（如曲面、边或曲线等）并且包含此参考的刚性主体有多个有效滑轮连接时，“下一连接”按钮才可用。

4）在“带”选项卡上单击“激活用户定义的未拉伸带长度”按钮，激活未拉伸带长度收集器，在其文本框内选定一个值或输入一个值，该值会成为在连接过程中必须满足的一种约束。

5）单击E*A选项区域定义带刚度。

6）单击“预览”按钮预览新带和滑轮系统，满意后单击“确定”按钮。

5.10 思考题

1）如何进入机构模式？利用机构模式，可以实现哪些典型操作？

2）如何设置机构图标显示项目？

3）“在模型中定义主体”“连接装配”“设置连接轴”“指定质量属性”“定义动力源”这些概念的含义是什么？

4）重力、执行电动机、阻尼器、弹簧、力/扭矩、初始条件这些概念的含义是什么？

5）如何建立所需的机构分析？可以举例进行说明。

6）如何进行结果回放操作？如何设置碰撞检测？

7）建立运动轨迹曲线主要有哪些好处？请简述创建运动轨迹曲线的典型方法及步骤。

8）什么是齿轮副连接？什么是凸轮连接？什么是槽连接？

9）上机操作：请自行设计一个带和滑轮系统。

第 6 章 产品设计方法及典型应用实例

本章导读

产品设计是一项综合性很强的工作，设计人员必须掌握两种常用的设计方法，即自底向上（Down - Top）设计和自顶向下（Top - Down）设计。前者是先设计好零部件，然后将其组装成一个产品；而后者则是先确定总体思路、设计总体布局，然后才设计其中的零件或子装配组件。在本章中，将对自顶向下设计方法进行重点总结，并介绍两个典型应用实例，其中一个是应用主控件的简单设计实例，另一个则是利用骨架辅助创建轴承的应用实例。

学习本章的内容，将有助于复习前面章节的一些知识，也将有助于提高产品设计的综合能力。

6.1 自顶向下设计方法概述

自顶向下设计方法是一种较为常用的设计方法，适用于全新的产品设计或者系列较为丰富多变的产品设计，它在家电产品、通信电子产品等领域应用比较广泛。综前所述，自顶向下设计要求先确定总体思路、设计总体布局，然后再设计其中的零件或子装配组件。

在 Creo Parametric 7.0 中，采用自顶向下设计可以较为方便地管理大型组件，可以有效地掌握设计意图，使整个组织结构明确。并且可以实现各设计小组的分工协作、资源共享，同步设计指定框架下的元件或子装配组件。自顶向下设计是一种先进的设计思想，也是一种具有很高设计效率的设计方法。

前面章节介绍的布局、骨架等应用，可以使用户获得清晰的设计意图。因此，常将它们看作是自顶向下设计的典型体现。

自顶向下设计一般由以下几大步骤组成。

1）定义设计意图。例如利用二维布局、产品数据管理、骨架模型等工具来表达设计意图、条件限制等要求。

2）定义产品结构，使得在模型树中便可以清晰地看到产品的组织结构，包括产品的各子系统、零件的相互关系等。

3）传达设计意图，设计具体的零部件。

4）将完成的或者正在进行的设计信息传达到上层组件。

当然，设计过程是灵活多变的，很多时候，会将自顶向下设计和自底向上设计思想结合起来。这些需要设计者在实际设计工作中多多体会，总结经验。也可以将利用主控件设计的方法视为一种较为典型的自顶向下设计方法，它的元件设计多在装配模式下进行。详细内容请参考 6.3 节介绍的第一个应用实例。

6.2 产品结构规划简述

产品结构规划是指在创建或组装所有元件之前就定义组件的结构，形成一个虚拟的装配体。在 Creo Parametric 7.0 系统中，建立的虚拟装配包含若干个已放置或未放置的空零件（没有实体特征的零件）或空子组件。

对产品结构进行规划定义的好处，主要有以下几点。

1）可以根据虚拟装配的结构划分子项目，给不同的设计小组分配设计任务，从而提高设计效率。

2）使单个设计者能够专注于自己的设计任务，而不必过多地考虑整个设计全局。

3）在设计初期便可以与系统库零件建立关联。

4）在设计初期便确定零件的非几何信息，如零部件代码、设计人员信息等。

5）在设计过程中或者设计后期，可以在产品的组成结构内调整各零部件的位置，以进一步获得完美的产品结构。

在装配模式下，从功能区“模型”选项卡的“元件”组中单击“创建”按钮，可以很方便地在装配组件中建立不同类型的元件、子装配组件（又称为子组件）、骨架模型及主体项目等。其中建立主体项目是为了给产品创建非实体，例如油漆、胶等，它们也是产品不可缺少的组成部分。在装配中新建一些没有实体特征的元件以及其他需要的骨架模型等，便可初步形成一个清晰的产品结构，这在模型树中一目了然。在产品设计中，一个好的产品结构规划，可以给设计带来很明确的设计意图，例如本章介绍的第二个应用实例（6.4 节）——利用骨架辅助创建轴承。

6.3 应用主控件的设计实例

可以设计一个模型作为主控件添加到装配中，然后通过“合并/继承”的方式来使建立的元件受控于主控件。当主控件发生变化时，受控元件也会自动随之发生变化。一般情况下，应用主控件的产品设计思路为：先建造主控件的三维模型，接着将主控件以“默认”方式组装在新建的装配中，然后在装配中新建仅含有坐标系、基准平面的元件，并将主控件合并到元件中进行设计，最后形成完整的装配体。当欲进行产品的变更设计时，可以直接在主控件中进行。

本应用实例为通过设计主控件来初步完成一个 MP4 播放器的外壳结构设计，如图 6-1 所示。有兴趣的读者可以在此基础上细化设计。

具体的设计步骤如下。

步骤 1：设计主控件。

1）在“快速访问”工具栏中单击“新建”按钮，打开“新建”对话框，输入实体零件的名称为 TSM_6_1_MASTER，清除“使用默认模板”复选框，单击“确定”按钮；接着在“新文件选项”对话框中选择 mmns_part_solid_abs，单击“确定”按钮。

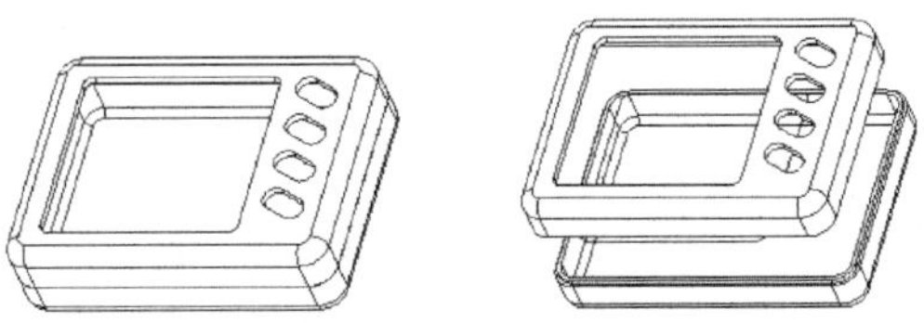

a) b)

图 6-1 MP4 播放器外壳组件

a）组件 b）装配爆炸图

2）在功能区“模型”选项卡的“形状”

组中单击“拉伸”按钮，打开“拉伸”选项卡。选择TOP基准平面作为草绘平面，快速进入草绘模式。绘制图6-2所示的剖面，单击“确定”按钮。输入侧1的拉伸深度值为“18”，然后单击“确定”按钮，完成拉伸特征的建构，结果如图6-3所示。

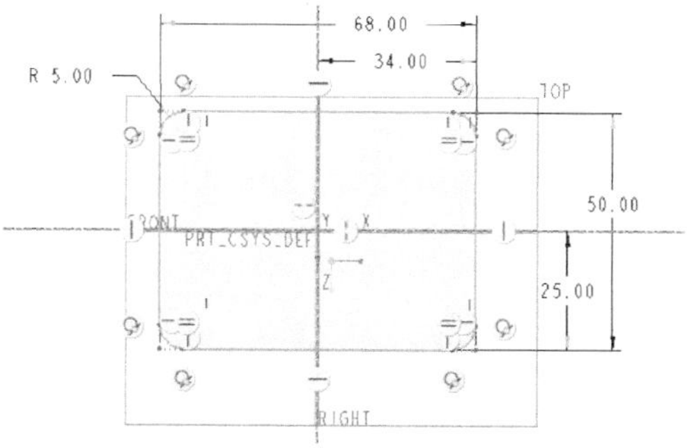

图6-2 绘制剖面

3）在功能区“模型”选项卡的“工程”组中单击“圆角”按钮，设置圆角半径为“3”，结合〈Ctrl〉键选择图6-4所示的两边链，单击“确定”按钮。

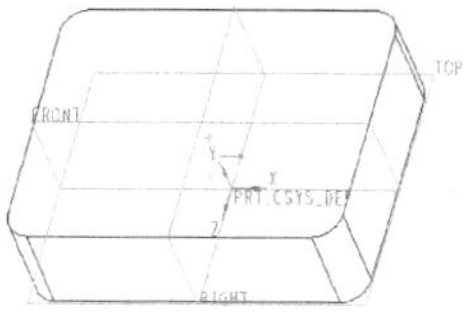

图6-3 拉伸特征

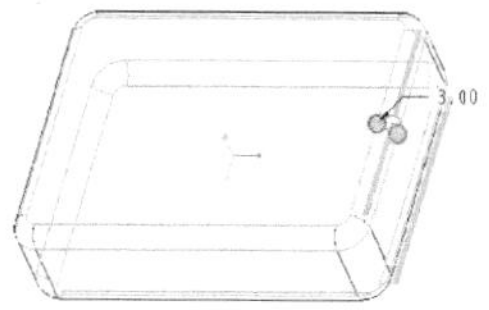

图6-4 圆角

4）在功能区“模型”选项卡的“基准”组中单击“草绘”按钮，弹出“草绘”对话框，选择TOP基准平面作为草绘平面，默认以RIGHT基准平面为“右”方向参考，单击“草绘”按钮，进入草绘模式。绘制图6-5所示的剖面，单击“确定”按钮。

5）在功能区“模型”选项卡的“基准”组中单击“草绘”按钮，打开“草绘”对话框。单击“草绘”对话框中的“使用先前的”按钮，进入草绘模式。绘制图6-6所示的图形，单击“确定”按钮。

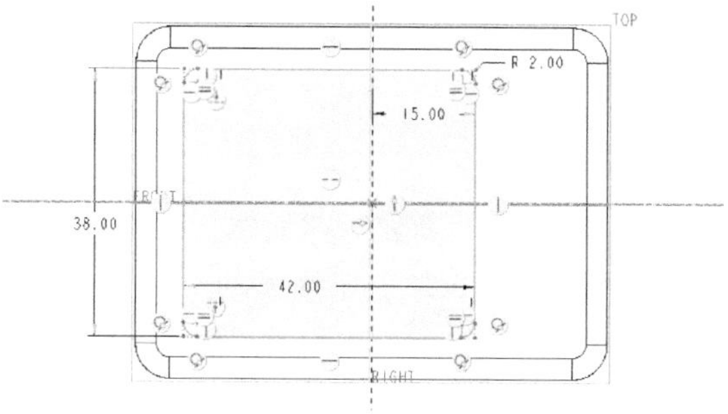

图6-5 草绘图形

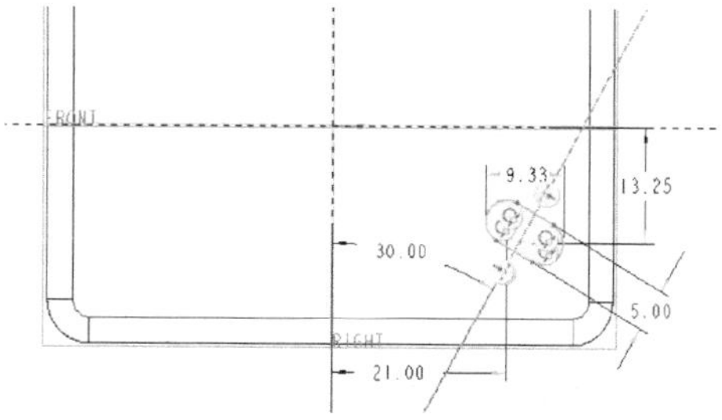

图6-6 绘制图形

6）确保选中上步骤创建的“草绘2”特征，在功能区“模型”选项卡的“编辑”组中单击“阵列”按钮，则功能区出现“阵列”选项卡。从“阵列”选项卡的“阵列类型”下拉列表框中选择“方向”选项，选择FRONT基准平面作为第一方向参考，单击“反向第一方向”按钮，输入第一方向的阵列成员数为“4”，输入第一方向的阵列成员间的间距为“9”，如图6-7所示。

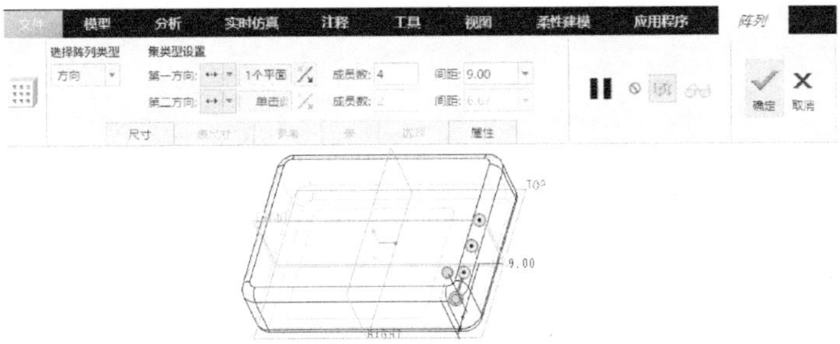

图6-7　设置阵列参数

在“阵列”选项卡中单击“确定”按钮，完成曲线的阵列复制，如图6-8所示（TOP视角）。

7）单击“拉伸”按钮，并在“拉伸”选项卡上单击“曲面”按钮，接着进入“放置”滑出面板，单击“定义”按钮，弹出“草绘”对话框。

选择FRONT基准平面作为草绘平面，默认以RIGHT基准平面为“右”方向参考，单击“草绘”按钮，进入草绘模式。绘制图6-9所示的剖面，单击“确定”按钮。接着在“拉伸”选项卡的侧1深度选项下拉列表框中选择（对称）选项，输入深度值为“60”，单击“确定”按钮。

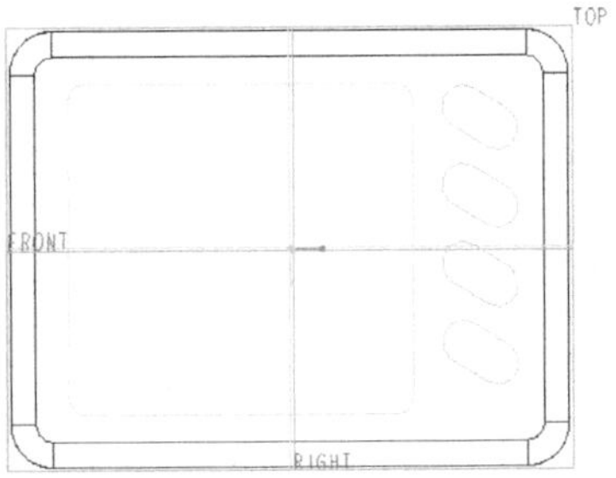

图6-8　阵列曲线的结果

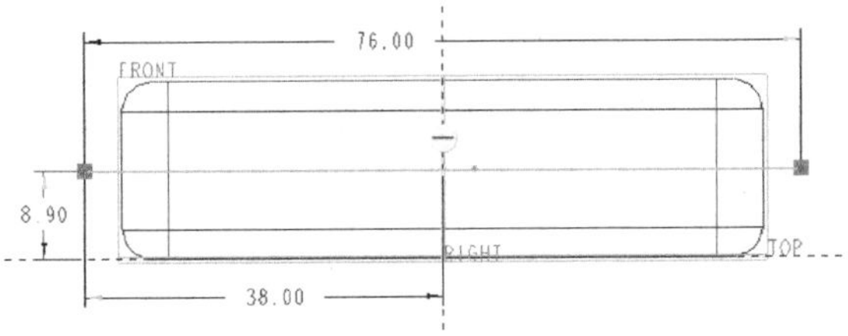

图6-9　绘制剖面

8）在指定目录下保存该文件。

步骤2：建立一个装配体并载入主控件。

1）在“快速访问”工具栏中单击“新建”按钮，弹出“新建”对话框。在“类型”选项组中选择“装配”单选按钮，在“子类型”选项组中选择“设计”单选按钮，输入装配名称为“TSM_6_1”，取消选中“使用默认模板”复选项以不使用默认模板，单击“确定”按钮。

2）在出现的“新文件选项”对话框中，从“模板”选项组中选择mmns_asm_design_abs，单击“确定”按钮，建立一个装配文件。

3）在功能区“模型”选项卡的“元件”组中单击“组装”按钮，选择建立的TSM_6_1_MASTER. PRT零件，单击“打开”按钮。在“元件放置”选项卡的一个下拉列表框中选择“默认”选项以在默认位置组装元件，单击“确定”按钮，从而完成将主控件组装到默认的位置，如图 6-10 所示。

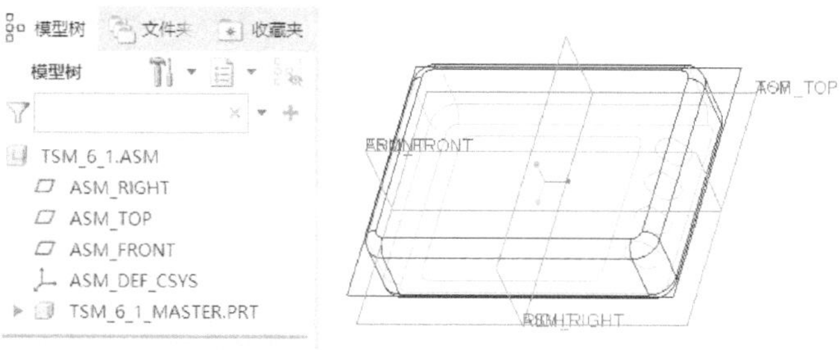

图 6-10　添加主控件

4）在模型树中，结合〈Ctrl〉键选择 ASM_RIGHT、ASM_TOP、ASM_FRONT 和 ASM_DEF_CSYS 装配基准特征，并从弹出的浮动工具栏中单击“隐藏”图标按钮。

步骤 3：设计上盖。

1）在功能区“模型”选项卡的“元件”组中单击“创建”按钮，弹出“创建元件”对话框，如图 6-11 所示。指定将创建的实体零件的选项，输入名称为“TSM_6_1_1”，单击“确定”按钮，弹出“创建选项”对话框。

2）在“创建选项”对话框的“创建方法”选项组中选择“定位默认基准”单选按钮，在“定位基准的方法”选项组中选择“对齐坐标系与坐标系”单选按钮，如图 6-12 所示，单击“确定”按钮。

3）在模型树上选择 ASM_DEF_CSYS 装配基准坐标系，即在装配中创建一个新元件，该新元件处于自动被激活的状态。

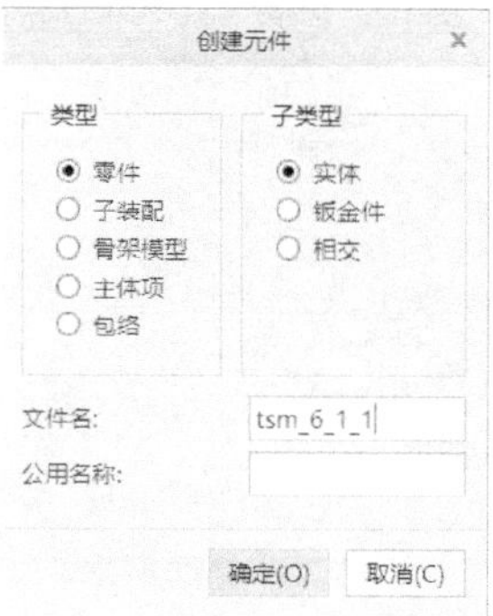

图 6-11　“创建元件”对话框

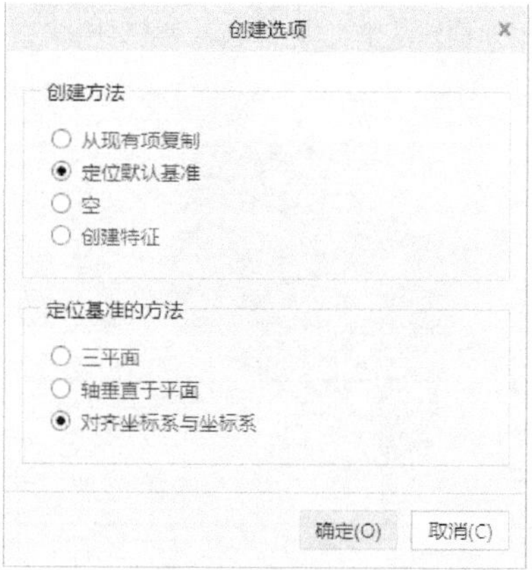

图 6-12　“创建选项”对话框

4）从功能区的“模型”选项卡中选择“获取数据”→“合并/继承”命令，打开“合并/继承”选项卡。在模型树上选择 TSM_6_1_MASTER. PRT 主控件。在“合并/继承”选项卡上默认选中“将参考类型设为装配上下文”按钮，单击“添加材料”按钮，然后单击“确定”按钮。此时在 TSM_6_1_1. PRT 零件模型树中显示出合并特征，如图 6-13 所示。

5）在模型树上单击 TSM_6_1_MASTER. PRT 主控件，接着从弹出的浮动工具栏中单击“隐藏”图标按钮，从而将主控件隐藏起来。

6）从“选择”过滤器下拉列表框中选择“特征”选项，在模型中单击合并特征中的曲面，从功能区“模型”选项卡的“编辑”组中单击“实体化”按钮，打开“实体化”选项卡，单击“移除材料”按钮，单击“刀具方向”按钮，此时上盖模型如图6-14所示，单击“确定”按钮。

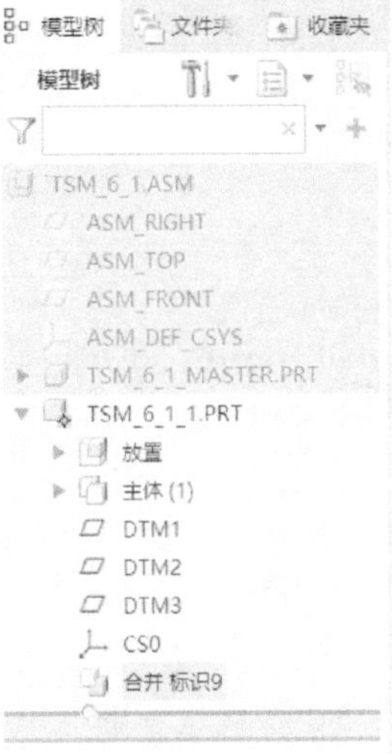

图6-13　创建合并特征

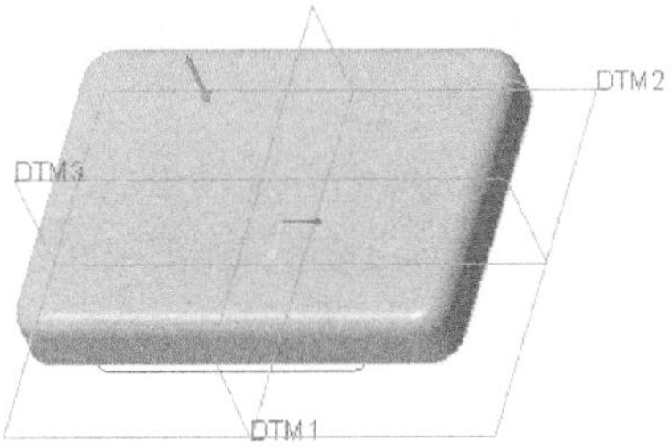

图6-14　实体化操作

7）在功能区“模型”选项卡的“工程”组中单击“壳”按钮，打开“壳”选项卡。输入厚度值为“1.98”，翻转模型，选择图6-15所示的零件面作为要移除的曲面，单击“确定”按钮，得到图6-16所示的上盖模型。

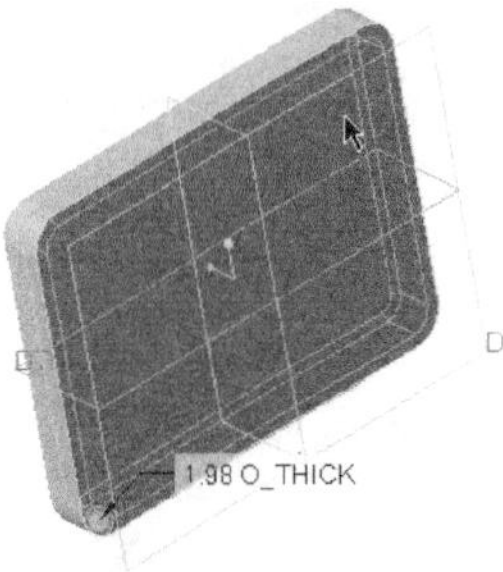

图6-15　指定开口面

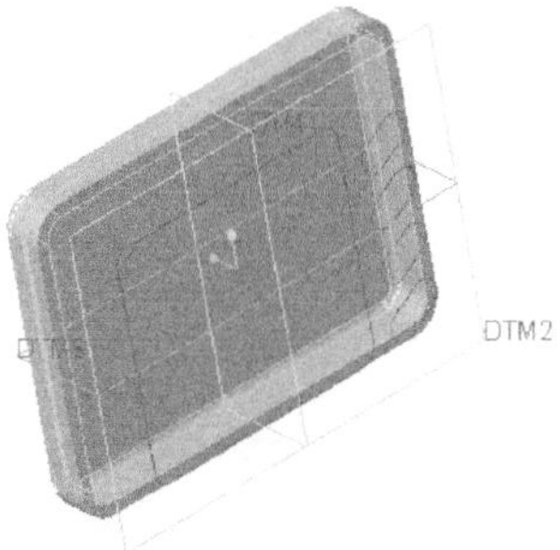

图6-16　抽壳结果

8）单击“拉伸”按钮，打开“拉伸”选项卡。接着在“拉伸”选项卡中单击“移除材料”按钮。选择DTM2基准平面作为草绘平面，默认以DTM1基准平面作为“右”方向参考，进入草绘模式中。在“图形”工具栏中打开“显示样式”列表，从中选择“隐藏线”图标选项。在功能区“草绘”选项卡的“草绘”组中单击“投影”按钮，由合并特征中的曲线复制而成图6-17所示的图形，单击“确定”按钮。单击“深度方向”按钮，选择（穿透）图标选项，单击“确定”按钮，得到的切除效果如图6-18所示（已经更改为以“消隐”图标选项显示模型）。

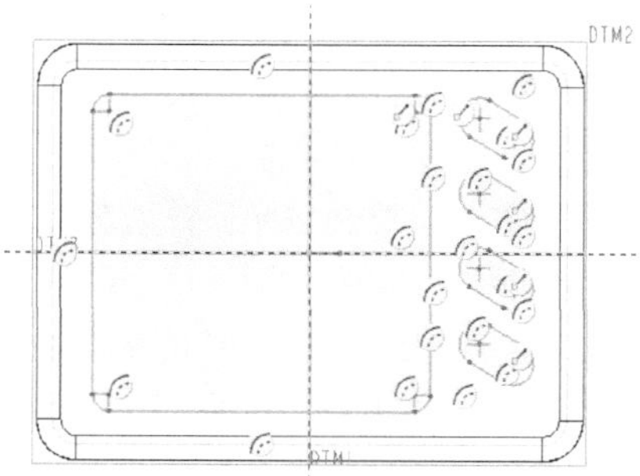

图 6-17 复制合并特征中的曲线

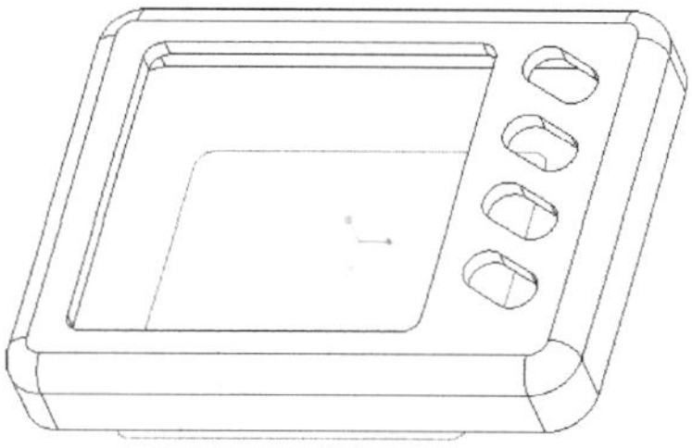

图 6-18 切除效果

9）在功能区中切换至“视图”选项卡，从“可见性”组中单击“层”按钮。从“活动层对象选择”下拉列表框中选择当前元件 TSM_6_1_1. PRT 作为活动模型，在层树上方单击“层”按钮，弹出图 6-19 所示的下拉菜单，选择“新建层”命令，弹出“层属性”对话框。

10）在“层属性”对话框中输入层的名称为“MASTER_CURVE”，接着将选择过滤器（位于模型窗口右下方）的选项设置为“曲线”。使用鼠标左键指定两个角点来框选整个零件以选取所有曲线，此时“层属性”对话框如图 6-20 所示，单击“确定”按钮。可将选取过滤器的选项重新设置为“几何”选项。

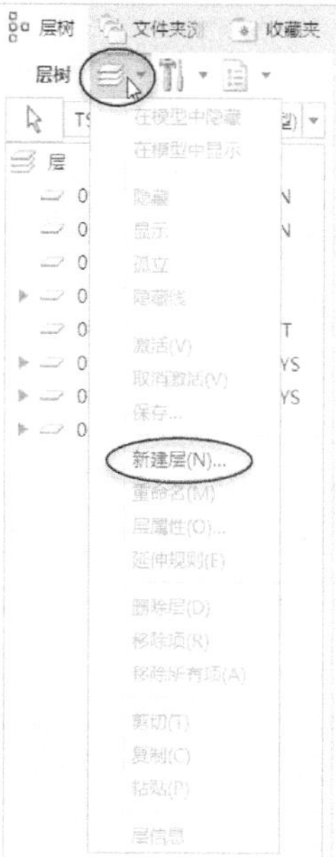

图 6-19 新建层

图 6-20 选择层项目

11）在层树中右击 MASTER_CURVE 层，接着从快捷菜单中选择“隐藏”命令，再次右击 MASTER_CURVE 层，并从快捷菜单中选择“保存状况”命令。

12）在“图形”工具栏中单击“重画当前视图”按钮，在功能区“视图”选项卡的“可见性”组中再次单击“层”按钮以取消该按钮的选中状态，返回到模型树显示模式。

13）隐藏 TSM_6_1_1. PRT 上盖零件。

步骤4：设计下盖。

1）在模型树上右击顶级装配组件 TSM_6_1.ASM，从浮动工具栏中单击"激活"按钮◈。

2）在"元件"组中单击"创建"按钮，打开"创建元件"对话框。在"类型"选项组中选择"零件"单选按钮，在"子类型"选项组中选择"实体"单选按钮，输入名称为"TSM_6_1_2"，单击"确定"按钮，系统弹出"创建选项"对话框。

3）在"创建方法"选项组中选择"定位默认基准"单选按钮，在"定位基准的方法"选项组中选择"对齐坐标系与坐标系"单选按钮，单击"确定"按钮。

4）在模型树上选择 ASM_DEF_CSYS 装配基准坐标系。

5）在功能区的"模型"选项卡中选择"获取数据"→"合并/继承"命令，打开"合并/继承"选项卡。在模型树中选择 TSM_6_1_MASTER.PRT 主控件，默认选中"添加主体"按钮，单击"确定"按钮✔。

6）在模型树上确保选中当前活动零件刚创建的"添加主体"特征，在功能区"模型"选项卡的"编辑"组中单击"实体化"按钮，打开"实体化"选项卡，单击"移除材料"按钮，此时下盖模型如图 6-21 所示，单击"确定"按钮✔。

7）单击"壳"按钮，输入厚度值为"1.98"，选择图 6-22 所示的零件面作为要移除的曲面，单击"确定"按钮✔。

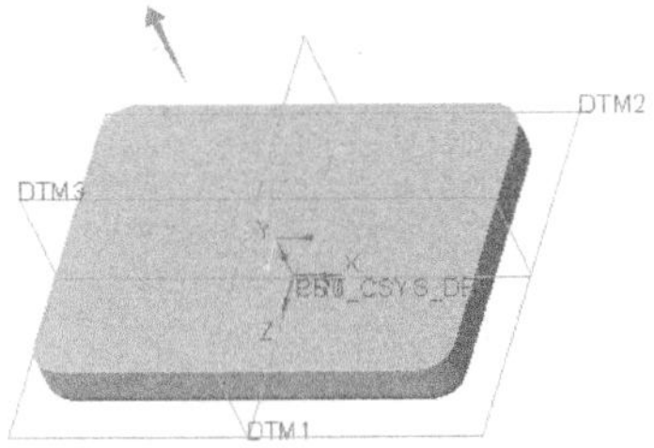

图 6-21　实体化操作

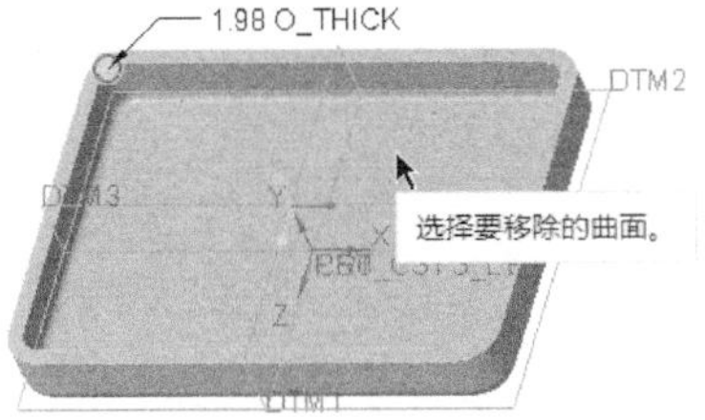

图 6-22　选择要移除的曲面

8）单击"拉伸"按钮，打开"拉伸"选项卡。打开"放置"滑出面板，单击"定义"按钮，弹出"草绘"对话框，选择图 6-23 所示的环状平整表面作为草绘平面，默认以 DTM1 基准平面为"右"方向参考，单击"草绘"按钮进入草绘器中。绘制图 6-24 所示的拉伸截面，在绘制的过程中可以临时将显示样式设置为"隐藏线"以便于绘制和把控该拉伸截面，单击"确定"按钮✔。

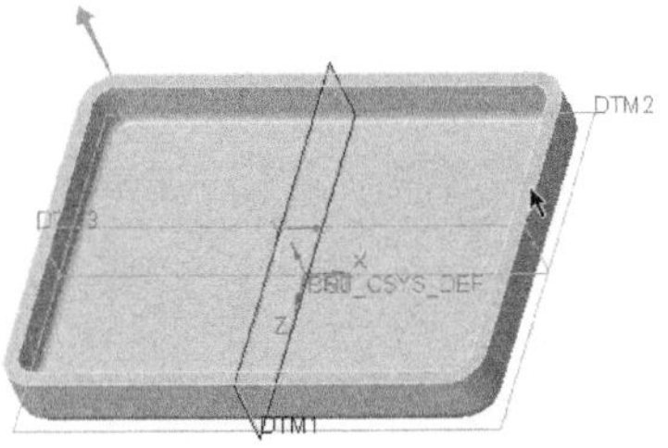

图 6-23　指定草绘平面

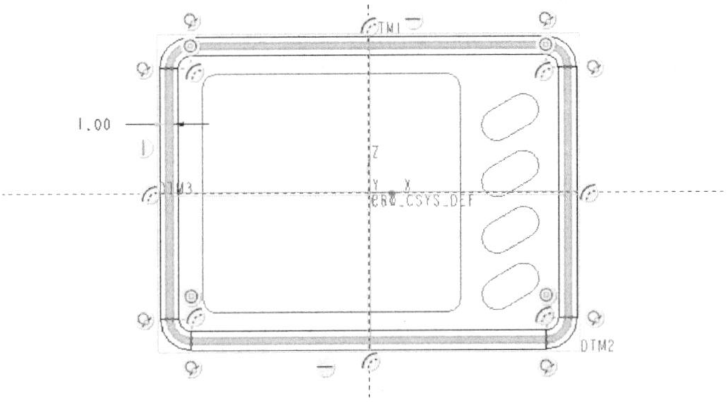

图 6-24　绘制拉伸截面

在“拉伸”选项卡中确保取消选中“移除材料”按钮，输入侧 1 的拉伸深度为“1.2”，单击“拉伸深度方向”按钮，单击“确定”按钮，此时模型如图 6-25 所示。

9）创建拔模特征。单击“拔模”按钮，打开“拔模”选项卡。选择要拔模的曲面，并单击“拔模枢轴”收集器将其激活，选择图 6-26 所示的实体面定义拔模枢轴，并设置拔模角度为“－1.5°”（负值相当于改变拔模角度的方向），然后单击“确定”按钮。

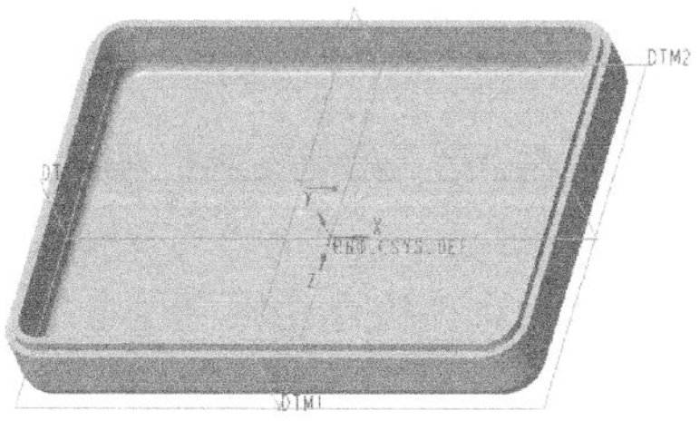

图 6-25　创建拉伸特征

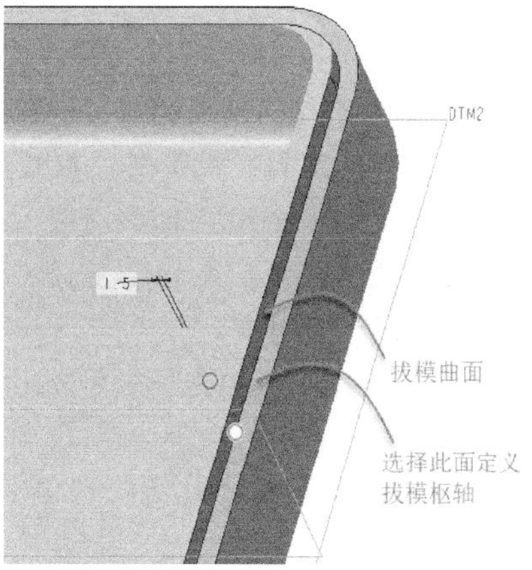

图 6-26　创建拔模特征

说明：

步骤 8）～9）也可以采用传统的“唇”命令一次完成。如果要想使用“唇”命令，需要将系统配置文件选项 allow_anatomic_features 的值设置为 yes。设置方法是，从功能区的“文件”选项卡中选择“选项”命令，以打开“PTC Creo Parametric 选项”对话框，通过配置编辑器将 allow_anatomic_features 选项的值设置为 yes。此时才允许创建 Pro/ENGINEER 2000i 之前版本的几何特征，包括耳、环形槽、刀刃、槽、凸缘、轴、局部推拉、半径圆顶、截面圆顶和唇等特征。将 allow_anatomic_features 选项的值设置为 yes 之后，还需要通过“自定义功能区”的相关操作才能将“唇”等命令添加到功能区的指定位置。有兴趣的读者可以自行去研习一下。

10）选择图 6-27 所示的零件面，从功能区“模型”选项卡的“编辑”组中单击“偏移”按钮，打开“偏移”选项卡。在“偏移”选项卡的类型下拉列表框中选择“展开特征”，输入偏移距离为“0.1”，单击“偏移方向”按钮，单击“确定”按钮。

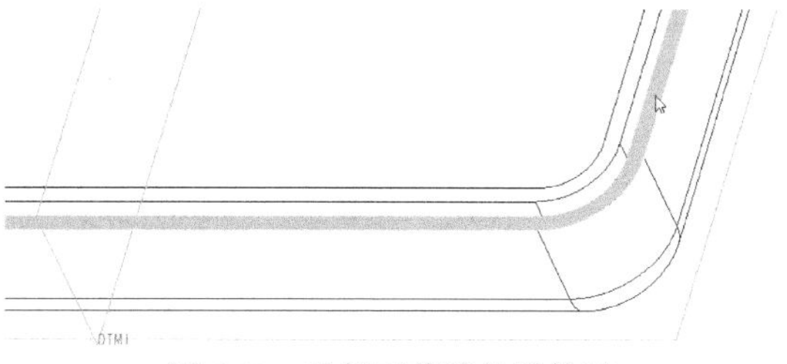

图 6-27　选择要偏移的零件面

说明：

创建该偏移特征的目的是使上盖和下盖的接缝处留出一道空隙，形成一条“美观线”。

11）在功能区的“视图”选项卡中单击“可见性”组中的“层”按钮，指定 TSM_6_1_2. PRT 下盖零件为活动层对象。在层树上方单击“层”按钮，接着从打开的下拉菜单中选择“新建层”命令，弹出“层属性”对话框。

12）在“层属性”对话框中输入层的名称为“MASTER_CURVE”，接着将选择过滤器的选项设置为“曲线”，使用鼠标左键框选整个零件以选择所有曲线，在“层属性”对话框中单击“确定”按钮。此时，将选择过滤器的选项重新设置为“几何”选项。

13）在层树中右击“MASTER_CURVE”层，并从快捷菜单中选择“隐藏”命令，再次右击 MASTER_CURVE 层，然后从快捷菜单中选择“保存状况”命令。

14）在“图形”工具栏中单击“重画当前视图”按钮，在功能区“视图”选项卡的“可见性”组中单击“层”按钮以取消选中该按钮，返回到模型树显示模式。

15）取消隐藏 TSM_6_1_1. PRT 上盖零件。

步骤 5：检查干涉情况。

1）在模型树上单击或右击顶级装配组件 TSM_6_1. ASM，接着从浮动工具栏中单击“激活”按钮。

2）在功能区中切换至“分析”选项卡，如图 6-28 所示。从“检查几何”组中单击“全局干涉”按钮，打开“全局干涉”对话框。

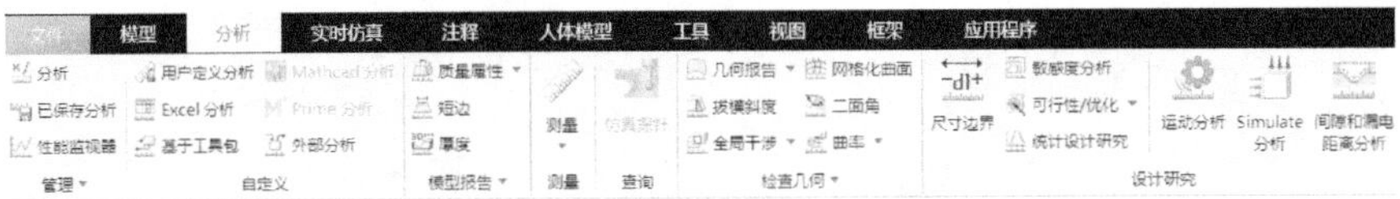

图 6-28　功能区的“分析”选项卡

3）在“全局干涉”对话框的“分析”选项卡中，选中“设置”选项组中的“仅零件”单选按钮，以及选中“计算”选项组中的“精确”单选按钮，选择“快速”选项。单击对话框中的“预览”按钮，可以预览到的全局干涉分析结果如图 6-29 所示，除去主控件的因素，表明元件 TSM_6_1_1. PRT 和元件 TSM_6_1_2. PRT 两者之间存在着干涉情况，需要进行修改设计以消除

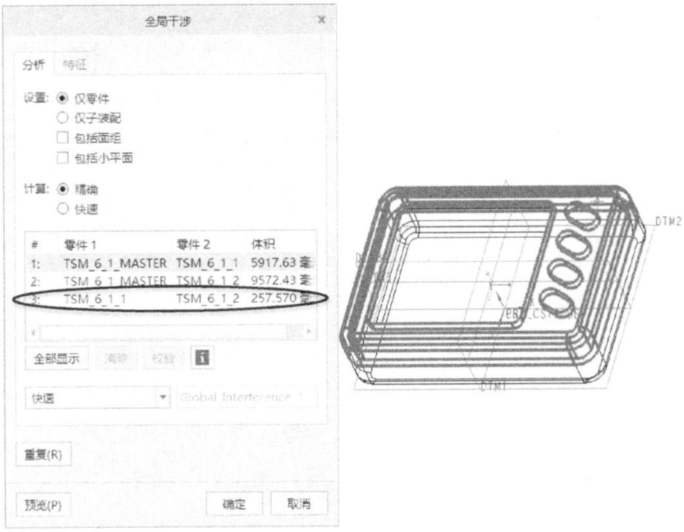

图 6-29　分析全局干涉结果

干涉情况。

4）在“全局干涉”对话框中单击“确定”按钮。

步骤6：在上盖零件中切除掉干涉体积。

1）在模型树中单击或右击 TSM_6_1_1. PRT，接着从浮动工具栏中单击“激活”按钮◆。

2）在功能区的“模型”选项卡中选择“获取数据”→“合并/继承”命令。接着在打开的“合并/继承”选项卡中单击“移除材料”按钮，选择 TSM_6_1_2. PRT，此时“合并/继承”选项卡如图 6-30 所示。

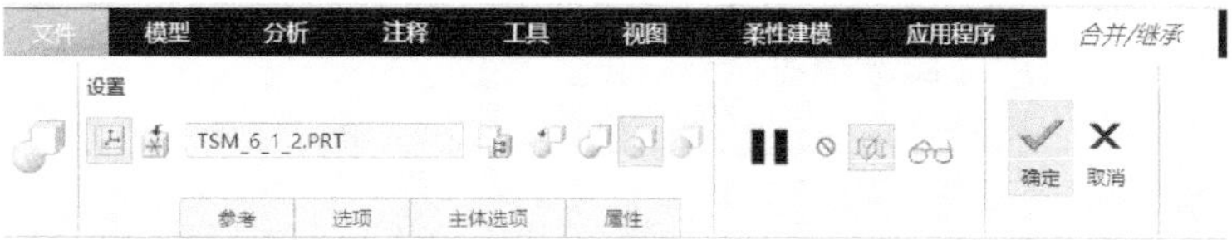

图 6-30 “合并/继承”选项卡

单击“确定”按钮✔。此时若隐藏 TSM_6_1_2. PRT 下盖零件，则可以很清楚地看到 TSM_6_1_1. PRT 上盖零件中一些材料被切除掉了，如图 6-31 所示。确保激活顶级装配组件，此时完成的 MP4 外壳的整体效果如图 6-32 所示。

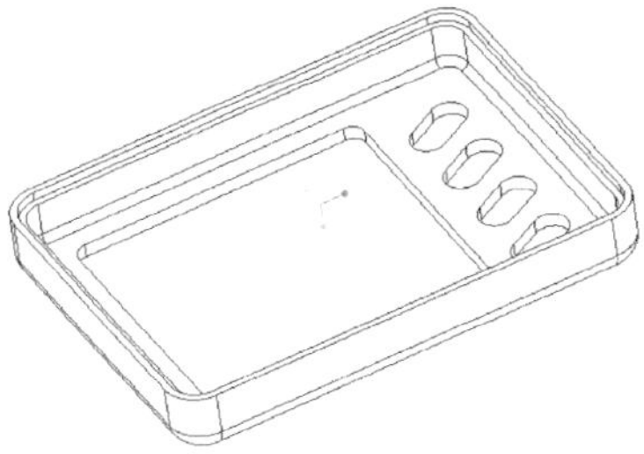

图 6-31 切除干涉体积后的效果

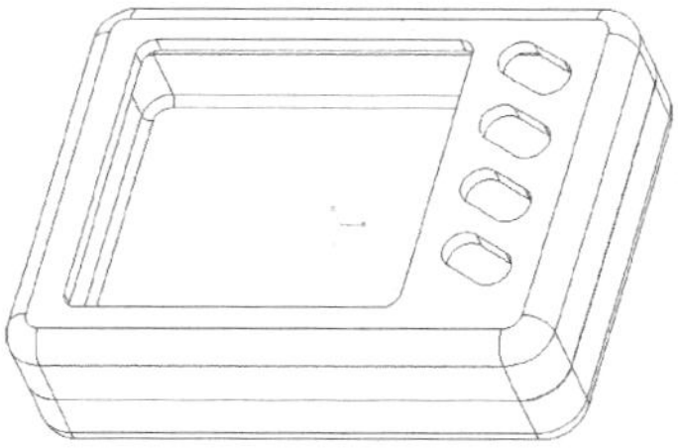

图 6-32 整体效果

步骤7：保存文件。

至此，可以说已经完成了本应用实例的设计。如果需要修改 MP4 的外形尺寸，可以在主控件中进行修改，则所做的修改也会反映到受控零件上。

如果觉得该装配体中存在的主控件会影响到产品的质量属性分析，那么可以将其从装配中删除；或者重新建立一个装配文件，并将上盖零件和下盖零件按“默认”方式组装即可。

6.4 利用骨架辅助创建轴承的应用实例

轴承是现代机器设备中广泛应用的零部件之一。典型的滚动轴承是由内圈、外圈、滚动体和保持架组成的，内圈用来和轴颈装配，外圈用来和轴承座装配。滚动轴承中的保持架的主要作用是均匀地隔开滚动体。

本应用实例所完成的滚动轴承如图 6-33 所示。

图 6-33 滚动轴承

下面是具体的操作步骤。

步骤1：建立一个装配文件。

1）在“快速访问”工具栏中单击“新建”按钮，打开“新建”对话框。

2）在“类型”选项组中选择“装配”单选按钮，在“子类型”选项组中选择“设计”单选按钮，输入名称为“TSM_6_2”，取消选中“使用默认模板”复选框，单击“确定”按钮。

3）在“新文件选项”对话框中选择模板为mmns_asm_design_abs，单击“确定”按钮。

步骤2：在装配组件中建立骨架模型。

1）在功能区“模型”选项卡的“元件”组中单击“新建”按钮，弹出“创建元件”对话框。在“类型”选项组中选择“骨架模型”单选按钮，在“子类型”选项组中选择“标准”单选按钮，输入名称为“TSM_6_2_SKEL”，如图6-34所示，单击“确定”按钮，弹出“创建选项”对话框。

2）在“创建选项”对话框的“创建方法”选项组中选择“从现有项复制”单选按钮，在“复制自”选项组中通过单击“浏览”按钮来选择安装库templates文件夹中的mmns_part_solid_abs. prt或直接在文本框中输入“mmns_part_solid_abs. prt”，如图6-35所示，单击“确定”按钮。

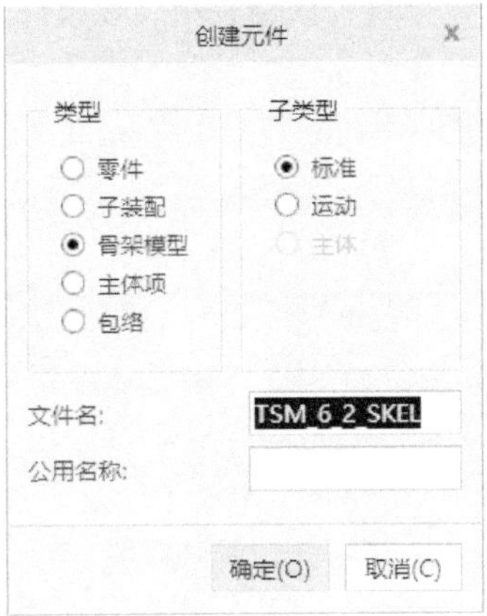

图6-34 “创建元件”对话框

图6-35 “创建选项”对话框

3）隐藏装配组件中的ASM_RIGHT、ASM_TOP、ASM_FRONT基准平面和ASM_DEF_CSYS基准坐标系，如图6-36所示。

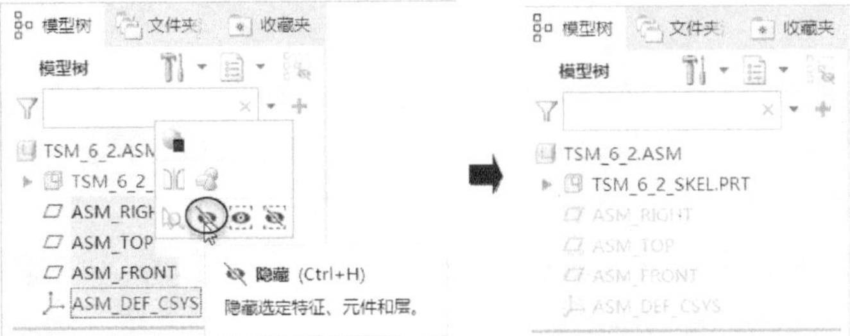

图6-36 隐藏选定的基准平面和基准坐标系

4）在模型树上选择骨架模型或右击它，接着在弹出的浮动工具栏中选择“激活”按钮，从而激活骨架模型。

5）在“基准”组中单击“基准轴”按钮，打开“基准轴”对话框，选择 FRONT 基准平面，接着结合〈Ctrl〉键选择 RIGHT 基准平面，单击“确定”按钮，建立一根基准轴 A_1。

6）单击“草绘”按钮，打开“草绘”对话框。选择 FRONT 基准平面作为草绘平面，其他默认，单击“草绘”按钮，进入草绘模式。绘制图 6-37 所示的图形，其中倾斜的中心线经过一条直线段的中点和一个草绘点，然后单击“确定”按钮。

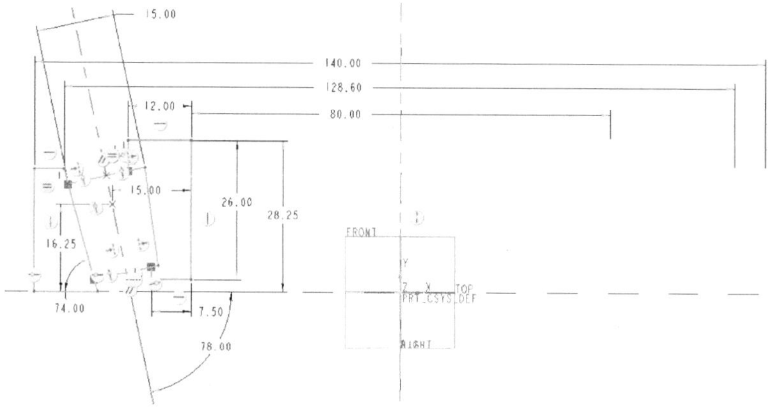

图 6-37　草绘图形

7）在功能区的“模型”选项卡中单击“模型意图”→“发布几何”按钮，或者在功能区“工具”选项卡的“模型意图”组中单击“发布几何”按钮，弹出“发布几何”对话框，如图 6-38 所示。在“链”收集器中单击，将其激活，接着按住〈Ctrl〉键选择刚建立的曲线，如图 6-39 所示。单击“确定”按钮，建立一个发布几何特征，其在模型树上显示的图标为。

图 6-38　“发布几何”对话框

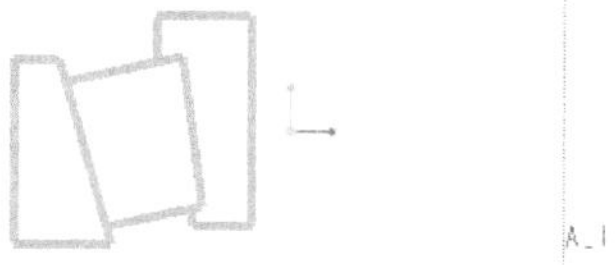

图 6-39　选择刚建立的曲线

8）在模型树中选择骨架模型，接着从弹出的浮动工具栏中单击“隐藏”按钮。

步骤 3：规划产品结构。

1）在模型树上选择顶级装配组件 TSM_6_2. ASM，并从出现的浮动工具栏中单击“激活”

按钮◇，激活顶级装配组件。

2）在功能区"模型"选项卡的"元件"组中单击"创建"按钮🖪，打开"创建元件"对话框。在"类型"选项组中选择"零件"单选按钮，在"子类型"选项组中选择"实体"单选按钮，输入名称为"TSM_6_2_1"，单击"确定"按钮，系统弹出"创建选项"对话框。在"创建方法"选项组中选择"从现有项复制"单选按钮，在"复制自"选项组的文本框中输入"mmns_part_solid_abs.prt"，单击"确定"按钮。此时功能区出现"元件放置"选项卡，选择约束类型为"默认"选项，如图6-40所示，单击"确定"按钮✔。建立的TSM_6_2_1.PRT零件将作为轴承内圈。

图6-40　"元件放置"选项卡

3）在功能区"模型"选项卡的"元件"组中单击"创建"按钮🖪，打开"创建元件"对话框。在"类型"选项组中选择"零件"单选按钮，在"子类型"选项组中选择"实体"单选按钮，输入名称为"TSM_6_2_2"，单击"确定"按钮，弹出"创建选项"对话框。在"创建方法"选项组中选择"从现有项复制"单选按钮，在"复制自"选项组中选择或输入"mmns_part_solid_abs.prt"，单击"确定"按钮。此时功能区出现"元件放置"选项卡，选择约束类型为"默认"选项，单击"确定"按钮✔。建立的TSM_6_2_2.PRT零件将作为轴承外圈。

4）在功能区"模型"选项卡的"元件"组中单击"创建"按钮🖪，打开"创建元件"对话框。在"类型"选项组中选择"零件"单选按钮，在"子类型"选项组中选择"实体"单选按钮，输入名称为"TSM_6_2_3"，单击"确定"按钮，弹出"创建选项"对话框。在"创建方法"选项组中选择"从现有项复制"单选按钮，在"复制自"选项组中选择 mmns_part_solid_abs.prt，单击"确定"按钮。此时功能区出现"元件放置"选项卡，选择约束类型为"默认"选项，单击"确定"按钮✔。建立的TSM_6_2_3.PRT零件将作为轴承的圆锥滚子。

5）在功能区"模型"选项卡的"元件"组中单击"创建"按钮🖪，打开"创建元件"对话框。在"类型"选项组中选择"零件"单选按钮，在"子类型"选项组中选择"实体"单选按钮，输入名称为"TSM_6_2_4"，单击"确定"按钮，弹出"创建选项"对话框。在"创建方法"选项组中选择"从现有项复制"单选按钮，在"复制自"选项组中选择 mmns_part_solid_abs.prt，单击"确定"按钮。此时功能区出现"元件放置"选项卡，选择约束类型为"默认"选项，单击"确定"按钮✔。建立的TSM_6_2_4.PRT零件将作为轴承的保持架。

此时，在装配组件中确定了产品结构，这在模型树上一目了然，如图6-41所示。

步骤4：设计内圈。

1）在模型树上单击或右击 TSM_6_2_1.PRT 零件，接着在出

图6-41　规划产品的结构

现的浮动工具栏中单击“激活”按钮◈。

2）隐藏 TSM_6_2_2. PRT、TSM_6_2_3. PRT 和 TSM_6_2_4. PRT。

3）在功能区“模型”选项卡的“获取数据”组中单击“复制几何”按钮，打开图 6-42 所示的“复制几何”选项卡。在模型树上选择骨架模型的发布几何特征（也称出版几何特征），单击“确定”按钮✓，完成复制几何特征的创建。

图 6-42　打开的“复制几何”选项卡

4）在功能区“模型”选项卡的“形状”组中单击“旋转”按钮，打开“旋转”选项卡。打开该选项卡的“放置”滑出面板，单击“定义”按钮，弹出“草绘”对话框。选择 FRONT 基准平面作为草绘平面，默认参考方向，单击“草绘”按钮，进入草绘模式。绘制图 6-43 所示的图形，并注意在“基准”组中单击“中心线”按钮 来绘制一条将用作旋转轴的几何中心线，单击“确定”按钮✓。接受默认的旋转角度值为 360°，单击“确定”按钮✓，创建的实体特征如图 6-44 所示。

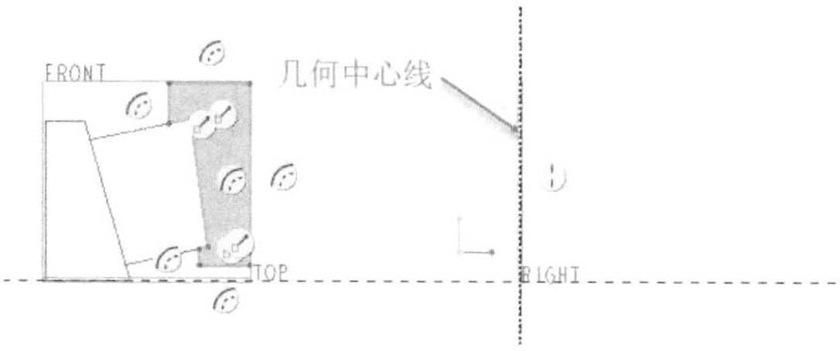

图 6-43　绘制中心线和旋转剖面

5）在“工程”组中单击“边倒角”按钮，打开“边倒角”选项卡，选择倒角的标注形式为 45 × D，设置 D 值为 1。接着选择图 6-45 所示的边链，单击“确定”按钮✓。

至此，完成了内圈的创建，如图 6-46 所示，图中隐藏了零件的复制几何特征。

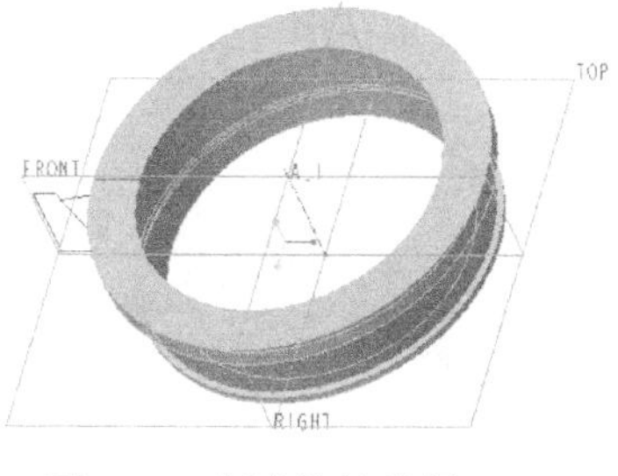

图 6-44　创建旋转特征（一）

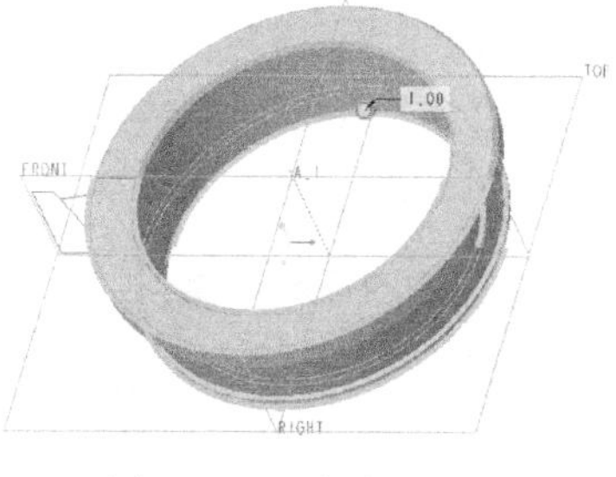

图 6-45　边倒角（一）

步骤 5：设计外圈。

1）在模型树上单击或右击 TSM_6_2_2. PRT 零件，接着在出现的浮动工具栏中单击“激活”按钮◈。

2）设置显示 TSM_6_2_2. PRT，而增加隐藏 TSM_6_2_1. PRT 内圈零件。

3）在功能区“模型”选项卡的“获取数据”组中单击“复制几何”按钮，打开“复制几何”选项卡。在模型树上选择骨架模型的发布几何特征，单击“确定”按钮✓，完成复制几何特征的创建。

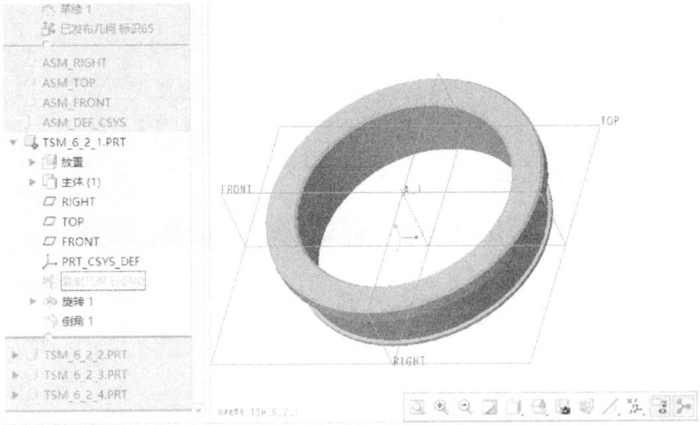

图 6-46　完成的内圈

4）单击“旋转”按钮，打开“旋转”选项卡。选择 FRONT 基准平面作为草绘平面，快速进入草绘模式。绘制图 6-47 所示的图形，单击“确定”按钮✓。接受默认的旋转角度值为 360°，单击“确定”按钮✓，创建的实体特征如图 6-48 所示，图中隐藏了该零件的复制几何特征。

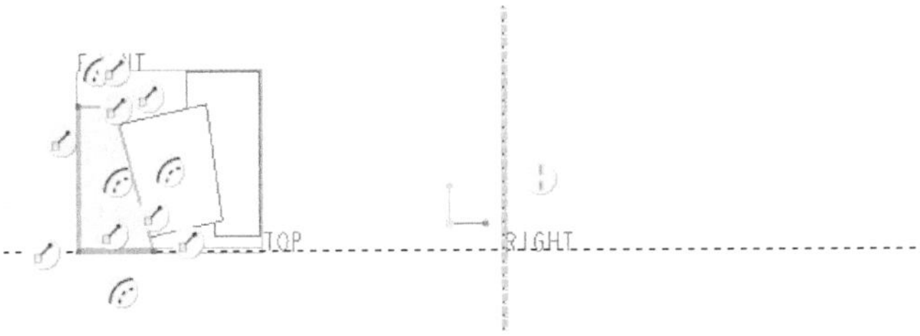

图 6-47　绘制中心线和旋转剖面

5）单击“边倒角”按钮，打开“边倒角”选项卡。选择倒角的标注形式为 D×D，设置 D 值为 1，接着结合〈Ctrl〉键选择图 6-49 所示的边链，单击“确定”按钮✓。

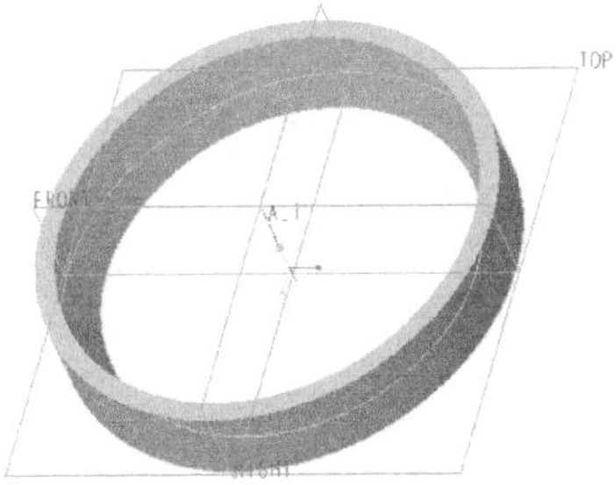

图 6-48　创建的旋转特征（二）

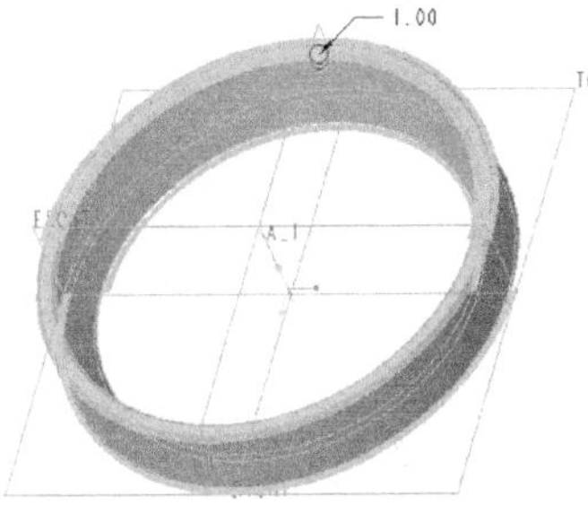

图 6-49　边倒角（二）

至此，完成了外圈的创建，如图 6-50 所示。

步骤 6：设计圆锥滚子。

1）在模型树上单击或右击 TSM_6_2_3. PRT 零件，接着在出现的浮动工具栏中单击“激活”按钮。

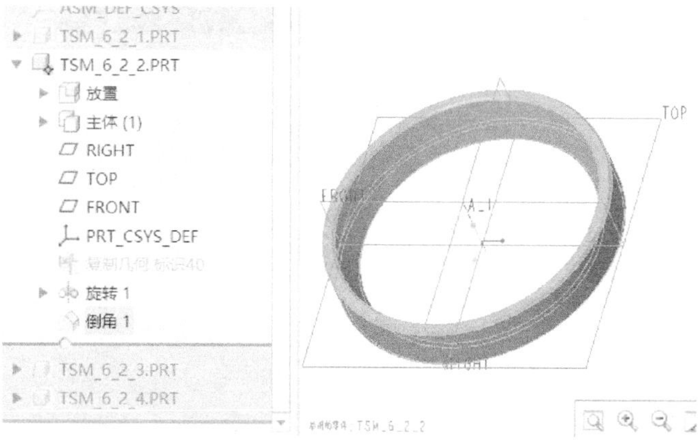

图 6-50　完成的外圈

2）取消隐藏 TSM_6_2_3. PRT，而确保隐藏其余 3 个零件。

3）在功能区的“模型”选项卡的“获取数据”组中单击“复制几何”按钮，打开“复制几何”选项卡。在模型树上选择骨架模型的发布几何特征，单击“确定”按钮，完成复制几何特征的创建。

4）单击“旋转”按钮，打开“旋转”选项卡，接着选择 FRONT 基准平面作为草绘平面，进入草绘模式。绘制图 6-51 所示的图形，单击“确定”按钮。接受默认的旋转角度值为 360°，单击“确定”按钮，创建的实体特征如图 6-52 所示。可以在模型树中将圆锥滚子的复制几何特征隐藏。

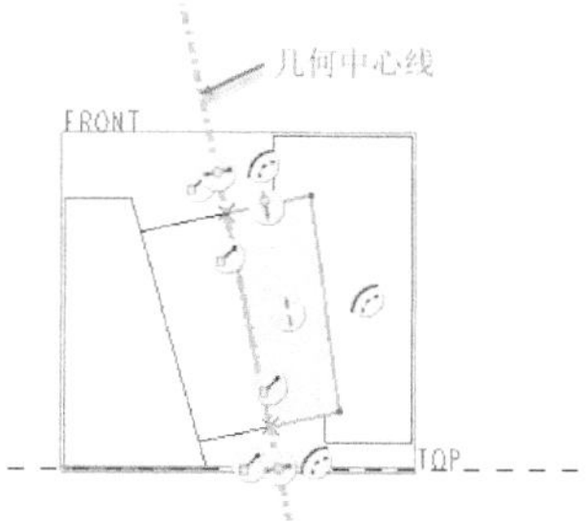

图 6-51　绘制图形

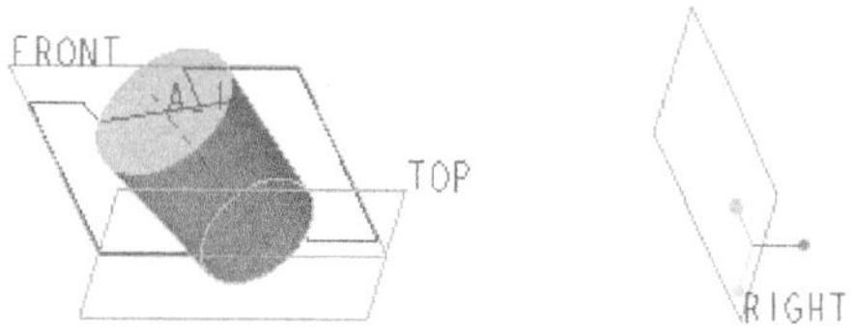

图 6-52　创建一个圆锥滚子

步骤 7：复制生成所有的圆锥滚子。

1）在模型树上单击或右击顶级装配组件，接着在出现的浮动工具栏中单击“激活”按钮。

2）取消隐藏骨架模型。

3）在模型树上选择 TSM_6_2_3. PRT 圆锥滚子零件，在浮动工具栏中单击“阵列”按钮，打开“阵列”选项卡。从阵列类型下拉列表框中选择“轴”类型选项，接着在模型窗口中选择骨架模型中的 A_1 轴，设置阵列的角度范围为 360°，阵列成员数为 12，如图 6-53 所示。

说明：

以后还可以修改该轴阵列的阵列成员数，来获得所需数目的圆锥滚子。

图 6-53　设置轴阵列的参数

单击"确定"按钮 ✓，完成的所有圆锥滚子如图 6-54 所示。

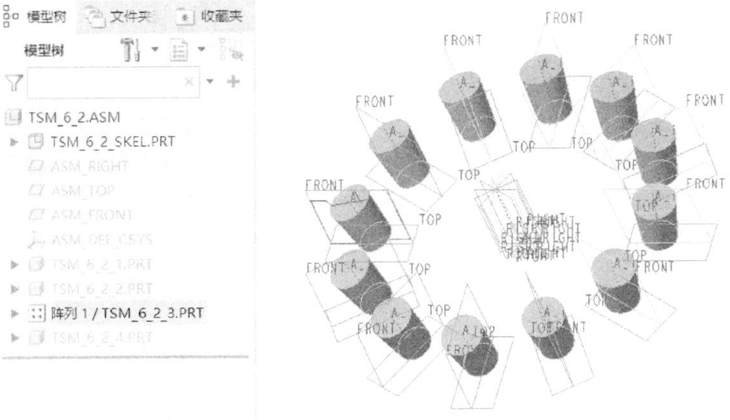

图 6-54　以阵列的方式完成所有圆锥滚子

4）隐藏骨架模型。

步骤 8：设计保持架。

1）在模型树上单击或右击 TSM_6_2_4. PRT 零件，接着在出现的浮动工具栏中单击"激活"按钮 ◇。

2）设置显示 TSM_6_2_4. PRT，而隐藏其余零件。

3）从功能区的"模型"选项卡的"获取数据"组中单击"复制几何"按钮 ⬚，打开"复制几何"选项卡。在模型树上选择骨架模型的发布几何特征，单击"确定"按钮 ✓，完成复制几何特征的创建。

4）单击"旋转"按钮 ⬚，打开"旋转"选项卡。选择 FRONT 基准平面作为草绘平面，快速地进入草绘模式。指定绘图参考，绘制图 6-55 所示的图形，单击"确定"按钮 ✓。接受默认的旋转角度值为 360°，单击"确定"按钮 ✓，创建的旋转实体特征如图 6-56 所示，图中隐藏了该零件中的复制几何特征。

5）在功能区的"模型"选项卡中选择"获取数据"→"合并/继承"命令，打开"合并/继承"选项卡，接着在该选项卡中单击"移除材料"按钮 ⬚，如图 6-57 所示。在模型树上选择

图 6-58 所示的第一个圆锥滚子，单击“确定”按钮✓，切除结果如图 6-59 所示。

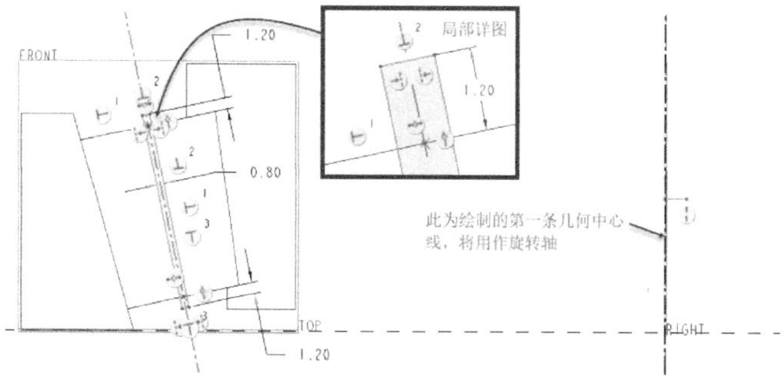

图 6-55　绘制旋转剖面和旋转几何中心线

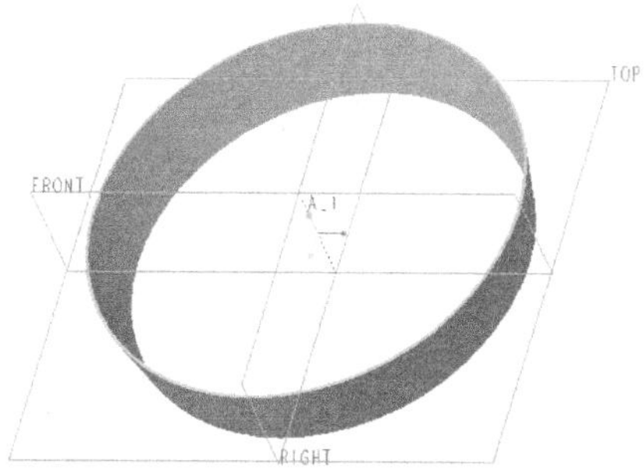

图 6-56　旋转实体特征

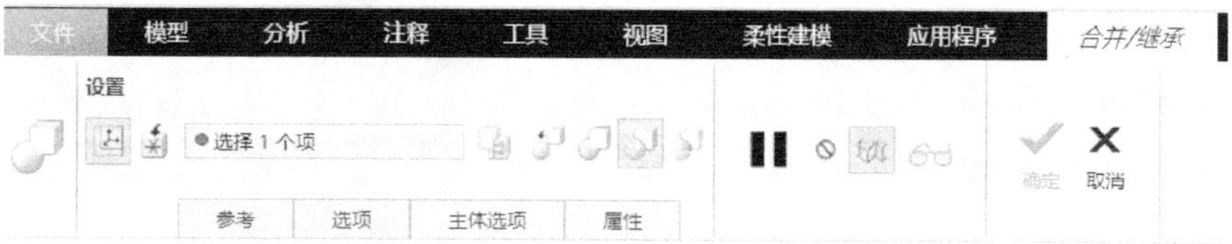

图 6-57　选择移除方式

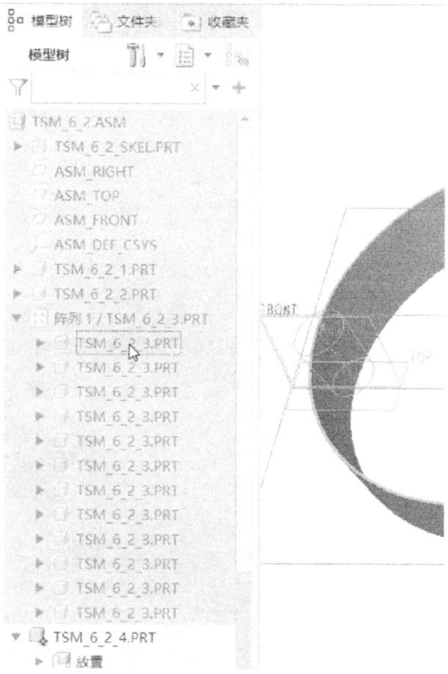

图 6-58　选择零件

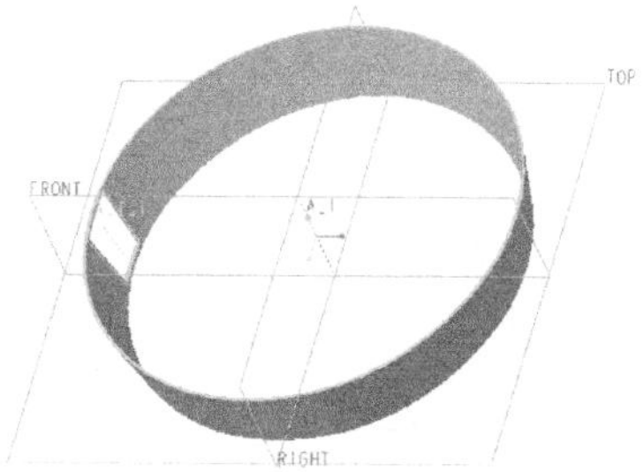

图 6-59　切除结果

6）单击“阵列”按钮▦，打开图 6-60 所示的“阵列”选项卡，接受默认的“参考”类型选项。单击“确定”按钮✓，则得到图 6-61 所示的零件模型。

图 6-60　“阵列”选项卡

步骤9：设置隐藏项目，完成圆锥滚子轴承。

1）激活顶级装配组件。

2）在模型树上取消隐藏轴承内圈、外圈、所有圆锥滚子零件，此时如图6-62所示。

3）在功能区“视图”选项卡的“可见性”组中单击“层”按钮，结合〈Ctrl〉键在顶级装配模型的层树中选择图6-63所示的图层，右击，从快捷菜单中选择“隐藏”命令。接着可以在层树的空白区域中右击，并从弹出的快捷菜单中选择“保存状况”命令。

4）在“图形”工具栏中单击“重画当前视图”按钮。

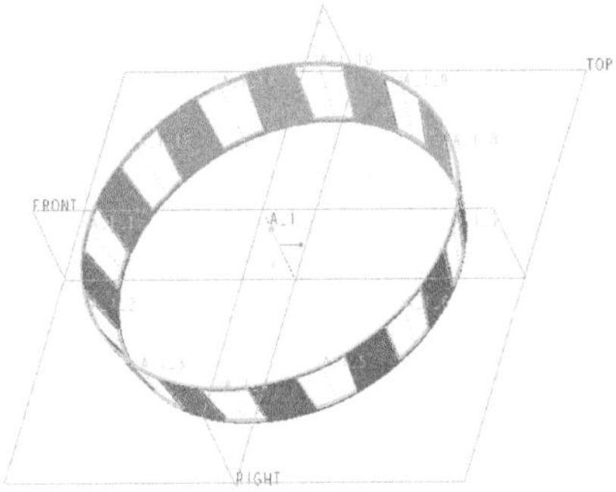

图6-61　完成的保持架

图6-62　轴承效果

5）单击“层”按钮，切换回模型树显示模式。至此，完成了该圆锥滚子轴承的创建，如图6-64所示。

图6-63　设置要隐藏的图层

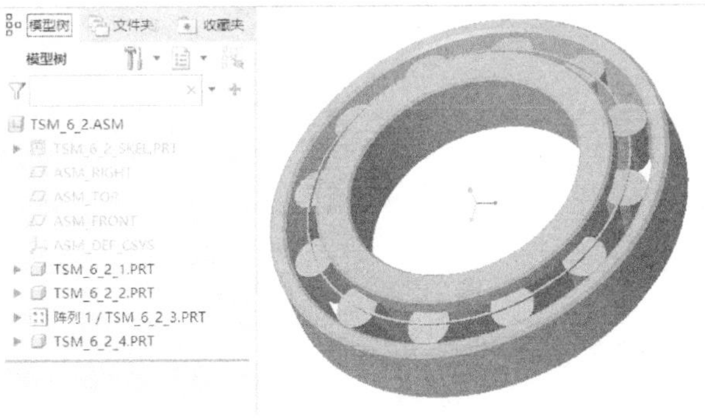

图6-64　完成的圆锥滚子轴承

6.5　思考题

1）什么是自顶向下设计方法？自顶向下设计一般由几大步骤组成？

2）如何理解产品结构规划？

3）上机操练：请通过主控件方式来设计一个蓝牙音箱（播放器）的外壳结构。

4）上机操练：请利用骨架模型辅助创建一个标准轴承。

5）上机操练：请自行设计一个电子消费类产品的外壳结构。

第 7 章　无线安防摄像头设计

本章导读

本章将详细介绍一款无线安防摄像头产品的外观造型设计。该产品的零件数目不多，但各零件之间的配合关系较为紧密，拟采用自顶向下（Top – Down）方法来进行设计。首先设计一个主控件（Master Part），接着建立一个装配有主控件的装配组件文件，然后利用主控件的基本几何信息继续创建具体的主要零件。

7.1 产品整体构成分析

无线安防摄像头产品的整体造型效果如图 7-1 所示。

图 7-1　无线安防摄像头产品的整体造型效果

该产品主要结构件（零件）有正面壳、背外壳、平台底座、镜头及镜头配套组件（镜头胶圈、广角摄像头、镜头小组件）、人体红外感应器、光敏部件和橡胶垫脚片等，如图 7-2 所示。产品的零件并不算多，但各零件的配合关系紧密，适合采用主控件的形式来辅助设计各零件的形状与结构。倘若在设计后期对模型效果不满意，可以修改主控件的外形，来使相关的受控零件也发生修改，而不必对具体的零件进行逐一修改并保证其相互配合关系。

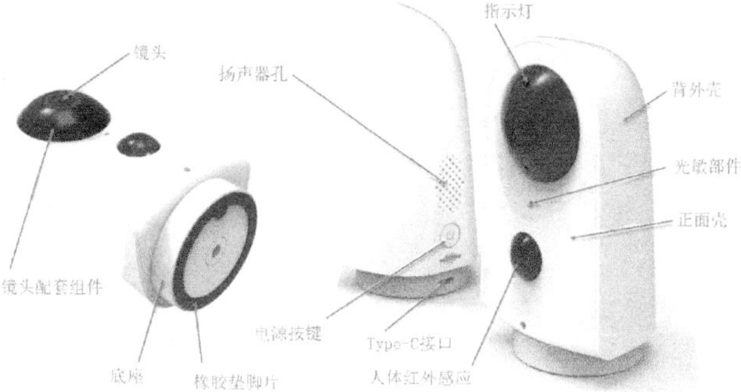

图 7-2　主要零部件及功能结构示意图

在进行具体的结构分析时，应该考虑到各零件的用途、大概的材料加工情况、配合关系、要满足的测试要求等。各零件内部的结构设计，由于篇幅限制的原因，本书不作具体而深入的介绍。

7.2 设计知识点

本例涉及的主要设计知识点如下。

1）主控件的应用。

2）综合利用各种特征创建工具或命令来构造和编辑特征。

3）曲面特征在产品中的应用。

4）在装配模式下，新建零件。

5）在装配模式下，执行功能区“模型”选项卡中的“获取数据”→“合并/继承”命令。

7.3 设计流程

在充分了解产品用途要求和分析结构等方面之后，初步拟定如下的产品设计流程。

1）根据产品的外形要求和使用特点，设计主控件。主控件应具有产品的基本特征和形状。

2）新建一个装配，并将主控件装配进去。

3）在装配模式下，新建空的零件，并使用功能区“模型”选项卡中的“获取数据”→“合并/继承”命令，通过主控件来获得受控的插入特征。可以根据设计需要，设置二级主控件。

4）进一步细化各新零件的设计。

5）若要修改产品主要外观造型，可只修改主控件。

7.4 设计实现

在进行具体的建模设计时，先给该产品设置一个专门的工作目录，以方便项目文件的管理和调用。设置好工作目录之后，便可以按照下面的设计步骤来进行。

7.4.1 主控件

步骤1：新建零件文件。

1）在“快速访问”工具栏中单击“新建”按钮，弹出“新建”对话框。

2）在“类型”选项组中默认选择“零件”单选按钮，在“子类型”选项组中选择“实体”单选按钮；在“文件名”文本框中输入文件名为“HY_S_MASTER”，取消选中“使用默认模板”复选框，单击“确定”按钮，弹出“新文件选项”对话框。

3）在“模板”选项组的模板列表中选择mmns_part_solid_abs，单击“确定”按钮，进入零件模块的设计界面。

步骤2：在FRONT基准平面上创建基准曲线。

1）在“基准”组中单击“草绘”按钮，打开“草绘”对话框。

2）选择FRONT基准平面作为草绘平面，默认以RIGHT基准平面为“右”方向参照，单击“草绘”按钮，进入草绘模式。

3）绘制图7-3所示的平面曲线。

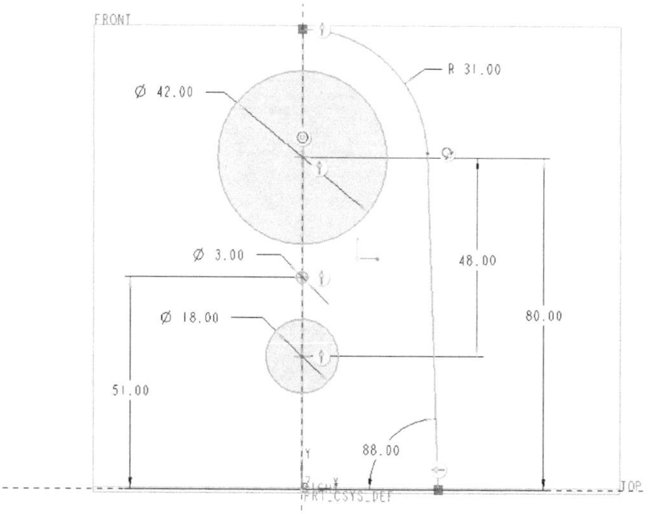

图7-3　绘制平面曲线

4）单击"确定"按钮 ✔ ，完成"草绘1"特征创建，按〈Ctrl + D〉快捷键，以默认的视角方向显示模型，效果如图7-4所示。

步骤3：创建一个基准点。

1）在功能区"模型"选项卡的"基准"组中单击"点"按钮 ×× ，弹出"基准点"对话框。

2）在"草绘1"特征上选择大圆弧，按住〈Ctrl〉键的同时选择RIGHT基准平面，从而在所选两个对象的相交处创建一个基准点PNT0，如图7-5所示。

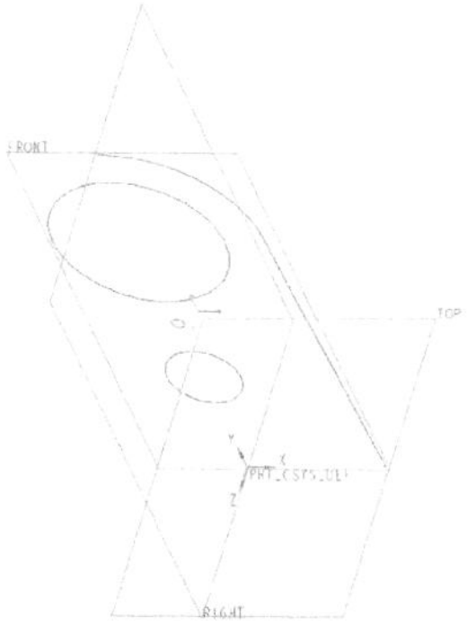

图7-4　完成"草绘1"平面曲线

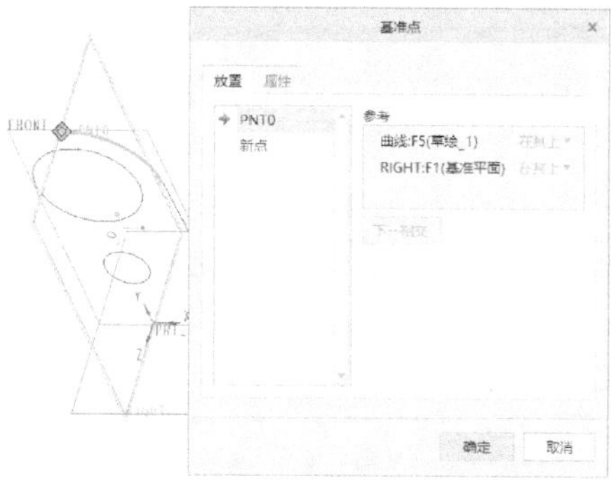

图7-5　创建基准点PNT0

3）在"基准点"对话框上单击"确定"按钮。

步骤4：创建一小块旋转曲面。

1）在功能区"模型"选项卡的"形状"组中单击"旋转"按钮 ⟳ ，打开"旋转"选项卡，接着单击以选中"曲面"按钮 ▢ 。

2）在"旋转"选项卡上打开"放置"滑出面板，单击"定义"按钮，弹出"草绘"对话框，选择FRONT基准平面作为草绘平面，以RIGHT基准平面为"下"方向参考，单击"草绘"

按钮，进入草绘模式。

3）绘制图7-6所示的旋转剖面，该旋转剖面由一小段圆弧和一条将默认作为旋转轴的水平中心线构成，单击“确定”按钮✓。

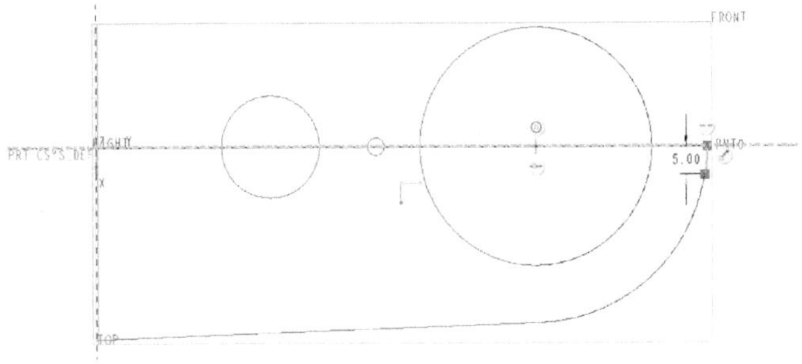

图7-6　绘制旋转剖面（含一条水平中心线）

4）设置旋转角度为180°。

5）在“旋转”选项卡上单击“确定”按钮✓，完成创建的旋转曲面如图7-7所示。

步骤5：创建“草绘2”平面曲线。

1）在“基准”组中单击“草绘”按钮，打开“草绘”对话框。

2）选择RIGHT基准平面作为草绘平面，以TOP基准平面为“上”方向参照，单击“草绘”按钮，进入草绘模式。

3）绘制图7-8所示的曲线。

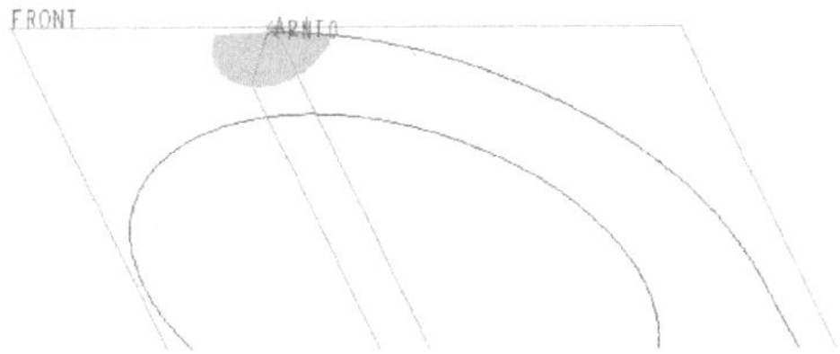

图7-7　完成创建的旋转曲面

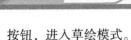

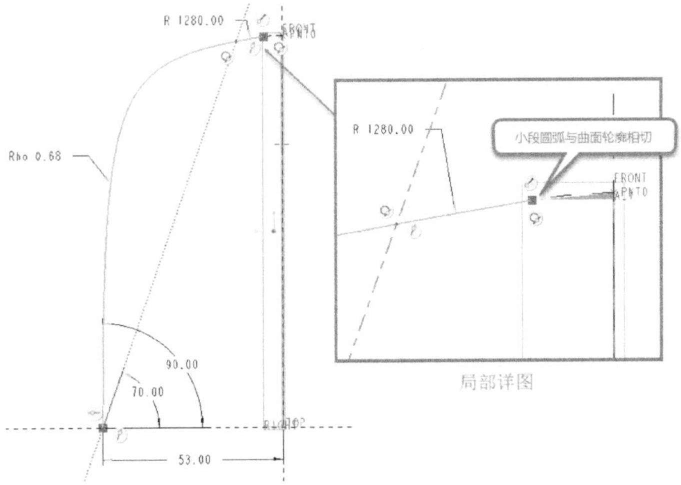

图7-8　指定草绘平面后绘制曲线

知识点拨：

可以先在“草绘”选项卡的“设置”组中单击“参考”按钮，利用弹出来的“参考”对话框选择曲面在当前草绘平面上的一条投影轮廓边作为绘图参考之一。接着使用相应圆弧工具绘制一小段圆弧，可以很方便地获得圆弧在连接点与曲面投影轮廓边的相切关系（即该小段圆弧与曲面投影轮廓边相切）。曲线中还有一大段是采用“圆锥”按钮来创建的圆锥曲线。

4）单击“确定”按钮✔。此时，按〈Ctrl + D〉快捷键以默认的标准方向视角来显示模型，效果如图 7-9 所示。

步骤 6：创建“草绘 3”圆锥曲线。

1）在“基准”组中单击“草绘”按钮，打开“草绘”对话框。

2）选择 TOP 基准平面作为草绘平面，以 RIGHT 基准平面为“右”方向参照，单击“草绘”按钮，进入草绘模式。

3）单击“圆锥”按钮，绘制图 7-10 所示的圆锥曲线，注意设置圆锥曲线端点处的相切角度尺寸。

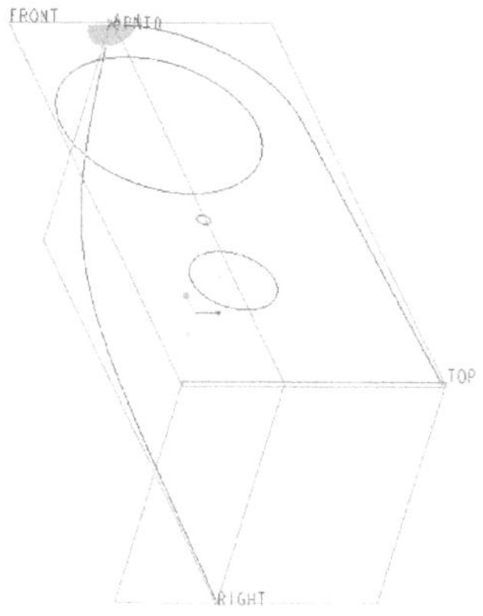

图 7-9 完成“草绘 2”曲线的效果

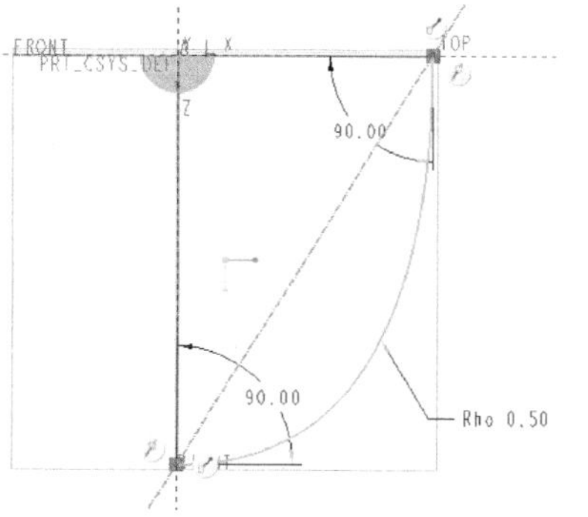

图 7-10 绘制圆锥曲线

4）单击“确定”按钮✔。此时，可以按〈Ctrl + D〉快捷键以默认的标准方向视角来显示模型。

步骤 7：创建边界混合曲面。

1）在“曲面”组中单击“边界混合”按钮，打开“边界混合”选项卡。

2）“边界混合”选项卡的“第一方向”收集器处于先激活状态，选择图 7-11 所示的下方一条曲线作为第一方向曲线，再按住〈Ctrl〉键选择图 7-11 所示的曲面边线作为第二条第一方向曲线。此时，可以使用鼠标左键拖动第二条第一方向曲线左端点并结合按住〈Shift〉键去捕捉该曲线与 RIGHT 基准平面的交点，如图 7-12 所示。

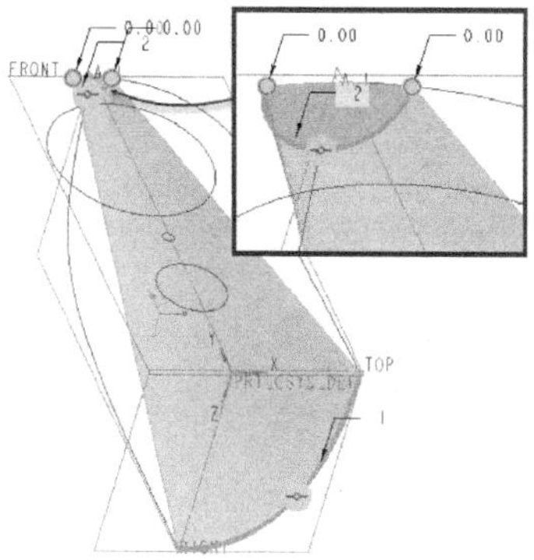

图 7-11 初步选定两条第一方向曲线

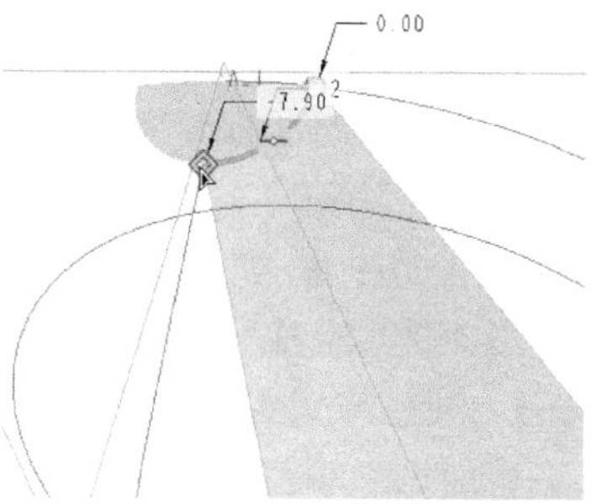

图 7-12 快速调整选定曲线的端点

3）在“边界混合”选项卡上单击“第二方向”收集器的框将其激活，分别指定两条第二方向曲线，如图 7-13 所示，注意调整相应曲线的端点位置。如果要调整第一方向曲线和第二方向曲线，可以打开图 7-14 所示的“曲线”滑出面板来进行相应操作。

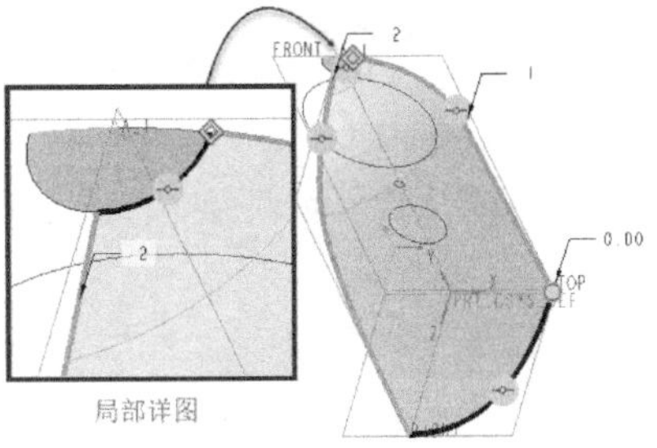

图 7-13　选定第二方向曲线

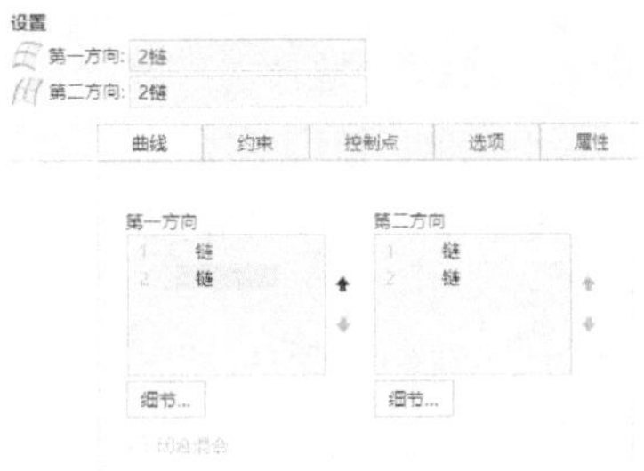

图 7-14　“曲线”滑出面板

4）在“边界混合”选项卡上打开“约束”滑出面板，分别对“方向 1－第一条链”“方向 1－最后一条链”“方向 2－第一条链”“方向 2－最后一条链”的约束条件进行设置，并根据设定的约束条件指定相应的约束参考，如图 7-15 所示。

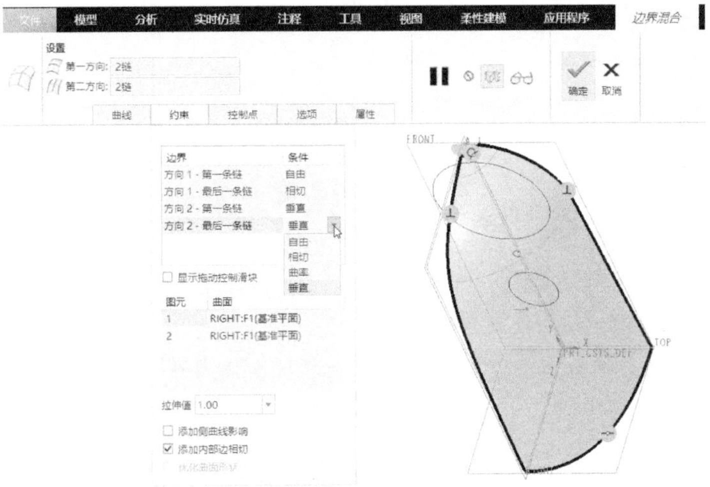

图 7-15　设置相应边界曲线的约束条件

5）在“边界混合”选项卡上单击“确定”按钮，完成创建的边界混合曲面如图 7-16 所示。

步骤 8：镜像“边界混合曲面”特征。

1）确保“边界混合曲面”特征处于被选中的状态，在功能区“模型”选项卡的“编辑”组中单击“镜像”按钮，打开“镜像”选项卡。

2）选择 RIGHT 基准平面作为镜像平面。

3）单击“确定”按钮，镜像特征的结果如图 7-17 所示。

步骤 9：创建填充曲面 1。

1）在功能区“模型”选项卡的“曲面”组中单击“填充”按钮，打开图 7-18 所示的“填充”选项卡。

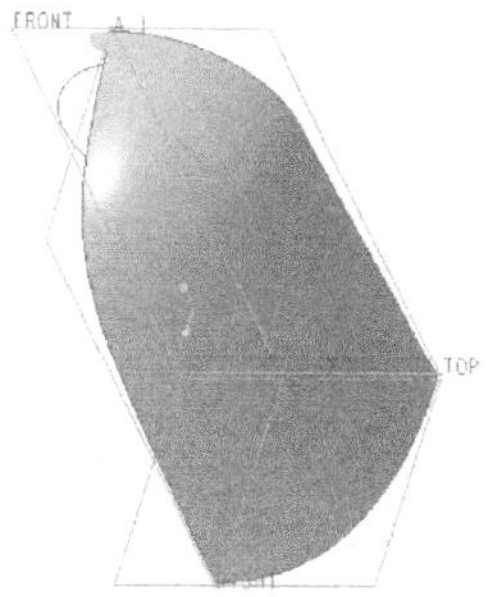

图 7-16 创建的边界混合曲面

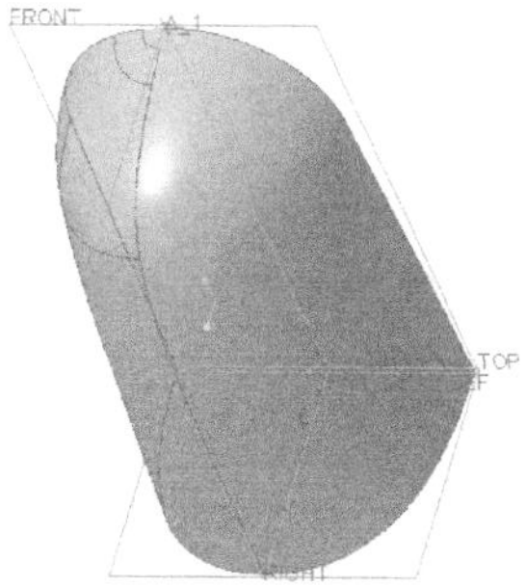

图 7-17 镜像选定特征的结果

图 7-18 “填充”选项卡

2）选择 TOP 基准平面作为草绘平面，进入内部草绘模式，绘制图 7-19 所示的封闭曲线，单击“确定”按钮✓以完成草绘。

3）在“填充”选项卡上单击“确定”按钮✓，完成创建填充曲面 1。

步骤 10：创建填充曲面 2。

1）在功能区“模型”选项卡的“曲面”组中单击“填充”按钮□，打开“填充”选项卡。

2）选择 FRONT 基准平面作为草绘平面，进入内部草绘模式，绘制图 7-20 所示的封闭曲线，单击“确定”按钮✓以完成草绘。

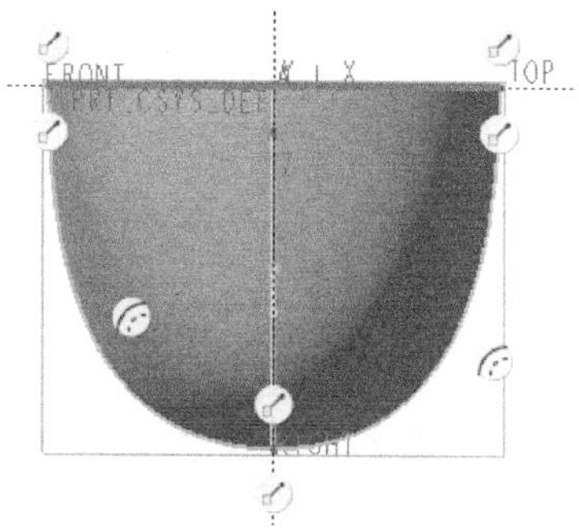

图 7-19 绘制填充的封闭曲线（一）

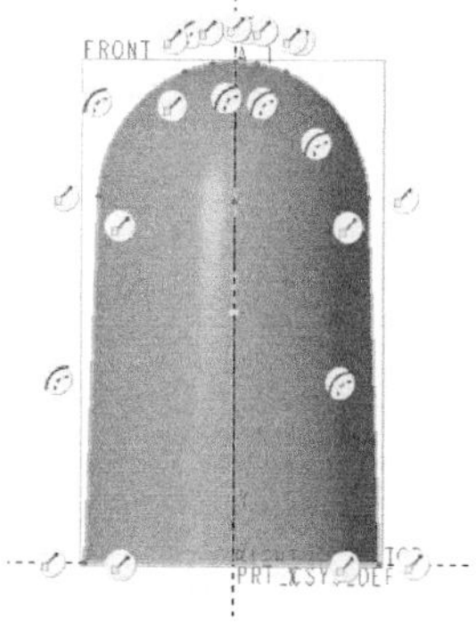

图 7-20 绘制填充的封闭曲线（二）

3）在“填充”选项卡上单击“确定”按钮✓，从而完成创建填充曲面 2。

步骤 11：合并曲面。

1）在“选择”过滤器下拉列表框中选择“面组”选项，如图 7-21 所示。在图形窗口中通过指定两个角点的方式框选整个曲面模型，如图 7-22 所示。

2）在功能区“模型”选项卡的“编辑”组中单击“合并”按钮◌，打开“合并”选项卡。

3）直接在“合并”选项卡上单击“确定”按钮✓，完成创建“合并 1”特征。

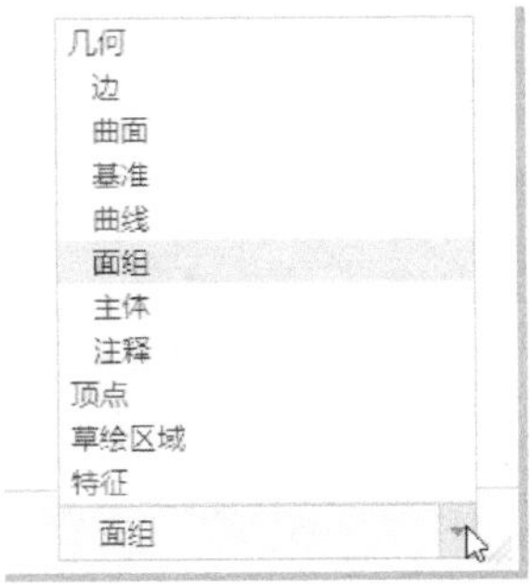

图 7-21　选择"面组"过滤选项

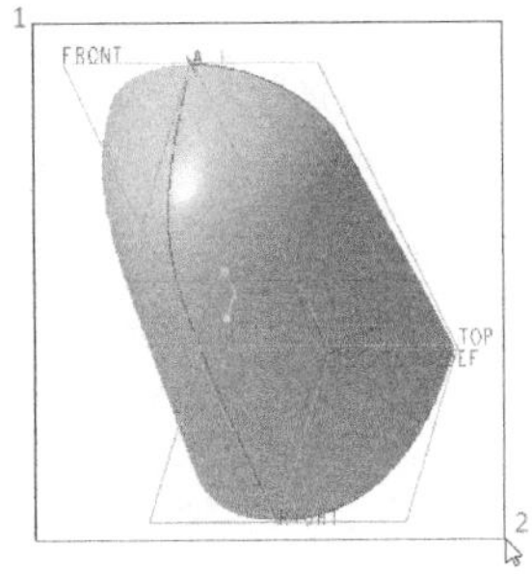

图 7-22　框选整个曲面模型

步骤 12：实体化操作。

1）在模型树上选中"合并 1"特征，或者在图形窗口中单击选择整个面组，接着在"编辑"组中单击"实体化"按钮 🗹 ，打开图 7-23 所示的"实体化"选项卡。

图 7-23　"实体化"选项卡

2）单击"确定"按钮 ✓ 。

步骤 13：创建圆角特征。

1）在功能区"模型"选项卡的"工程"组中单击"圆角"按钮 ，打开"圆角"选项卡。

2）设置圆角半径为 6。

3）选择要圆角的边，如图 7-24 所示。

4）单击"确定"按钮 ✓ 。

步骤 14：以拉伸的方式切除材料。

1）在功能区"模型"选项卡的"形状"组中单击"拉伸"按钮 ，接着在打开的"拉伸"选项卡上单击"实体"按钮 和"移除材料"按钮 。

2）选择 TOP 基准平面作为草绘平面，绘制图 7-25 所示的拉伸剖面，单击"确定"按钮 ✓ 完成草绘。

3）在"拉伸"选项卡上单击"将拉伸的深度方向更改为草绘的另一侧"按钮 ，从侧 1 "深度"选项下拉列表框中选择"穿透"图标选项 ，如图 7-26 所示。

4）单击"确定"按钮 ✓ ，拉伸切除的结果如图 7-27 所示。

步骤 15：保存文件。

1）在"快速访问"工具栏中单击"保存"按钮 ，弹出"保存对象"对话框。

2）单击"确定"按钮。

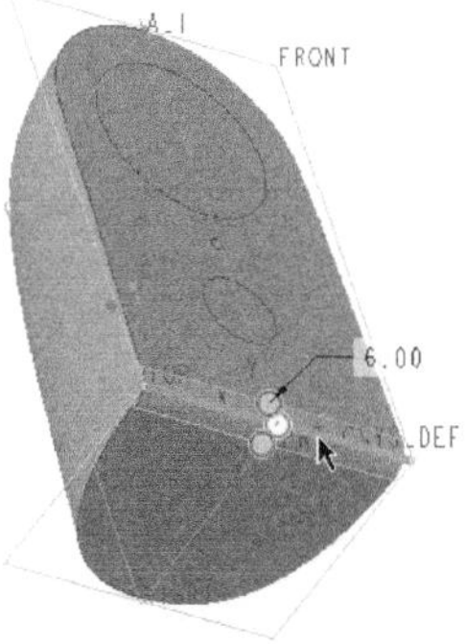

图 7-24　选择要圆角的边

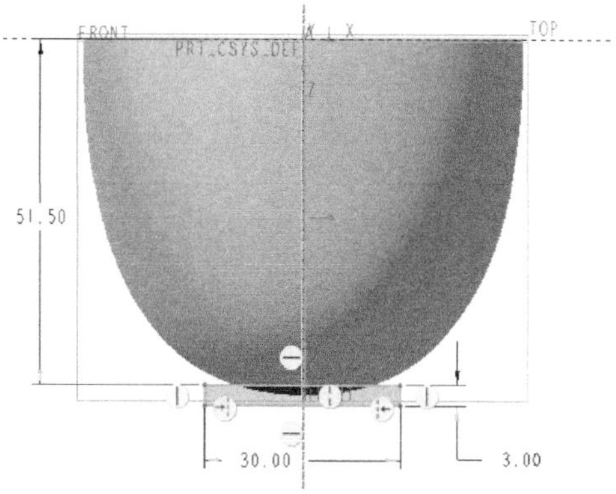

图 7-25　绘制拉伸剖面

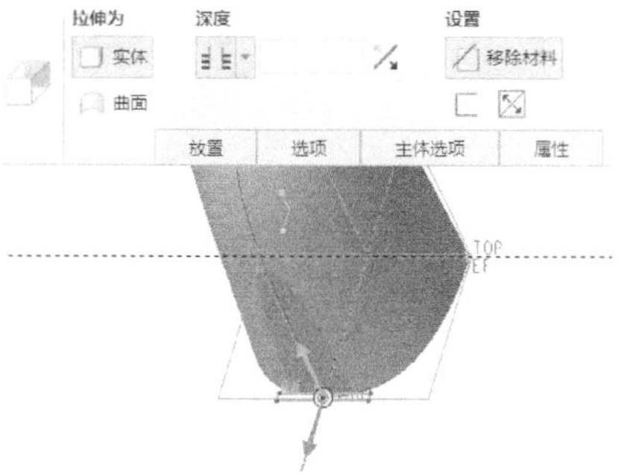

图 7-26　设置拉伸深度方向及深度选项

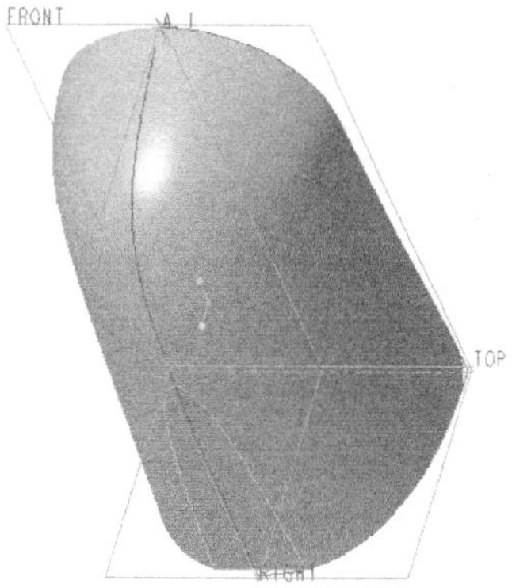

图 7-27　拉伸切除的结果

7.4.2 新建装配文件并组装主控件

步骤 1：新建装配文件。

1）在“快速访问”工具栏中单击“新建”按钮，打开“新建”对话框。

2）在“类型”选项组中选择“装配”单选按钮，在“子类型”选项组中选择“设计”单选按钮；在“文件名”文本框中输入“HY_SXT_MAIN”，取消选中“使用默认模板”复选框。单击“确定”按钮，打开“新文件选项”对话框。

3）在“模板”选项组中选择 mmns_asm_design_abs，单击“确定”按钮，进入装配模式。

步骤 2：装配主控件。

1）在功能区的“模型”选项卡的“元件”组中单击“组装”按钮，接着在“打开”对话框中选择 HY_S_MASTER. PRT 文件，然后单击“打开”按钮。

2）在打开图 7-28 所示的“元件放置”选项卡中，从“约束”下拉列表框中选择“默认”选项，在默认位置放置主控件。

3）单击“确定”按钮。在模型树上将主控件内部的基准平面和基准坐标系隐藏，得到的效果如图 7-29 所示。

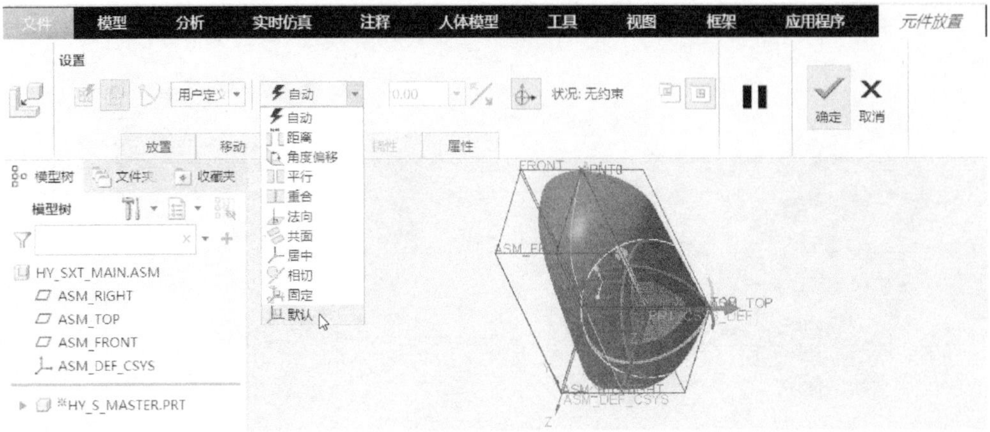

图 7-28　定义约束

7.4.3 背外壳二级主控件

步骤 1：在装配模式下创建元件。

1）在“元件”组中单击“创建”按钮，打开图 7-30 所示的“创建元件”对话框。

2）从“类型”选项组中选择“零件”单选按钮，从“子类型”选项组中选择“实体”单选按钮，在“文件名”文本框中输入实体零件的名称为“HY_BWK_M”，如图 7-30 所示。

3）单击“创建元件”对话框中的“确定”按钮，打开“创建选项”对话框。

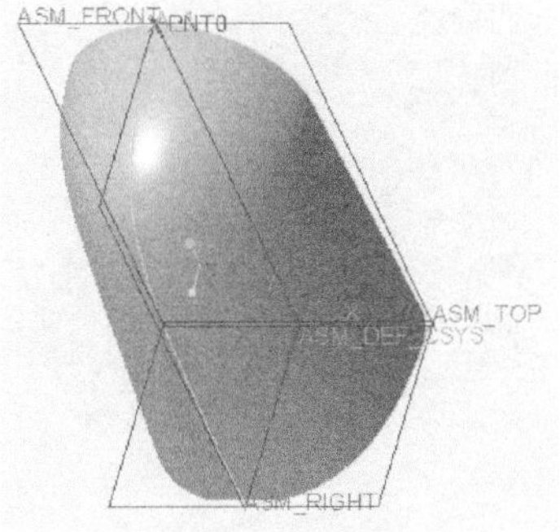

图 7-29　组装主控件

4）在“创建方法”选项组中选择“定位默认基准”单选按钮，在“定位基准的方法”选项组中选择“对齐坐标系与坐标系”单选按钮，如图 7-31 所示。

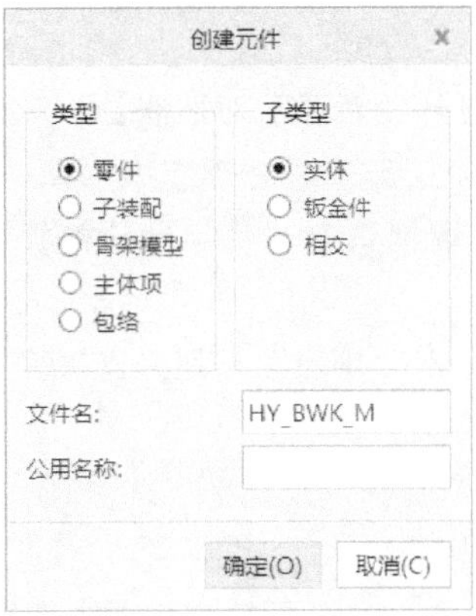

图 7-30　“创建元件”对话框

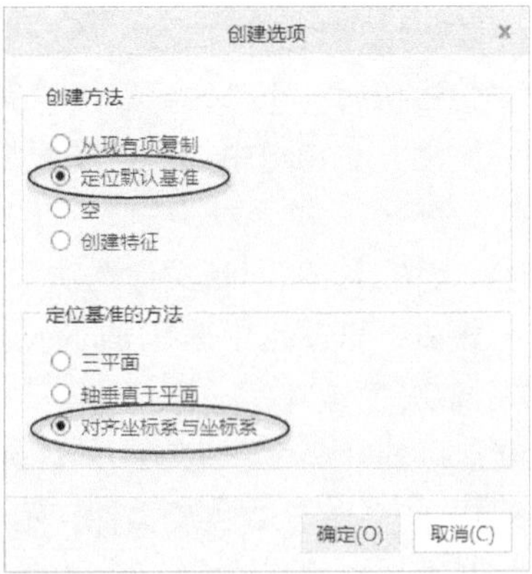

图 7-31　“创建选项”对话框

5）单击“创建选项”对话框中的“确定”按钮。

6）系统提示选择坐标系。在模型树中选择装配坐标系 ASM_DEF_CSYS。

步骤2：将主控件合并到“空”零件中。

1）在功能区“模型”选项卡中选择“获取数据”→“合并/继承”命令，打开图7-32所示的“合并/继承”选项卡。

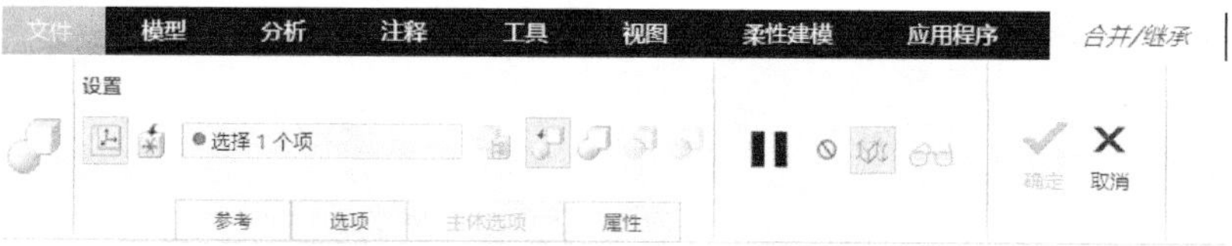

图7-32 “合并/继承”选项卡

2）在模型窗口中单击HY_S_MASTER. PRT零件，或者在模型树上选择HY_S_MASTER. PRT树节点。

3）在“合并/继承”选项卡中单击“确定”按钮，完成将主控件合并到“空”零件中。此时模型树如图7-33所示。

4）在模型树中，右击HY_S_MASTER. PRT，接着从弹出的浮动工具栏中（右击比单击多弹出了一个快捷菜单）选择“隐藏”图标，隐藏主控件，如图7-34所示。

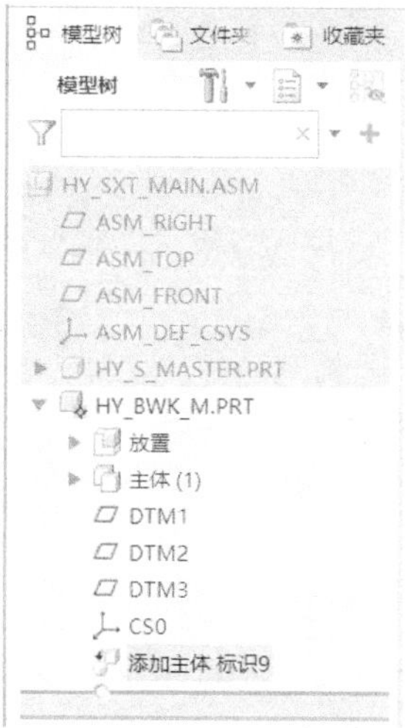

图7-33 合并主控件

图7-34 隐藏主控件

步骤3：抽壳操作。

1）在功能区“模型”选项卡的“工程”组中单击“壳”按钮，打开“壳”选项卡。

2）在“厚度”框中输入“1.76”，并选择要移除的曲面，如图7-35所示。

3）单击“确定”按钮。

步骤4：拉伸切除。

1）在功能区“模型”选项卡的“形状”组中单击“拉伸”按钮，接着在“拉伸”选项卡上单击“移除材料”按钮。

2）选择图7-36所示的一个平整实体表面作为草绘平面。

3）绘制图7-37所示的图形，单击“确定”按钮。

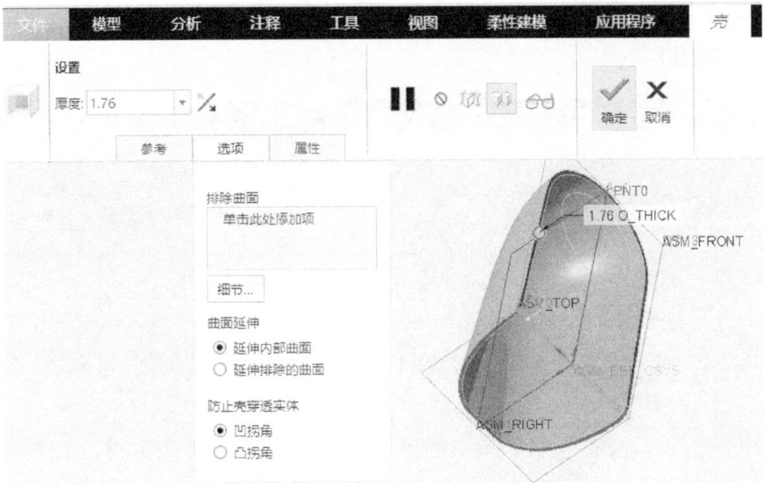

图 7-35　设置壳厚度以及选择要移除的曲面等

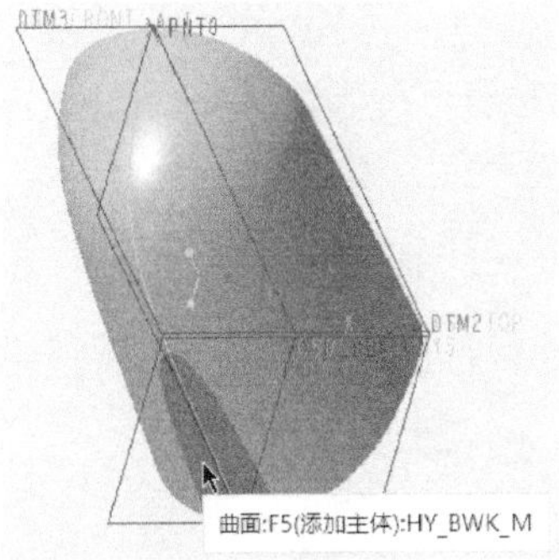

图 7-36　指定平整实体面作为草绘平面

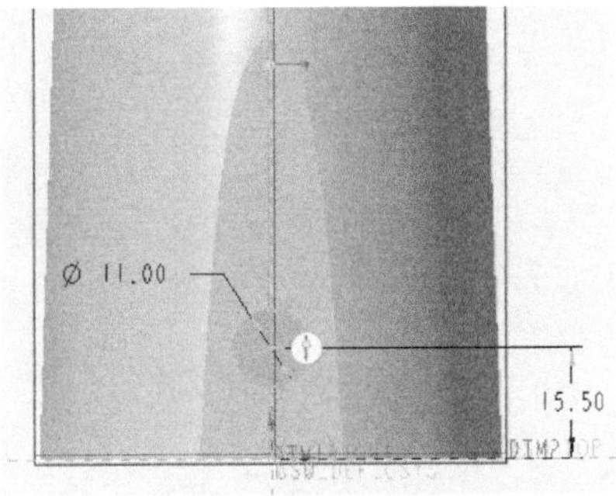

图 7-37　绘制图形

4）在“拉伸”选项卡中设置侧 1 的“深度”选项为“穿透”。

5）单击“确定”按钮，效果如图 7-38 所示（图中已将基准平面 ASM_RIGHT、ASM_TOP、ASM_FRONT 和基准坐标系 ASM_DEF_CSYS 隐藏）。

7.4.4 正面壳设计

步骤 1：在装配模式下创建元件。

1）在“元件”组中单击“创建”按钮，打开“创建元件”对话框。

2）从“类型”选项组中选择“零件”单选按钮，从“子类型”选项组中选择“实体”单选按钮，在“文件名”文本框中输入实体零件的名称为“HY_BWK_A”。

3）单击“创建元件”对话框中的“确定”按钮，打开“创建选项”对话框。

4）在“创建方法”选项组中选择“定位默认基准”单选

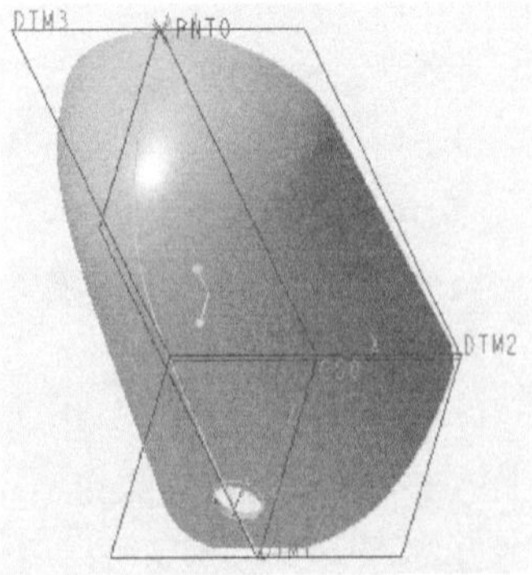

图 7-38　切除出一个按键安装孔

按钮，在“定位基准的方法”选项组中选择“对齐坐标系与坐标系”单选按钮。

5）单击“创建选项”对话框中的“确定”按钮。

6）系统提示选择坐标系。在模型树中选择装配坐标系 ASM_DEF_CSYS。

步骤 2：将主控件合并到“空”零件中。

1）在功能区“模型”选项卡中选择“获取数据”→“合并/继承”命令，打开“合并/继承”选项卡，默认选中“添加主体”按钮。

2）在模型树上选择 HY_S_MASTER. PRT 树节点。

3）在“合并/继承”选项卡中单击“确定”按钮，完成将主控件合并到“空”零件中。

步骤 3：通过背外壳二级主控件移除材料。

1）在功能区“模型”选项卡中选择“获取数据”→“合并/继承”命令，打开“合并/继承”选项卡。

2）在“合并/继承”选项卡中单击“移除材料”按钮，在装配模型树上选择 HY_BWK_M. PRT。

3）单击“确定”按钮，结果如图 7-39 所示。

步骤 4：创建草图曲线。

1）在“基准”组中单击“草绘”按钮，弹出“草绘”对话框。

2）选择本零件的 DTM2 基准平面作为草绘平面，默认以 DTM1 基准平面为“右”方向参考，单击“反向”按钮，单击“草绘”按钮。

3）绘制图 7-40 所示的一条圆弧曲线，单击“确定”按钮。

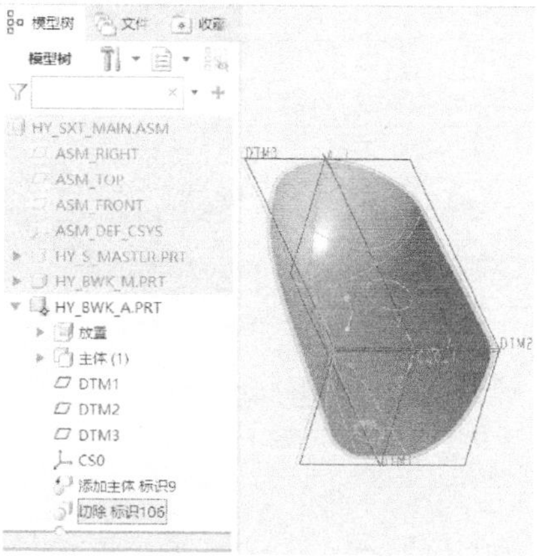

图 7-39　使用“合并/继承”工具移除材料

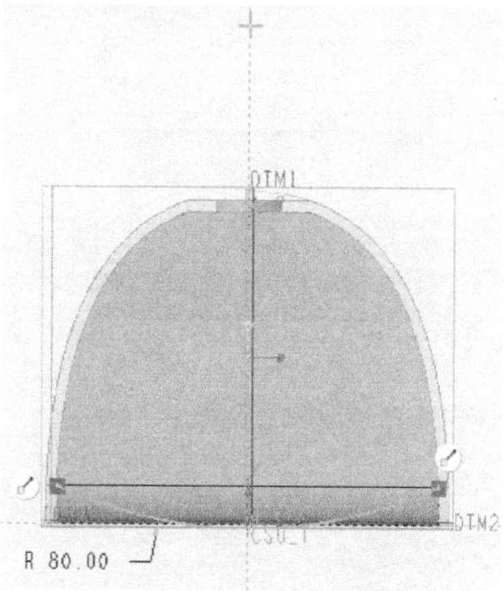

图 7-40　绘制一条圆弧曲线

步骤 5：创建辅助基准点及创建另一条草图曲线。

1）在“基准”组中单击“基准点”按钮，弹出“基准点”对话框。选择上一步骤创建的草图曲线，按住〈Ctrl〉键的同时选择 DTM1 基准平面，如图 7-41 所示，单击“确定”按钮，从而在所选曲线与所选平面的相交处创建基准点 PNT1。

2）在“基准”组中单击“草绘”按钮，弹出“草绘”对话框。选择 DTM1 基准平面作为草绘平面，以 DTM2 基准平面为“上”方向参考，单击“草绘”按钮。绘制图 7-42 所示的草图曲线（由相切的两段相连圆弧构成），单击“确定”按钮。

为了便于操作，可以通过模型树操作将 HY_BWK_M. PRT 零件隐藏。

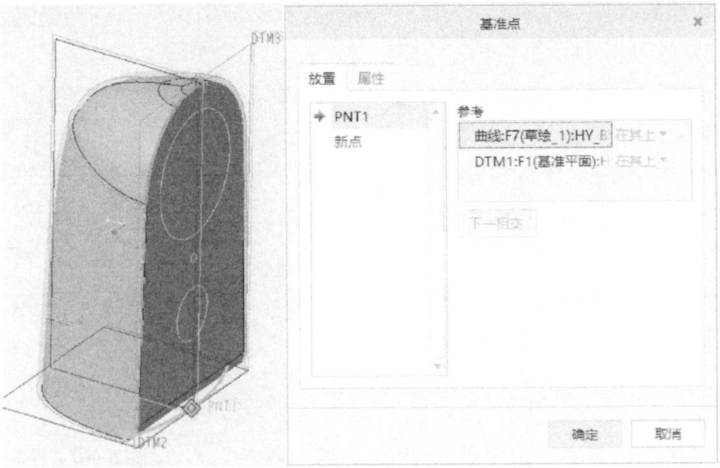

图 7-41　创建基准点 PNT1

步骤 6：构建相应的曲面。

1）在“曲面”组中单击“边界混合”按钮，打开“边界混合”选项卡。在“第一方向”收集器处于激活状态时，选择图 7-43 所示的一条曲线和一条边线链作为第一方向曲线链。

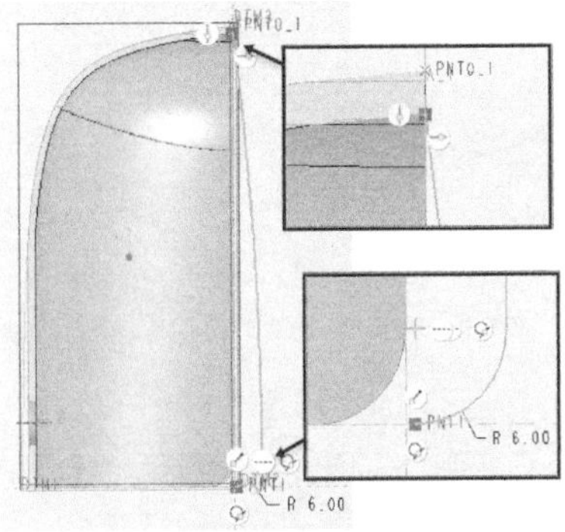

图 7-42　绘制相切圆弧链

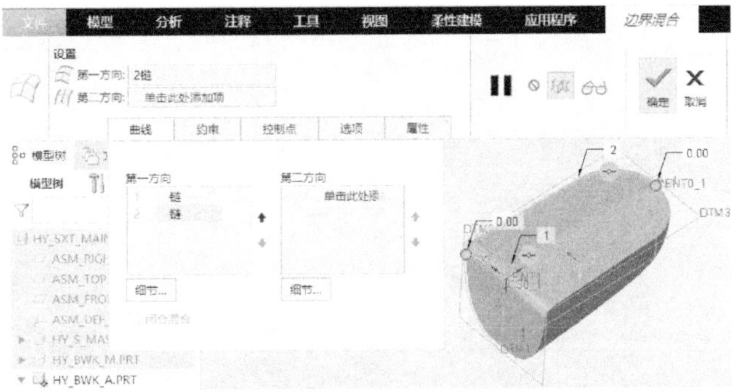

图 7-43　指定第一方向曲线链

技巧：

在选择第一条曲线后，按住〈Ctrl〉键在所需边线链上单击其中一段，再按住〈Shift〉键分别单击相邻边线段以将它们连成一条完整的边线链。

在“边界混合”选项卡“第二方向”收集器的框内单击以将该收集器激活，按照图 7-44 所示的操作方法指定一条第二方向曲线链。在“边界混合”选项卡中打开“约束”滑出面板，从“方向 1 – 第一条链”边界的“条件”下拉列表框中选择“垂直”，并选择垂直参考，如图 7-45 所示。单击“确定”按钮，完成创建一个边界混合曲面特征。

2）确保刚创建的边界混合曲面特征处于被选中的状态，单击“镜像”按钮，选择 DTM1 基准平面作为镜像平面，单击“确定”按钮，镜像结果如图 7-46 所示。

3）在“曲面”组中单击“填充”按钮，打开“填充”滑出面板，选择零件的底面或底面所在的 DTM2 基准平面作为草绘平面参考，绘制图 7-47 所示的闭合曲线，单击“确定”按钮

✔完成草绘，接着在“填充”选项卡上单击“确定”按钮✔，完成填充曲面创建。

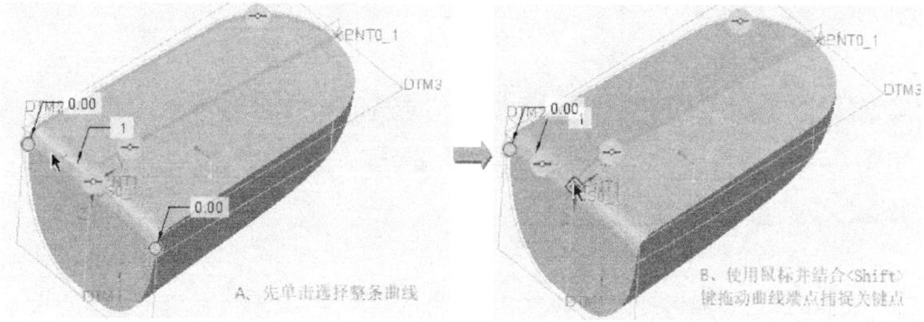

图 7-44　指定第二方向曲线链

图 7-45　设置边界约束条件

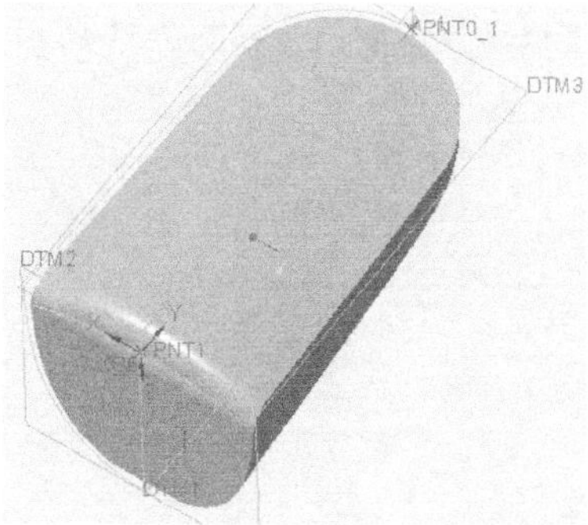

图 7-46　镜像结果

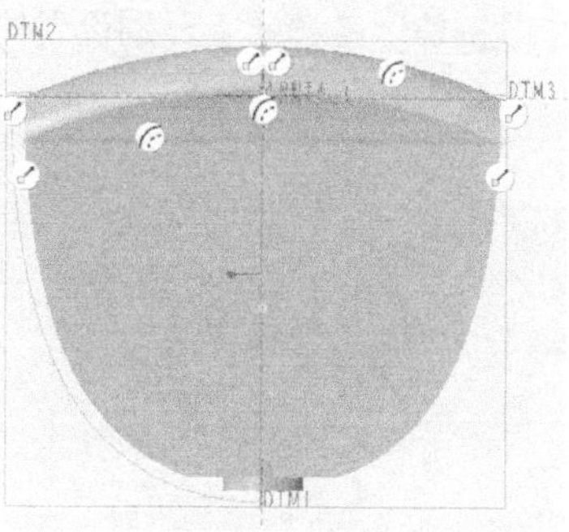

图 7-47　绘制闭合曲线

4）从“选择”过滤器下拉列表框中选择“面组”，结合〈Ctrl〉键在图形窗口中分别单击前面分步骤创建的边界混合曲面、镜像后的曲面，以及单击选择填充曲面，接着单击“合并”按钮◌，在“合并”选项卡上单击“确定”按钮✔。

步骤7：实体化操作。

1）确保合并特征处于被默认选中的状态，在“编辑”组中单击“实体化”按钮，打开“实体化”选项卡。

2）此时，“实体化”选项卡上的“替换曲面”按钮处于被选中的状态，如果默认的实体化替换曲面方案如图7-48所示，则不能满足设计要求，需要单击“刀具方向”按钮以获得图7-49所示的实体化替换曲面方案2。

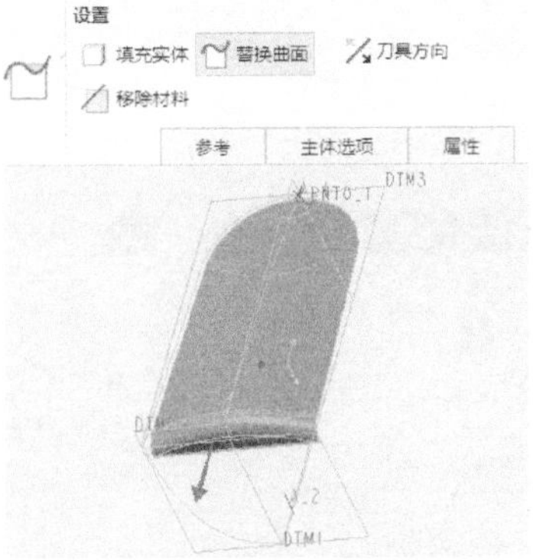

图7-48　实体化替换曲面方案1

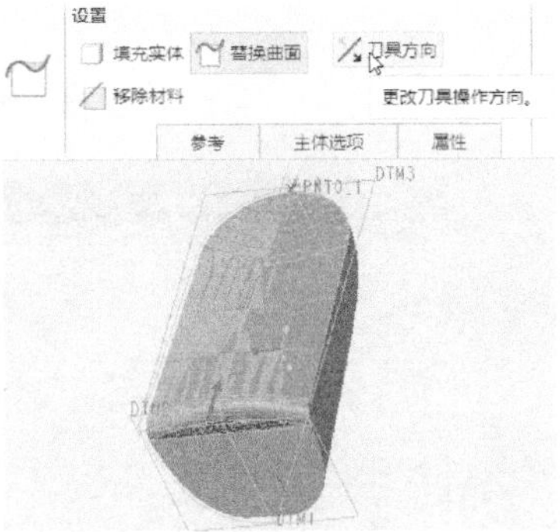

图7-49　实体化替换曲面方案2

3）单击“确定”按钮。

步骤8：隐藏当前活动零件中相关的曲面。

在模型树上选择当前活动零件要隐藏的多个曲面特征，使用浮动工具栏提供的“隐藏”按钮，将它们设置为隐藏状态。

步骤9：以拉伸的方式切除材料。

1）在“形状”组中单击“拉伸”按钮，接着在打开的“拉伸”选项卡上单击“移除材料”按钮。

2）选择当前活动零件的DTM3基准平面作为草绘平面，绘制图7-50所示的拉伸剖面，单击“确定”按钮。

3）在“拉伸”选项卡上分别设置侧1和侧2的深度选项及深度值，如图7-51所示。

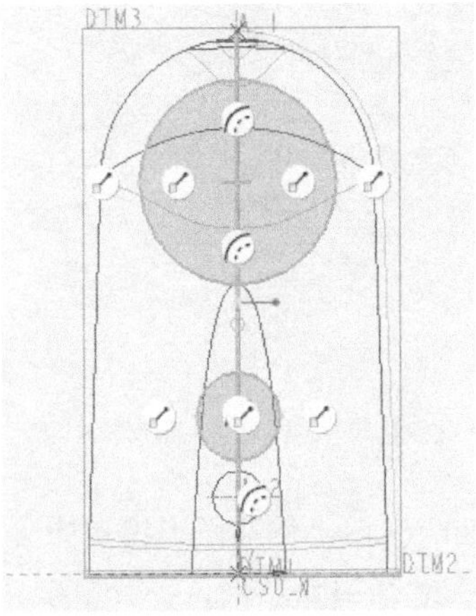

图7-50　绘制拉伸剖面

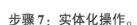

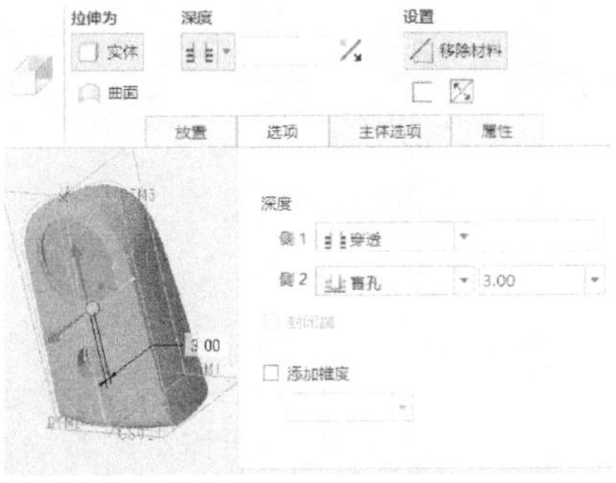

图7-51　设置拉伸选项及参数

4）单击“确定”按钮✔。

步骤 10：创建边倒角。

1）在“工程”组中单击“边倒角”按钮，打开“边倒角”选项卡。

2）设置边倒角的标注形式为“O×O”，设置 O 值为 0.2。

3）选择要进行倒角的边参照，如图 7-52 所示。

4）单击“确定”按钮✔。

步骤 11：搭建曲线与创建曲面。

1）在“编辑”组中单击“投影”按钮，打开“投影曲线”选项卡，在“参考”滑出面板的一个下拉列表框中选择“投影草绘”选项，单击“定义”按钮，弹出“草绘”对话框。选择 DTM3 基准平面作为草绘平面，以 DTM1 基准平面为“左”方向参考，单击“反向”按钮反向草绘视图方向，单击“草绘”按钮，进入草绘模式，绘制图 7-53 所示的曲线，单击“确定”按钮✔。

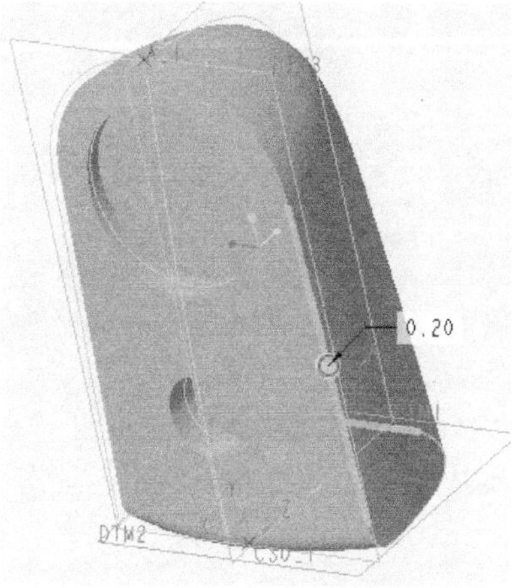

图 7-52 选择要进行倒角的边参照

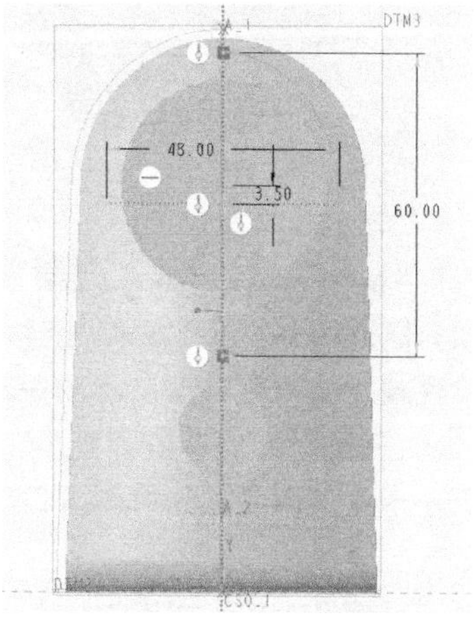

图 7-53 草绘曲线

结合〈Ctrl〉键选择图 7-54 所示的曲面，从“方向”下拉列表框中选择“沿方向”，激活“方向参考”收集器，选择 DTM3 基准平面作为方向参考，单击“确定”按钮✔，结果如图 7-55 所示。

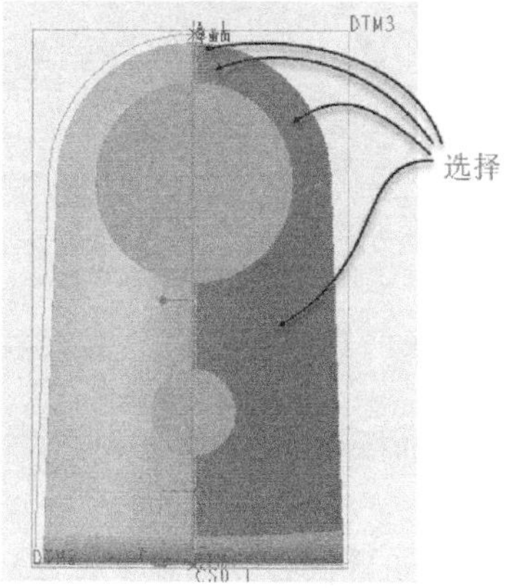

图 7-54 选择要在其上投影的多个曲面

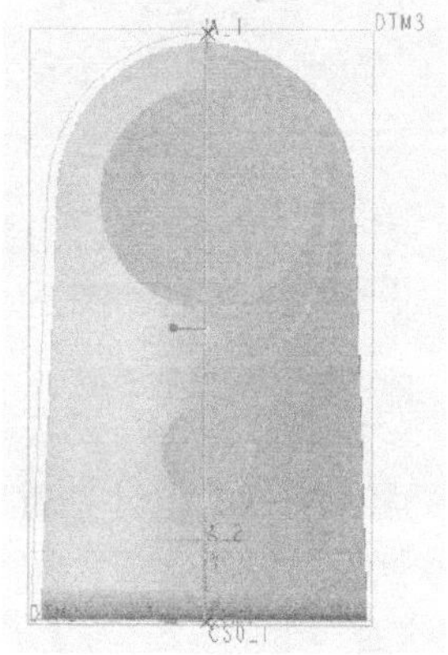

图 7-55 在曲面上创建的投影曲线

2）创建4个基准点。在“基准”组中单击“点”按钮，接着利用“基准点”对话框分别创建图7-56所示的4个基准点，其中PNT2、PNT3分别是相应曲线与DTM1基准平面相交形成的，PNT4、PNT5分别位于曲面上投影曲线的相应端点处。

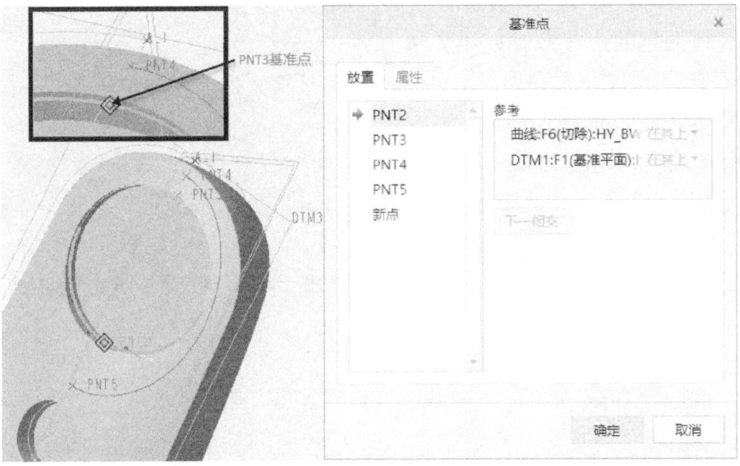

图7-56　创建4个基准点

3）在“基准”组中单击“草绘”按钮，弹出“草绘”对话框，选择DTM3基准平面作为草绘平面，以DTM1基准平面作为“左”方向参考，单击“反向”按钮，单击“草绘”按钮，进入草绘模式。绘制图7-57所示的一个半圆弧，单击“确定”按钮✔。

4）在“基准”组中单击“基准”→“曲线”→“通过点的曲线”命令，打开“曲线：通过点”选项卡，使用鼠标分别选择PNT3基准点和PNT4基准点，如图7-58所示，单击“确定”按钮✔。

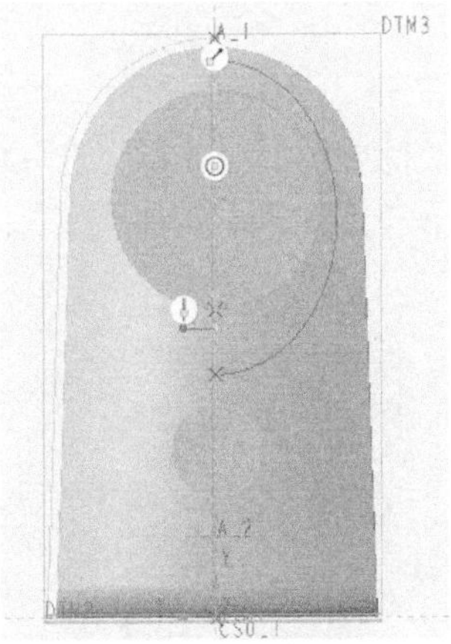

图7-57　草绘半圆弧

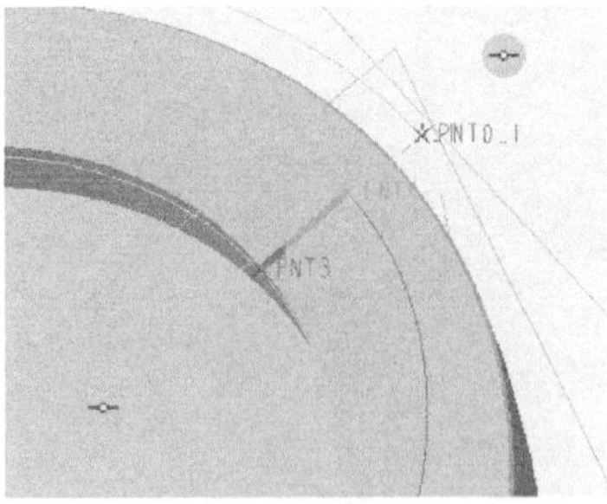

图7-58　创建通过两个点的曲线

5）使用同样的方式，执行“通过点的曲线”命令，再选择PNT2基准点和PNT5基准点来创建通过这两个点的曲线。

6）在“曲面”组中单击“边界混合”按钮，打开“边界混合”选项卡，分别选定第一方向和第二方向的曲线，并打开“控制点”滑出面板。在“方向”选项组中选择“第一”单选按钮，从“拟合”下拉列表框中选择“弧长”选项，如图 7-59 所示。

图 7-59　指定边界混合的两个方向曲线以及拟合选项

打开“约束”滑出面板，将“方向 2 – 第一条链”的约束条件设置为“垂直”，选择垂直参考为 DTM1 基准平面；将“方向 2 – 最后一条链”的约束条件也设置为“垂直”，并选择垂直参考为 DTM1 基准平面，如图 7-60 所示。也可以通过在图形窗口中右击约束条件图标来更改约束条件。单击“确定”按钮✓，完成该边界混合曲面的创建。

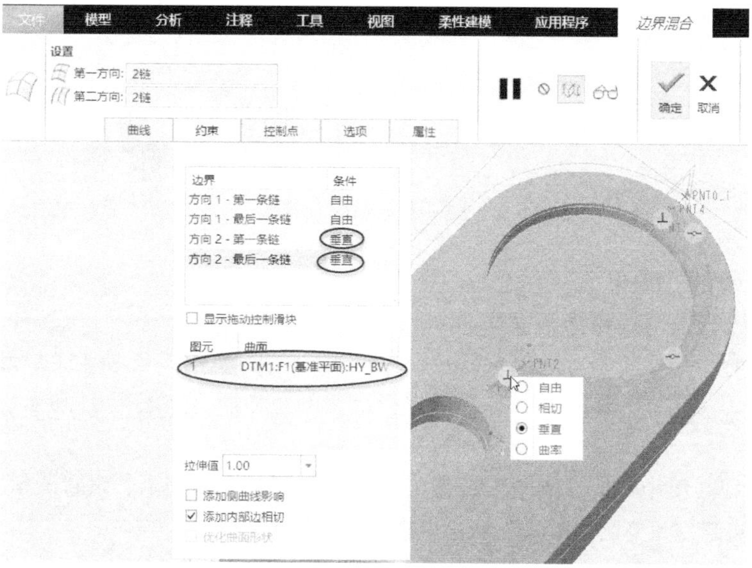

图 7-60　设置方向 2 两条边链的约束条件

7）单击“编辑”组中的“镜像”按钮，选择 DTM1 基准平面作为草绘平面，单击“确定”按钮✓。

8）在模型树上选择“边界混合 3”曲面特征，再按住〈Ctrl〉键的同时选择镜像特征节点下的“边界混合 4”曲面特征，如图 7-61 所示，在“编辑”组中单击“合并”按钮，打开“合并”选项卡，从“选项”滑出面板中选择“联接”单选按钮，如图 7-62 所示，然后单击“确定”按钮✓。

步骤 12：实体化操作。

1）在“编辑”组中单击“实体化”按钮，打开“实体化”选项卡。

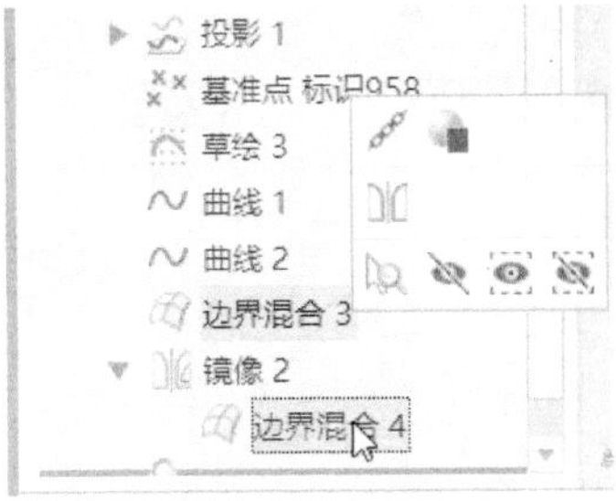

图 7-61　在模型树上选择两个曲面特征

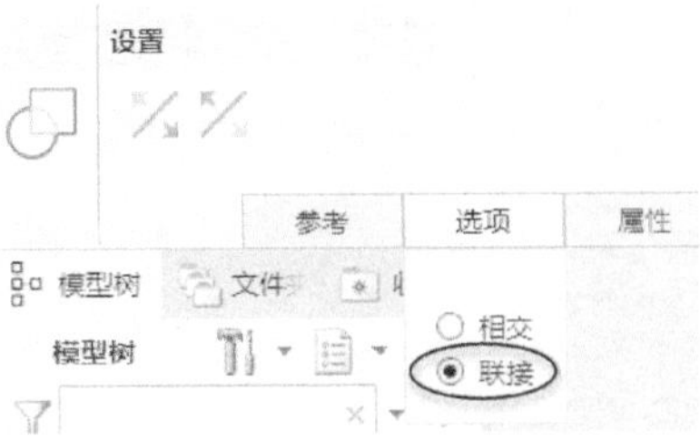

图 7-62　选择“联接”单选按钮

2）在“实体化”选项卡上单击“移除材料”按钮，接着单击“刀具方向”按钮以获得图 7-63 所示的移除材料预览效果。

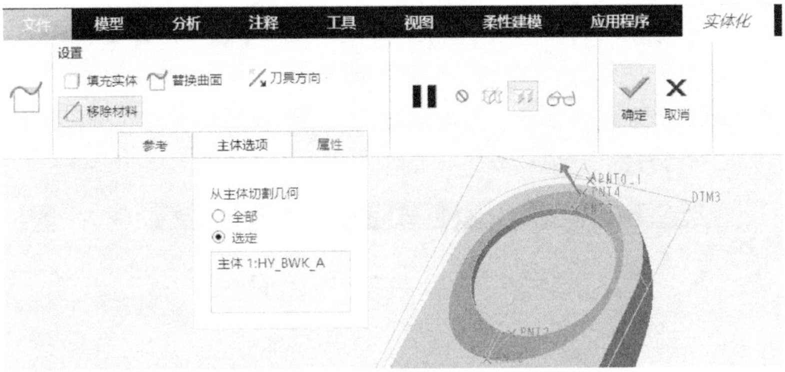

图 7-63　移除材料预览效果

3）单击“确定”按钮。

步骤 13：进行边倒角和圆角操作。

1）在“工程”组中单击“边倒角”按钮，打开“边倒角”选项卡，设置边倒角的标注形式为“O×O”，设置 O 值为 0.5；选择要进行倒角的边参照，如图 7-64 所示，然后单击“确定”按钮。

2）在“工程”组中单击“圆角”按钮，打开“圆角”选项卡，设置圆角半径为 5，选择图 7-65 所示的边链作为要圆角的边参照，单击“确定”按钮。

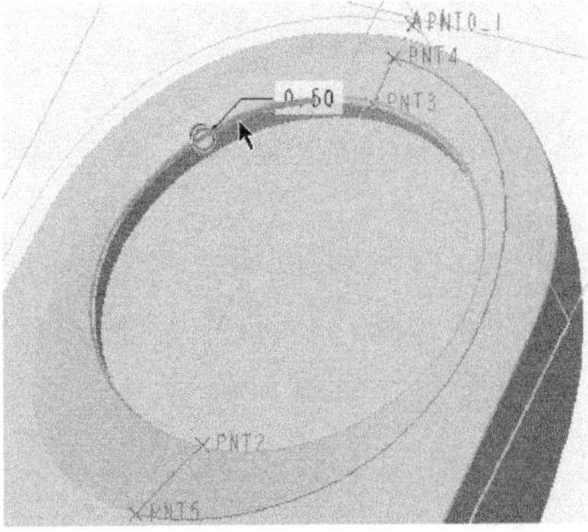

图 7-64　选择要倒角的边参照

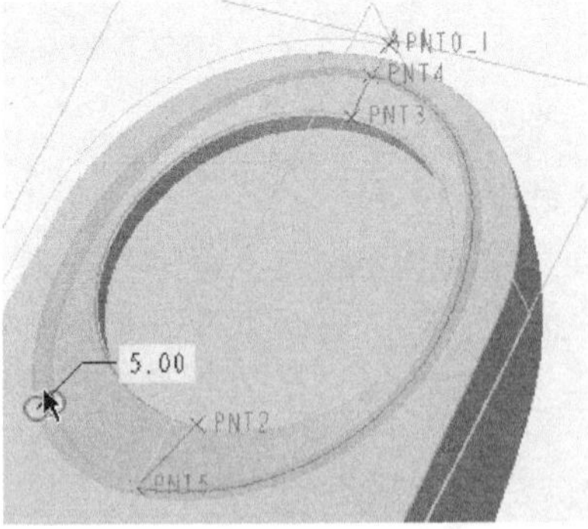

图 7-65　选择要圆角的边参照

步骤 14：偏移操作。

1）反转模型视角，选择图 7-66 所示的曲面。

2）单击“偏移”按钮，打开“偏移”选项卡。

3）在“偏移”选项上的“偏移类型”下拉列表框中选择“展开特征”图标选项，在“偏移值”框内输入“0. 25”，单击“将偏移方向更改为其他侧”按钮，此时如图 7-67 所示。

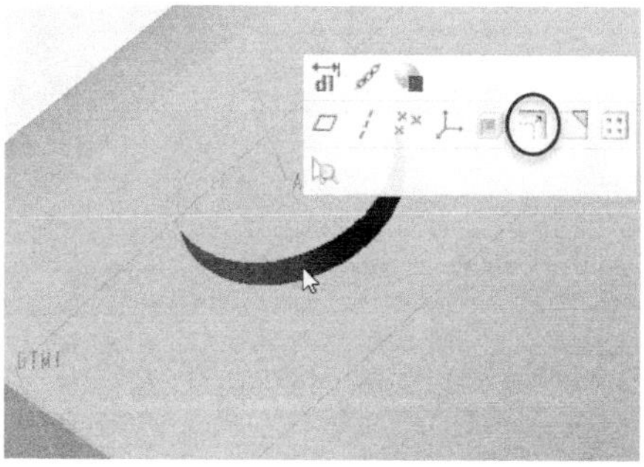

图 7-66　选择要操作的曲面

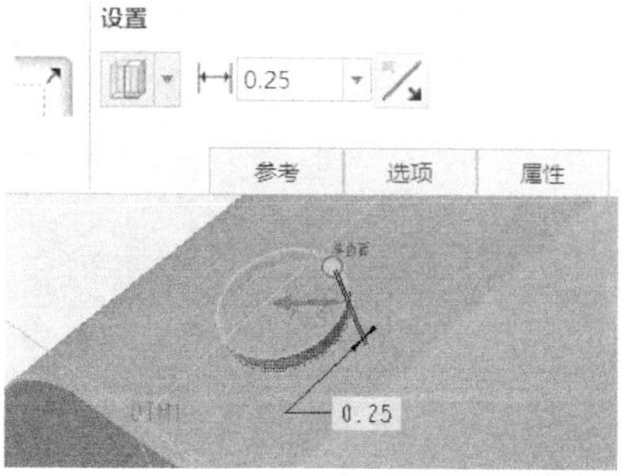

图 7-67　设置偏移选项及其参数

4）单击“确定”按钮。

步骤 15：以旋转的方式切除材料。

1）在“形状”组中单击“旋转”按钮，打开“旋转”选项卡。

2）默认选中“实体”按钮，单击“移除材料”按钮。

3）选择 DTM1 基准平面作为草绘平面，进入草绘模式，绘制图 7-68 所示的旋转剖面（其中包含一条中心线），单击“确定”按钮。

4）默认旋转角度为 360°，单击“确定”按钮。

步骤 16：创建草绘特征。

1）在“基准”组中单击“草绘”按钮，弹出“草绘”对话框，选择 DTM3 基准平面作为草绘平面，以 DTM1 基准平面为“右”方向参考，单击“草绘”按钮，进入草绘模式。

2）绘制图 7-69 所示的开关图标草图。

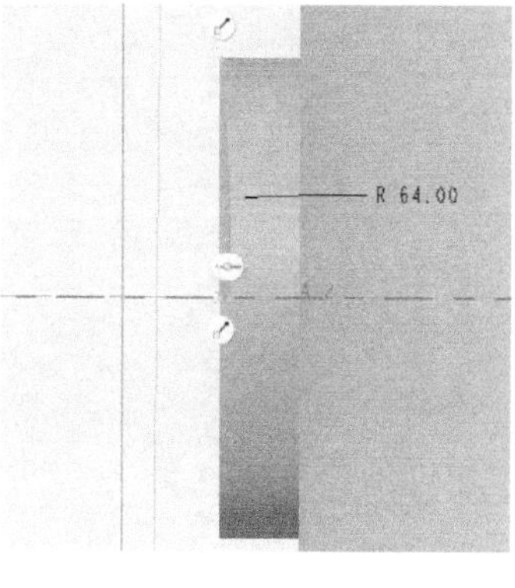

图 7-68　绘制旋转剖面（含一条中心线）

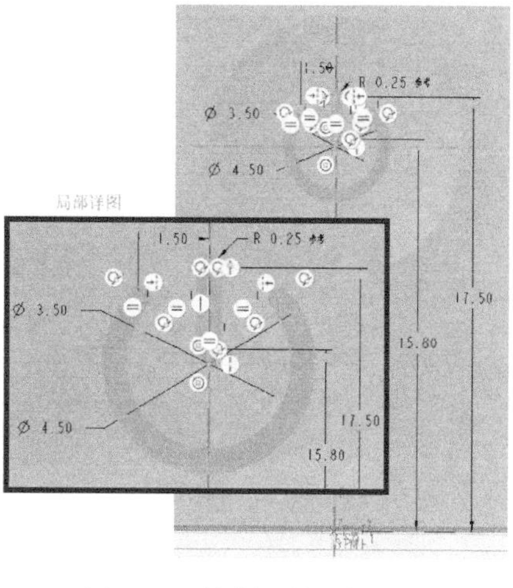

图 7-69　绘制开关图标草图

3）单击“确定”按钮✓，完成创建此草绘特征。

步骤 17：创建“偏移 2”特征。

1）结合〈Ctrl〉键选择图 7-70 所示的两处实体曲面，在“编辑”组中单击“偏移”按钮，打开“偏移”选项卡。

2）在“偏移”选项卡的“偏移类型”下拉列表框中选择“具有拔模特征”图标选项，选择上一步骤所创建的草绘特征，输入偏移距离为 0.28，单击“将偏移方向更改为其他侧”按钮以生成凹陷效果，设置拔模角度 3°，如图 7-71 所示。

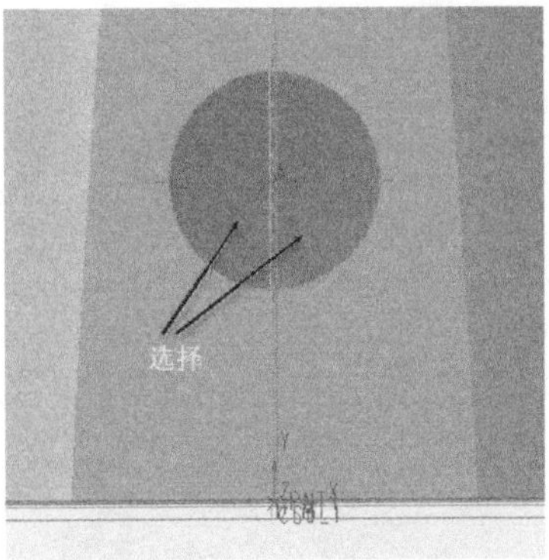

图 7-70　选择两处实体曲面

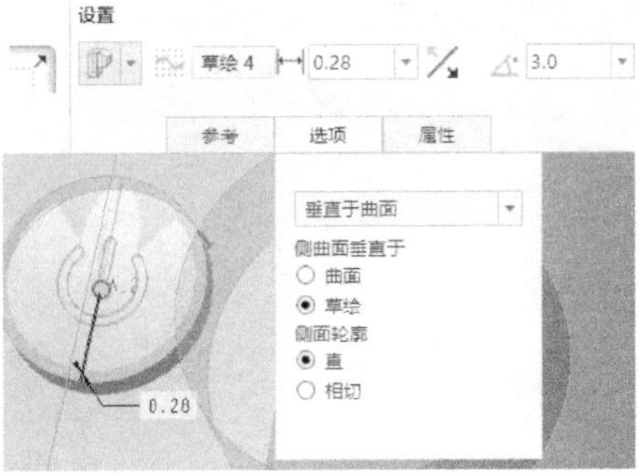

图 7-71　设置偏移选项及相关的参数

3）单击“确定”按钮✓，完成此偏移特征创建。

步骤 18：圆角。

1）在“工程”组中单击“圆角”按钮，打开“圆角”选项卡。

2）设置普通圆形圆角半径为 0.2。

3）选择要圆角的边参照，如图 7-72 所示。

4）单击“确定”按钮✓。

步骤 19：创建拉伸特征。

1）在“形状”组中单击“拉伸”按钮，接着在打开的“拉伸”选项卡上单击“移除材料”按钮。

2）选择当前活动零件的 DTM3 基准平面作为草绘平面，绘制图 7-73 所示的拉伸剖面，单击“确定”按钮✓。

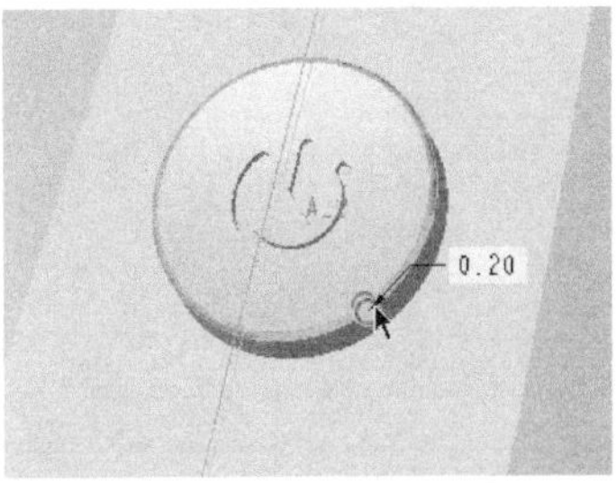

图 7-72　选择要圆角的边参照

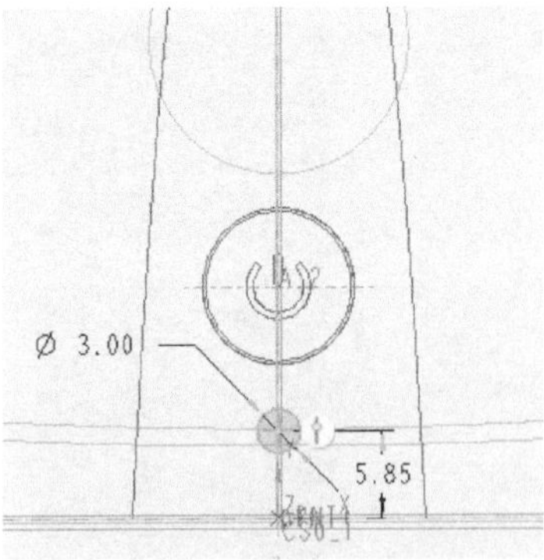

图 7-73　绘制拉伸剖面（重置孔）

3）在“拉伸”选项卡上分别设置侧 1 的拉伸选项为“穿透”图标选项，拉伸深度方向指向面板正面，然后单击“确定”按钮。

至此，有关正面壳零件在外观面上的造型结构基本完成了，其内部结构的设计也类似，本书不做深入介绍。可以将正面壳零件的相关曲线、基准点、曲面及其自身的基准平面等特征设置隐藏起来。

7.4.5 创建镜头与镜头配套组件

步骤 1：在装配模式下创建一个子装配。

1）在模型树选择顶级装配图标，接着从浮动工具栏中单击“激活”按钮，将其激活。

2）在“元件”组中单击“创建”按钮，弹出“创建元件”对话框，从“类型”选项组中选择“子装配”单选按钮，在“子类型”选项组中选择“标准”单选按钮，在“文件名”文本框中输入 HY_S_MZ，如图 7-74 所示。单击“确定”按钮，弹出“创建选项”对话框。

3）在“创建选项”对话框的“创建方法”选项组中选择“从现有项复制”单选按钮，在“复制自”选项组中输入 mmns_asm_design_abs. asm，如图 7-75 所示，然后单击“确定”按钮。

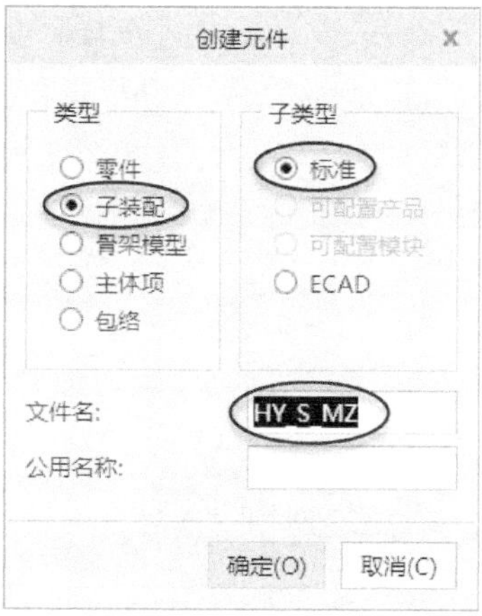

图 7-74 “创建元件”对话框

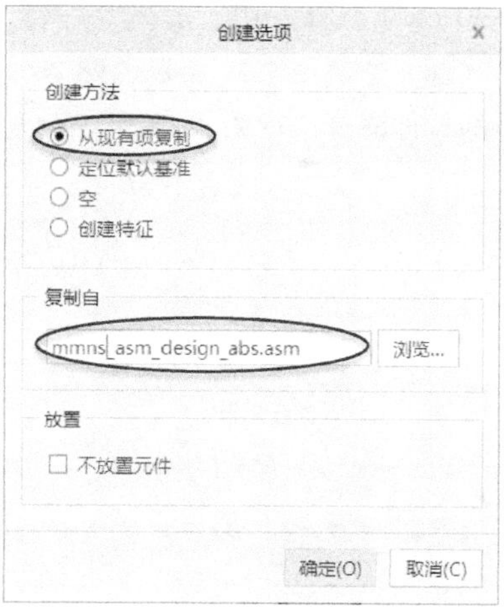

图 7-75 “创建选项”对话框

4）在功能区出现的“元件放置”选项卡的一个下拉列表框中选择“默认”选项，单击“确定”按钮。

5）将该 HY_S_MZ. ASM 子装配激活。

步骤 2：创建镜头壳件外观。

1）在“元件”组中单击“创建”按钮，弹出“创建元件”对话框，从“类型”选项组中选择“零件”单选按钮，在“子类型”选项组中选择“实体”单选按钮，在“文件名”文本框中输入“镜头壳件”，单击“确定”按钮。在弹出的“创建选项”对话框的“创建方法”选项组中选择“从现有项复制”单选按钮，在“复制自”选项组中输入 mmns_part_solid_abs. prt，然后单击“确定”按钮。在出现的“元件放置”选项卡的一个下拉列表框中选择“默认”选项，单击“确定”按钮。此时，可以将 HY_S_MZ. ASM 子装配中的基准平面和基准坐标系隐藏。

2）激活“镜头壳件 . PRT”零件。

3）在“形状”组中单击“旋转”按钮，选择 RIGHT 基准平面作为草绘平面，进入草绘模式，绘制图 7-76 所示的旋转剖面，中心线通过所需投影线的中点，单击“确定”按钮。默认旋转角度为 360°，单击“确定”按钮。

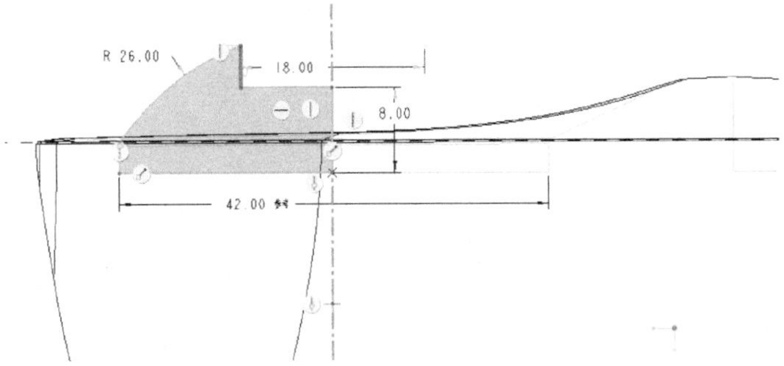

图 7-76　绘制旋转剖面

4）以拉伸切除的方式创建两个功能小孔。在“形状”组中单击“拉伸”按钮，接着在“拉伸”选项卡上默认选中“实体”按钮，单击“移除材料”按钮。选择 FRONT 基准平面作为草绘平面，绘制图 7-77 所示的两个小圆，单击“确定”按钮完成草绘并退出草绘模式。设置侧 1 的拉伸深度选项为“穿透”，单击“确定”按钮，创建的两个功能小孔如图 7-78 所示。

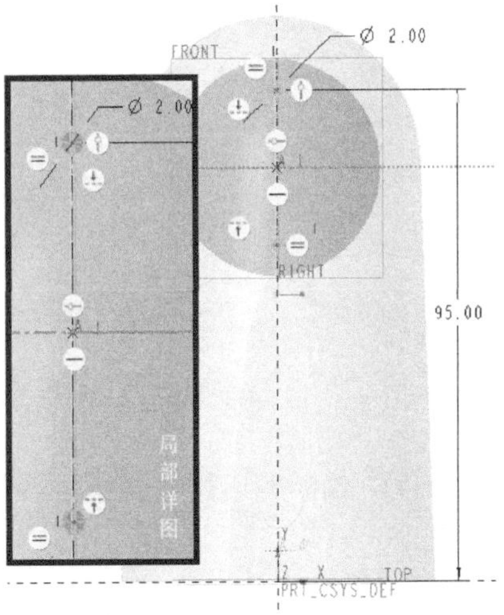

图 7-77　绘制两个小圆

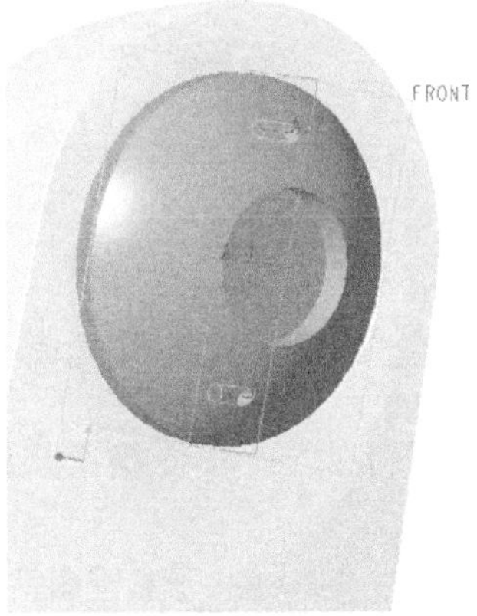

图 7-78　创建的两个功能小孔

5）在“工程”组中单击“圆角”按钮，设置圆形圆角的半径为 0.3，选择图 7-79 所示的边线作为要进行圆角操作的边参考，单击“确定”按钮。

步骤 3：创建镜头胶圈零件。

1）激活 HY_S_MZ. ASM 子装配。此时可以将“镜头壳件 . PRT”零件的内部基准平面和基准坐标系隐藏。

2）在“元件”组中单击“创建”按钮，弹出“创建元件”对话框，从“类型”选项组中选择“零件”单选按钮，在“子类型”选项组中选择“实体”单选按钮，在“文件名”文本框中输入"镜头胶圈",单击"确定"按钮。在弹出的"创建选项"对话框的"创建方法"选项组中选择"从现有项复制"单选按钮,在"复制自"选项组中输入 mmns_part_solid_abs. prt,然后单击"确定"按钮。在出现的"元件放置"选项卡的一个下拉列表框中选择"默认"选项,单击"确定"按钮✓。

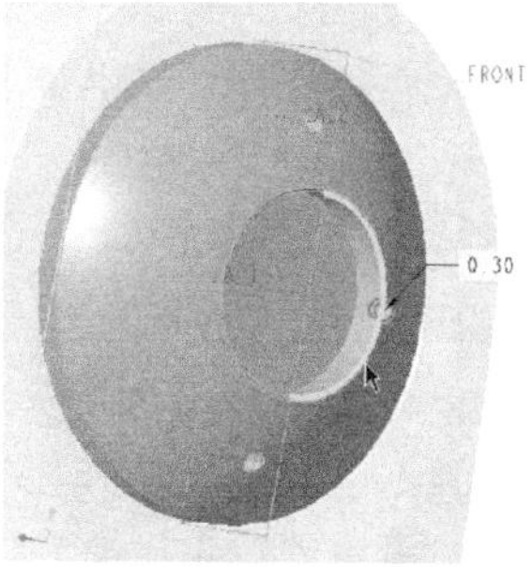

3) 激活镜头胶圈零件。

4) 在"形状"组中单击"旋转"按钮◈,打开"旋转"选项卡,选择 RIGHT 基准平面作为草绘平面,绘制图7-80所示的旋转剖面(含一条将默认为旋转轴的中心线),单击"确定"按钮✓完成草绘并退出草绘模式。需要注意的是,由于只需要表现镜头胶圈的外观造型,因此,此处不必过于纠结其内部结构。默认旋转角度为360°,单击"确定"按钮✓,结果如图7-81所示。

图7-79 圆角

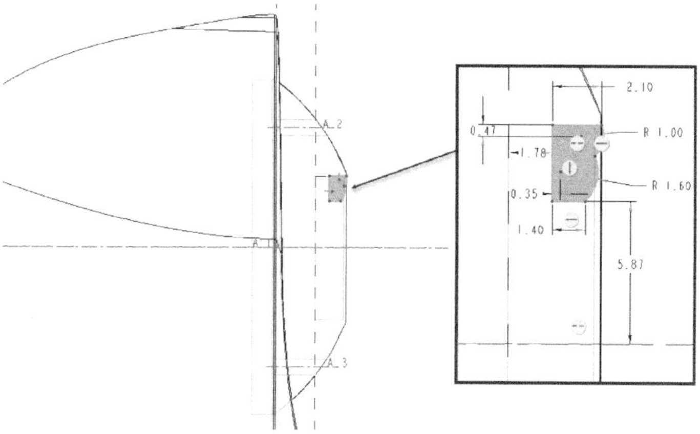

图7-80 绘制旋转剖面

5) 在"工程"组中单击"圆角"按钮◝,设置圆形圆角的半径为0.3,结合〈Ctrl〉键的同时选择图7-82所示的边线作为要进行圆角操作的边参考,单击"确定"按钮✓。

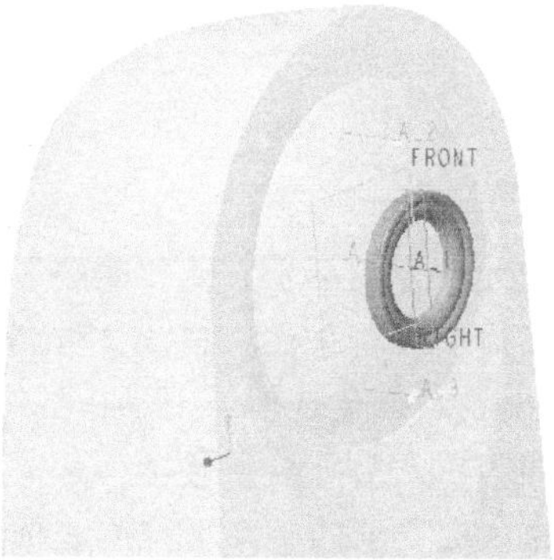

图7-81 创建旋转实体

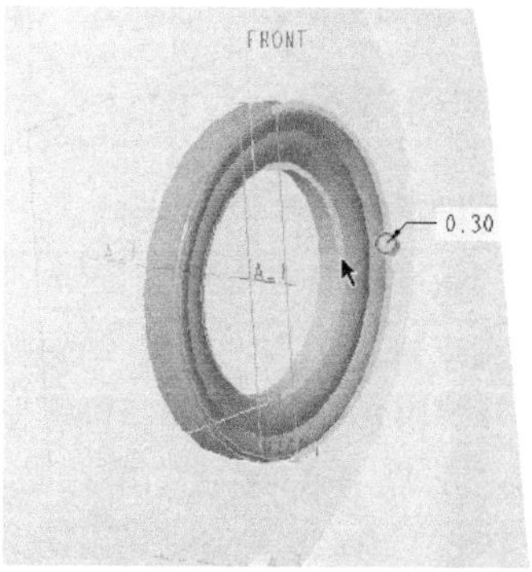

图7-82 创建圆角特征

步骤4:创建镜头胶圈零件。

1) 激活 HY_S_MZ. ASM 子装配。此时可以将"镜头胶圈. PRT"零件的内部基准平面和基准坐标系隐藏。

2）在“元件”组中单击“创建”按钮，弹出“创建元件”对话框，从“类型”选项组中选择“零件”单选按钮，在“子类型”选项组中选择“实体”单选按钮，在“文件名”文本框中输入“广角摄像头”，单击“确定”按钮。在弹出的“创建选项”对话框的“创建方法”选项组中选择“从现有项复制”单选按钮，在“复制自”选项组中输入 mmns_part_solid_abs. prt，然后单击“确定”按钮。在出现的“元件放置”选项卡的一个下拉列表框中选择“默认”选项，单击“确定”按钮。

3）激活“广角摄像头 . PRT”零件。

4）在“形状”组中单击“旋转”按钮，打开“旋转”选项卡，选择 RIGHT 基准平面作为草绘平面，绘制图 7-83 所示的旋转剖面（含一条将默认为旋转轴的中心线），单击“确定”按钮完成草绘并退出草绘模式。默认旋转角度为 360°，在“旋转”选项卡上单击“确定”按钮，结果如图 7-84 所示。

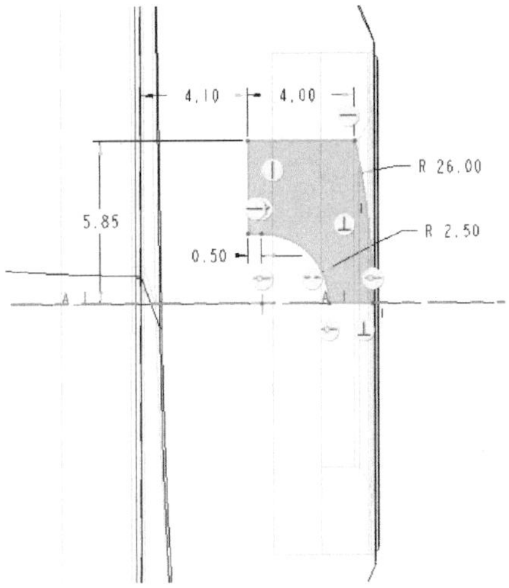

图 7-83　绘制旋转剖面

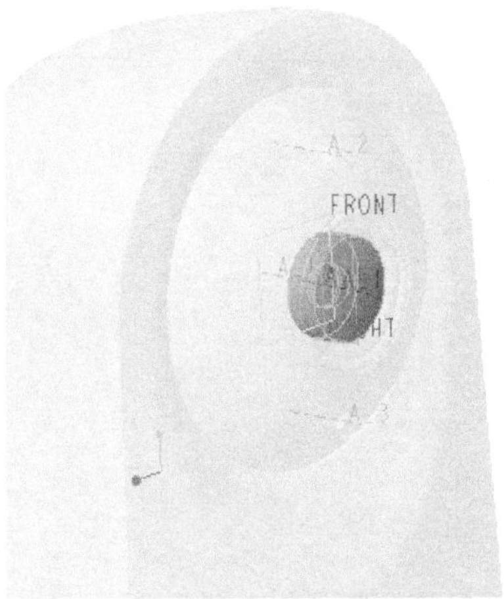

图 7-84　创建旋转特征的结果

5）将该零件的内部基准平面隐藏，接着激活顶级装配 HY_SXT_MAIN. ASM。

7.4.6 人体红外感应元件设计

步骤 1：在装配模式下创建元件。

在“元件”组中单击“创建”按钮，弹出“创建元件”对话框，从“类型”选项组中选择“零件”单选按钮，在“子类型”选项组中选择“实体”单选按钮，在“文件名”文本框中输入“人体红外感应元件”，单击“确定”按钮。在弹出的“创建选项”对话框的“创建方法”选项组中选择“从现有项复制”单选按钮，在“复制自”选项组中输入 mmns_part_solid_abs. prt，然后单击“确定”按钮。在出现的“元件放置”选项卡的一个下拉列表框中选择“默认”选项，单击“确定”按钮。

步骤 2：激活刚创建的“人体红外感应元件 . PRT”零件。

在模型树上选择“人体红外感应元件 . PRT”零件，接着在浮动工具栏中单击“激活”按钮将所选零件激活。

步骤3：创建旋转实体特征。

1）在模型中选择图7-85所示的一处圆柱曲面，在“基准”组中或者在弹出的浮动工具栏中单击“轴”按钮 ，从而创建图7-86所示的基准轴A_1。

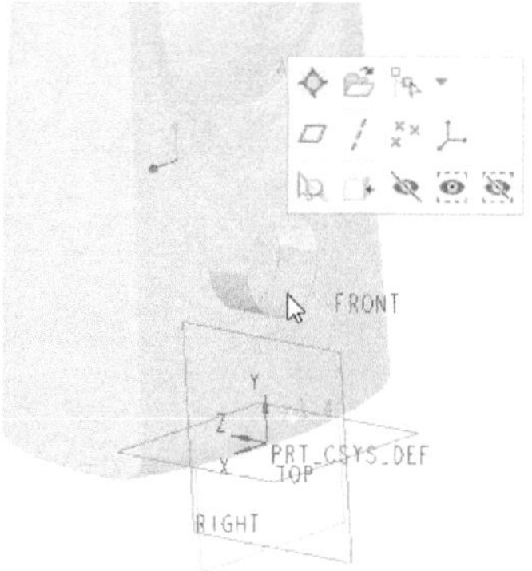

图7-85 选择一处圆柱曲面

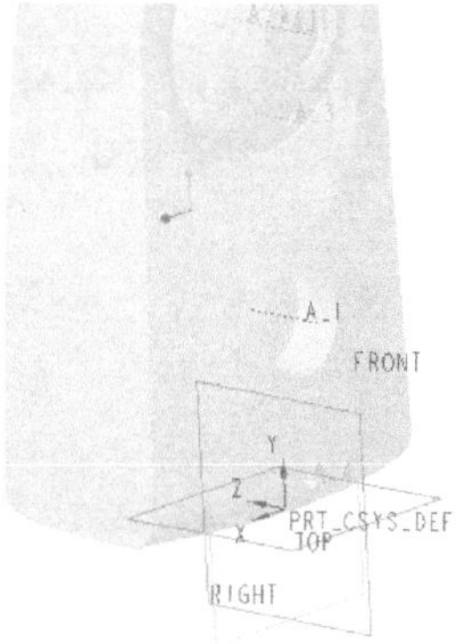

图7-86 创建基准轴A_1

2）在“形状”组中单击“旋转”按钮 ，打开“旋转”选项卡，选择RIGHT基准平面作为草绘平面，绘制图7-87所示的旋转剖面（含一条将默认为旋转轴的中心线），单击“确定”按钮 完成草绘并退出草绘模式。默认旋转角度为360°，在“旋转”选项卡上单击“确定”按钮 ，结果如图7-88所示。

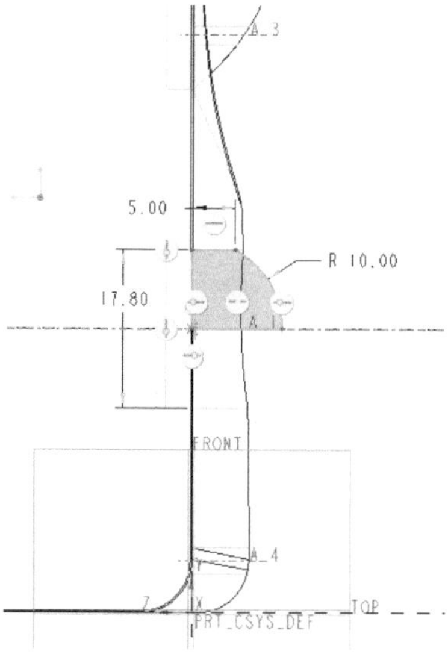

图7-87 绘制旋转剖面（含一条水平中心线）

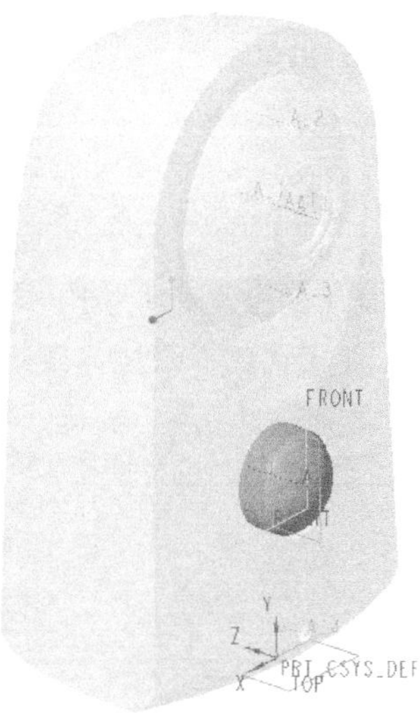

图7-88 完成创建旋转特征

3）将该零件的内部基准平面隐藏，接着激活顶级装配HY_SXT_MAIN. ASM。

7.4.7 平台底座设计

步骤1：在装配模式下创建元件。

在“元件”组中单击“创建”按钮 ，弹出“创建元件”对话框，从“类型”选项组中选择“零件”单选按钮，在“子类型”选项组中选择“实体”单选按钮，在“文件名”文本框中输入“平台底座”，单击“确定”按钮。在弹出的“创建选项”对话框的“创建方法”选项组中选择“从现有项复制”单选按钮，在“复制自”选项组中输入 mmns_part_solid_abs. prt，然后单击“确定”按钮。在出现的“元件放置”选项卡的一个下拉列表框中选择“默认”选项，单击“确定”按钮✔。

步骤2：激活刚创建的“平台底座.PRT”零件。

在模型树上选择“平台底座.PRT”零件，接着在浮动工具栏中单击“激活”按钮◆将所选零件激活。

步骤3：创建第一个拉伸实体特征。

1）在“形状”组中单击“拉伸”按钮，打开“拉伸”选项卡，默认创建的是“实体”□。

2）翻转模型视角，选择图7-89所示的实体表面来定义草绘平面，快速进入草绘模式，单击“参考”按钮。利用弹出的“参考”对话框指定所需的绘图参考，再使用“圆：圆心和点”按钮绘制图7-90所示的一个圆作为拉伸剖面，单击“确定”按钮✔。

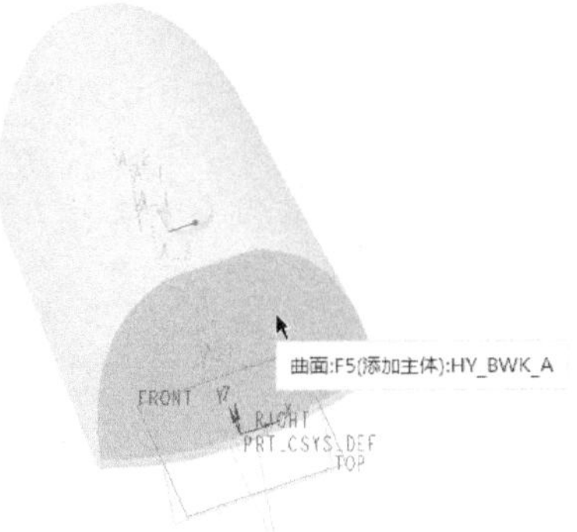

图7-89　选择底面定义草绘平面

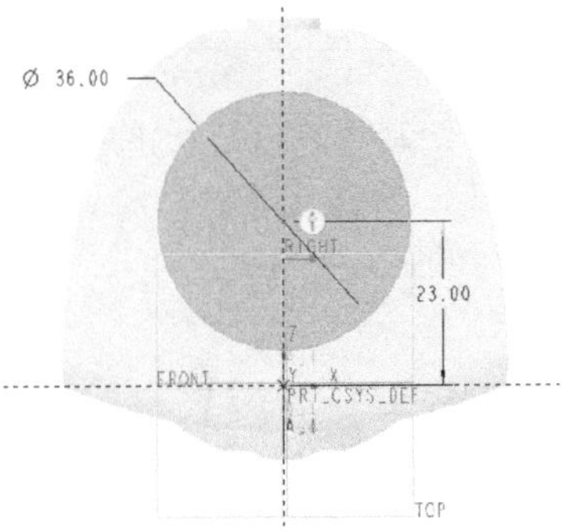

图7-90　绘制拉伸剖面

3）设置侧1的拉伸深度为1，动态预览效果如图7-91所示，单击“确定”按钮✔。

步骤4：继续创建一个拉伸实体特征。

1）在“形状”组中单击“拉伸”按钮，打开“拉伸”选项卡，默认选中“实体”□。

2）翻转模型视角，选择图7-92所示的实体底面定义草绘平面。

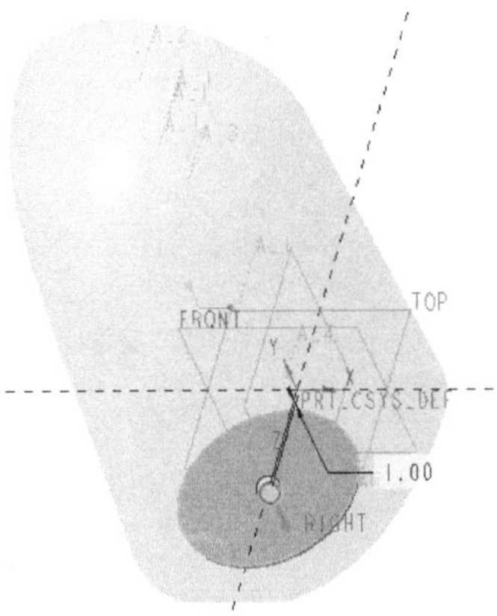

图7-91　设置拉伸深度方向及拉伸深度后动态预览效果

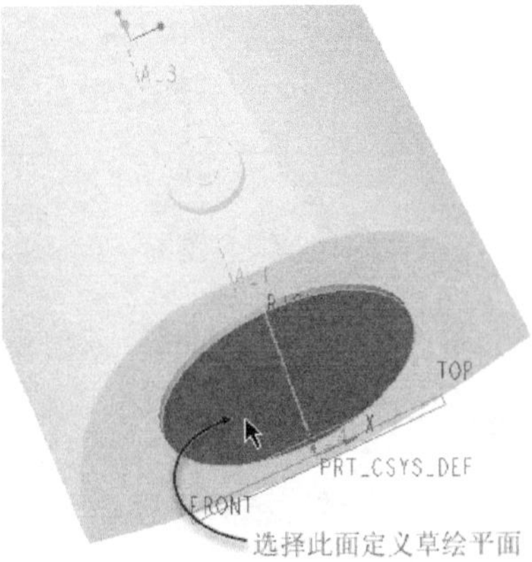

图7-92　选择实体底面定义草绘平面

3）绘制图7-93所示的拉伸剖面，单击“确定”按钮✓。

4）设置侧1的拉伸深度为10，注意其拉伸深度方向是所需要的方向，然后单击“确定”按钮✓，完成在平台底座零件中创建第二个拉伸实体特征，如图7-94所示。

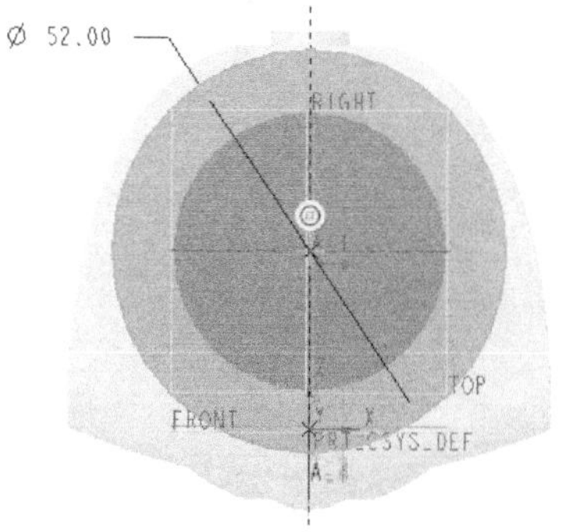

图7-93 绘制拉伸剖面

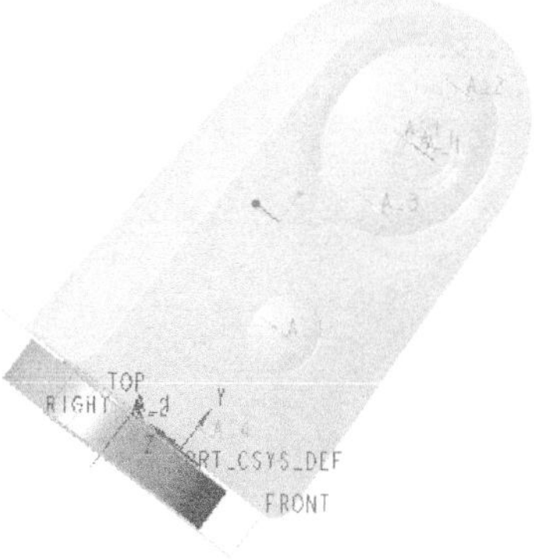

图7-94 完成创建第二个拉伸实体特征

步骤5：以拉伸的方式切除材料。

1）在“形状”组中单击“拉伸”按钮，打开“拉伸”选项卡，默认选中“实体”按钮，单击“移除材料”按钮。

2）选择图7-95所示的实体面作为草绘平面，绘制图7-96所示的同心的两个圆，单击“确定”按钮✓。

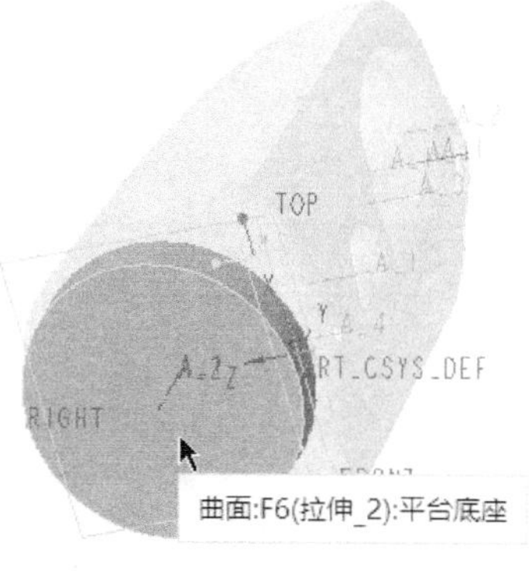

图7-95 指定草绘平面

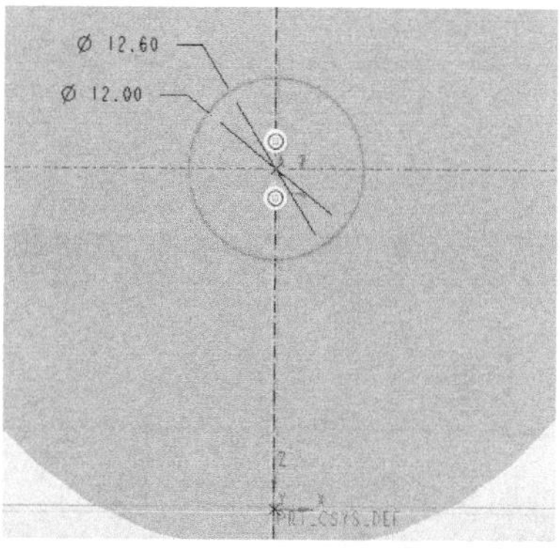

图7-96 绘制同心的两个圆

3）设置拉伸深度为0.3，朝实体内部拉伸切割，单击“确定”按钮✓。

步骤6：创建螺纹孔特征。

1）在“工程”组中单击“孔”按钮，打开“孔”选项卡。

2）在“孔”选项卡上单击“标准”按钮，选中“添加攻丝”按钮，选择螺纹类型为“ISO”，在“螺钉尺寸”下拉列表框中选择“M6x.5”，设置螺纹深度10。在平台底座零件中选择A_1特征轴作为放置参考，再按住〈Ctrl〉键的同时选择平台底座零件的最低面以定义标准螺纹孔的放置，如图7-97所示。

3）单击“确定”按钮✓，完成创建一个标准螺纹孔，如图7-98所示。

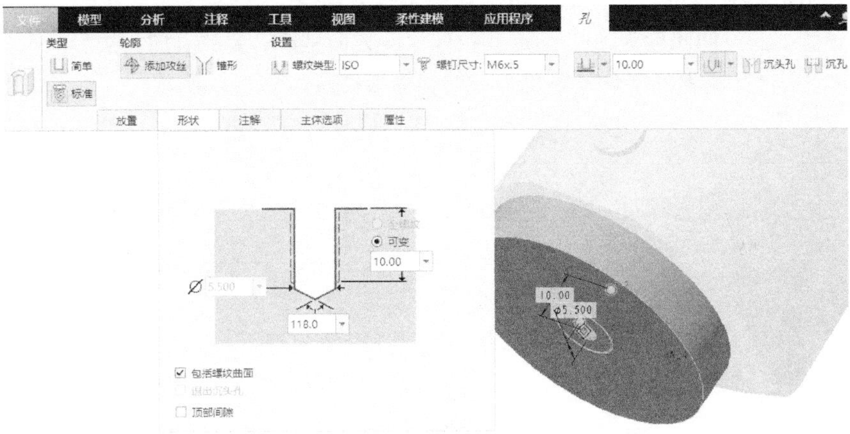

图 7-97　创建标准螺纹孔特征

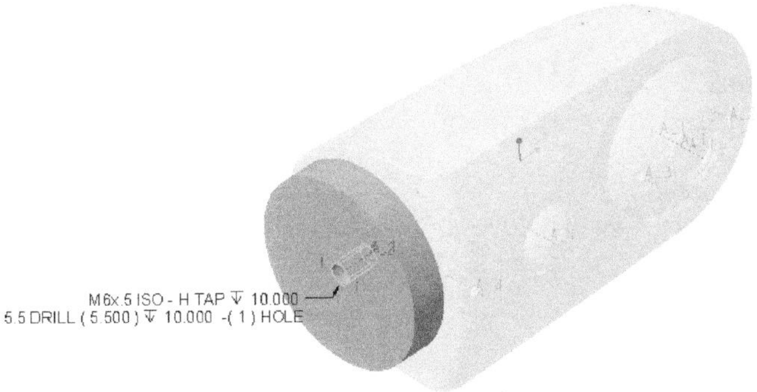

图 7-98　完成创建一个标准螺纹孔

步骤 7：构建 USB Type－C 充电口结构。

1）在“形状”组中单击“拉伸”按钮，打开“拉伸”选项卡，默认选中“实体”按钮，单击“移除材料”按钮。

2）在“拉伸”选项卡上打开“放置”滑出面板，单击“定义”按钮，弹出“草绘”对话框。在功能区右侧单击“基准”→“平面”按钮，弹出“基准平面”对话框，选择 FRONT 基准平面作为偏移参考。设置平移值为 40，如图 7-99 所示，单击“确定”按钮完成创建 DTM1 基准平面。默认以该 DTM1 基准平面作为草绘平面，以 RIGHT 基准平面为“右”方向参考，单击“草绘”按钮，进入草绘模式。

3）绘制图 7-100 所示的截面，单击“确定”按钮。

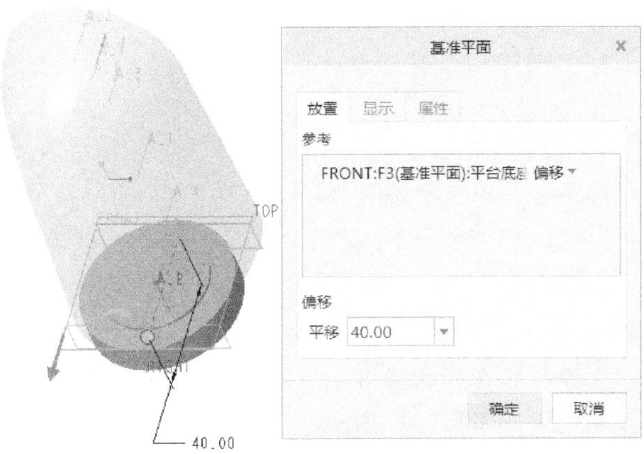

图 7-99　创建基准平面

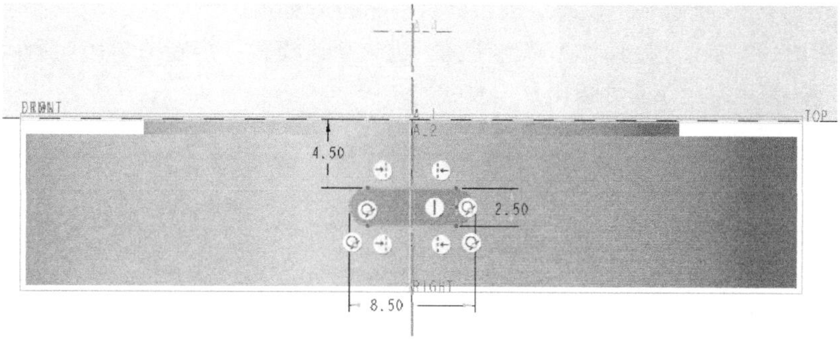

图 7-100　绘制 Type – C 充电口截面

4）设置侧 1 的拉伸深度选项为"穿透"▐▐，单击"将拉伸的深度方向更改为草绘的另一侧"按钮✕，以获得所需的拉伸深度方向如图 7-101 所示。

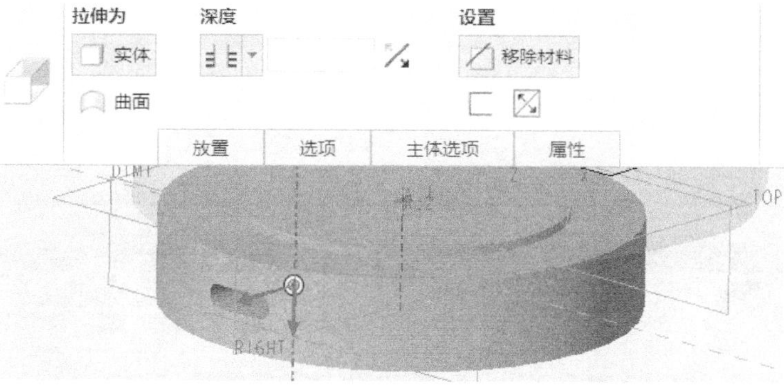

图 7-101　设置拉伸深度方向及拉伸深度

5）单击"确定"按钮✔。

步骤 8：为进行下一个零件设计进行准备工作。

将该零件的内部基准平面隐藏，接着激活顶级装配 HY_SXT_MAIN. ASM。

7.4.8　橡胶脚垫（橡胶垫脚片）设计

步骤 1：在装配模式下创建元件。

在"元件"组中单击"创建"按钮🖽，弹出"创建元件"对话框，从"类型"选项组中选择"零件"单选按钮，在"子类型"选项组中选择"实体"单选按钮，在"文件名"文本框中输入"橡胶脚垫"，单击"确定"按钮。在弹出的"创建选项"对话框的"创建方法"选项组中选择"从现有项复制"单选按钮，在"复制自"选项组中输入 mmns_part_solid_abs. prt，然后单击"确定"按钮。在出现的"元件放置"选项卡的一个下拉列表框中选择"默认"选项，单击"确定"按钮✔。

步骤 2：激活刚创建的"橡胶脚垫. PRT"零件。

在模型树上选择"橡胶脚垫. PRT"零件，接着在浮动工具栏中单击"激活"按钮◇将所选零件激活。

步骤 3：创建第一个拉伸实体特征。

1）在"形状"组中单击"拉伸"按钮🖍，打开"拉伸"选项卡，默认时"拉伸"选项卡

的“实体”按钮□处于被选中的状态，表示默认创建的是实体。

2）选择图7-102所示的底面作为草绘平面，进入草绘模式，绘制图7-103所示的拉伸剖面，单击“确定”按钮✓完成草绘并退出草绘模式。

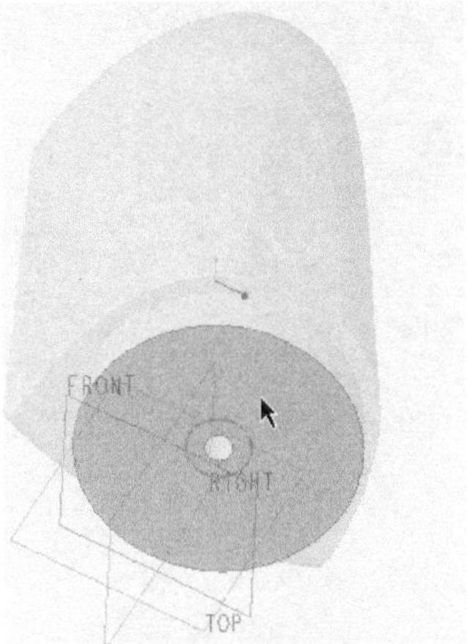

图7-102　指定草绘平面

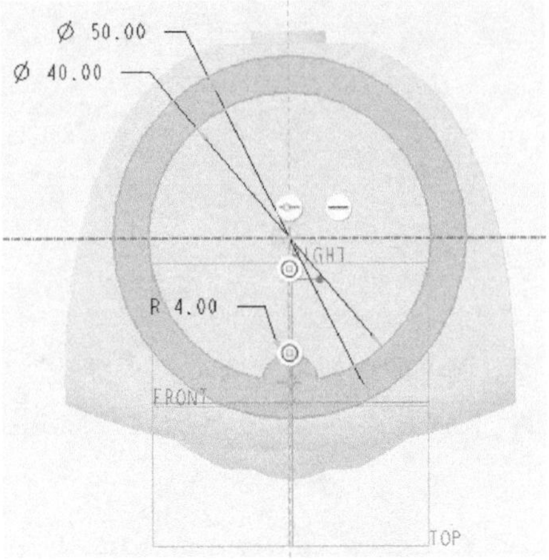

图7-103　绘制拉伸剖面

3）设置拉伸深度为0.8，如图7-104所示，然后单击“确定”按钮✓。

图7-104　设置拉伸选项及其参数

此时，可以将该零件的内部基准平面隐藏，接着激活顶级装配HY_SXT_MAIN.ASM。

7.4.9 背外壳设计

步骤1：在装配模式下创建元件。

在“元件”组中单击“创建”按钮，弹出“创建元件”对话框，从“类型”选项组中选择“零件”单选按钮，在“子类型”选项组中选择“实体”单选按钮，在“文件名”文本框中输入“背外壳”，单击“确定”按钮。在弹出的“创建选项”对话框的“创建方法”选项组中选择“从现有项复制”单选按钮，在“复制自”选项组中输入mmns_part_solid_abs.prt，然后单击“确定”按钮。在出现的“元件放置”选项卡的一个下拉列表框中选择“默认”选项，单击“确定”按钮✓。

步骤2：激活刚创建的"背外壳.PRT"零件。

在模型树上选择"背外壳.PRT"零件，接着在浮动工具栏中单击"激活"按钮◇将所选零件激活。

步骤3：使用"合并/继承"功能添加主体。

1）在功能区的"模型"选项卡中选择"获取数据"→"合并/继承"命令，打开"合并/继承"选项卡，单击选中"将参考类型设为装配上下文"按钮🔲和"添加材料"按钮🔲。

2）在模型树上选择 HY_BWK_M.PRT 树节点。

3）在"合并/继承"选项卡中单击"确定"按钮✔，完成将主控件材料合并添加到"空"零件中。此时模型树和模型如图7-105所示。

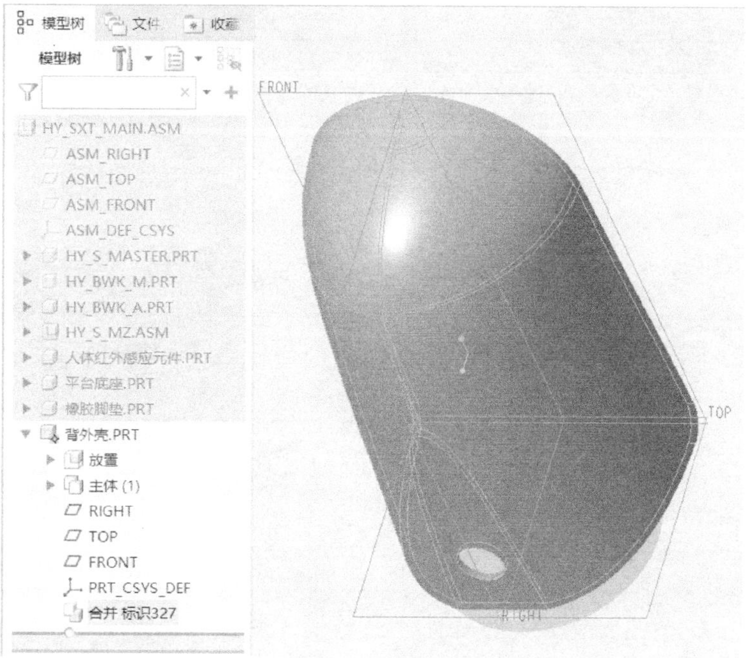

图7-105　合并添加材料

步骤4：创建一个拉伸小孔。

1）在"形状"组中单击"拉伸"按钮📄，打开"拉伸"选项卡，默认选中"实体"按钮📄，单击"移除材料"按钮◢。

2）选择图7-106所示的实体表面作为草绘平面，快速进入草绘模式。绘制图7-107所示的图形，单击"确定"按钮✔完成草绘并退出草绘模式。

3）设置侧1的拉伸深度为0.3，单击"确定"按钮✔。

步骤5：创建填充阵列特征。

1）在"编辑"组中单击"阵列"按钮▦/▦，打开"阵列"选项卡。

2）在"阵列"选项卡的"阵列类型"下拉列表框中选择"填充"选项。

3）打开"草绘"滑出面板，单击"定义"按钮，弹出"草绘"对话框，单击图7-108所示的实体面作为草绘平面。以 RIGHT 基准平面为"右"方向参考，单击"草绘"按钮，在草绘模式下绘制图7-109所示的椭圆，单击"确定"按钮✔完成草绘并退出草绘模式。

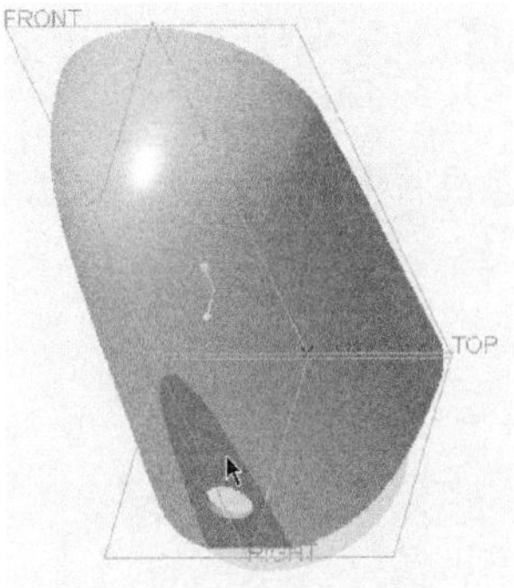

图 7-106　指定草绘平面（一）

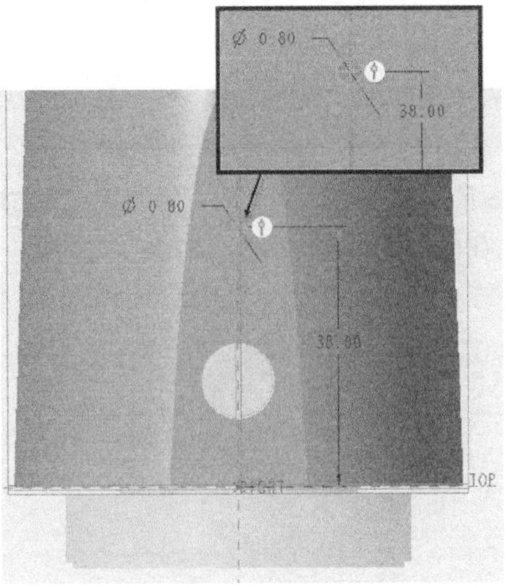

图 7-107　绘制图形

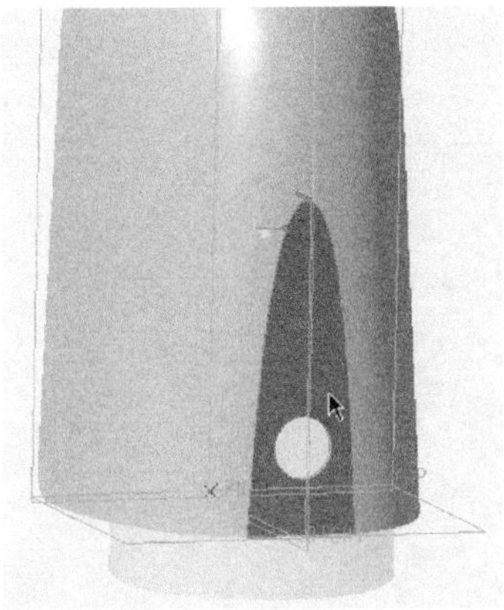

图 7-108　指定草绘平面（二）

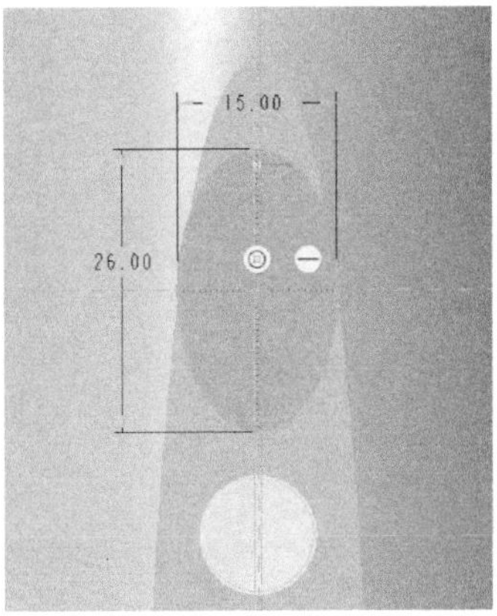

图 7-109　绘制填充区域曲线

4）在“阵列”选项卡上设置图 7-110 所示的填充阵列相关选项和参数。

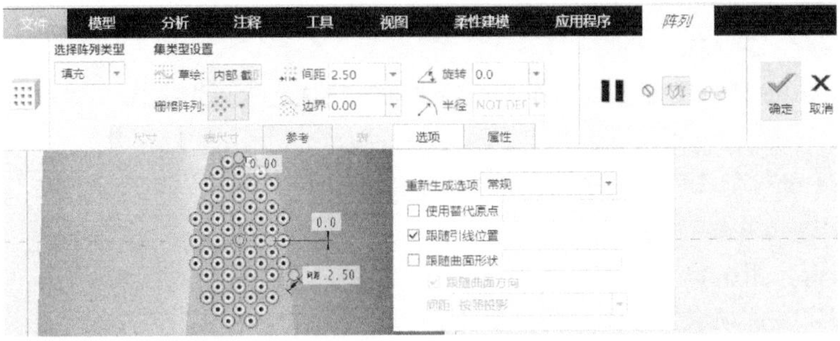

图 7-110　设置填充阵列的相关选项和参数

5）单击“确定”按钮✓。

步骤6：再创建扬声器通孔。

1）在“形状”组中单击“拉伸”按钮，打开“拉伸”选项卡，默认选中“实体”按钮，单击“移除材料”按钮。打开“放置”滑出面板，弹出“草绘”对话框，单击“使用先前的”按钮，进入草绘模式，单击“同心圆”按钮绘制图7-111所示的一个同心圆，单击“确定”按钮完成草绘并退出草绘模式。设置侧1的深度选项为“穿透”，单击“确定”按钮。

2）在“编辑”组中单击“阵列”按钮/，打开“阵列”选项卡，默认的阵列类型为“参考”。此时使用鼠标在图形窗口中单击要取消的阵列成员，如图7-112所示，然后单击“确定”按钮。

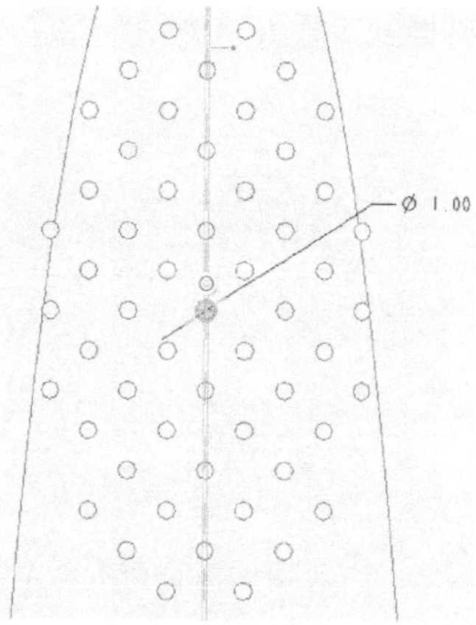

图7-111　绘制一个同心圆

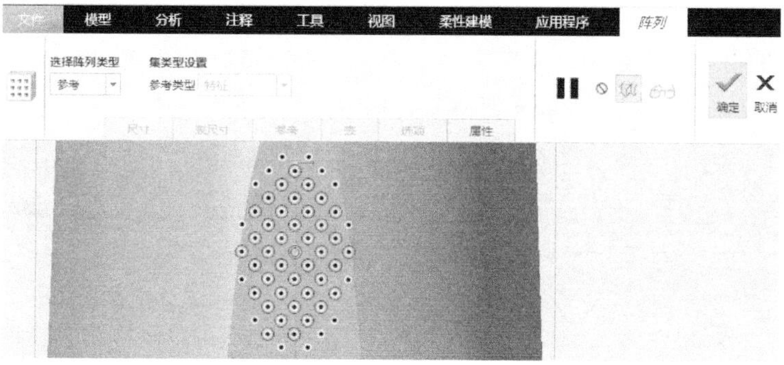

图7-112　阵列类型为“参考”，并取消部分阵列成员

步骤7：创建TF卡槽。

1）在“形状”组中单击“拉伸”按钮，接着在打开的“拉伸”选项卡中单击“移除材料”按钮，选择和创建扬声器孔特征一样的实体面作为草绘平面，绘制图7-113所示的拉伸剖面，单击“确定”按钮完成草绘并退出草绘模式。设置侧1的深度选项为“穿透”，单击“确定”按钮。

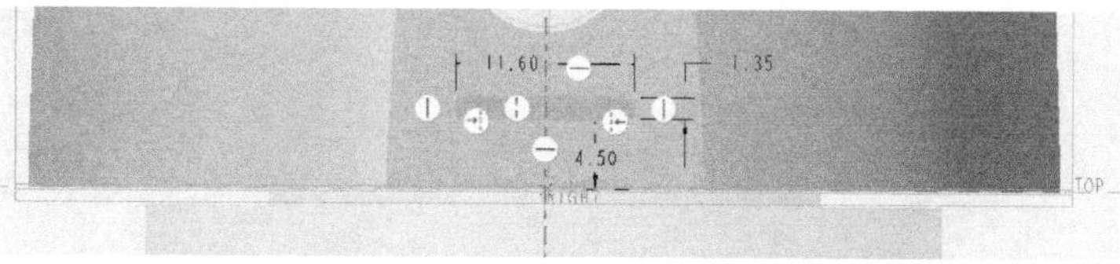

图7-113　绘制拉伸剖面

2）在“基准”组中单击“草绘”按钮，弹出“草绘”对话框，单击“使用先前的”按钮，进入草绘模式。绘制图7-114所示的半椭圆，单击“确定”按钮。

3）在“基准”组中单击“平面”按钮，打开“基准平面”对话框，选择刚绘制的半椭圆的一个端点，按住〈Ctrl〉键选择该半椭圆的另一个端点，再按住〈Ctrl〉键选择FRONT基准平面作为法向参考，单击“确定”按钮，从而创建新基准平面DTM1。

4）在“基准”组中单击“草绘”按钮，在基准平面DTM1上绘制图7-115所示的一个半椭圆曲线，单击“确定”按钮✓。

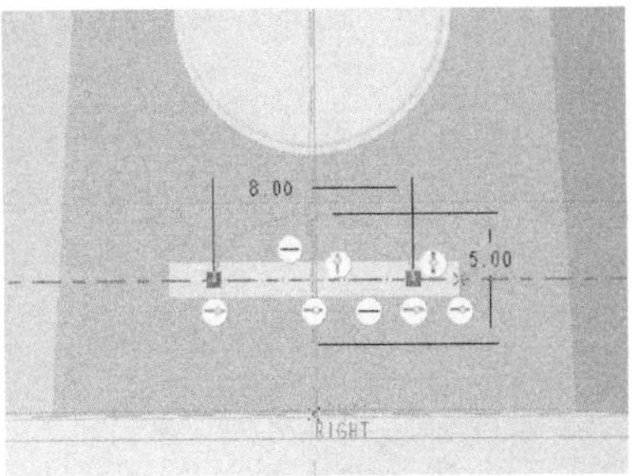

图 7-114　绘制半椭圆（一）

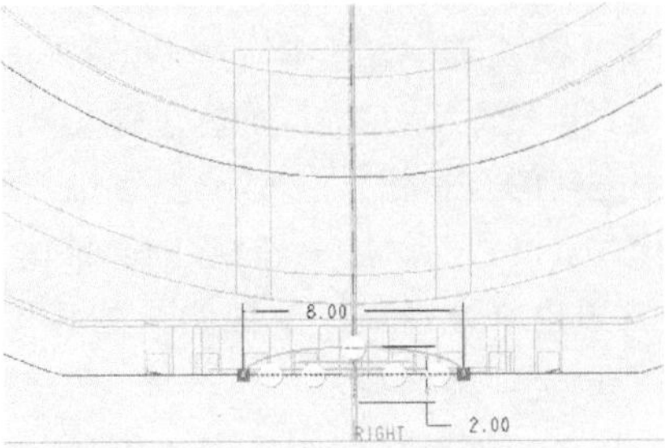

图 7-115　绘制半椭圆（二）

5）在“基准”组中单击“点”按钮，弹出“基准点”对话框，分别在两条曲线的中点位置各创建一个新基准点。

6）在“基准”组中单击“草绘”按钮，弹出“草绘”对话框，选择 RIGHT 基准平面作为草绘平面，以 TOP 基准平面为“左”方向参考。单击“草绘”按钮，绘制一条圆弧，该圆弧的两个端点分为落在刚创建的两个新基准点处，如图 7-116 所示，然后单击“确定”按钮✓。

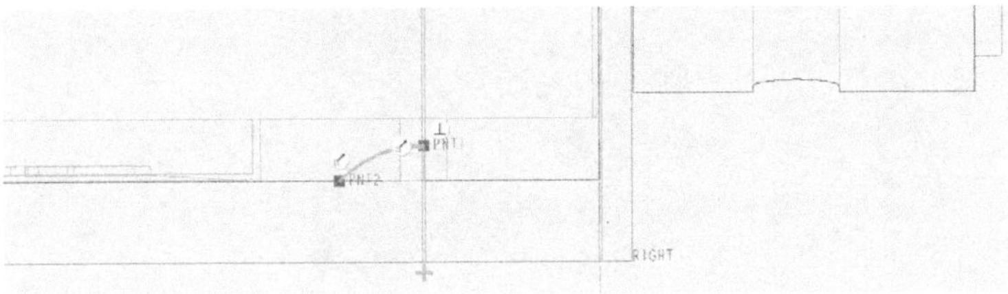

图 7-116　绘制一段圆弧

7）在“曲面”组中单击“边界混合”按钮，选择两条曲线作为第一方向的曲线，再选择一条曲线作为第二方向的曲线，如图 7-117 所示，然后单击“确定”按钮✓。

8）在“编辑”组中单击“镜像”按钮，选择本零件的 DTM1 基准平面作为镜像平面，单击鼠标中键，完成镜像边界混合曲面，如图 7-118 所示。

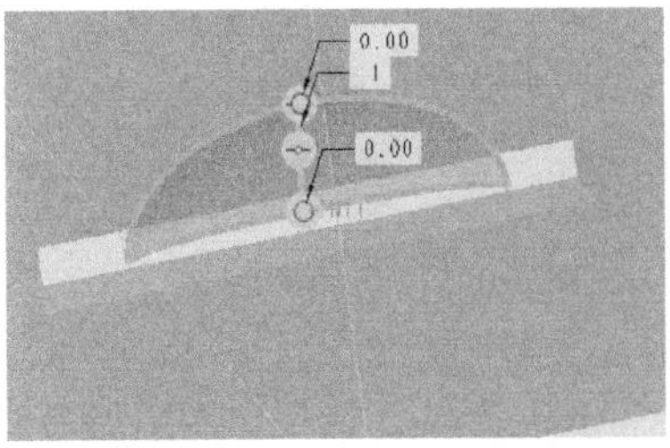

图 7-117　创建边界混合曲面

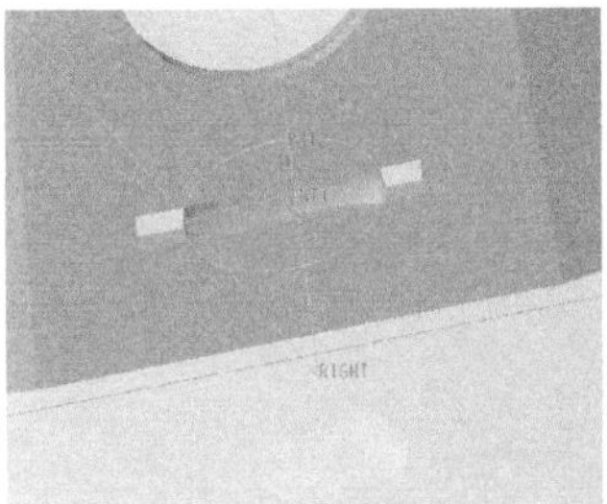

图 7-118　完成镜像边界混合曲面

9）在“选择”过滤器下拉列表框中选择“面组”，在图形窗口中结合〈Ctrl〉键选择 TF 槽处的两个曲面面组。在“编辑”组中单击“合并”按钮，打开“合并”选项卡，进入“选项”滑出面板，选中“联接”单选按钮，如图 7-119 所示，然后单击“确定”按钮✓。

10）在“编辑”组中单击“实体化”按钮，接着在打开的“实体化”选项卡上单击“移除材料”按钮，确保移除正确的材料，然后单击“确定”按钮，完成的 TF 卡槽结构如图 7-120 所示。

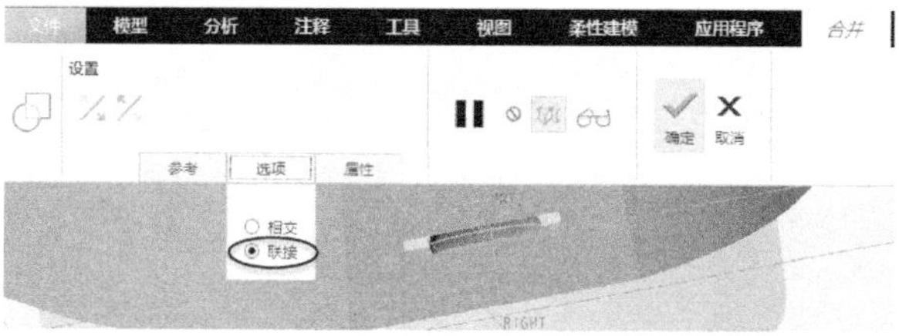

图 7-119 以“联接”方式合并相邻的两曲面

图 7-120 完成的 TF 卡槽结构

步骤 8：激活顶级装配 HY_SXT_MAIN. ASM。

在模型树选择 HY_SXT_MAIN. ASM 顶级装配图标，接着从浮动工具栏中单击“激活”按钮，将其激活。

7.4.10 增加光敏孔设计等

步骤 1：通过对“正面壳”零件的修改来增加光敏孔。

通过对此无线安防摄像头功能的检查，发现漏掉了光敏孔结构的细节功能设计，现在返回去对“正面壳”零件的指定特征进行编辑定义。

1）在模型树上展开“HY_BWK_A. PRT”正面壳零件节点，确保一个“切除”特征处于显示状态（便于从此类特征中读取在主控件中设定的光敏孔位置信息），接着选择“拉伸 1”特征。然后从弹出的浮动工具栏中单击“编辑定义”按钮，打开“拉伸”选项卡，如图 7-121 所示。

2）打开“放置”滑出面板，单击“编辑”按钮，进入内部草绘模式。单击“投影”按钮，在拉伸剖面中只增加一个预先用来定义光敏孔的圆，其他图形保持不变，如图 7-122 所示。单击“确定”按钮完成草绘并退出草绘模式。

3）在“拉伸”选项卡上单击“确定”按钮，并可以将“切除”特征重新隐藏起来。完成添加光敏孔后的模型效果如图 7-123 所示。

步骤 2：添加“光敏”元件。

1）在“元件”组中单击“创建”按钮，弹出“创建元件”对话框，从“类型”选项组中选择“零件”单选按钮，在“子类型”选项组中选择“实体”单选按钮，在“文件名”文本框中输入“光敏”，单击“确定”按钮。在弹出的“创建选项”对话框的“创建方法”选项组中选择“从现有项复制”单选按钮，在“复制自”选项组中输入 mmns_part_solid_abs. prt，然后单击“确定”按钮。在出现的“元件放置”选项卡的一个下拉列表框中选择“默认”选项，单击“确定”按钮。

2）激活“光敏”元件。

3）单击“拉伸”按钮，在光敏孔里创建一个小圆柱体来表示“光敏”元件，如图 7-124 所示。

4）激活顶级装配 HY_SXT_MAIN. ASM，接着可以切换至功能区“视图”选项卡，单击“层”按钮以选中它，接着利用层树来设置相关曲线层、曲面层处于隐藏状态。然后在层树窗口的空白区域右击，以及从弹出的快捷菜单中选择“保存状况”命令。最后单击“层”按钮以取消选中它，令导航区切换至模型树窗口。

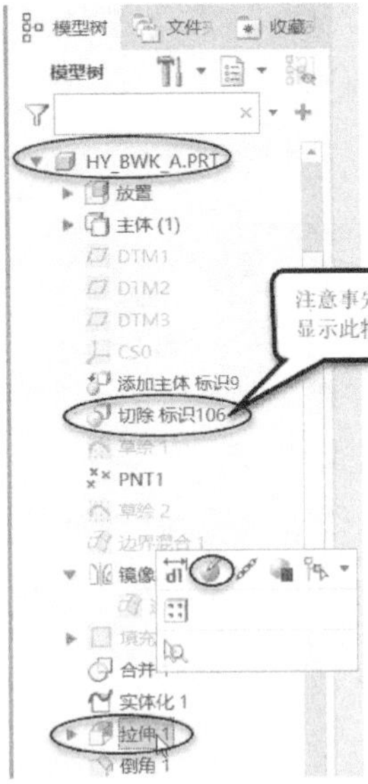

图 7-121　对指定特征进行编辑定义

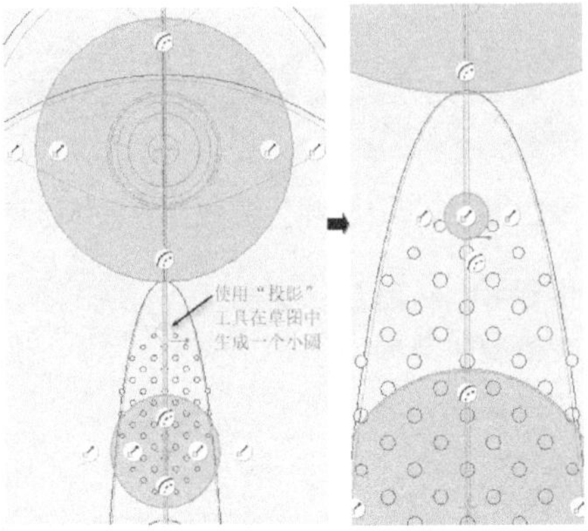

图 7-122　在拉伸剖面中增加一个投影圆

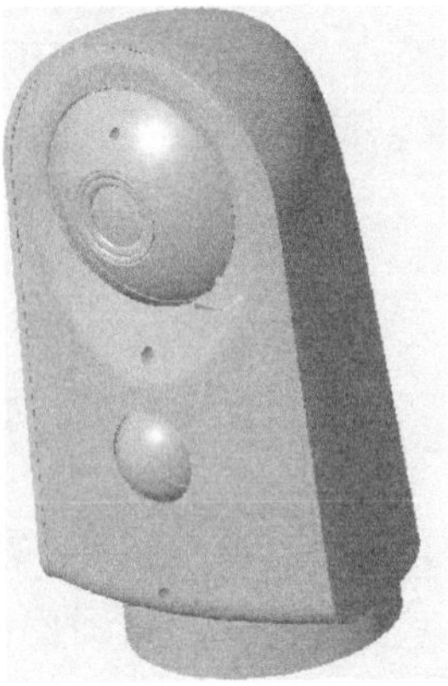

图 7-123　完成添加光敏孔

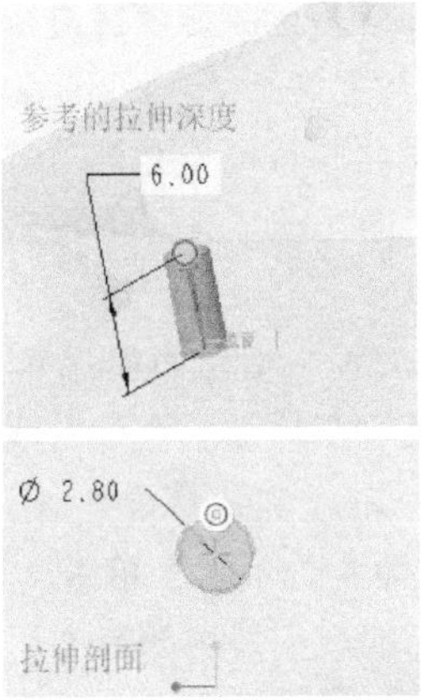

图 7-124　创建拉伸圆柱体

5）再生模型后，保存文件。

7.5　思考题

1）总结主控件在产品设计中的应用特点。

2）如何快速激活零部件？

3）如何理解“合并/继承”工具命令的应用？

4）请尝试设计一款 U 盘的外观造型。

5）请尝试设计一款蓝牙耳机或音箱的外观造型。